Organizadora:
Editora Saraiva
Obra coletiva organizada e produzida pela Editora Saraiva

Editora responsável:
Isabel Rebelo Roque
Bacharel em Medicina Veterinária pela Faculdade de Medicina Veterinária
e Zootecnia da Universidade de São Paulo. Editora.

Jornadas.cie

Ciências

8

Editora Saraiva

Jornadas.cie – Ciências – 8º ano (Ensino Fundamental)

Direitos desta edição:
Saraiva Educação Ltda., São Paulo, 2016

Dados Internacionais de Catalogação na Publicação (CIP)
(Câmara Brasileira do Livro, SP, Brasil)

Jornadas.cie : ciências, 8º ano : ensino fundamental / organizadora Editora Saraiva ; obra coletiva organizada e produzida pela Editora Saraiva ; editora responsável Isabel Rebelo Roque. – 3. ed. – São Paulo : Saraiva, 2016.

Suplementado pelo manual do professor.
Bibliografia.
ISBN 978-85-472-0087-9 (aluno)
ISBN 978-85-472-0088-6 (professor)

1. Ciências (Ensino fundamental) I. Roque, Isabel Rebelo.

15-08277 CDD-372.35

Índices para catálogo sistemático:

1. Ciências: Ensino fundamental 372.35

Desenvolvimento dos conteúdos

Rosicler Martins de Almeida Rodrigues
Bacharel e licenciada em Ciências Biológicas pelo Instituto de Biociências da Universidade de São Paulo.
Mestre em Zoologia pela Universidade de São Paulo.
Pesquisadora na área de Zoologia no Laboratório de Biologia Marinha da Universidade de São Paulo.
Pesquisadora e professora no Centro de Ciências de São Paulo, MEC-USP, e na Funbec.
Professora da rede pública.
Editora e autora de livros.

Fabíola Bovo Mendonça
Bacharel e licenciada em Ciências Biológicas pelo Instituto de Biociências da Universidade de São Paulo.
Mestre em Botânica pela Universidade de São Paulo.
Editora.

Gerente editorial	M. Esther Nejm
Editor responsável	Isabel Rebelo Roque
Editores	Fabíola Bovo Mendonça, Carolina S. Taqueda
Assistentes editoriais	Anderson T. Tamakoshi, Mayra S. Hatakeyama Sato, Melina Frederico
Consultores técnicos	Roberta Smania Marques, Julia Silva Beneti
Coordenador de revisão	Camila Christi Gazzani
Revisores	Ana Marson, Carol Gama, Danielle Costa
Produtor editorial	Roseli Said
Coordenador de iconografia	Cristina Akisino
Pesquisa iconográfica	Roberto Silva, Priscilla Liberato Narciso, Isabela Genaro e Enio Rodrigo Lopes
Licenciamento de textos	Erica Brambila e Carolina Carmini
Gerente de artes	Ricardo Borges
Coordenador de artes	Narjara Lara
Design	Casa Paulistana de Comunicação
Capa	Sérgio Cândido, com imagem de Image Source RF/Diomedia
Diagramação	AGA Estúdio
Edição de arte	Felipe Consales
Assistente	Camilla Felix Cianelli
Ilustrações	Carlos Bourdiel, Everton Silva Prudêncio, Luis Moura, Mauro Takeshi, Paulo Manzi, R2 Editorial, Rodrigo Tonan, Rodval Matias, Sthar Mar
Tratamento de imagens	Emerson de Lima
Produtor gráfico	Thais Mendes Petruci Galvão
Impressão e acabamento	Bercrom Gráfica e Editora

603761 003 001

Nos livros desta coleção são sugeridos vários experimentos. Foram selecionados experimentos seguros, que não oferecem riscos ao aluno. Ainda assim, recomendamos que professores, pais ou responsáveis acompanhem sua realização atentamente.

Editora Saraiva

SAC 0800-0117875
De 2ª a 6ª, das 8hs às 18hs
www.editorasaraiva.com.br/contato

Avenida das Nações Unidas, 7221 – 1º andar – Setor C – Pinheiros – CEP 05425-902

APRESENTAÇÃO

Cara aluna, caro aluno,

Você vive em uma sociedade que valoriza o conhecimento científico e depende, em menor ou maior grau, dos avanços tecnológicos. Em seu dia a dia, quando você vai ao médico, faz compras no supermercado, pesquisa na internet ou toma uma série de decisões, os conhecimentos científicos lhe dão suporte para analisar o que ouve, vê e lê.

Esta coleção vai compartilhar com você conhecimentos importantes na compreensão do mundo e das transformações pelas quais ele vem passando. Ao longo dos livros que a compõem, você entrará em contato com os principais conteúdos sobre Terra e Universo, ecologia, seres vivos, biodiversidade, ser humano e saúde, matéria e energia e desenvolvimento tecnológico. O trabalho com esses grandes temas, na escola e fora dela, ajudará você a se ver como parte de um contexto maior e como sujeito de suas ações, auxiliando-o no posicionamento diante de questões éticas, ambientais e que envolvem a cidadania.

É também uma preocupação nossa ajudar você no desenvolvimento e na consolidação de estratégias eficientes de aprendizagem. Para garantir isso, propomos seções variadas e dinâmicas. Por meio delas, você será frequentemente chamado a refletir e a se posicionar diante de muitas questões da atualidade, expressando sua criatividade, espírito crítico e autonomia.

Esta obra lhe trará muitas respostas, mas certamente lhe oferecerá também muitas ferramentas para fazer mais e mais perguntas.

Os editores

CONHEÇA SEU LIVRO

Este livro está organizado em oito unidades, as quais estão divididas em temas.

Os temas são desenvolvidos e aprofundados em diferentes seções, cada uma com uma finalidade específica.

Vamos conhecer esta estrutura?

ABERTURA DE UNIDADE

Imagens e textos que introduzem o que será estudado na unidade e buscam despertar a curiosidade do estudante.

UNIDADE 5

Locomoção e revestimento

O termo *skate* vem da palavra inglesa *skateboarding*.

O esporte consiste em deslizar sobre o solo, equilibrando-se em uma prancha com rodas. Há algumas modalidades do esporte, que diferem pelas manobras e tipos de pista. O esqueitista executa diferentes movimentos com níveis variados de dificuldade.

O *skate* foi inventado na década de 1960, na Califórnia. Desde então, vem se popularizando e conseguindo mais adeptos.

Nesta unidade, você vai saber mais sobre:

- O sistema esquelético humano
- O sistema muscular humano
- Que cuidados devemos tomar com a postura
- Que doenças afetam o sistema locomotor
- Como é o revestimento do corpo e quais suas funções

Karen Jonz (1985-) é uma esqueitista brasileira. Ganhou diversas competições e é considerada uma das melhores esqueitistas da atualidade.

TROCANDO IDEIAS

1. Para andar de *skate* é necessário usar equipamentos de proteção. Que equipamentos Karen Jonz está usando na fotografia? Que estruturas eles protegem?
2. Que acidentes podem ser mais graves em uma pista de *skate*? Os equipamentos de proteção ajudam a evitá-los? Se sim, como?
3. Na pista, os esqueitistas fazem diversas manobras, dobrando os braços e as pernas. Qual é a importância das articulações para que o corpo realize movimentos como esses?
4. Você já andou de *skate*? Pratica algum esporte? Qual?

As atividades do **Trocando ideias** exploram a leitura da imagem e propõem questões e reflexões, incentivando você e seus colegas a compartilhar ideias sobre o que será visto na unidade. Devem ser realizadas, preferencialmente, com toda a turma e oralmente.

Apresenta os principais conteúdos que serão abordados na unidade.

Os temas são iniciados com textos e imagens que visam introduzir o que será estudado. A seção **Bate-papo** traz questões que estimulam a troca de ideias e devem ser respondidas oralmente.

9 Sustentação e locomoção

A ilustração a seguir mostra os esqueletos de cinco primatas atuais: o ser humano, o gorila, o chimpanzé, o orangotango e o gibão. Repare na postura e na proporção entre os membros superiores e inferiores de cada um deles.

Representação esquemática do esqueleto de cinco primatas atuais. Cores fantasia. Elementos fora de escala de tamanho e de proporção.

Fotografia de quatro primatas atuais: o gorila mede cerca de 1,70 m de altura; o chimpanzé tem cerca de 1 m de altura; o gibão mede cerca de 70 cm de altura; o orangotango tem cerca de 1,30 m de altura.

BATE-PAPO

1. Após observar a ilustração, converse com seus colegas e citem algumas diferenças entre o esqueleto do ser humano e os dos outros primatas. Compare também com as fotografias apresentadas nesta página.
2. Quais são as funções do esqueleto?
3. O que as diferenças nos esqueletos dos animais podem indicar?

134

SISTEMA ESQUELÉTICO

Os ossos e os músculos são as principais estruturas que sustentam o corpo e mantêm sua forma.

Grande parte dos ossos pode se movimentar graças às articulações e à contração dos músculos associados a eles.

Juntos, ossos, articulações e músculos representam cerca de 60% da massa do nosso corpo.

Alguns atletas são capazes de realizar movimentos de incrível elasticidade e leveza. Na foto, ginasta brasileira na Copa do Mundo de Ginástica Artística em 2015.

O sistema esquelético é formado pelo conjunto de ossos e cartilagens que compõe o corpo humano. Esse sistema desempenha diversas funções, listadas a seguir:

- **Proteção de órgãos**: os ossos protegem vários órgãos internos contra choques mecânicos (impactos) que podem prejudicá-los. Por exemplo, os ossos do crânio protegem o encéfalo.
- **Sustentação do corpo**: formam uma estrutura que dá forma ao corpo e sustenta os órgãos moles, como os intestinos e o fígado.
- **Movimentação e locomoção**: os ossos, associados aos músculos e às articulações, permitem os movimentos e a locomoção do corpo. Apesar da estrutura rígida do esqueleto, o corpo humano pode ser bastante flexível.
- **Produção de células sanguíneas**: dentro de alguns ossos do corpo, como o fêmur, por exemplo, há um tecido chamado medula óssea, responsável pela produção de células sanguíneas.
- **Armazenamento de nutrientes**: os ossos contêm a maior reserva de cálcio do organismo e também atuam no armazenamento de outros minerais, que podem ser liberados na corrente sanguínea.

Fotografia de crânio humano em corte. Observe os ossos da face e a cavidade na qual fica o encéfalo.

Dançar faz bem

O esforço exigido para que uma pessoa siga a carreira de dançarino profissional é imenso. Mas a dança também pode ser praticada por pessoas cujo objetivo seja apenas se divertir ou realizar algum tipo de exercício físico. Será que estudar a anatomia do corpo humano pode ajudar qualquer tipo de dançarino a praticar esse esporte de forma mais saudável, melhorando o desempenho e evitando lesões? Ao longo desta unidade discutiremos um pouco sobre essa questão.

135

Desafio

Na seção **Desafio**, são propostas reflexões sobre temas que relacionam ciência, sociedade e cidadania. São oito desafios nesse volume, um por unidade. Cada um deles é composto de: *uma introdução*, que apresenta o tema; *três pistas*, que propõem atividades e aprofundam a discussão; e *um desfecho*, que traz uma conclusão do que foi visto.

FIQUE DE OLHO

As atividades desta seção colocarão seu aprendizado em ação. Nela você é chamado a realizar pesquisa, entrevista, coleta de dados, análise de imagem e de texto, entre outras propostas de trabalho.

Não deixe de...

Aqui você encontra sugestões de livros, filmes e *sites* que ampliam e enriquecem os temas estudados. Para facilitar a sua escolha, as sugestões são acompanhadas de resenhas informativas.

EXPERIMENTE FAZER

A proposta das atividades práticas desta seção é fazer com que você, de maneira fácil e com materiais simples, questione, observe, analise e formule hipóteses e conclusões.

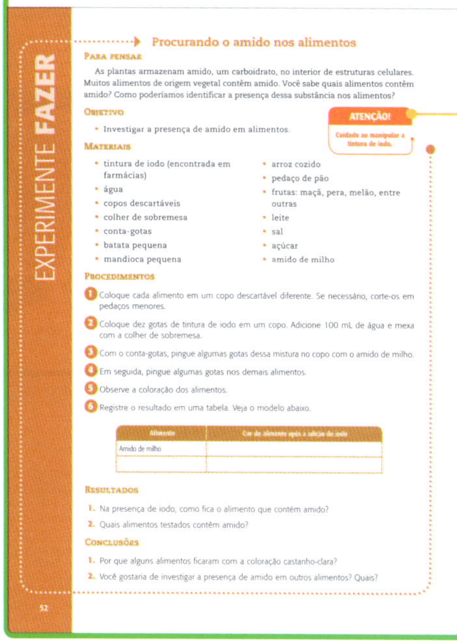

Alerta sobre os riscos envolvidos na atividade.

SAIBA MAIS

Textos atuais que aprofundam ou mostram um novo olhar sobre o assunto que está sendo tratado.

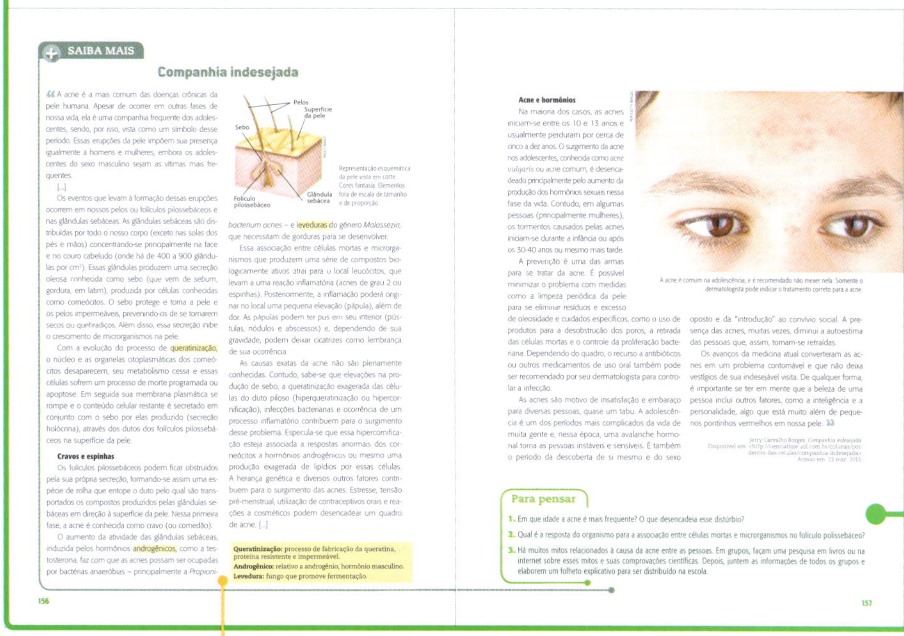

Para pensar

A seção **Para pensar** traz questões que exploram o assunto abordado no texto.

Algumas palavras são destacadas e explicadas em pequenos quadros de glossário.

INFOGRÁFICO

Este recurso, que reúne imagens e textos, é utilizado para comunicar de maneira dinâmica e visual o conteúdo trabalhado. Nele, há atividades que estimulam a reflexão sobre o tema.

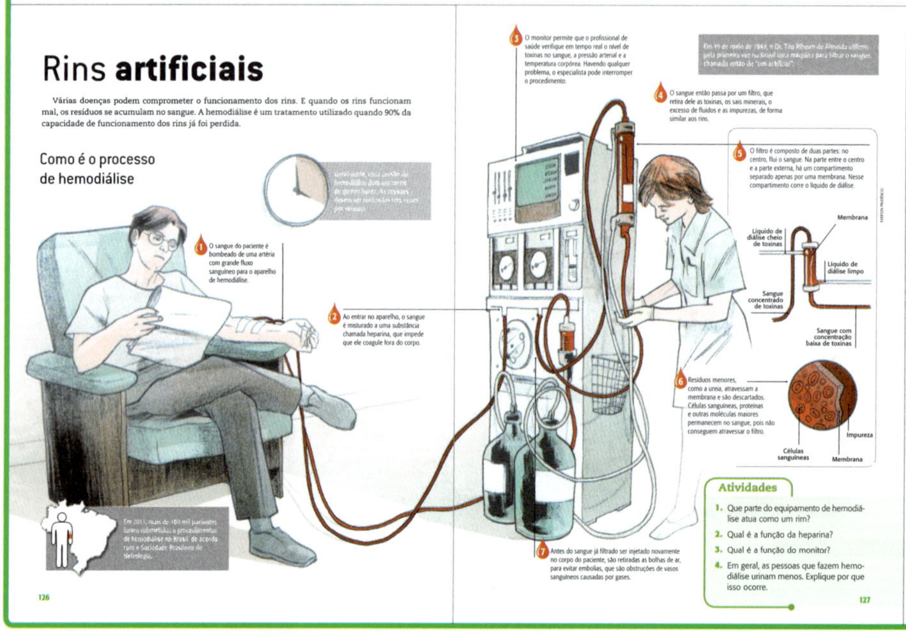

TEIA DO SABER

Este é um momento especial para você utilizar o que aprendeu. As atividades propostas resgatam, organizam e ampliam os conhecimentos trabalhados. Além disso, permitem o desenvolvimento de diferentes habilidades, entre elas as de observar, organizar dados e informações, estabelecer comparações e argumentar.

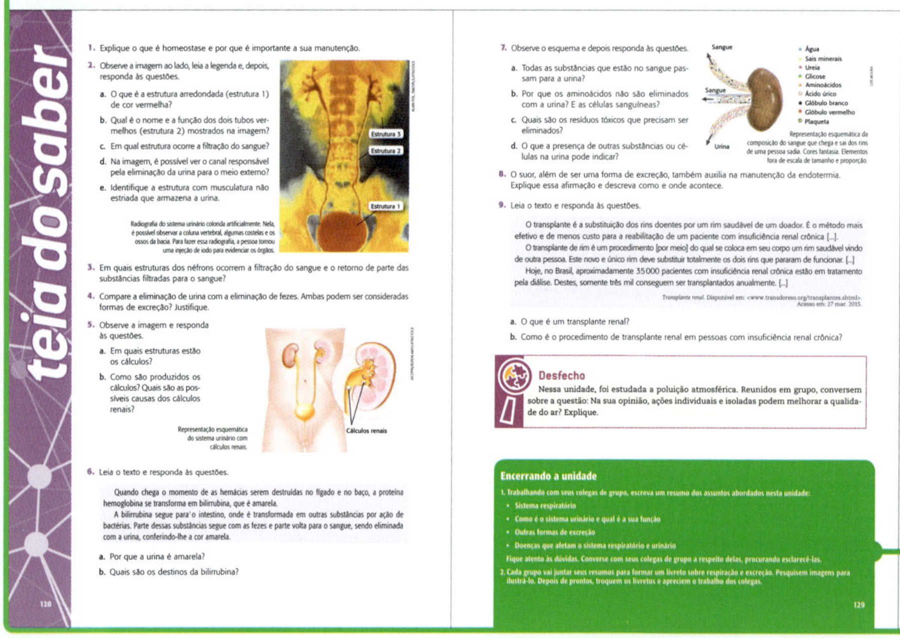

Encerrando a unidade

Esta seção traz a oportunidade de rever o conhecimento adquirido e refletir sobre ele. Aproveite esse momento de avaliação para retomar os assuntos estudados e tirar suas dúvidas.

CONHECIMENTO INTERLIGADO

Esta seção mostra que os conhecimentos da ciência se relacionam com diversas áreas, como matemática, história, engenharia e medicina, por exemplo.

Conhecimento Interligado

Revolta da Vacina

Em novembro de 1904, o Rio de Janeiro passou por uma das maiores e mais marcantes revoluções brasileiras. Descontentes com o governo da época, a população saiu às ruas para protestar contra a obrigatoriedade da vacina.

História da Revolução

O início do século XX foi marcado por um turbulento confronto entre a população e o governo do Rio de Janeiro. A cidade, então capital do Brasil, possuía um ambiente com graves problemas urbanos e a disseminação de várias doenças contagiosas. O presidente Francisco de Paula Rodrigues Alves (1848-1919) criou metas governamentais de saneamento e reurbanização da cidade e convidou o médico sanitarista Oswaldo Cruz (1872-1917) para chefiar o plano de saneamento e higienização.

A reurbanização da cidade começou com a derrubada de casarões e cortiços, a fim de abrir espaços para grandes e modernas avenidas com prédios de cinco andares, fazendo com que a população mais pobre migrasse para os morros e periferia. O movimento foi apelidado de "bota-abaixo".

Oswaldo Cruz combateu, com sua brigada sanitarista, a peste bubônica e a febre amarela. O médico escreveu um projeto de lei que obrigava a população a se vacinar. Não houve uma tentativa efetiva de explicar o que era e como funcionava a vacina. Então, a população teve receio de se vacinar. Além disso, o certificado de vacinação era exigido em diversas situações: desde para realizar a matrícula escolar até para poder se casar. O povo, então, não encarou a vacina como um benefício à sua saúde, mas como uma violação de seus direitos básicos de privacidade.

Por isso, o povo saiu às ruas e enfrentou autoridades policiais para protestar contra a imposição do governo. O confronto durou uma semana, de 10 a 16 de novembro de 1904, transformando a cidade do Rio de Janeiro em um campo de guerra, com inúmeras pessoas mortas, feridas, presas e até deportadas para outros estados.

A Revolta da Vacina não durou muito tempo. A discórdia e a reação da população fizeram com que o governo suspendesse a obrigatoriedade da vacina.

Três anos mais tarde, houve outro surto de varíola na cidade, e grande parte da população foi aos postos de saúde por vontade própria.

Retrato de Oswaldo Cruz, médico sanitarista. Foi diretor de Saúde Pública e fez várias campanhas de combate à febre amarela e à peste bubônica.

100

Charge da revista *O malho*, de 1904, retratando a insatisfação popular na Revolta da Vacina.

A biologia da vacina

A primeira vacina foi desenvolvida por Edward Jenner, em 1790, que retirou o pus de feridas dos braços de uma ordenhadeira infectada com varicela bovina e inoculou em uma criança. Jenner constatou que a criança havia se tornado imune à varicela.

Atualmente, as vacinas são feitas em laboratórios a partir de vírus atenuados.

O vírus tem a capacidade de multiplicar-se, simulando uma infecção natural e produzindo uma resposta no organismo criando anticorpos. Quando uma pessoa vacinada adoece, os sintomas são mais brandos.

As campanhas de vacinação promovidas pelo Governo Federal distribuem a vacina contra varicela, também conhecida como catapora, gratuitamente. A Sociedade Brasileira de Pediatria (SBP) e a Associação Brasileira de Imunizações (SBIm) recomendam que crianças maiores de 12 meses sejam vacinadas contra varicela.

Para explorar

1. A vacinação não é obrigatória atualmente, e grande parte da população se vacina ou vacina seus filhos nas campanhas. Discuta com seus colegas a importância da conscientização a respeito da vacinação.
2. A Revolta da Vacina ocorreu, entre outros motivos, porque a população tinha receio dos efeitos da vacina. Converse com seus colegas e o professor a respeito de como isso poderia ter sido evitado.

101

Para explorar

A seção **Para explorar** traz atividades que estimulam a reflexão e propõem pesquisas e ações.

EM AÇÃO

Nesta seção, você será convidado a posicionar-se de maneira crítica e a refletir sobre suas próprias atitudes. Envolve debates, trabalhos em equipe e análise de situações, entre outras atividades.

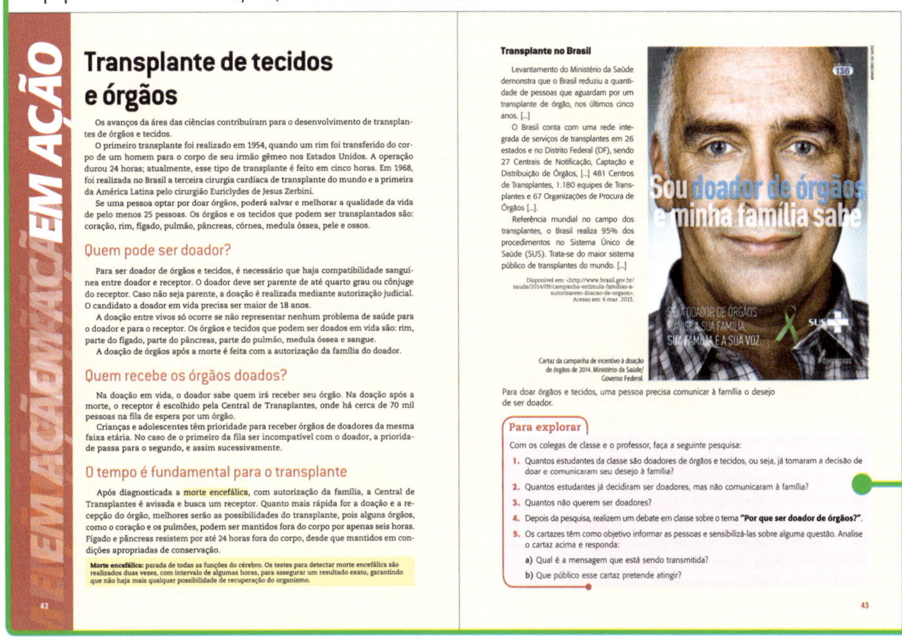

EM AÇÃO

Transplante de tecidos e órgãos

Os avanços da área das ciências contribuíram para o desenvolvimento de transplantes de órgãos e tecidos.

O primeiro transplante foi realizado em 1954, quando um rim foi transferido do corpo de um homem para o corpo de seu irmão gêmeo nos Estados Unidos. A operação durou 24 horas; atualmente, esse tipo de transplante é feito em cinco horas. Em 1968, foi realizada no Brasil a terceira cirurgia cardíaca de transplante do mundo e a primeira da América Latina pelo cirurgião Euriclydes de Jesus Zerbini.

Se uma pessoa optar por doar órgãos, poderá salvar e melhorar a qualidade da vida de pelo menos 25 pessoas. Os órgãos e os tecidos que podem ser transplantados são: coração, rim, fígado, pulmão, pâncreas, córnea, medula óssea, pele e ossos.

Quem pode ser doador?

Para ser doador de órgãos e tecidos, é necessário que haja compatibilidade sanguínea entre doador e receptor. O doador deve ser parente de até quarto grau ou cônjuge do receptor. Caso não seja parente, a doação é realizada mediante autorização judicial. O candidato a doador em vida precisa ser maior de 18 anos.

A doação entre vivos só ocorre se não representar nenhum problema de saúde para o doador e para o receptor. Os órgãos e tecidos que podem ser doados em vida são: rim, parte do fígado, parte do pâncreas, parte do pulmão, medula óssea e sangue.

A doação de órgãos após a morte é feita com a autorização da família do doador.

Quem recebe os órgãos doados?

Na doação em vida, o doador sabe quem irá receber seu órgão. Na doação após a morte, o receptor é escolhido pela Central de Transplantes, onde há cerca de 70 mil pessoas na fila de espera por um órgão.

Crianças e adolescentes têm prioridade para receber órgãos de doadores da mesma faixa etária. No caso de o primeiro da fila ser incompatível com o doador, a prioridade passa para o segundo, e assim sucessivamente.

O tempo é fundamental para o transplante

Após diagnosticada a morte encefálica, com autorização da família, a Central de Transplantes é avisada e busca um receptor. Quanto mais rápida for a doação e a recepção do órgão, melhores serão as possibilidades do transplante, pois alguns órgãos, como o coração e os pulmões, podem ser mantidos fora do corpo por apenas seis horas. Fígado e pâncreas resistem por até 24 horas fora do corpo, desde que mantidos em condições apropriadas de conservação.

Morte encefálica: parada de todas as funções do cérebro. Os testes para detectar morte encefálica são realizados duas vezes, com intervalo de algumas horas, para assegurar um resultado exato, garantindo que não haja mais qualquer possibilidade de recuperação do organismo.

42

Transplante no Brasil

Levantamento do Ministério da Saúde demonstra que o Brasil reduziu a quantidade de pessoas que aguardam por um transplante de órgão, nos últimos cinco anos. [...]

O Brasil conta com uma rede integrada de serviços de transplantes em 26 estados e no Distrito Federal (DF), sendo 27 Centrais de Notificação, Captação e Distribuição de Órgãos, [...] 481 Centros de Transplantes, 1.180 equipes de Transplantes e 67 Organizações de Procura de Órgãos [...].

Referência mundial no campo dos transplantes, o Brasil realiza 95% dos procedimentos no Sistema Único de Saúde (SUS). Trata-se do maior sistema público de transplantes do mundo. [...]

Disponível em: <http://www.brasil.gov.br/saude/2014/09/campanha-estimula-familias-a-autorizarem-doacao-de-orgaos>. Acesso em: 6 mar. 2015.

Cartaz da campanha de incentivo à doação de órgãos de 2014. Ministério da Saúde/Governo Federal.

Para doar órgãos e tecidos, uma pessoa precisa comunicar à família o desejo de ser doador.

Para explorar

Com os colegas de classe e o professor, faça a seguinte pesquisa:

1. Quantos estudantes da classe são doadores de órgãos e tecidos, ou seja, já tomaram a decisão de doar e comunicaram seu desejo à família?
2. Quantos estudantes já decidiram ser doadores, mas não comunicaram à família?
3. Quantos não querem ser doadores?
4. Depois da pesquisa, realizem um debate em classe sobre o tema **"Por que ser doador de órgãos?"**.
5. Os cartazes têm como objetivo informar as pessoas e sensibilizá-las sobre alguma questão. Analise o cartaz acima e responda:
   a) Qual é a mensagem que está sendo transmitida?
   b) Que público esse cartaz pretende atingir?

43

SUMÁRIO

1 O ser humano

2 Alimentação e digestão

EDSON SATO/PULSAR IMAGENS

JEFF GROSS/GETTY IMAGES

5 Locomoção e revestimento

6 Coordenação e percepção

7 Reprodução e hereditariedade

8 Saúde humana: doenças e drogas

THINKSTOCK/GETTY IMAGES

UNIDADE

1 O ser humano

Entre as principais características dos seres humanos estão a postura ereta ao caminhar, a manipulação de objetos com precisão, a presença de cérebro bem desenvolvido, a linguagem e a capacidade simbólica e cultural.

Ainda que pertença à mesma espécie (*Homo sapiens*), cada ser humano apresenta características únicas, tanto físicas quanto psicológicas. Elas tornam cada pessoa diferente das outras.

Nesta unidade, você vai saber mais sobre:

- Características da espécie humana
- O corpo humano
- Integração dos sistemas do corpo humano

Tarsila do Amaral (1886-1973) pintou a obra *Operários* em 1933, retratando diferentes faces de brasileiros.

TARSILA DO AMARAL. OPERÁRIOS, 1933/ COLEÇÃO DO GOVERNO DO ESTADO DE SÃO PAULO

TROCANDO IDEIAS

1. Observe as características físicas das pessoas retratadas na obra. O que elas têm em comum? O que elas têm de diferente?
2. Na sua opinião, por que as pessoas são diferentes entre si? O que provoca as diferenças na maneira de ser e nas características físicas de cada pessoa?
3. Uma das características dos seres humanos é sua grande mobilidade pelo planeta. Explique como as migrações levaram à grande diversidade brasileira observada na obra de Tarsila do Amaral.
4. A obra *Operários* de Tarsila do Amaral tem um caráter social. Quais elementos da pintura indicam isso?

1 A espécie humana

Crânio de 12 mil anos achado no México é similar a brasileiros da época

Uma exploração arqueológica [...], na qual mergulhadores vasculharam uma caverna inundada no México, acabou trazendo à tona um dos mais antigos esqueletos humanos das Américas, o de uma adolescente morta há cerca de 12 mil anos. Embora o crânio dela tenha traços "africanos", como os do famoso esqueleto brasileiro conhecido como Luzia, uma análise preliminar de DNA mostrou ligações genéticas entre a garota e os indígenas atuais.

[...] O mergulhador profissional Alberto Nava [...] estava explorando as águas da caverna com dois colegas mexicanos quando se deu conta de que [...] ela se abria e formava um salão inundado de 60 metros de diâmetro. [...]. No fundo do abismo, podiam ser divisados [avistados] ossos de grandes mamíferos e um crânio humano. Era a caveira da menina, mais tarde apelidada pelos pesquisadores de Naia (referência às náiades, ninfas aquáticas da mitologia grega).

[...]

A análise da anatomia do esqueleto [...] deixa clara a semelhança entre Naia e os demais paleoamericanos, como são conhecidos os primeiros habitantes do continente (que viveram até uns 8 mil anos atrás).

Os traços, que lembram os de africanos e de aborígenes australianos, são usados como argumento por quem defende que as Américas foram povoadas por pelo menos duas ondas migratórias distintas – a segunda [onda migratória] corresponderia aos ancestrais dos índios de hoje, com traços típicos [...] dos habitantes atuais do Extremo Oriente.

No entanto, ao extrair [...] DNA mitocondrial do esqueleto mexicano, os cientistas identificaram [partes do genoma] presentes em mais de 10% dos índios de hoje.

[...]

Reinaldo José Lopes. *Crânio de 12 mil anos achado no México é similar a brasileiros da época*. Disponível em: <http://www1.folha.uol.com.br/ciencia/2014/05/1454937-cranio-de-12-mil-anos-achado-no-mexico-e-similar-a-brasileiros-da-epoca.shtml>. Acesso em: 8 mar. 2015.

BATE-PAPO

1. De que forma descobertas arqueológicas, como a relatada no texto, contribuem para o entendimento da origem da espécie humana?
2. Cite duas características que você acha que só os seres humanos têm.

NATIONAL GEOGRAPHIC, PAUL NICKLEN/AP PHOTO/GLOW IMAGES

Mergulhador segurando o crânio de Naia, encontrado no México. Fotografia de junho de 2013.

Seres humanos e o ambiente

Atualmente, o ser humano está em muitos lugares da Terra. No entanto, os grupos de hominídeos extintos não tiveram uma distribuição tão ampla. Como os seres humanos conseguiram, ao longo do tempo, ocupar diferentes ambientes?

OS HOMINÍDEOS

A espécie humana **Homo sapiens** (*Homo* = "homem" e *sapiens* = "sábio") pertence ao grupo dos **vertebrados**, à classe dos **mamíferos**, à ordem dos **primatas** e à família dos **hominídeos**.

Além dos humanos, os hominídeos incluem os orangotangos, os chimpanzés e os gorilas e seus ancestrais extintos. Comparados aos outros primatas, os hominídeos têm cérebro maior em proporção ao tamanho do corpo.

Os hominídeos compartilham com os outros primatas as seguintes características: presença de um **polegar oponível** aos demais dedos da mão, presença de cinco dedos com unhas em vez de garras e grande desenvolvimento da visão.

SPL/LATINSTOCK

Representação artística de uma fêmea do gênero *Australopithecus afarensis*, de hábito vegetariano. Supõe-se que essa espécie tenha originado pelo menos uma das espécies do gênero *Homo*.

Evolução humana

Entre os ancestrais dos seres humanos, podemos destacar algumas espécies extintas dos gêneros *Australopithecus* e *Homo*. Acredita-se que o gênero *Australopithecus* tenha originado as espécies do gênero *Homo*.

Todas as espécies conhecidas de *Australopithecus* são originárias da África. As mais antigas viveram entre 4 e 3 milhões de anos atrás. A espécie *Australopithecus afarensis* era **bípede**, isto é, caminhava em posição vertical sobre dois pés.

Fósseis de 2,5 milhões de anos mostram a existência, na África, do primeiro representante do gênero *Homo*. Por causa dos instrumentos feitos com rochas encontrados com seus fósseis, supõe-se que eram inteligentes e habilidosos. Eles foram chamados de *Homo habilis*.

Fósseis datados de 1,5 milhão de anos revelam a existência de outra espécie de hominíneo: o *Homo erectus*, considerada a espécie que usou e controlou o fogo. Junto de seus fósseis, foram encontrados vestígios de fogueiras, tanto na África como na Europa e na Ásia, para onde essa espécie migrou.

O *Homo erectus* era capaz de fabricar ferramentas e de se vestir com roupas feitas da pele de animais.

O homem de Neandertal (*Homo neanderthalensis*) foi o primeiro representante do gênero *Homo* a enterrar seus mortos. Por causa desse hábito, seus esqueletos são encontrados frequentemente completos em escavações. Essa espécie se extinguiu por completo cerca de 25 mil anos atrás.

As espécies de hominíneos descritas acima compõem uma árvore evolutiva muito ramificada, juntamente com outras espécies também já extintas. Durante algum tempo, alguns desses hominíneos coexistiram. Somente o *Homo sapiens* permaneceu até os dias atuais.

Hominíneo: grupo do qual fazem parte os seres humanos e seus ancestrais bípedes.

SPL/LATINSTOCK

Representação artística de um *Homo habilis* confeccionando um instrumento de rocha.

SPL/LATINSTOCK

Representação artística de um *Homo erectus*. Observe o uso de roupas de pele de animal para proteger o corpo.

SAIBA MAIS

Aprendizagem social

“O uso inteligente que os chimpanzés fazem de varetas para pescar cupins é bem conhecido. [...].

[...]

Talvez seja menos sabido que outro primata, o orangotango da Sumatra (*Pongo abelii*), também ‘pesca’ com varetas. Em vez de pescar cupins, ele consegue mel.

Assim como humanos e chimpanzés, comunidades de orangotangos na ilha de Sumatra, na Indonésia, têm tradições diferentes. Apenas aqueles que vivem a oeste do Rio Alas já foram observados acessando mel com varetas. O comportamento nunca foi observado na natureza entre os orangotangos que vivem a leste do rio. Há um consenso geral entre psicólogos cognitivos de que diferenças genéticas entre comunidades da mesma espécie não são suficientes para explicar a variação no uso de ferramentas que foi observado. E nem o são as diferenças ambientais entre comunidades tipicamente grandes o suficiente para serem responsáveis pela emergência de formas particulares de uso de ferramentas em alguns grupos, mas não em outros.

A explicação que permanece é unicamente cognitiva. Isto é, diferenças culturais devem ser explicadas por um processo de aprendizagem social.

Depois de um indivíduo usar espontaneamente uma ferramenta para um determinado propósito, o comportamento se espalharia pelo grupo todo. Indivíduos ingênuos ou inexperientes aprenderiam sobre ferramentas ao observar indivíduos mais velhos ou mais experientes usando-as com sucesso.

Com o tempo, o comportamento se tornaria estável dentro daquele grupo social específico.

[...]”

Jason G. Goldman. *Cientistas registram sinais de cultura em orangotangos*. Disponível em: <http://www2.uol.com.br/sciam/noticias/cientistas_registram_capacidade_cultural_de_orangotangos.html>. Acesso em: 4 mar. 2015.

ROBERT HARDING IMAGES/MASTERFILE/LATINSTOCK

Orangotango da Sumatra, na Indonésia. Esses animais têm cerca de 1,5 m de altura.

Psicólogo cognitivo: psicólogo que estuda o comportamento dos animais e a variedade de aspectos e elementos relacionados a ele.

Para pensar

1. Como se dá a aprendizagem dos orangotangos descrita no texto?
2. Mencione dois comportamentos dos orangotangos que os aproximam dos seres humanos.
3. Cite duas características que diferenciam os seres humanos dos orangotangos.

Pista 1

Evidências mostram que existiram dezenas de espécies de hominíneos, mas somente a espécie *Homo sapiens* sobreviveu. Quais características dos seres humanos propiciaram a essa espécie ocupar os diferentes ambientes da Terra? Explique como esses atributos foram essenciais na manutenção e distribuição da espécie *Homo sapiens*.

A ESPÉCIE HUMANA

Os seres humanos têm algumas características que os distinguem de outras espécies, entre elas estão a forma das mãos e a locomoção bípede.

Não menos importantes são as características cognitivas, culturais e sociais exclusivas da espécie humana. Os seres humanos desenvolveram uma ampla capacidade mental, com habilidade para criar a linguagem, as crenças, as tradições, a ciência e a arte. Esses elementos são parte de nossa diversidade cultural, e são compartilhados e reforçados entre os diferentes grupos humanos por meio da organização da vida em sociedade.

NÃO DEIXE DE LER

- **Um esqueleto incomoda muita gente...** Walter A. Neves. Editora Unicamp, 2013.
- **Evolução e sexualidade: o que nos faz humanos** Clarinda Mercadante, Editora Moderna, 2004.
- **Somos todos diferentes! Convivendo com a diversidade do mundo** Maria Helena Pires Martins, Editora Moderna, 2001.

As mãos

Na mão humana, o polegar consegue tocar a ponta dos outros dedos da mesma mão. Por isso, diz-se que ela tem o polegar oponível aos demais dedos. Quando a mão se fecha, os músculos permitem que ela segure objetos de maneira firme. Essas características permitem, por exemplo, segurar com força o cabo de um martelo e manipular com precisão a linha de costura para passá-la através do buraco de uma agulha.

As mãos do chimpanzé (*Pan troglodytes*) apresentam o polegar pequeno em relação aos demais dedos. A palma da mão do chimpanzé é mais estreita e menos musculosa que a humana.

O polegar do chimpanzé é oponível aos demais dedos, mas o comprimento dos dedos não permite a manipulação de objetos com precisão.

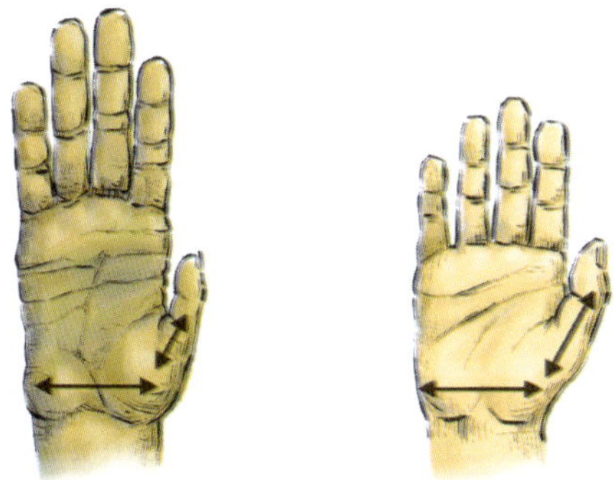

CARLOS BOURDIEL

Representação esquemática das mãos do chimpanzé (à esquerda) e do ser humano (à direita). Na mão do chimpanzé, a palma da mão é mais estreita e o polegar é mais curto quando comparados à mão humana.

MARCO ANTONIO SÁ/PULSAR IMAGENS

Os dedos seguram a agulha com precisão.

CESAR DINIZ/PULSAR IMAGENS

A escrita é uma habilidade humana.

FIQUE DE OLHO

1. Observe a sua mão. Perceba como o polegar é oponível aos demais dedos. Segure algum objeto com força. Agora, segure um lápis com delicadeza. Converse com os colegas sobre como seria a sociedade humana se não pudéssemos manipular os objetos da forma como fazemos.
2. Qual a importância da escrita para a humanidade?

Postura ereta e andar bípede

Os seres humanos andam eretos sobre dois pés, ou seja, são bípedes. A musculatura humana é mais desenvolvida nas costas e nas pernas.

O chimpanzé pode andar ereto alguns passos, mas logo apoia as costas das mãos no chão. A postura do chimpanzé favorece a locomoção nas árvores. Seus pés, parecidos com as mãos, permitem que ele se segure firmemente nos galhos com os braços e as pernas.

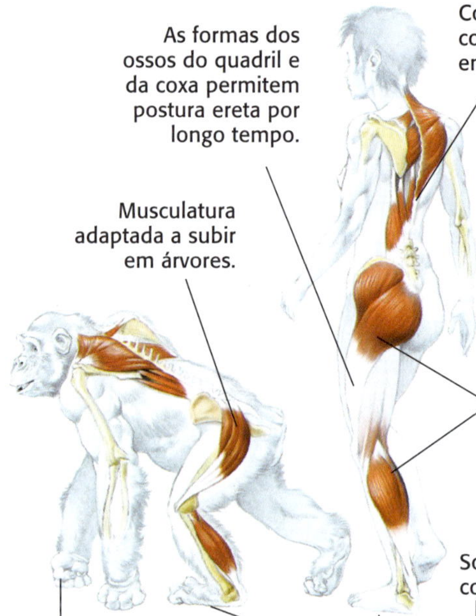

Representação esquemática de algumas diferenças físicas entre o ser humano e o chimpanzé. Cores fantasia. Elementos fora de escala de tamanho e proporção.

Capacidade de comunicação e imaginação

O ser humano tem pregas vocais na laringe que vibram quando o ar passa por elas, emitindo sons. Esses sons podem ser modificados pela boca, língua, dentes e lábios. Esse conjunto permite articular os sons e formar as palavras. Com essa habilidade, os seres humanos desenvolveram uma linguagem. Atualmente, há mais de 6 mil idiomas ou línguas em uso no mundo.

Todos os povos têm linguagem falada e a maioria tem linguagem escrita. Há também diversos recursos para se comunicar: imagens (fotografias e desenhos), pintura, dança, canto, entre outros. As pessoas também usam gestos e expressões da face para comunicar o que sentem e pensam.

Outra importante capacidade humana é a de planejar o que fará, usando a memória e interpretando dados para tentar prever as atitudes que realizará. A imaginação (capacidade criativa) pode ser usada também para desenvolver instrumentos, preparar alimentos, compor músicas, inventar danças e histórias.

EPL/LATINSTOCK

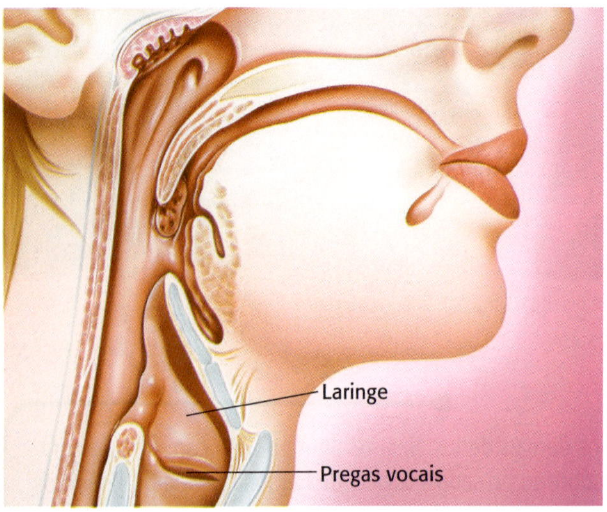

Representação esquemática das estruturas do sistema respiratório com destaque para as pregas vocais e a laringe, que permitem emitir sons e falar. Cores fantasia.

JUVENAL PEREIRA/PULSAR IMAGENS

A música é uma expressão artística humana. Orquestra Jazz Sinfônica do Estado de São Paulo no Teatro São Pedro, São Paulo (SP), em 2014.

Povos e culturas

A cultura humana é a soma dos conhecimentos e criações de cada povo, ao longo do tempo, nas mais diversas áreas, como ciência, arte, religião e filosofia.

A cultura está relacionada não só à interação entre os indivíduos, mas também aos recursos disponíveis no ambiente onde o grupo humano vive. Isso quer dizer que a espécie humana produz conhecimento a partir da interação com o ambiente natural, e é capaz de modificá-lo de maneira significativa e de acordo com sua conveniência. Mesmo em locais desfavoráveis à sobrevivência da maioria dos organismos vivos, os seres humanos conseguem sobreviver. Eles aprendem e acumulam conhecimento sobre o funcionamento do ambiente natural, usam materiais disponíveis para torná-lo mais favorável e adaptam seu comportamento a ele. Por exemplo, os Inuítes, povo que vive nas regiões geladas do Ártico, sabem o que caçar e com quais materiais construir suas casas. Os Maasai, das regiões quentes da África, sabem aonde levar o gado para pastar e como reagir à aproximação dos leões que vivem no mesmo ambiente.

Os costumes e conhecimentos de um povo, sejam eles produzidos pela interação com o meio social ou com o natural, são passados de geração para geração. Ou seja, os velhos e os mais novos trocam informações e experiências entre si. Assim, o acúmulo de saberes tende a crescer continuamente e a transformar as relações humanas e o meio de maneira cada vez mais rápida.

No mundo, há diversos povos com tradições e costumes muito distintos.

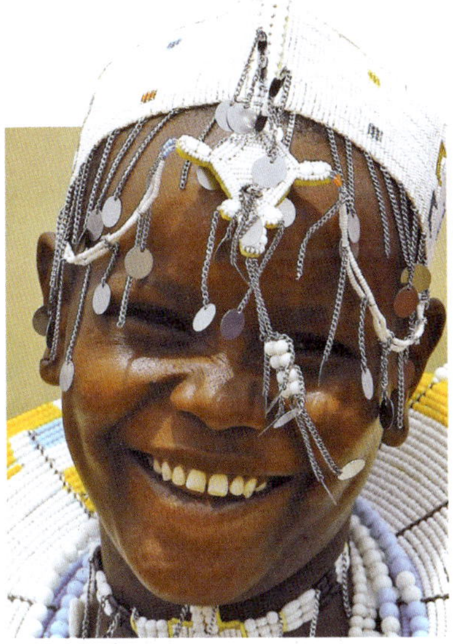

CHRIS JACKSON/GETTY IMAGES

O povo africano maasai vive no Quênia e na Tanzânia. Habitam regiões quentes, em que são comuns animais típicos da savana africana, como leões e elefantes. Os Maasai são criadores de gado. Na fotografia, jovem maasai em 2011.

BLAINE HARRINGTON III/ALAMY/LATINSTOCK

A tatuagem é uma das identidades culturais do povo maori, nativo da Nova Zelândia. Fotografia de homem maori, 2011.

WAYNE R BILENDUKE/PHOTOGRAPHER'S CHOICE/GETTY IMAGES

Antigamente, os Inuítes migravam de acordo com as estações do ano, para caçar focas. Hoje, vivem em colônias permanentes. Homem Inuíte no Canadá, em 2012.

CAROL BECKWITH & ANGELA FISHER/ALAMY/LATINSTOCK

Os povos akan, nativos de Gana e da Costa do Marfim, constituem grupos matriarcais, ou seja, a liderança do grupo e o poder são exercidos principalmente por mulheres.

Povos **indígenas** no Brasil

É grande a diversidade de povos indígenas que viveram ou vivem no Brasil. Estima-se que, na época da chegada dos europeus, fossem mais de mil povos, somando entre 2 e 4 milhões de pessoas.

Segundo o Censo IBGE 2010, os povos indígenas somam 896 917 pessoas. Destes, 324 834 vivem em cidades e 572 083 em áreas rurais. A maior parte dessa população distribui-se por milhares de aldeias em terras indígenas. Atualmente, podemos encontrar apenas 241 povos, falantes de mais de 150 línguas diferentes.

Tupinambá (Bahia)
Família linguística: Tupi-guarani

Os Tupinambá de Olivença vivem na região de Mata Atlântica, no sul da Bahia. Os povos tupinambá foram os primeiros grupos indígenas a terem contato com os portugueses. A sua língua, que era amplamente falada por toda a costa atlântica, foi incorporada pelos colonos. Muitas palavras de origem tupi fazem parte do nosso vocabulário, por exemplo, jacaré, abacaxi, oi, pipoca, pereba e xará.

Kuikuro (Mato Grosso)
Família linguística: Karib

Os Kuikuro são o povo com a maior população no Alto Xingu. São produtores de famosos colares e cintos de caramujo, que são usados como moeda de troca entre os povos que habitam a região do Alto Xingu. Os Kuikuro utilizam máscaras para os rituais e têm grande conhecimento das constelações que regulam as atividades produtivas e os rituais.

RITA BARRETO

Dança do povo Kuikuro, em 2010.

EDSON SATO/PULSAR IMAGENS

Indígenas Guarani-Kaiowá, aldeia de Amambai, Amambai (MS), 2013.

Guarani-Kaiowá (Mato Grosso do Sul, São Paulo, Paraná, Rio Grande do Sul, Rio de Janeiro e Espírito Santo; Argentina, Bolívia e Paraguai)
Família linguística: Tupi-guarani

A agricultura é a principal atividade econômica desse povo. Caçam e pescam sempre que possível. Realizam uma economia de subsistência, marcada pela distribuição dos bens produzidos. Cada comunidade é liderada por um chefe que dirige a ordem política da comunidade nas relações com o mundo não indígena.

FABIO COLOMBINI

Indígenas sateré mawé, aldeia Inhãa-bé, Manaus (AM), 2009.

J. L. BULCÃO/PULSAR IMAGENS

Frutos do guaraná (*Paullinia cupana*), medem cerca de 2,5 cm.

Sateré Mawé (Amazonas)

Família linguística: Mawé

Os Sateré Mawé domesticaram o guaraná, possibilitando que hoje essa planta e seus produtos sejam conhecidos e consumidos no mundo inteiro.

Kayapó (Mato Grosso e Pará)

Família linguística: Jê

Os Kayapó realizam diversos rituais, por exemplo, os ritos de passagem e relacionados ao cultivo agrícola. Têm cantos e danças tradicionais. A arte plumária e a pintura corporal são traços culturais importantes desse povo.

LUIS SALVATORE/PULSAR IMAGENS

Indígena kayapó, em 2014.

Fonte de pesquisa: Povos indígenas no Brasil. Disponível em: <http://pib.socioambiental.org/pt>. Acesso em: 5 mar. 2015.

RENATO SOARES/PULSAR IMAGENS

Cocar do povo Kayapó.

NÃO DEIXE DE ACESSAR

- **Povos indígenas no Brasil** <http://pib.socioambiental.org/pt>
- **Vídeo nas aldeias** http://www.videonasaldeias.org.br/2009

Acessos em: 5 mar. 2015

Atividades

Você conhece alguma comunidade indígena em seu município ou estado? Procure saber mais sobre essa comunidade e responda às questões.

1. Qual é a língua falada por esse povo?
2. Como obtém alimento?
3. Como é a relação dessa comunidade com o governo e com os não indígenas? Descreva as relações entre os integrantes dessa aldeia.
4. Como é a relação desse povo com o ambiente?

1. Observe a fotomontagem abaixo e leia a legenda. Depois, responda às questões.

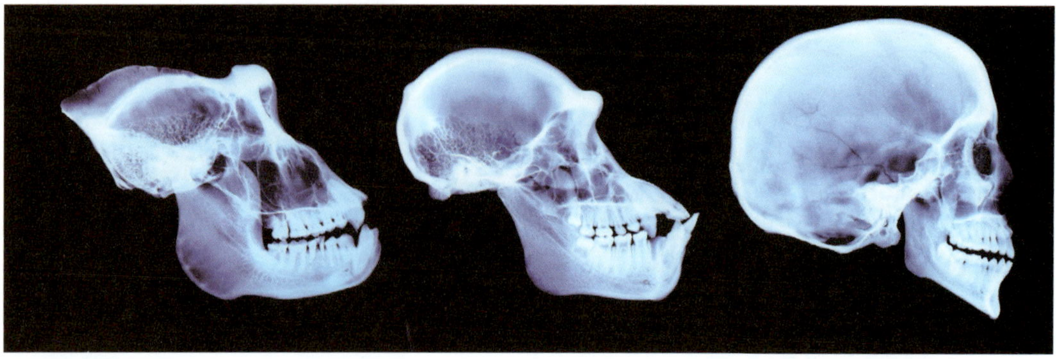

SPL/LATINSTOCK

Fotomontagem compondo raios X coloridos de crânios de um gorila (*Gorilla gorilla*, à esquerda), de um chimpanzé (*Pan troglodytes*, no centro) e de um ser humano (*Homo sapiens*, à direita). Imagens com tamanhos proporcionais. O crânio do gorila tem os ossos da órbita (osso no qual se encaixa o bulbo do olho) bastante salientes. A dentição também é diferente nessas três espécies.

a. A que classe do reino animal pertencem os animais da fotomontagem?

b. Compare o crânio das três espécies. Quais são as principais semelhanças entre eles? E as diferenças?

2. Observe a ilustração, leia a legenda e faça o que se pede.

a. Quais são as principais características do *Homo erectus*?

b. Essa representação artística foi baseada em fósseis encontrados por pesquisadores. Converse com seus colegas e procurem deduzir o que, nessa imagem, pode corresponder à realidade e o que faz parte da imaginação do artista.

SPL/LATINSTOCK

Reprodução de ilustração de um grupo familiar de *Homo erectus* voltando de uma caçada. Exceto o homem que carrega o animal morto, os demais levam ferramentas primitivas. O *Homo erectus* tinha entre 1,3 e 1,5 metro de altura. Os fósseis mais antigos têm cerca de 2,5 milhões de anos e os mais recentes têm 200 mil anos. Durante esse tempo, essa espécie saiu da África e se espalhou pela Ásia.

3. Observe a tabela que mostra a classificação dos cães. Usando esse modelo, escreva em seu caderno a classificação completa do ser humano.

Ser vivo	Reino	Filo	Classe	Ordem	Família	Gênero	Espécie
Cão	Animalia	Chordata	Mammalia	Carnívora	Canidae	*Canis*	*Canis familiaris*
Ser humano	Animalia						

4. Observe a reprodução da ilustração ao lado de um *Homo neanderthalensis*, que segura uma ferramenta para caça. Uma característica também do *Homo sapiens* é de caçar o próprio alimento. Pesquise em livros ou na internet outras características semelhantes entre o *Homo neanderthalensis* e o *Homo sapiens*.

Reprodução de ilustração de um *Homo neanderthalensis*. Século XX, lápis sobre papel.

5. Observe abaixo a postura do chimpanzé (locomovendo-se e em pé) e a do ser humano na ilustração.

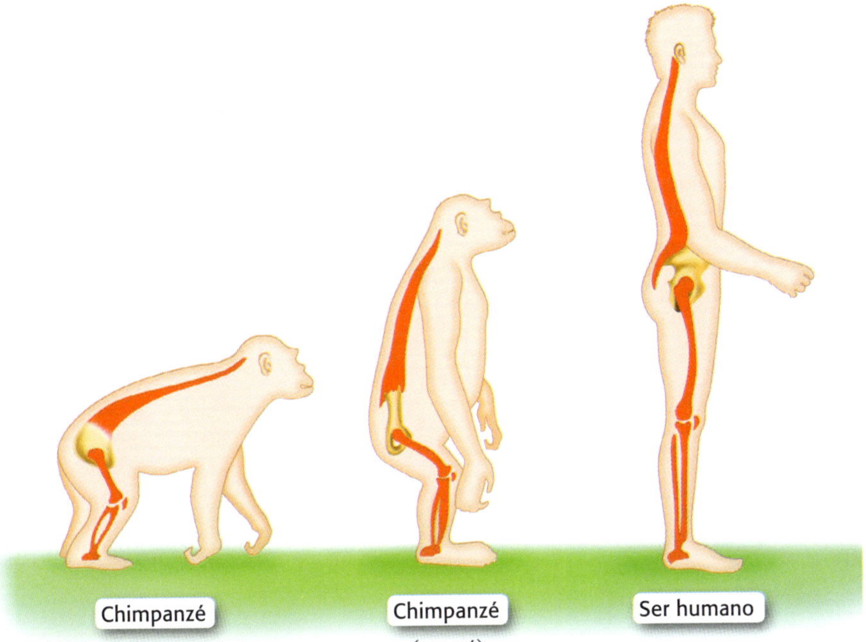

Representação esquemática da postura do chimpanzé (deslocando-se e em pé) e do ser humano. Cores fantasia. Elementos fora de escala de tamanho e proporção.

a. Compare o alinhamento da coluna vertebral com o das pernas do chimpanzé. Faça o mesmo com o ser humano. Qual é a diferença?

b. Qual é a vantagem da postura ereta e do andar bípede?

c. Os músculos das costas do chimpanzé não aguentam mantê-lo em pé por muito tempo. Como ele compensa essa característica ao se locomover?

d. O chimpanzé é descendente de macacos que viviam nas florestas da África e o ser humano descende de hominíneos que viviam na savana africana, onde predomina a vegetação rasteira com árvores e arbustos esparsos. A postura ereta favorece a vida na floresta ou na savana? Por quê?

Pista 2

Os humanos atuais se relacionam com o ambiente de maneira diferente dos primeiros *Homo sapiens*. Compare o modo de vida dos primeiros *Homo sapiens* com o modo de vida dos seres humanos atuais. Faça uma pesquisa, se necessário.

2 A organização do corpo humano

O corpo humano é formado por células. Nelas, ocorrem os processos fundamentais para que o organismo permaneça vivo. Elas mesmas são consideradas unidades vivas, pois apresentam ciclo de vida (crescem, podem gerar novas células, envelhecem e morrem) e realizam o próprio metabolismo.

Metabolismo: conjunto de reações químicas que ocorrem no interior das células.

O corpo humano tem aproximadamente 65 trilhões de células, mas elas não são todas iguais: apresentam forma e tamanho variados, desempenhando funções diferentes.

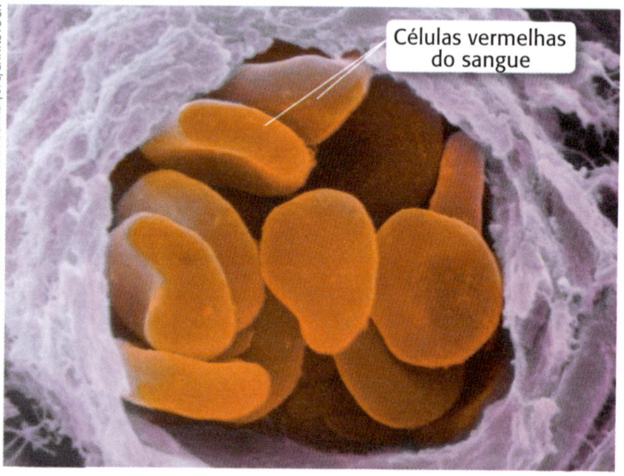

PROFESSORS P.M. MOTTA & S. CORRER/SPL/LATINSTOCK

Células vermelhas do sangue (hemácias) em uma pequena artéria vistas ao microscópio eletrônico. Cores artificiais. Aumento de 1 560 vezes.

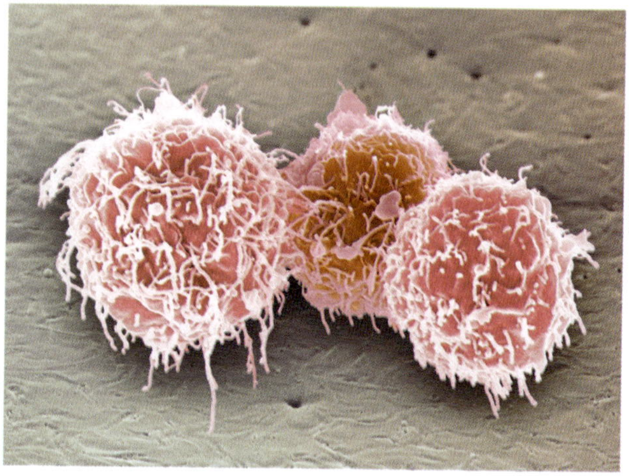

STEVE GSCHMEISSNER/SPL/GLOW IMAGES

Células brancas do sangue (linfócitos), vistas ao microscópio eletrônico. Aumento de 4 100 vezes. Cores artificiais.

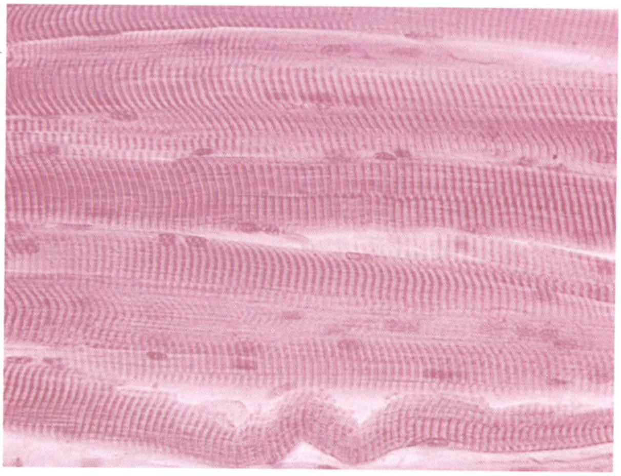

DR. JOHN D. CUNNINGHAM/VISUALS

Células musculares vistas ao microscópio óptico. Aumento de 67 vezes.

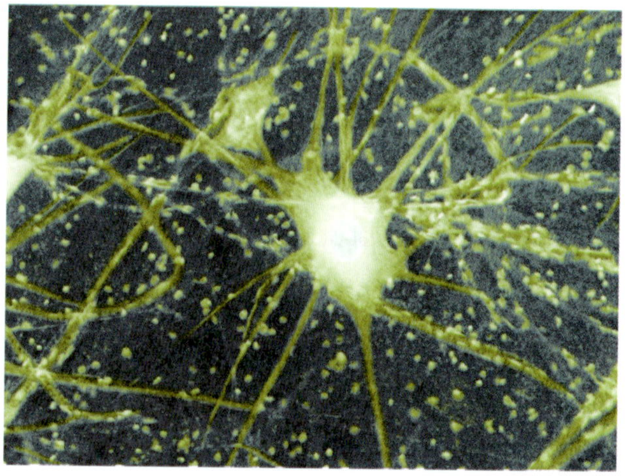

STEVE GSCHMEISSNER/SPL/LATINSTOCK

Grupo de neurônios, que são as células nervosas, visto ao microscópio óptico. Aumento de 205 vezes.

BATE-PAPO

1. Quando observamos nossa pele, é possível ver as células que formam a epiderme (a camada mais externa da pele)? Como poderíamos observar essas células?
2. Cada tipo de célula tem formato característico. A forma da célula está relacionada à função que ela desempenha? Responda analisando as imagens desta página.

CÉLULAS E TECIDOS HUMANOS

O corpo humano é formado por células eucarióticas. De acordo com o tipo, as células apresentam formas e funções diferentes no organismo.

COMPLEXIDADE DO CORPO HUMANO

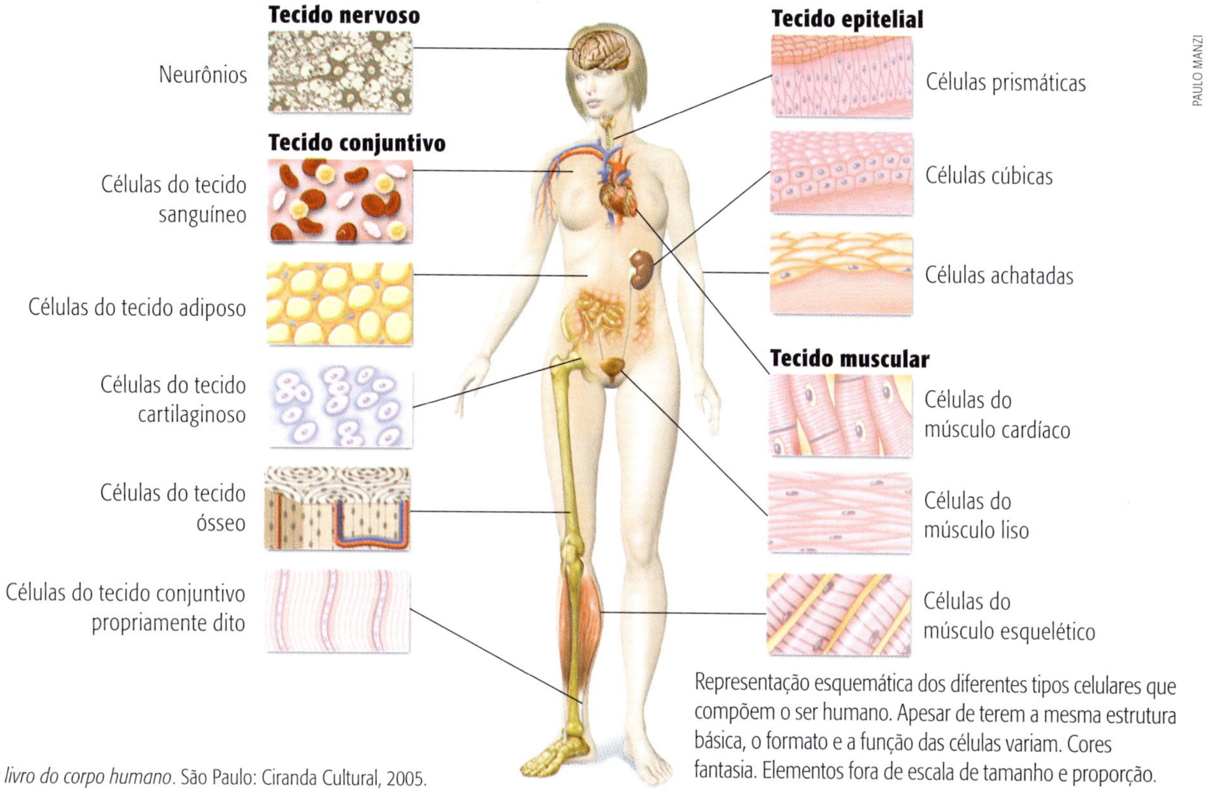

Representação esquemática dos diferentes tipos celulares que compõem o ser humano. Apesar de terem a mesma estrutura básica, o formato e a função das células variam. Cores fantasia. Elementos fora de escala de tamanho e proporção.

Fonte: *O livro do corpo humano*. São Paulo: Ciranda Cultural, 2005.

FIQUE DE OLHO

CÉLULA EUCARIÓTICA

A membrana plasmática envolve a célula.

O núcleo é delimitado por um envoltório nuclear. Dentro dele estão os cromossomos, que contêm os genes. O citoplasma é o ambiente interno da célula. Nele estão inseridos o núcleo e as organelas, estruturas com tarefas específicas e importantes para a manutenção da vida e o funcionamento celular.

- Observe a ilustração ao lado, e, no seu caderno, descreva os principais componentes da célula e as funções das organelas.

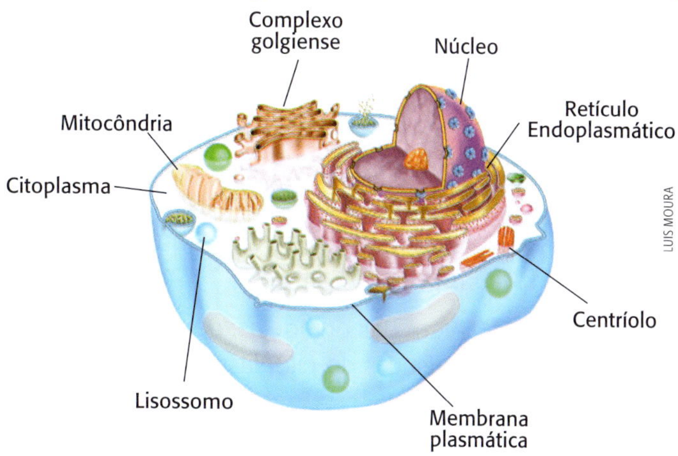

Representação esquemática de uma célula animal em corte. Cores fantasia. Elementos fora de escala de tamanho e proporção.

Fonte: TORTORA, G. J.; GRABOWSKI, S. R. *Corpo humano*: fundamentos de anatomia e fisiologia. Porto Alegre: Artmed, 2008.

Construindo um modelo de célula animal

Para pensar

Pode parecer difícil imaginar, mas nosso corpo é formado por trilhões de células. Elas são tão pequenas que precisamos de instrumentos, como os microscópios, para vê-las. Como células tão pequenas conseguem dar forma e movimento a um organismo como o nosso?

Objetivo

- Construir um modelo tridimensional de célula animal para representar e compreender suas estruturas e funções.

Materiais

- cola
- papel para forrar a mesa (jornal)
- tesoura
- régua
- caneta
- materiais diversos escolhidos pelos estudantes (papel celofane, garrafa PET, embalagens de plástico etc.)

Procedimentos

1 Antes de construir o modelo de célula, vamos refletir sobre a estrutura e as funções delas. Reunidos em grupo, respondam às questões no caderno.

a. As células do nosso corpo são todas iguais ou têm formatos e tamanhos diferentes?

b. Sabendo que dentro da célula estão as organelas e que cada uma delas tem uma função diferente, responda: Que funções são essenciais para que a célula não morra?

c. Façam uma pesquisa sobre tipos de células humanas e suas estruturas (organelas).

d. Se vocês tivessem que representar uma célula animal com um modelo, como fariam? Que materiais utilizariam?

e. Para formar um tecido e um órgão, as células precisam estar unidas, em comunicação umas com as outras, mas sem perder a individualidade. Como vocês imaginam a estrutura que as protege (a membrana plasmática)? Como vocês a representariam?

f. Além das organelas, dentro das células há o citoplasma. Quais são as principais características do citoplasma?

2 Cada grupo deve escolher uma célula para representar.

3 Separem os materiais que serão usados. Pensem nas formas e nos diferentes materiais que podemos utilizar, por exemplo: papel celofane, garrafa PET, caixa de papelão, embalagens de plástico, barbante, fitas, canudos, grãos, massa de modelar etc. Procurem escolher materiais que seriam descartados e que possam ser reciclados.

4 Forrem a mesa com papel.

5 Montem o modelo de célula do grupo, representando as principais estruturas celulares.

RODVAL MATIAS

RODVAL MATIAS

Representação esquemática dos procedimentos do experimento.

Resultados e discussão

1. Quantas organelas você conseguiu representar no seu modelo? Quais são as funções que elas executam?
2. Após suas pesquisas e a montagem do modelo da célula, você consegue refletir como células tão pequenas conseguem dar forma e movimento a um organismo como o nosso?
3. As cores que utilizamos para fazer o modelo correspondem às cores reais? Por que utilizamos cores diferentes para as organelas?

Conclusões

- Se você tivesse que construir o modelo de células novamente, o que faria de diferente?

Para ir além

- Caso você tivesse que construir um modelo de célula vegetal, quais seriam as diferenças? Quais estruturas não seriam representadas? Que materiais usaria?

NÍVEIS DE ORGANIZAÇÃO DO CORPO HUMANO

O corpo humano pode ser organizado em diversos níveis. Todos eles funcionam ao mesmo tempo, de forma integrada.

ORGANIZAÇÃO DO CORPO HUMANO

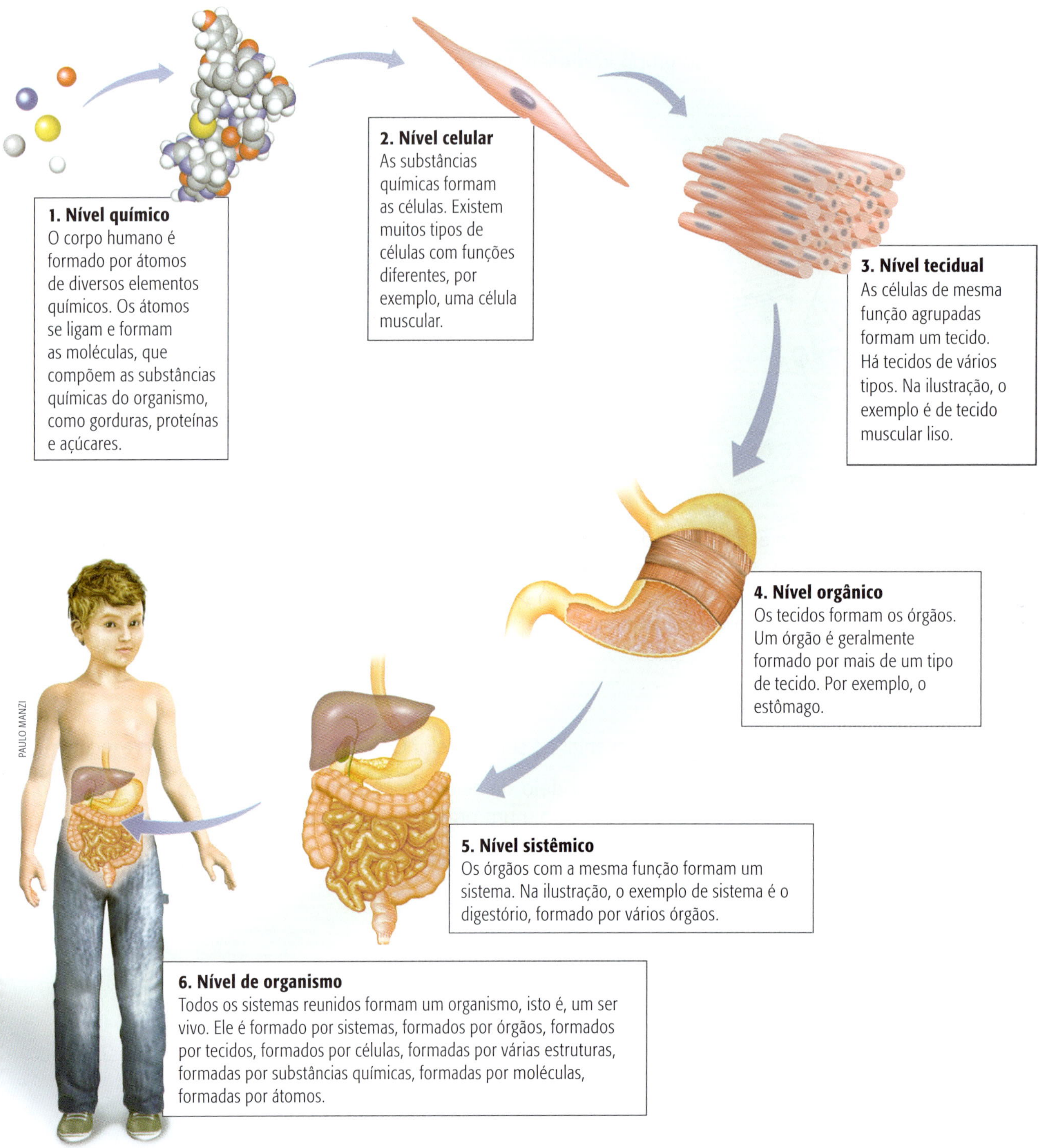

Representação esquemática dos níveis de organização do corpo humano. Cores fantasia. Elementos fora de escala de proporção e tamanho.

Fonte: TORTORA, G. J.; DERRICKSON, B. *Corpo humano*: fundamentos de anatomia e fisiologia. 8. ed. Porto Alegre: Artmed, 2012.

De uma única célula a um organismo

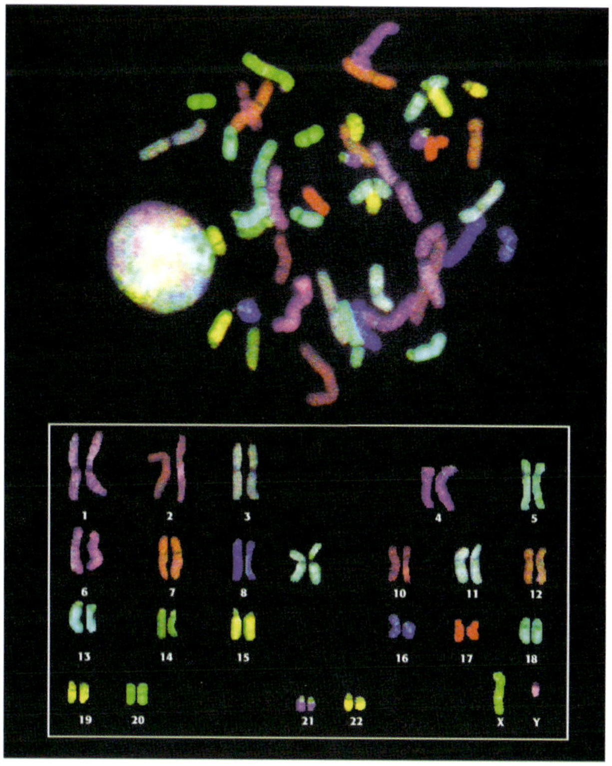

SPL DC/LATINSTOCK

Fotomicrografia mostrando o conjunto de cromossomos humanos. O núcleo das células humanas apresenta 46 cromossomos (ou 23 pares de cromossomos). Os cromossomos acima do boxe estão dispostos como se encontram no núcleo. No boxe, esses mesmos cromossomos estão organizados e pareados. Cores artificiais.

No núcleo das células, o material genético (DNA) está organizado em **cromossomos**.

Os cromossomos são formados por proteínas e DNA. Sequências de DNA são chamadas **genes**, os quais determinam as características dos organismos.

As espécies de organismos eucariontes têm um número específico de cromossomos. A espécie humana tem 46 cromossomos nas células. As únicas exceções são os gametas ou células reprodutivas masculina (espermatozoide) e feminina (ovócito), que têm 23 cromossomos cada.

Na fecundação, as células reprodutivas masculina e feminina se unem e é formado o **zigoto** ou **célula-ovo**, que dará origem ao embrião. O zigoto é formado pela fusão dos núcleos celulares das células reprodutivas. Da união dos 23 cromossomos do gameta masculino e dos 23 cromossomos do gameta feminino se formará a primeira célula do embrião.

A célula-ovo passa por sucessivas divisões celulares e forma-se o embrião. No estágio em que o embrião está com 32 células, esse conjunto é chamado de **células-tronco embrionárias**. Essas células contêm as informações para **diferenciar-se** em todos os tecidos do corpo, que formarão os órgãos especializados no desempenho de funções específicas. O período em que o embrião desenvolve-se no útero materno dura aproximadamente nove meses e é denominado gestação ou gravidez.

BRANDON ROSENBLUM/GETTY IMAGES

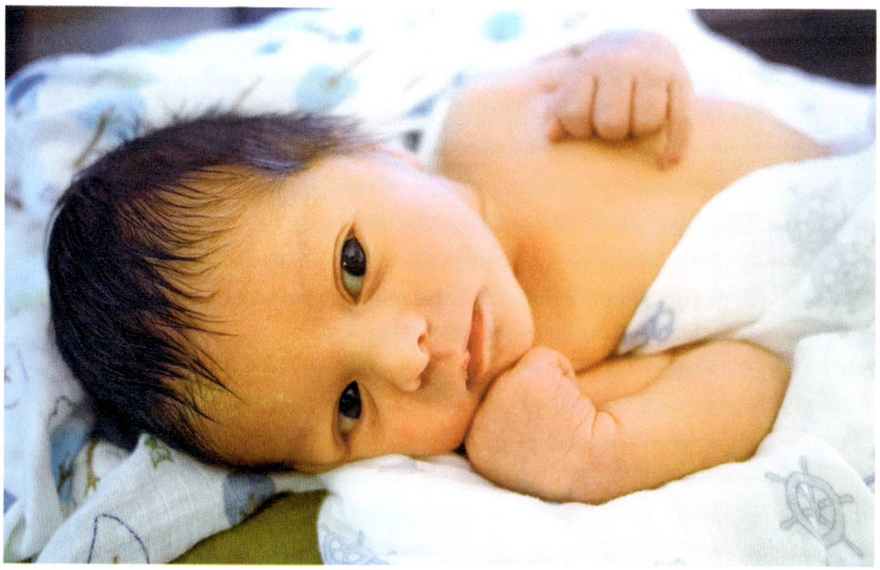

Um recém-nascido é formado por células organizadas em tecidos. Essas células continuarão se dividindo e o bebê crescerá.

DR YORGOS NIKAS/SPL/LATINSTOCK

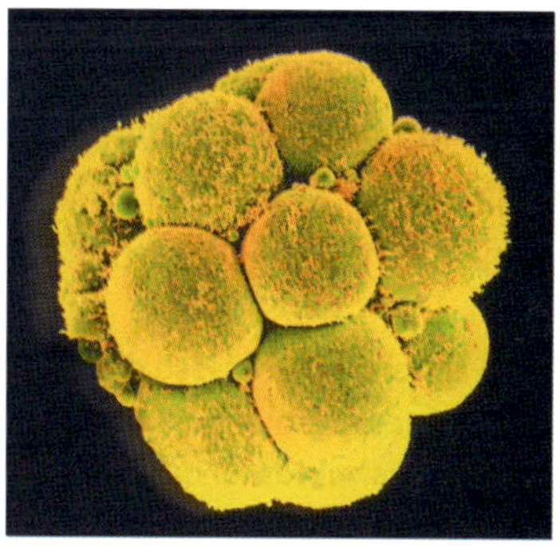

Na fotografia ao microscópio eletrônico, vemos um embrião de 16 células, colorido artificialmente, quatro dias depois da fertilização. É o início de um ser, que será formado por trilhões de células. Aumento de 500 vezes.

SAIBA MAIS

E tudo começou assim...

“A vida na Terra surgiu há cerca de 5 bilhões de anos, em um local mais inóspito que Marte atualmente: uma poça d'água em um oceano primitivo cercado por [...] pouco oxigênio e rico em gases tóxicos. Nos 2 bilhões de anos que se seguiram, nosso planeta foi habitado apenas por bactérias. Porém, um fato extraordinário ocorreu nesse período: algumas delas passaram a explorar o hidrogênio – um recurso abundante por aqui – e a combiná-lo com oxigênio para obter a energia de uma forma muito mais eficiente que a usada pelos outros seres da época. Estavam inventadas a fotossíntese e a respiração celular!

Posteriormente, cerca de 3,5 bilhões de anos atrás, outro evento surpreendente ocorreu: surgiu um novo tipo celular muito mais complexo, maior e eficiente na utilização dos recursos ambientais. Eram as células eucarióticas, que diferem das procarióticas, mais primitivas, pela presença de um núcleo definido pela membrana. [...]

Atualmente, a hipótese mais aceita para explicar como surgiram as células eucarióticas é conhecida como teoria endossimbionte (de **endo** = interna + **simbiose** = relação ecológica em que ambos os parceiros ganham). Proposta no começo do século 20 pelo biólogo russo Konstantin Merezhkovsky (1855-1921), essa teoria foi 'redescoberta' em 1967 por uma professora da Universidade de Massachusetts (EUA) chamada Lynn Margulis [...].

A teoria endossimbionte propõe que nossas células surgiram após eventos sucessivos de fagocitose entre procariotos. Contudo, algumas dessas bactérias primitivas, por uma razão desconhecida, acabaram não sendo digeridas por seus predadores e permaneceram em seu interior usufruindo da abundância de compostos semidigeridos presentes no citoplasma dessas células.

Com o decorrer do tempo, os procariotos fagocitados passaram a oferecer a suas células capturadoras vantagens como uma maior eficiência de utilização da energia contida nos alimentos, através da fotossíntese ou da respiração celular. Isso fez com que essas células obtivessem vantagens sobre suas vizinhas, que dependiam de formas pouco eficientes para a obtenção de energia, como a fermentação. [...]

Acredita-se que parte dos genes das mitocôndrias e cloroplastos tenham sido transferidos para o núcleo celular, de onde controlam o funcionamento dessas organelas. Assim, a enorme complexidade do genoma dos eucariotos, em comparação com o dos procariotos, tem sido explicada por eventos sucessivos de fusão do material genético entre endossimbiontes diferentes, aliado a uma pressão evolutiva que tem 'moldado' nosso genoma. [...]

Até agora, praticamente todas as pistas sobre a origem dos eucariotos se baseiam em comparações de seu genoma com o dos procariotos. Novas evidências poderão surgir à medida que pesquisas sejam realizadas em locais candidatos a abrigarem formas primitivas de procariotos e de eucariotos (como, por exemplo, sedimentos abissais marinhos, pântanos e outros locais assustadores). Quem sabe esses estudos nos ajudem, no futuro, a elucidar esse elo perdido de nossa criação.”

Jerry Carvalho Borges. *E tudo começou assim*... Revista *Ciência Hoje*, 2006. Disponível em: <http://cienciahoje.uol.com.br/colunas/por-dentro-das-celulas/E-tudo-comecou-assim/?searchterm=e%20tudo%20come%C3%A7ou%20assim>. Acesso em: 5 mar. 2015.

Fagocitose: processo de ingestão de partículas sólidas.
Fermentação: processo de obtenção de energia utilizado por algumas bactérias.
Endossimbionte: qualquer organismo que vive dentro de uma célula estabelecendo relação ecológica.
Abissal: regiões profundas do oceano, nas quais a luz não consegue penetrar.

Para pensar

1. O que propõe a teoria endossimbionte?
2. Como é explicada a complexidade das células eucarióticas?

TECIDOS

Nos animais, como o ser humano, as células com características e funções semelhantes formam conjuntos organizados com funções definidas. De acordo com as características e funções, os tecidos do corpo humano podem ser agrupados em quatro categorias: epitelial, nervoso, muscular e conjuntivo.

Tecido epitelial

Entre as principais funções do **tecido epitelial** estão a proteção e o revestimento do corpo e a produção de substâncias que atuam na regulação do organismo.

As células do tecido epitelial podem ter formatos achatado, cúbico ou prismático, e podem formar uma ou mais camadas bem próximas umas das outras. Por estarem bem próximas, as células do tecido epitelial formam uma barreira que protege o organismo contra danos mecânicos, perda de água e agentes causadores de doenças (bactérias, vírus etc.).

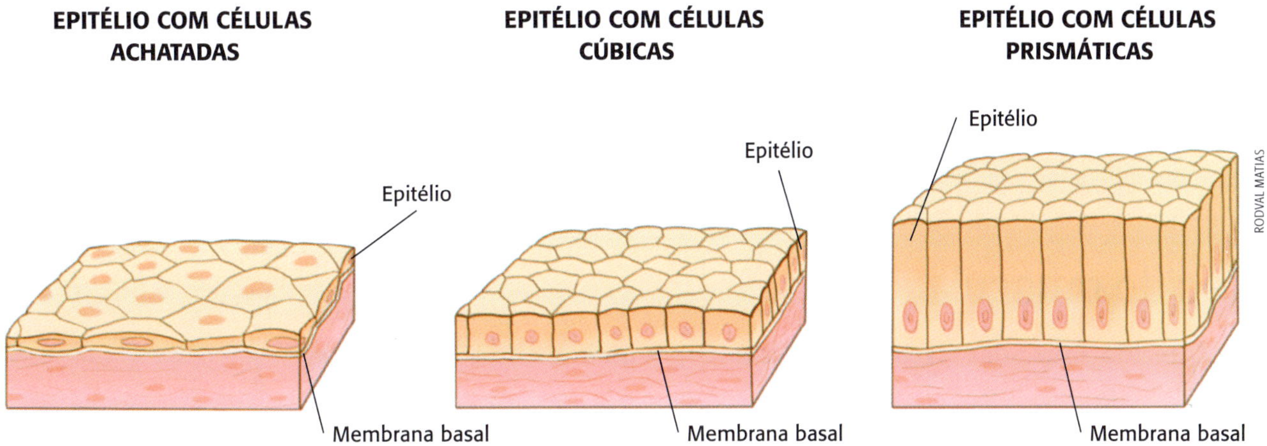

Representação esquemática dos diferentes tipos de epitélio. Cores fantasia. Elementos fora de escala de proporção e de tamanho.

Fonte: JUNQUEIRA, L. C.; CARNEIRO, K. *Histologia básica*: Texto e Atlas. Rio de Janeiro: Guanabara Koogan, 2013.

O **tecido epitelial de revestimento** recobre o corpo humano externa e internamente. A **epiderme** é o tecido epitelial que recobre o corpo, formando a pele. A **mucosa** reveste as cavidades do organismo, como boca, estômago e intestino.

O **tecido epitelial glandular** forma glândulas que produzem suor, leite, saliva e hormônios. Existem dois tipos de glândula: as exócrinas e as endócrinas. As **glândulas exócrinas** produzem secreções, como o suor e o leite, que são eliminadas na superfície do corpo ou em cavidades corporais, como estômago, boca e intestino. São exemplos de glândulas exócrinas as glândulas mamárias, sebáceas e sudoríferas. As **glândulas endócrinas** produzem os hormônios, substâncias que são liberadas no sangue e agem em diferentes órgãos. São exemplos de glândulas endócrinas os ovários e os testículos.

Tecido nervoso

O **tecido nervoso** é responsável por perceber os estímulos e transmiti-los por meio de impulsos nervosos de uma parte do corpo a outra.

Esse tecido é constituído por dois tipos de células: os **neurônios**, responsáveis por transmitir o impulso nervoso, e as **neuróglias**, ou células gliais, que exercem papel importante na proteção, nutrição e sustentação dos neurônios.

Os neurônios são formados por um **corpo celular**, no qual ficam o núcleo e as organelas celulares, e por dois tipos de ramificação – o **axônio** e os **dendritos**. O axônio é envolvido, parcialmente, pelo estrato mielínico, uma estrutura constituída por lipídios e proteínas que torna a passagem do impulso nervoso mais rápida.

LUIS MOURA

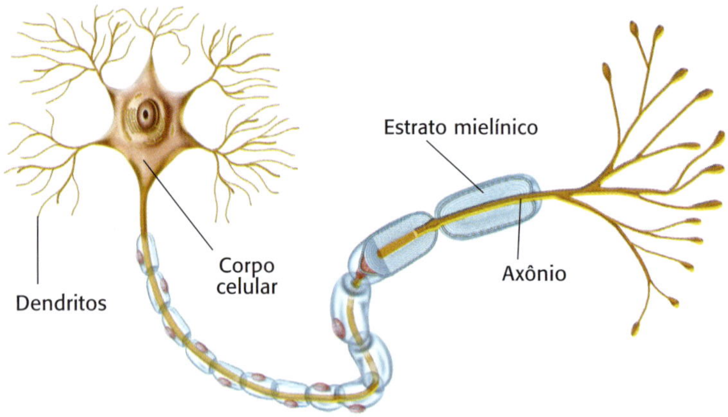

Representação esquemática de um neurônio, responsável pela transmissão de impulso elétrico. Cores fantasia. Elementos fora de escala de proporção e de tamanho.

Tecido muscular

O **tecido muscular** é responsável pelos movimentos do corpo, como andar, correr e saltar.

Em razão de seu formato alongado, as células musculares são chamadas de fibras musculares. Elas podem ser de três tipos: **não estriadas** (ou lisas), **estriadas** ou **estriadas cardíacas**.

STEVE GSCHMEISSNER/SPL/LATINSTOCK

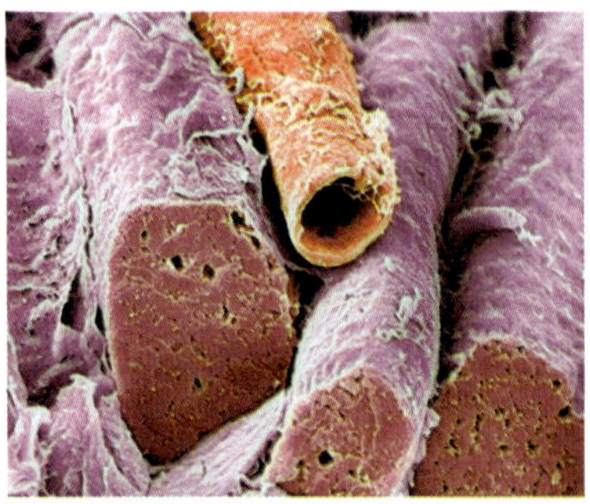

Fibras musculares não estriadas, observadas ao microscópio eletrônico. Cores artificiais. São responsáveis por movimentos que não dependem da nossa vontade (involuntários), como os movimentos respiratórios e os dos intestinos. Aumento de 520 vezes.

EYE OF SCIENCE/SPL/LATINSTOCK

Fibras musculares estriadas ou esqueléticas vistas ao microscópio eletrônico. Cores artificiais. São longas, cilíndricas, com fibras transversais (estrias). Respondem pelos movimentos que dependem da nossa vontade (voluntários), como mastigar. Aumento de 480 vezes.

STEVE GSCHMEISSNER/SPL/LATINSTOCK

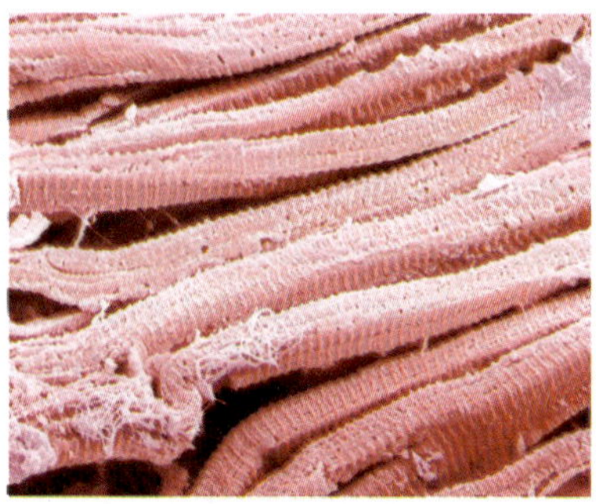

Fibras musculares estriadas cardíacas vistas ao microscópio eletrônico. Cores artificiais. São células que, apesar de estriadas, controlam os batimentos cardíacos, que não dependem da nossa vontade. Aumento de 424 vezes.

Tecido conjuntivo

É o tecido encontrado em maior quantidade no organismo humano. Ele faz a ligação entre a epiderme e os músculos e entre os músculos e os ossos. Pode ser classificado em **tecido ósseo**, **tecido cartilaginoso**, **tecido conjuntivo propriamente dito**, **tecido adiposo** e **tecido sanguíneo**.

Tecido ósseo

O **tecido ósseo** forma os ossos que compõem o esqueleto. O esqueleto é responsável pela proteção dos órgãos internos e, com os músculos, permite a movimentação do corpo e a locomoção.

As células do tecido ósseo contêm cálcio, um sal mineral, e osseína, uma proteína, que oferecem ao osso, respectivamente, resistência e flexibilidade.

A deficiência de cálcio na alimentação pode enfraquecer os ossos, causando deformações e/ou fraturas. Alimentos ricos em cálcio, como o leite e seus derivados (queijo e iogurte), são importantes para a manutenção da saúde dos ossos.

Tecido cartilaginoso

O **tecido cartilaginoso** forma as cartilagens do organismo. Nos embriões, as cartilagens constituem a maior parte do esqueleto. No entanto, durante o desenvolvimento e o crescimento do indivíduo, as células cartilaginosas são substituídas em grande parte pelo tecido ósseo.

Ao nascerem, as crianças ainda apresentam cartilagens nas extremidades dos ossos longos, como os ossos das pernas, que vão sendo substituídas por tecido ósseo no decorrer de seu crescimento. No adulto, as cartilagens estão restritas a poucas partes do corpo, por exemplo, a extremidade do nariz, a orelha externa e as articulações que envolvem os ossos.

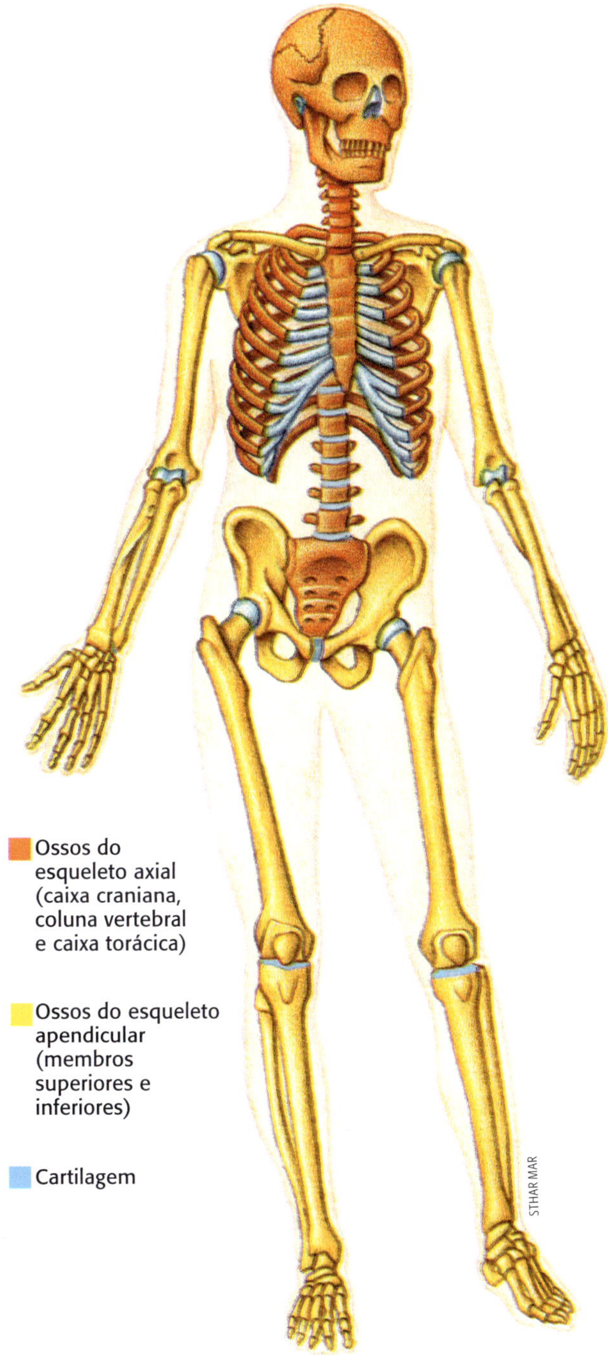

Representação esquemática dos tecidos ósseo e cartilaginoso. Cores fantasia. Elementos fora de escala de proporção e tamanho.

Fonte: MARIEB, E. N.; HOEHN, K. N. *Human anatomy & physiology*. Londres: Pearson Benjamin Cummings, 2010.

Tecido conjuntivo propriamente dito

Esse tecido conjuntivo forma, por exemplo, a derme, camada da pele que fica logo abaixo da epiderme. Na derme, o espaço entre as células é preenchido com as proteínas de colágeno e de elastina. Essas proteínas sustentam esse tecido e dão elasticidade a ele. Com o passar do tempo, a perda dessas proteínas diminui a elasticidade da pele, causando flacidez e rugas, que podem ser observadas em pessoas mais velhas. O tecido conjuntivo também preenche os espaços entre as fibras musculares e envolve os vasos sanguíneos.

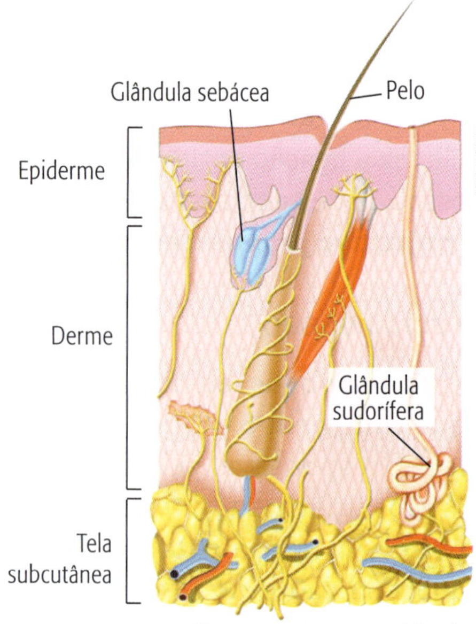

LUIS MOURA

Representação esquemática da pele e seus anexos vistos em corte. Cores fantasia. Elementos fora de escala de proporção e tamanho.

Tecido adiposo

O tecido adiposo forma a **tela subcutânea** (antes denominada hipoderme), localizada abaixo da derme. Suas células têm vesículas (pequenas bolsas) de gordura.

PORF. P. MOTTA/DEPT. OF ANATOMY/UNIVERSITY LA SAPIENZA, ROME/SPL/LATINSTOCK

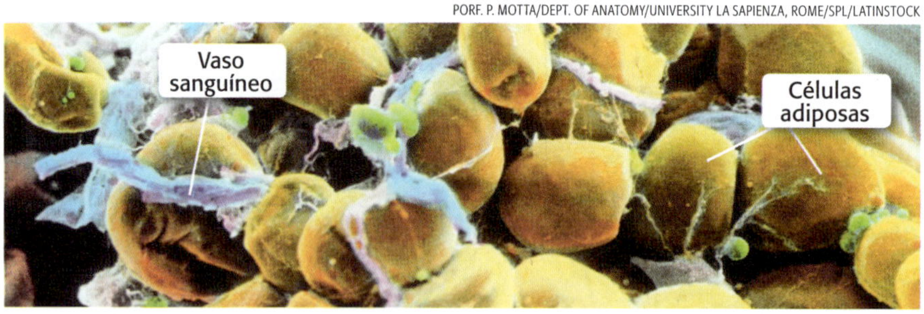

Fotomicrografia eletrônica de células adiposas. Cores artificiais. Fibras (rosa, verde, branco) dão suporte a essas células. Vasos de sangue (coloridos em azul) trazem a gordura excedente de outras células. Aumento de 470 vezes.

Podem ser destacadas duas funções importantes do tecido adiposo: ser um isolante térmico, retendo parte do calor produzido pelo organismo; e constituir uma reserva energética, pois a gordura acumulada em suas células pode ser usada para a produção de energia.

Tecido sanguíneo

O sangue é o único tecido do corpo formado por uma parte líquida: o **plasma**. O plasma é formado por água, proteínas, substâncias nutritivas, hormônios e excretas.

Excretas: o que o corpo precisa eliminar.

Esse tecido contém também os chamados **elementos figurados**, que são as células sanguíneas (glóbulos vermelhos ou hemácias, glóbulos brancos ou leucócitos e plaquetas).

As hemácias ou glóbulos vermelhos transportam o gás oxigênio. Nos mamíferos, essas células não têm núcleo e por isso apresentam um tempo de vida curto, de aproximadamente 120 dias.

Os leucócitos (ou glóbulos brancos) defendem o corpo contra a ação de microrganismos ou substâncias estranhas ao organismo. O nome dessa célula é originário do grego (*leukos* = "branco"; *kytos* = "células"). Existem diferentes tipos de leucócitos que atuam de forma específica, por exemplo, produzindo anticorpos ou englobando e destruindo os corpos estranhos.

As plaquetas são fragmentos de células, fundamentais para o processo de coagulação sanguínea. Por causa da ação das plaquetas, o sangue que sai de ferimentos coagula rapidamente.

Imagem ao microscópio eletrônico de glóbubos vermelhos, em forma de disco; glóbulos brancos (amarelo) e plaquetas (rosa). Cores artificiais. Aumento de 2 500 vezes.

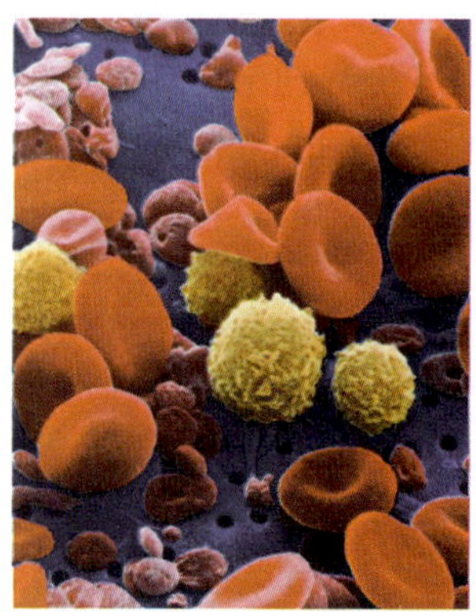

NATIONAL CANCER INSTITUTE/SPL/LATINSTOCK

ÓRGÃOS E SISTEMAS

As células do corpo formam tecidos. Os tecidos podem se agrupar para formar os **órgãos**. Cada órgão é formado por um ou mais tecidos diferentes, com funções relacionadas à atividade desempenhada pelo órgão em que estão localizados.

Os órgãos desempenham funções que cada tecido não poderia realizar se estivesse separado dos outros tecidos. São exemplos de órgãos o cérebro, o estômago, os rins, os pulmões e o coração.

Os órgãos que trabalham em conjunto para a realização de determinada função formam um **sistema**.

O corpo humano apresenta os sistemas digestório, respiratório, urinário, cardiovascular, imunitário, linfático, esquelético, muscular e genital.

DE CÉLULAS A SISTEMAS

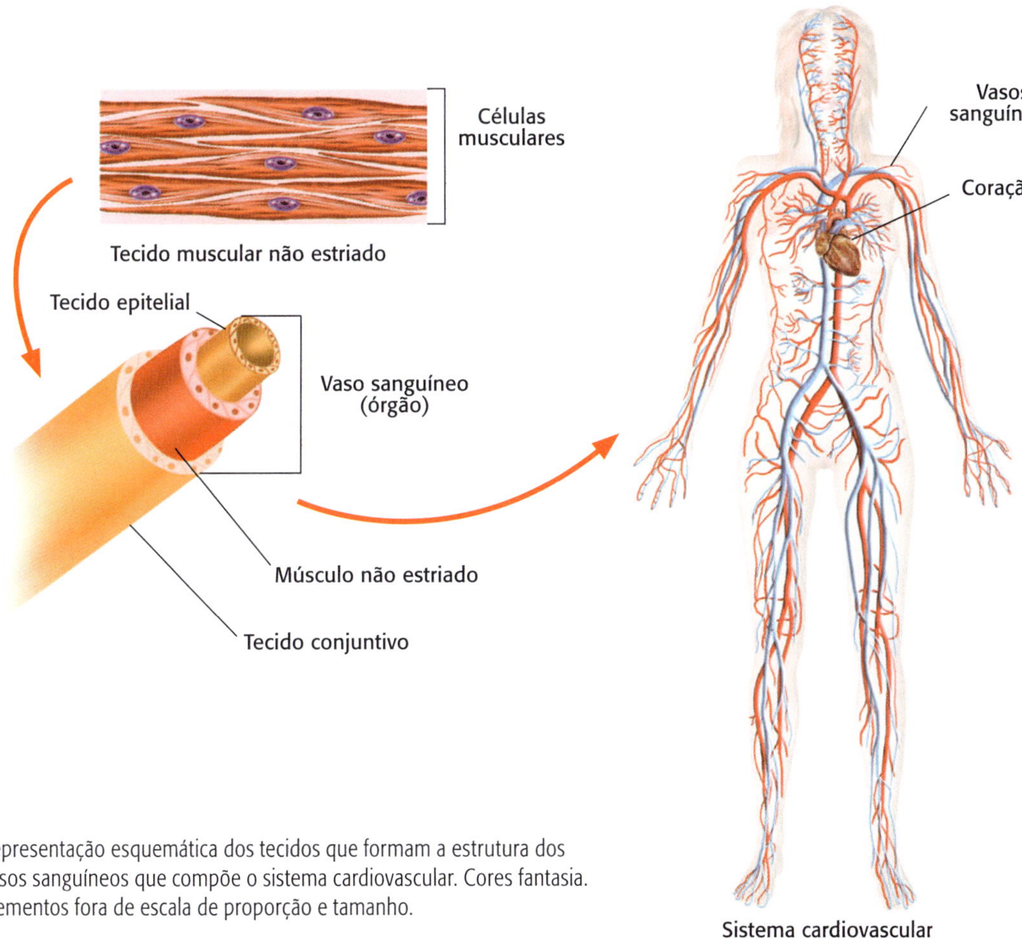

Representação esquemática dos tecidos que formam a estrutura dos vasos sanguíneos que compõe o sistema cardiovascular. Cores fantasia. Elementos fora de escala de proporção e tamanho.

Pista 3

De que forma o ser humano modificou os diversos ambientes para poder ocupá-los? Mencione exemplos.

INTEGRAÇÃO DOS SISTEMAS

Para manter a vida, é necessário que todos os sistemas desempenhem suas funções adequadamente, realizando tarefas de forma integrada aos demais.

As diversas atividades realizadas pelo corpo humano – como respirar, domir, se alimentar e se movimentar – dependem da integração de órgãos e sistemas.

Coordenação e relação

O **sistema nervoso** é responsável pela percepção dos estímulos do meio externo. Ele, então, processa as informações e as transmite. A percepção do meio é fundamental para a nossa sobrevivência. Dela participam os **sentidos** (visão, audição, olfato, tato, gustação).

O **sistema endócrino** participa do controle das funções do organismo por meio da produção de hormônios que regulam várias atividades. Os hormônios atuam em tecidos e órgãos específicos, desencadeando respostas do organismo.

O sistema nervoso e o sistema endócrino atuam conjuntamente.

Locomoção e movimento

O **sistema muscular** e o **esquelético** atuam em conjunto para proporcionar a locomoção e os movimentos do corpo, desde os mais simples, como piscar, até os mais complexos, como desenhar e correr.

Revestimento e defesa

A pele, que recobre todo o corpo, protege o organismo da entrada de agentes agressores, como certas bactérias e vírus; ela atua como uma barreira.

O **sistema imunitário** produz células de defesa que podem combater esses agentes, evitando diversas doenças.

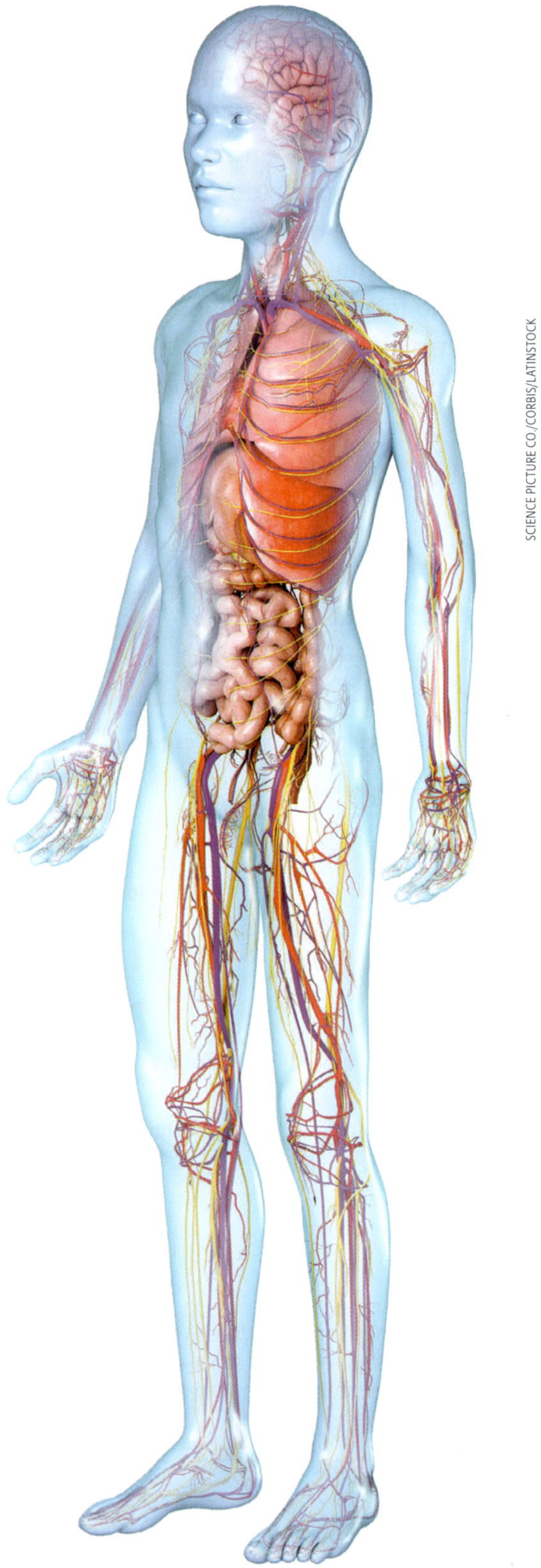

Os órgãos e sistemas do corpo humano estão em constante integração. Representação do corpo humano internamente, alguns órgãos estão em destaque. Cores fantasia. Elementos fora de escala de proporção e tamanho.

Nutrição

Cada célula do organismo precisa de oxigênio e de nutrientes. Além disso, elas produzem resíduos que devem ser eliminados.

O **sistema respiratório** garante as trocas gasosas, enquanto o **digestório** permite que os nutrientes dos alimentos sejam aproveitados. O sistema **cardiovascular** se encarrega de distribuir essas substâncias pelo sangue. Os resíduos do metabolismo são eliminados na urina, produzida pelo sistema **urinário**.

O **sistema digestório** é formado por língua, glândulas salivares, estômago, fígado, pâncreas e intestinos. Esse conjunto de órgãos tem a função de transformar os alimentos para que eles possam ser absorvidos pelo organismo e nutrir o corpo.

O **sistema cardiovascular** leva para as células, por meio do sangue, os nutrientes da digestão e o gás oxigênio. O sistema respiratório é responsável pelas trocas gasosas; nesse processo, o gás oxigênio é absorvido e o gás carbônico é liberado.

Os nutrientes obtidos na digestão e o gás oxigênio são usados na respiração celular.

Como resultado de seu metabolismo, as células produzem substâncias tóxicas, como gás carbônico e ureia, que precisam ser eliminadas. O **sistema urinário**, do qual fazem parte os rins, produz a urina. Com a urina, são eliminados os resíduos tóxicos.

THINKSTOCK/GETTY IMAGES

Diversos sistemas – como o cardiovascular, o muscular e o respiratório – atuam em conjunto durante uma atividade física intensa.

Reprodução e manutenção da espécie

A função reprodutiva é realizada pelo **sistema genital**.

Embora não seja essencial para o indivíduo, a reprodução é fundamental para a manutenção da espécie humana.

Na reprodução humana, o ovócito (gameta feminino) se une ao espermatozoide (gameta masculino), formando o zigoto ou célula-ovo que originará o novo indivíduo, o qual herdará as características dos genitores.

A maturidade sexual só ocorre na puberdade, os hormônios preparam o corpo para a reprodução e provocam mudanças físicas e comportamentais – é nessa fase que as pessoas geralmente começam a se interessar por relacionamentos amorosos.

NÃO DEIXE DE LER

- **Da cabeça aos pés**
  O texto destaca notícias sobre o corpo humano e saúde publicadas na revista *Ciência Hoje das Crianças*. Disponível em: <http://chc.cienciahoje.uol.com.br/da-cabeca-aos-pes/> Acesso em: 20 maio 2015.

teia do saber

1. Cite duas funções do núcleo celular.

2. Como o número de cromossomos da espécie humana se mantém mesmo após o encontro do ovócito com o espermatozoide?

3. Por que é importante que as células do tecido epitelial estejam bem próximas umas das outras?

4. Observe a ilustração abaixo e responda às questões.

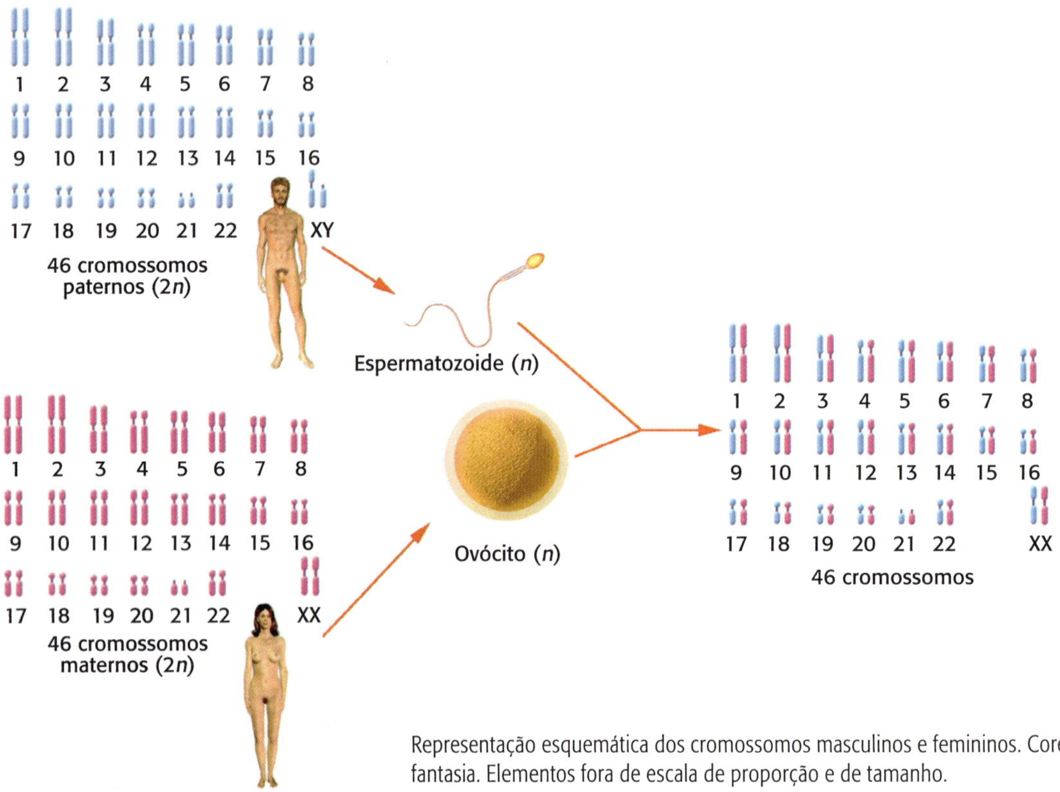

LUIS MOURA

Representação esquemática dos cromossomos masculinos e femininos. Cores fantasia. Elementos fora de escala de proporção e de tamanho.

a. O que o esquema representa?

b. Quantos cromossomos têm o espermatozoide e o ovócito humanos?

c. Onde são encontrados os cromossomos?

5. Qual é o nome das células que compõem a gordura do corpo? Quais as funções desse tecido para o organismo?

6. Leia o texto e responda:

> A leucemia é uma doença dos glóbulos brancos (leucócitos), geralmente de origem desconhecida. Tem como principal característica o acúmulo de células jovens anormais na medula óssea, que substituem as células sanguíneas normais. A medula é o local de formação das células sanguíneas e ocupa a cavidade dos ossos, sendo popularmente conhecida por tutano. Nela são encontradas as células que dão origem aos glóbulos brancos, aos glóbulos vermelhos (hemácias ou eritrócitos) e às plaquetas.
>
> *Leucemia*. Disponível em: <http://www2.inca.gov.br/wps/wcm/connect/tiposdecancer/site/home/leucemia/definicao>. Acesso em: 5 mar. 2015.

a. O texto se refere a qual tecido do corpo humano?

b. Qual é a função dos glóbulos brancos?

7. O esquema ao lado representa um tecido do corpo humano.

a. Que tecido é esse?

b. Quais são as células que formam esse tecido?

c. O que representam as partículas amarelas?

d. Qual a função dessas partículas?

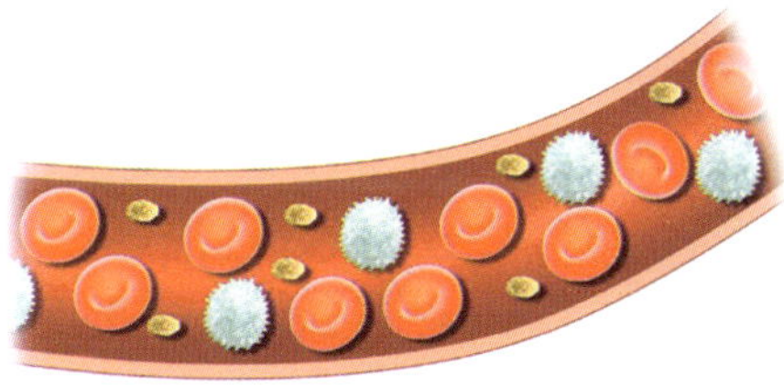

LUIS MOURA

Representação esquemática de um vaso sanguíneo em corte. Cores fantasia. Elementos fora de escala de proporção e de tamanho.

8. A gravura abaixo foi apresentada em um manuscrito medieval inglês de 1292. Nessa representação artística, aparecem alguns órgãos internos do corpo humano. Desde a época em que essa gravura foi feita até os dias de hoje, avanços tecnológicos permitiram que novas descobertas fossem feitas, alterando as ideias sobre o corpo humano.

Observe com atenção a imagem e faça o que se pede.

a. Identifique na gravura os órgãos do corpo humano representados.

b. Qual a importância desses órgãos para a sobrevivência do ser humano?

c. Pesquise representações atuais do corpo humano. Em seguida, compare-as com essa gravura medieval. O que há de diferença entre elas?

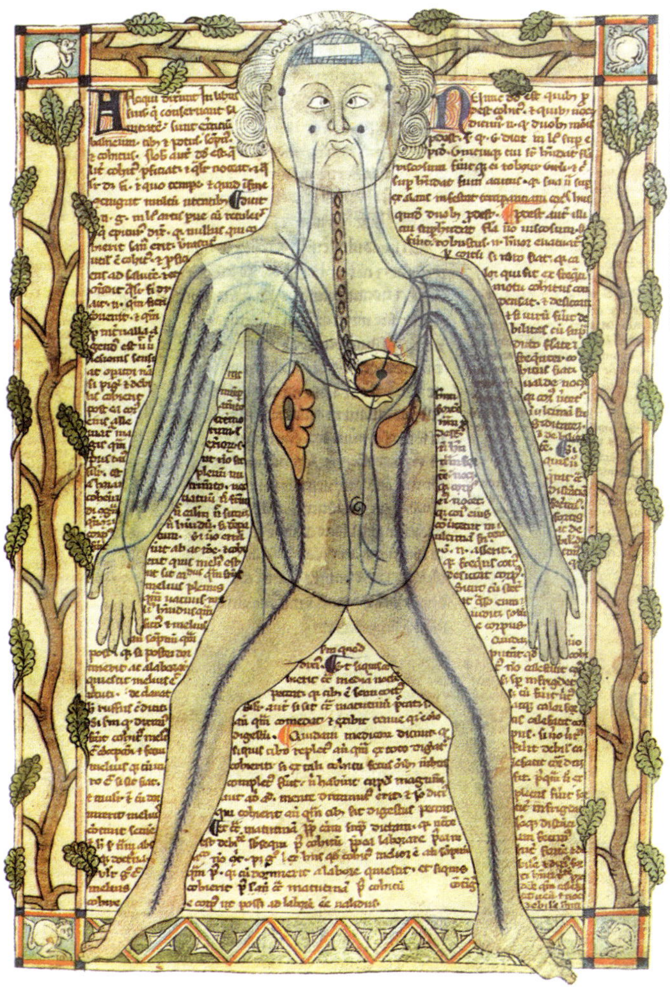

SPL/LATINSTOCK/BODLEIAN LIBRARY, OXFORD, INGLATERRA

Corpo humano representado por uma gravura em um manuscrito medieval inglês. Atualmente, esse manuscrito está armazenado na Bodleian Library, em Oxford, Inglaterra.

9. Cite um tipo de célula que compõe cada tecido listado e explique a função de cada tecido.

a. Tecido sanguíneo
b. Tecido nervoso
c. Tecido muscular
d. Tecido adiposo
e. Tecido epitelial

10. Observe a imagem, leia a legenda e o texto e depois responda às questões.

Estalar as juntas faz mal?

Depende! "Estalos ocasionais ou espontâneos, como costuma acontecer nos pés e tornozelos depois de levantarmos da cama, são [inofensivos]. Mas se forem repetidos com frequência, aumentam a produção do líquido interno das juntas, o que pode causar engrossamento, dor e perda de flexibilidade", afirma o dr. Isidio Calich, da Faculdade de Medicina da USP. Conforme o tipo de estalo, pode provocar também sérios danos nos tendões e na cartilagem que recobre a extremidade dos ossos. Existem dois tipos de estalo. O primeiro ocorre quando esticamos a junta puxando um dedo, por exemplo. Isso gera uma espécie de vácuo que faz o líquido no interior das juntas se movimentar com violência, daí o ruído. O outro tipo é quando dobramos a articulação. Nesse caso, o estalo se deve ao atrito entre as cartilagens dos ossos – como quando apertamos os dedos contra a palma da mão – ou, então, ao contato do tendão com alguma saliência óssea – ao girar o tornozelo, por exemplo. A princípio, todas as juntas do corpo podem ser estaladas, mas não vale a pena tentar comprovar isso na prática.

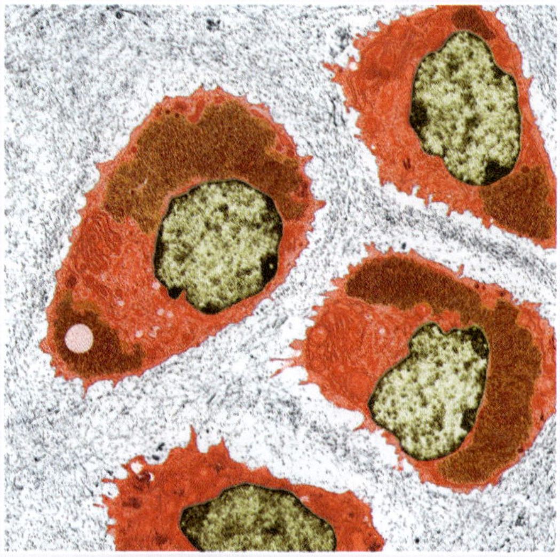

STEVE GSCHMEISSNER/SPL/LATINSTOCK

Células cartilaginosas vistas ao microscópio eletrônico. Cores artificiais. Elas fazem parte do tecido cartilaginoso do nariz. Entre essas células, há espaço preenchido por um tecido com fibras elásticas. As células produzem as substâncias intercelulares (cor cinza). O núcleo das células foi colorido de verde e o citoplasma, de vermelho. Imagem ampliada 900 vezes.

Estalar as juntas faz mal? Revista *Superinteressante*. Disponível em: <http://super.abril.com.br/saude/estalar-juntas-faz-mal-441991.shtml>. Acesso em: 5 mar. 2015.

a. Quais são os três tecidos citados no texto?
b. Onde há cartilagens no corpo humano?
c. O que são as juntas?
d. O tecido cartilaginoso é uma especialização de um tipo de tecido que também forma os ossos e o sangue. Que tecido é esse?

11. Reescreva as frases erradas, corrigindo-as.

- O tecido cartilaginoso é um tipo de tecido conjuntivo.
- Na derme, encontramos células que armazenam gordura.
- São as células do tecido muscular que constituem as glândulas.
- O tecido adiposo funciona como isolante térmico e para reserva energética.

12. Faça um esquema de um neurônio e identifique o corpo celular, o axônio e os dendritos. Depois, responda: em que parte do neurônio estão as organelas?

13. Ordene as imagens abaixo de acordo com os níveis de organização do corpo humano e explique como eles podem funcionar de forma integrada.

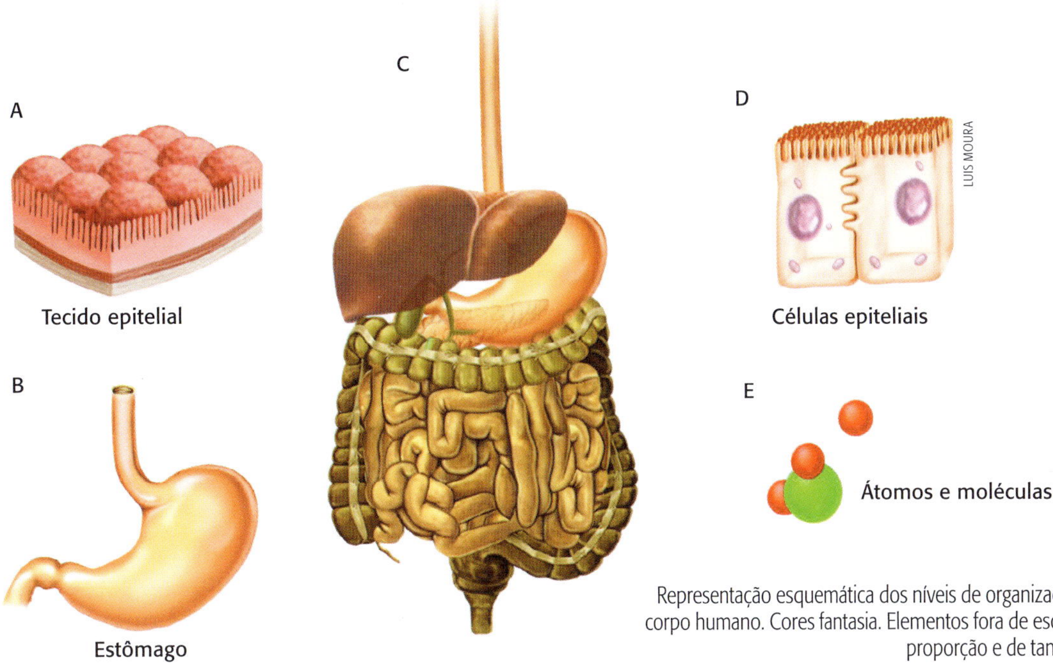

Representação esquemática dos níveis de organização do corpo humano. Cores fantasia. Elementos fora de escala de proporção e de tamanho.

14. No corpo humano, existe um sistema que seja o mais importante de todos? Por quê?

Desfecho

Após refletir sobre os temas desta unidade, qual a sua conclusão sobre a relação do *Homo sapiens* com o ambiente? Quais são os impactos das transformações humanas no ambiente?

Encerrando a unidade

1. Nesta unidade, você estudou vários temas. Escreva em seu caderno um pequeno texto a respeito de cada tópico.

- **Como é a espécie humana**
- **Quais os diferentes tipos de tecidos**
- **Os níveis de organização do corpo humano**

2. Com seus colegas de grupo, leiam o que escreveram. Conversem sobre o aprendizado da unidade e aproveitem para tirar as dúvidas com o professor.

Transplante de tecidos e órgãos

Os avanços da área das ciências contribuíram para o desenvolvimento de transplantes de órgãos e tecidos.

O primeiro transplante foi realizado em 1954, quando um rim foi transferido do corpo de um homem para o corpo de seu irmão gêmeo nos Estados Unidos. A operação durou 24 horas; atualmente, esse tipo de transplante é feito em cinco horas. Em 1968, foi realizada no Brasil a terceira cirurgia cardíaca de transplante do mundo e a primeira da América Latina pelo cirurgião Euriclydes de Jesus Zerbini.

Se uma pessoa optar por doar órgãos, poderá salvar e melhorar a qualidade da vida de pelo menos 25 pessoas. Os órgãos e os tecidos que podem ser transplantados são: coração, rim, fígado, pulmão, pâncreas, córnea, medula óssea, pele e ossos.

Quem pode ser doador?

Para ser doador de órgãos e tecidos, é necessário que haja compatibilidade sanguínea entre doador e receptor. O doador deve ser parente de até quarto grau ou cônjuge do receptor. Caso não seja parente, a doação é realizada mediante autorização judicial. O candidato a doador em vida precisa ser maior de 18 anos.

A doação entre vivos só ocorre se não representar nenhum problema de saúde para o doador e para o receptor. Os órgãos e tecidos que podem ser doados em vida são: rim, parte do fígado, parte do pâncreas, parte do pulmão, medula óssea e sangue.

A doação de órgãos após a morte é feita com a autorização da família do doador.

Quem recebe os órgãos doados?

Na doação em vida, o doador sabe quem irá receber seu órgão. Na doação após a morte, o receptor é escolhido pela Central de Transplantes, onde há cerca de 70 mil pessoas na fila de espera por um órgão.

Crianças e adolescentes têm prioridade para receber órgãos de doadores da mesma faixa etária. No caso de o primeiro da fila ser incompatível com o doador, a prioridade passa para o segundo, e assim sucessivamente.

O tempo é fundamental para o transplante

Após diagnosticada a morte encefálica, com autorização da família, a Central de Transplantes é avisada e busca um receptor. Quanto mais rápida for a doação e a recepção do órgão, melhores serão as possibilidades do transplante, pois alguns órgãos, como o coração e os pulmões, podem ser mantidos fora do corpo por apenas seis horas. Fígado e pâncreas resistem por até 24 horas fora do corpo, desde que mantidos em condições apropriadas de conservação.

Morte encefálica: parada de todas as funções do cérebro. Os testes para detectar morte encefálica são realizados duas vezes, com intervalo de algumas horas, para assegurar um resultado exato, garantindo que não haja mais qualquer possibilidade de recuperação do organismo.

Transplante no Brasil

Levantamento do Ministério da Saúde demonstra que o Brasil reduziu a quantidade de pessoas que aguardam por um transplante de órgão, nos últimos cinco anos. [...]

O Brasil conta com uma rede integrada de serviços de transplantes em 26 estados e no Distrito Federal (DF), sendo 27 Centrais de Notificação, Captação e Distribuição de Órgãos, [...] 481 Centros de Transplantes, 1.180 equipes de Transplantes e 67 Organizações de Procura de Órgãos [...].

Referência mundial no campo dos transplantes, o Brasil realiza 95% dos procedimentos no Sistema Único de Saúde (SUS). Trata-se do maior sistema público de transplantes do mundo. [...]

Disponível em: <http://www.brasil.gov.br/saude/2014/09/campanha-estimula-familias-a-autorizarem-doacao-de-orgaos>. Acesso em: 6 mar. 2015.

MINISTÉRIO DA SAÚDE

Cartaz da campanha de incentivo à doação de órgãos de 2014. Ministério da Saúde/ Governo Federal.

Para doar órgãos e tecidos, uma pessoa precisa comunicar à família o desejo de ser doador.

Para explorar

Com os colegas de classe e o professor, faça a seguinte pesquisa:

1. Quantos estudantes da classe são doadores de órgãos e tecidos, ou seja, já tomaram a decisão de doar e comunicaram seu desejo à família?
2. Quantos estudantes já decidiram ser doadores, mas não comunicaram à família?
3. Quantos não querem ser doadores?
4. Depois da pesquisa, realizem um debate em classe sobre o tema **"Por que ser doador de órgãos?"**.
5. Os cartazes têm como objetivo informar as pessoas e sensibilizá-las sobre alguma questão. Analise o cartaz acima e responda:
   a) Qual é a mensagem que está sendo transmitida?
   b) Que público esse cartaz pretende atingir?

UNIDADE

2 Alimentação e digestão

O Brasil é o quinto maior país do mundo em extensão territorial. São mais de 200 milhões de habitantes, com diferentes tradições culturais, que refletem também nos hábitos alimentares.

Cada região do país também tem sua disponibilidade de diferentes recursos naturais. Como o Brasil foi colonizado principalmente por portugueses e passou a abrigar imigrantes de diversas nacionalidades, a culinária incorporou influências tanto no modo de cozinhar quanto nos ingredientes utilizados por indígenas, africanos, portugueses, espanhóis, árabes, japoneses, entre tantos outros.

CLÁUDIO GONÇALVESS/FOLHAPRESS

Arroz com pequi.

CODO MELETTIE/EDITORA ABRIL - IMAGENS

Caldo de piranha.

Região Centro-Oeste: Muitos pratos dessa região são feitos com peixes de água doce e vegetais do Cerrado, como o pequi, a guariroba e o jenipapo. Entre os pratos típicos estão o arroz com pequi e o caldo de piranha.

JOÃO PRUDENTE/PULSAR IMAGENS

Moqueca capixaba.

THINKSTOCK/GETTY IMAGES

Doce de leite.

Região Sudeste: Tem influência de diversos imigrantes e indígenas. Entre os pratos típicos estão a moqueca capixaba (peixe e camarão cozidos em panela de barro com coentro) e o doce de leite.

ROBSON VENTURA/FOLHAPRESS

Barreado.

CESAR DINIZ/PULSAR IMAGENS

Arroz carreteiro.

Região Sul: Por ter um clima ameno, atraiu muitos imigrantes europeus que influenciaram na culinária local. Entre os pratos típicos estão o barreado (carne de boi cozida em panela de barro com farinha de mandioca e banana-da-terra) e o arroz carreteiro (arroz com carne de charque).

Nesta unidade, você vai saber mais sobre:

- Tipos de nutrientes
- Alimentação saudável
- Sistema digestório: órgãos e funções

MAURICIO SIMONETTI/PULSAR IMAGENS

Pato no tucupi.

EDUARDO ZAPPIA/PULSAR IMAGENS

Maniçoba.

Região Norte: Tem influência indígena com muitos pratos feitos com peixes e frutos nativos do bioma amazônico. Entre os pratos típicos estão o pato no tucupi (pato cozido com a planta jambu e tucupi, líquido extraído da mandioca-brava) e maniçoba (prato de origem indígena feito com folhas de mandioca).

ANTONIO CUNHA/ESP. CB/D.A PRESS

Baião de dois.

YUMMYPIXELS/ALAMY/LATINSTOCK

Acarajé.

Região Nordeste: Tem influência africana e portuguesa. Em geral, os pratos têm sabor acentuado e são apimentados. Muitos pratos são feitos com pescados. Entre os pratos típicos estão o baião de dois (mistura de arroz, feijão, carne-seca e queijo coalho) e o acarajé (bolinho de feijão frito no azeite de dendê recheado com camarão seco).

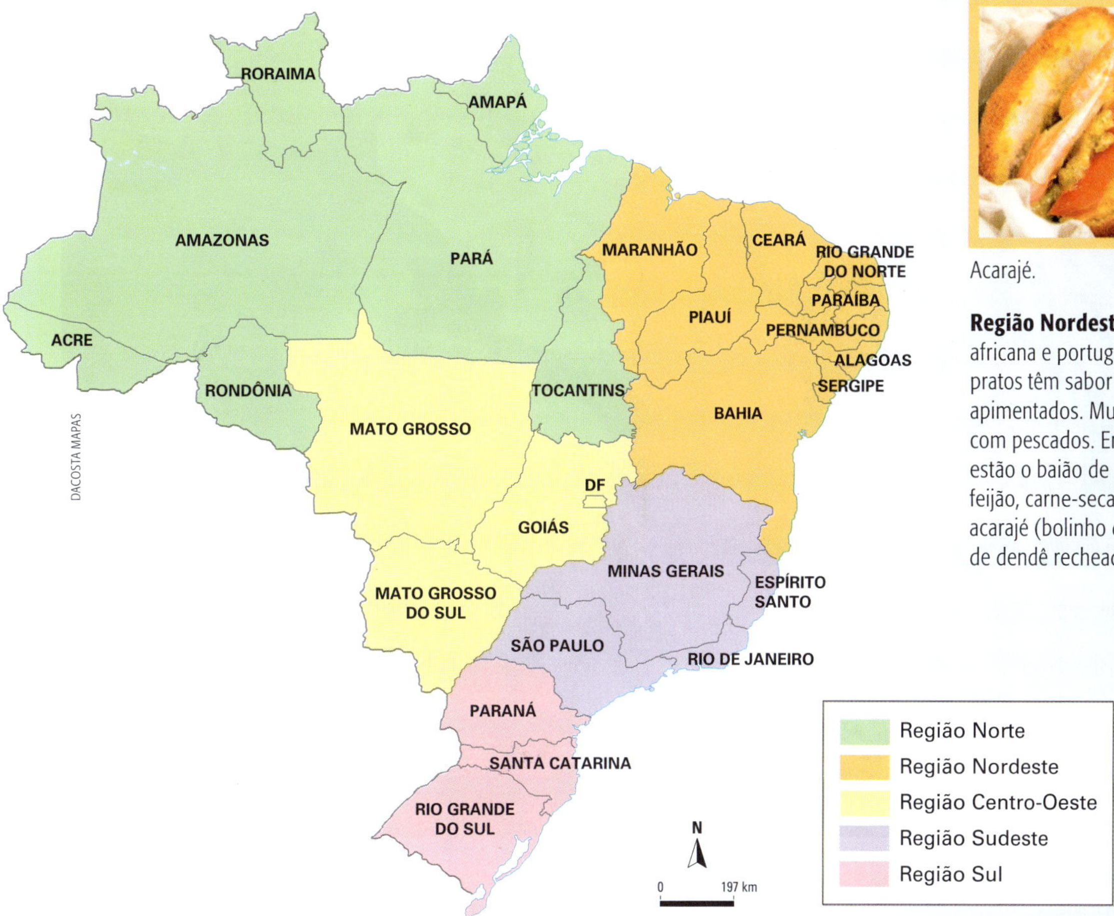

DACOSTA MAPAS

Fonte do mapa: Instituto Brasileiro de Geografia e Estatística. *Atlas escolar*. Disponível em: <http://www.atlasescolar.ibge.gov.br/images/atlas/mapas_brasil/brasil_politico.pdf>. Acesso em: jun. 2016.

TROCANDO IDEIAS

1. Você conhece alguma receita típica da região em que mora? Qual? Você sabe como ela é preparada?
2. Para preparar alimentos, precisamos de certos cuidados. Quais são eles? Por que eles são importantes?
3. No Brasil, a produção de alimentos é muito grande. Que alimentos nosso país produz? Eles são suficientes para toda a população do país?

3 Alimentação

O pintor holandês Albert Eckhout visitou o Brasil entre janeiro de 1637 e maio de 1644, integrando uma comitiva do governo-geral do Brasil Holandês. Eckhout retratou a paisagem, os animais, as plantas e os povos nativos do Brasil.

Abacaxi, melancia e outras frutas, de Albert Eckhout (século XVII). Óleo sobre tela. Essa obra está no *National Museum of Denmark* (Museu Nacional da Dinamarca).

AKG-IMAGES/LATINSTOCK/MUSEU NACIONAL DA DINAMARCA, COPENHAGEN, DINAMARCA

BATE-PAPO

1. Na tela, que alimentos estão sobre a mesa?
2. Os alimentos presentes na tela são comuns na região onde você mora?
3. Os alimentos retratados são considerados saudáveis? Para você, o que é um alimento saudável?

A alimentação dos brasileiros

Como é sua alimentação? Você se alimenta bem? Será que no Brasil todas as pessoas têm acesso a alimentos de qualidade? Refletiremos sobre esse tema ao longo dessa unidade.

COMER OU SE ALIMENTAR?

Em geral, comemos porque sentimos fome ou porque desejamos um tipo específico de alimento. Alimentar-se é fornecer ao organismo, em quantidades adequadas, os nutrientes necessários para sua manutenção e seu desenvolvimento sadio.

Uma boa alimentação deve conter substâncias que forneçam energia para nossas células, material para que novas células ou estruturas celulares sejam produzidas e substâncias essenciais para a ocorrência de uma série de processos importantes, como a coagulação sanguínea, a contração muscular, entre outros.

NÃO DEIXE DE LER

- **Alimentos em pratos limpos.** Egidio Trambaiolli Neto, Editora Atual, 2010.

Água

Ingerida na forma líquida ou por meio de alimentos como frutas, verduras, legumes e carne, a água representa aproximadamente 70% de nosso corpo.

A quantidade de água no corpo pode variar de acordo com a idade do indivíduo. Células de um embrião e de uma criança possuem mais água que as células de um adulto, por exemplo.

A água é essencial para que nosso corpo funcione adequadamente, pois desempenha importantes funções no organismo. Conheça algumas funções da água:

- misturada ao alimento, ajuda a formar o bolo alimentar, facilitando a ação das enzimas digestivas e o seu deslocamento pelo tubo digestório;
- dentro das células, permite a ocorrência de reações químicas;
- dissolve substâncias, facilitando o transporte entre o meio externo e o meio interno da célula;
- ajuda a regular a temperatura do corpo;
- participa da constituição do sangue, responsável pelo transporte de substâncias;
- dissolve as impurezas do sangue filtradas pelos rins, formando a urina.

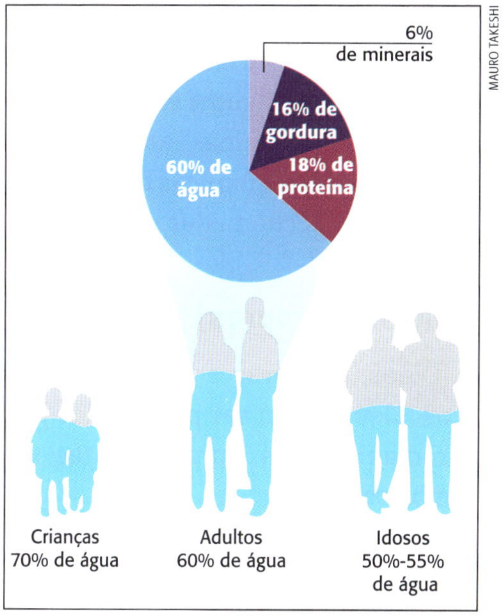

A quantidade de água no corpo humano varia com a idade do indivíduo.

Enzimas digestivas: substâncias que facilitam e aceleram reações químicas da digestão dos alimentos.

Frutas, verduras e legumes apresentam grande concentração de água. A alface, o pepino, o abacaxi e a melancia, por exemplo, apresentam cerca de 90% de água em sua composição.

Os nutrientes

Além da água, existem substâncias essenciais para o bom funcionamento de nosso organismo: proteínas, lipídios (gorduras), carboidratos, vitaminas e sais minerais. Essas substâncias são chamadas **nutrientes**.

Proteínas

As proteínas que consumimos são encontradas em alimentos como carnes (boi, ave, porco e peixe), ovos, leite e seus derivados, e leguminosas (ervilha, soja, lentilha e feijão).

As proteínas são utilizadas na produção de novas células, para o crescimento do organismo ou para reparar alguma estrutura danificada.

Algumas proteínas atuam acelerando as transformações químicas ou no processo de digestão: são as chamadas **enzimas**.

MAXIMILIAN STOCK LTD HE FOOD PASSIONATES/ CORBIS/LATINSTOCK

Alguns alimentos ricos em proteína, como: peixes, carnes, ovos, queijos, feijão, nozes e soja.

Lipídios (gorduras)

Óleos, gorduras e ceras são tipos de lipídios. Eles podem ser produzidos por animais, como as abelhas, ou por plantas, como a carnaubeira.

Os lipídios são encontrados principalmente na carne vermelha, em óleos, na manteiga, em vegetais como o abacate, a castanha-do-pará, a castanha-de-caju, entre outros alimentos.

Esses nutrientes ficam armazenados nas células de gordura e também ajudam a manter a temperatura do corpo.

Se consumidos em excesso, os lipídios podem provocar problemas cardiovasculares e obesidade.

THINKSTOCK/GETTY IMAGES

Alguns alimentos ricos em gordura, como: manteiga, óleo, azeite e abacate.

Carboidratos

São exemplos de alimentos ricos em carboidratos o arroz, a batata, o trigo, o aipim, as frutas e o açúcar.

Os carboidratos são os principais fornecedores de energia para as células. Além disso, fazem parte da estrutura celular. A glicose e o amido são exemplos de carboidratos.

MARTYN F. CHILLMAID/SPL/LATINSTOCK

Alguns alimentos ricos em carboidrato, como: arroz, trigo, banana e massas.

Vitaminas

As vitaminas regulam o funcionamento do corpo humano, mesmo quando estão presentes em pequenas quantidades. Há vitaminas em alimentos de origem vegetal, como a rúcula, a couve-flor, a cenoura, o espinafre e as frutas, e também em alimentos de origem animal. A ingestão insuficiente de vitaminas pode acarretar problemas de saúde.

NECESSIDADE DE SAIS MINERAIS PARA HUMANOS

Vitamina	Principais fontes na dieta	Principais funções no corpo	O que sua falta causa (avitaminose)
A (retinol)	Leite e derivados, vegetais verde-escuros e amarelos.	Manutenção do tecido epitelial, antioxidante, componente de pigmentos visuais.	Cegueira, problemas de pele e dores nas articulações.
B_1 (tiamina)	Carnes, grãos e legumes.	Atua no metabolismo.	Beribéri (doença que afeta os sistemas nervoso e cardiovascular).
B_2 (riboflavina)	Derivados de leite, carnes, grãos e vegetais.	Atua no metabolismo.	Lesões na pele.
B_3 (niacina)	Carnes, nozes e grãos.	Atua no metabolismo.	Lesões gastrointestinais e na pele.
B_5 (ácido pantotênico)	Amplamente distribuído na dieta (como no fígado, milho, ovos e leite).	Atua no metabolismo.	Fadiga (cansaço), falta de coordenação motora.
B_6	Carnes, fígado, cereais integrais e verduras.	Atua no metabolismo de aminoácidos.	Alterações neurológicas, dermatite (inflamação na pele) e fraqueza muscular.
B_9 (ácido fólico)	Vegetais verdes, laranja, nozes e grãos.	Atua no metabolismo dos ácidos nucleicos e aminoácidos.	Anemia, problemas congênitos.
B_{12}	Carnes, derivados de leite e ovos.	Atua no metabolismo dos ácidos nucleicos e na maturação das células vermelhas do sangue.	Anemia, doenças do sistema nervoso.
C (ácido ascórbico)	Frutas e vegetais, especialmente as frutas cítricas, como caju e acerola.	Síntese de colágeno (ossos, cartilagem), antioxidante, melhora a absorção de ferro.	Escorbuto (doença que causa lesões na pele e sangramentos frequentes), cicatrização lenta.
D (calciferol)	Ovos, cereais, leite e derivados.	Crescimento dos ossos.	Raquitismo (descalcificação, deformação óssea).
E (tocoferol)	Nozes, sementes e óleos vegetais.	Antioxidante, ajuda a prevenir danos às membranas celulares.	Degeneração do sistema nervoso.
K	Vegetais verdes; é sintetizada pelas bactérias da flora intestinal.	Importante na coagulação do sangue.	Problemas de coagulação sanguínea.

Fonte de pesquisa: CAMPBELL, N. A. et al. *Biologia*. Porto Alegre: Artmed, 2010.

Sais minerais

Os sais minerais estão presentes em nosso corpo em quantidades pequenas, mas são muito importantes para o bom funcionamento do organismo. Veja na tabela a seguir alguns exemplos de sais minerais e o que a falta desses sais no organismo pode causar.

NECESSIDADE DE SAIS MINERAIS PARA HUMANOS			
Sal mineral	**Principais fontes na dieta**	**Principais funções no corpo**	**O que sua falta causa**
Cálcio (Ca)	Leite e derivados, alguns vegetais de folhas verde-escuras e vagens.	Formação dos ossos e dentes, coagulação do sangue, formação dos nervos e músculos.	Crescimento retardado, possibilidade de perda óssea.
Ferro (Fe)	Carnes, ovos, grãos e vegetais de folhas verdes.	Componente da hemoglobina, atua no metabolismo energético.	Anemia e baixa resistência.
Potássio (K)	Carnes, leite, grãos e frutas.	Balanço hídrico e função nervosa.	Fraqueza muscular, paralisia e problemas no coração.
Fósforo (P)	Leite e derivados, carnes e grãos.	Formação dos ossos e músculos.	Desmineralização óssea, perda de cálcio, fraqueza.
Iodo (I)	Frutos do mar e sal iodado.	Componente de hormônios da tireoide.	Bócio (aumento da glândula tireoide).
Magnésio (Mg)	Grãos e vegetais de folhas verdes.	Atua no metabolismo energético.	Distúrbios do sistema nervoso.
Sódio (Na)	Sal de cozinha.	Balanço hídrico e função nervosa.	Câimbras, apetite reduzido.
Flúor (F)	Frutos do mar e água tratada.	Manutenção da estrutura dos dentes.	Maior frequência de cáries dentárias.
Zinco (Zn)	Carnes, frutos do mar, grãos.	Componente das enzimas digestivas e outras proteínas.	Problemas de crescimento e na pele.
Cloro (Cl)	Sal de cozinha.	Formação do suco gástrico e função nervosa.	Câimbras, apatia e perda de apetite.

Fonte de pesquisa: CAMPBELL, N. A. et al. *Biologia*. Porto Alegre: Artmed, 2010.

FIQUE DE OLHO

Todos os alimentos industrializados devem informar, na embalagem, os ingredientes que contêm e as informações nutricionais. Veja alguns itens presentes nos rótulos.

- **Porção**: quantidade média do alimento que é geralmente consumida.
- **Quantidade por porção**: quantidade de nutrientes da porção indicada.
- **Valor energético**: energia que a porção indicada do alimento fornece.
- **% VD**: porcentagem do valor diário que o alimento contém, em relação, geralmente, a uma dieta de 2 mil calorias.

MAURO TAKESHI

INFORMAÇÃO NUTRICIONAL		
Porção de 60 g (fatia média)		
Quantidade por porção		**% VD(*)**
Valor energético	175 kcal = 735kJ	9 %
Carboidrato	23,5 g	7,8 %
Proteínas	3,3 g	4,5 %
Gorduras totais	9,2 g	16 %
Gorduras saturadas	0,6 g	2,5 %
Gorduras trans	0 g	0 %
Fibra alimentar	1,1 g	4,5 %
Sódio	96,6 mg	4 %

* Valores Diários de Referência com base em uma dieta de 2 mil Kcal ou 8 400 kJ. Seus valores diários podem ser maiores ou menores dependendo de suas necessidades energéticas.

Rótulo de uma embalagem de pão de forma.

1. Traga para a sala de aula embalagens de dois ou três produtos consumidos em sua casa. Dividam-se em grupos e analisem as embalagens verificando os ingredientes e as informações nutricionais. Qual alimento tem o maior valor energético? Qual tem a maior quantidade de gorduras totais?

2. Reorganizem-se em apenas dois grupos. Um grupo fará uma pesquisa a respeito da gordura *trans* e o outro grupo pesquisará o uso do sódio no preparo de alimentos. Depois, cada grupo fará um cartaz apresentando as desvantagens do consumo excessivo de alimentos que contenham esses ingredientes. Analisem novamente as embalagens e observem a presença de sódio e de gordura *trans*.

Classificação dos nutrientes

Quanto à função desempenhada pelos nutrientes no organismo, podemos classificá-los em **construtores** ou **plásticos**, **energéticos** e **reguladores**.

Construtores ou plásticos

São nutrientes utilizados na formação de novas células, no crescimento do organismo, ou na substituição de células mortas. Esses nutrientes permitem também a produção de estruturas celulares como as moléculas de DNA, de RNA, as mitocôndrias e os lisossomos, por exemplo. As **proteínas** e os **lipídios** são os principais nutrientes construtores.

THINKSTOCK/GETTY IMAGES

THINKSTOCK/GETTY IMAGES

THINKSTOCK/GETTY IMAGES

Os nutrientes construtores são encontrados, por exemplo, na carne vermelha, nos peixes, na ervilha, no feijão e no leite.

Energéticos

Os nutrientes energéticos são aqueles que, dentro de nossas células, são utilizados na produção de energia. **Carboidratos** e **lipídios** são os principais nutrientes energéticos.

THINKSTOCK/GETTY IMAGES

THINKSTOCK/GETTY IMAGES

Os nutrientes energéticos são encontrados, por exemplo, na batata, manteiga, mandioca e castanha-de-caju.

Reguladores

Atuam regulando o funcionamento das células e dos órgãos. São as vitaminas e os sais minerais.

THINKSTOCK/GETTY IMAGES

THINKSTOCK/GETTY IMAGES

Os nutrientes reguladores são encontrados em alimentos como frutas e verduras.

Macronutrientes e micronutrientes

Os nutrientes também podem ser classificados de acordo com a quantidade necessária em nossa dieta.

São **macronutrientes** aqueles de que nosso organismo necessita, proporcionalmente, em grandes quantidades. É o caso de proteínas, lipídios e carboidratos.

Os **micronutrientes** são aqueles necessários ao organismo em pequenas quantidades. São representados por vitaminas e sais minerais. Mesmo sendo necessários em pequenas quantidades, são essenciais à saúde. A não ingestão ou a ingestão insuficiente de um ou mais micronutrientes pode causar doenças. O zinco é um exemplo de micronutriente.

EXPERIMENTE **FAZER**

Procurando o amido nos alimentos

Para pensar

As plantas armazenam amido, um carboidrato, no interior de estruturas celulares. Muitos alimentos de origem vegetal contêm amido. Você sabe quais alimentos contêm amido? Como poderíamos identificar a presença dessa substância nos alimentos?

Objetivo

- Investigar a presença de amido em alimentos.

ATENÇÃO!
Cuidado ao manipular a tintura de iodo.

Materiais

- tintura de iodo (encontrada em farmácias)
- água
- copos descartáveis
- colher de sobremesa
- conta-gotas
- batata pequena
- mandioca pequena
- arroz cozido
- pedaço de pão
- frutas: maçã, pera, melão, entre outras
- leite
- sal
- açúcar
- amido de milho

Procedimentos

1. Coloque cada alimento em um copo descartável diferente. Se necessário, corte-os em pedaços menores.
2. Coloque dez gotas de tintura de iodo em um copo. Adicione 100 mL de água e mexa com a colher de sobremesa.
3. Com o conta-gotas, pingue algumas gotas dessa mistura no copo com o amido de milho.
4. Em seguida, pingue algumas gotas nos demais alimentos.
5. Observe a coloração dos alimentos.
6. Registre o resultado em uma tabela. Veja o modelo abaixo.

Alimento	Cor do alimento após a adição de iodo
Amido de milho	

Resultados

1. Na presença de iodo, como fica o alimento que contém amido?
2. Quais alimentos testados contêm amido?

Conclusões

1. Por que alguns alimentos ficaram com a coloração castanho-clara?
2. Você gostaria de investigar a presença de amido em outros alimentos? Quais?

A ENERGIA DOS ALIMENTOS

Os alimentos podem ser considerados a fonte de energia do corpo humano. Para determinar a quantidade de energia que cada alimento fornece após ser ingerido e o valor nutricional que ele tem, seus constituintes são analisados quimicamente.

A classificação dos alimentos quanto à sua constituição nutricional serve como orientação para que façamos uma dieta balanceada, essencial para garantir uma vida saudável. A Sociedade Brasileira de Alimentação e Nutrição (SBAN) recomenda que as calorias ingeridas diariamente estejam assim divididas: proteínas: de 10% a 12%; lipídios: de 20% a 25% e carboidratos: de 60% a 70%.

Para sabermos se a dieta que estamos adotando é a mais adequada, precisamos antes considerar qual é nosso gasto calórico diário. Idade, sexo biológico, atividade profissional e tipo de atividade física que se pratica podem provocar variação nesses valores. A energia dos alimentos é determinada em quilocalorias (kcal).

Por exemplo, um adulto do sexo masculino com vida sedentária (que não pratica ou pratica pouca atividade física) necessita de cerca de 2 200 kcal por dia, enquanto um trabalhador rural, cujo trabalho despende grande quantidade de energia, pode necessitar de até 4 mil kcal por dia.

Para crianças e jovens em fase de crescimento, as necessidades calóricas variam muito de acordo com a idade. Na adolescência, as necessidades calóricas variam de 1 500 a 3 500 kcal, considerando-se o grau de atividade física praticado.

Consumo energético de algumas atividades (para pessoas com 70 kg)

Atividade	Kcal/h
Dormir	66
Ficar deitado sem dormir	77
Vestir-se	120
Praticar exercício leve	170
Praticar exercício intenso	450
Subir escadas	1 100
Caminhar	330

Fonte: AVANCINI, E.; FAVARETTO, J. A. *Biologia*: uma abordagem evolutiva e ecológica. São Paulo: Moderna, 1997.

CESAR DINIZ/PULSAR IMAGENS

Em exercícios intensos, como dançar, são gastas 450 kcal por hora. Na foto, apresentação de maracatu, em Paraty (RJ), 2012.

A PIRÂMIDE ALIMENTAR

A pirâmide alimentar é uma forma de organizar os alimentos de acordo com as porções diárias ideais para uma alimentação saudável. Assim, os alimentos da base da pirâmide devem ser consumidos em maior quantidade, e os do topo, em menor quantidade.

NÃO DEIXE DE ACESSAR

- **Guia alimentar: Como ter uma alimentação saudável** <http://bvsms.saude.gov.br/bvs/publicacoes/guia_alimentar_alimentacao_saudavel.pdf> Acesso em: 11 mar. 2015.

Representação esquemática da pirâmide alimentar brasileira. Porções indicadas para dieta de 2 mil calorias. Elementos fora de escala de tamanho e proporção.

Fonte: PHILIPPI, S. T. (org.). *Pirâmide dos alimentos*. Fundamentos básicos da nutrição. Barueri: Manole, 2008.

FIQUE DE OLHO

1. Liste os alimentos consumidos por você no dia de ontem e posicione-os na pirâmide. Verifique quais alimentos necessitam ser mais, ou menos, consumidos por você.
2. Por que as atividades físicas foram mencionadas na base da pirâmide?

Pista 1

Como deve ser uma refeição saudável e equilibrada? Quais são os grupos de nutrientes de que precisamos?

SAIBA MAIS

Conservação de alimentos

“ A conservação de alimentos vem sendo praticada pelo homem ao longo da história, associada à necessidade de sobrevivência humana.

O conhecimento científico dos processos químicos e biológicos envolvidos nesse processo foi elucidado com as pesquisas de Louis Pasteur, com a descoberta de que seres microscópicos transformavam a uva em vinho. Desde então, sabe-se da existência de microrganismos capazes de deteriorar alimentos, os quais devem ser controlados.

Assim, a conservação pode ser definida como um método de tratamento empregado nos alimentos com o objetivo de aumentar sua durabilidade, mantendo a qualidade. As técnicas de conservação vêm sendo aperfeiçoadas pelo ser humano até os dias de hoje.

Conservação pelo calor: consiste no emprego de temperaturas ligeiramente acima das máximas que permitem a multiplicação dos microrganismos, eliminando os microrganismos patogênicos ou inativando as células vegetativas. Como exemplos, pode-se citar a pasteurização e a esterilização.

Conservação pelo frio: tem como objetivo retardar as reações químicas e enzimáticas, bem como retardar ou inibir o crescimento e a atividade dos microrganismos nos alimentos. A refrigeração e o congelamento são exemplos deste tipo de conservação.

Conservação pelo controle do teor de umidade: consiste em retirar água do alimento, o que dificulta a ação dos microrganismos deteriorantes, através de secagem natural ou desidratação.

Conservação pela adição de solutos: consiste em adicionar sal ou açúcar ao alimento para reter a água.

Conservação por defumação: adição de fumaça, aplicada principalmente em carnes e derivados.

Conservação por fermentação: utiliza o crescimento controlado de microrganismos selecionados, capazes de modificar textura, sabor, aroma e qualidade nutricional dos alimentos. Exemplos: fermentação láctica (fabricação de iogurtes) e fermentação alcoólica (produção de vinhos). ”

Conservação e armazenamento. Disponível em: <http://www.segurancaalimentar.ufrgs.br/consumidor_dicas4.htm>. Acesso em: 11 mar. 2015.

THINKSTOCK/GETTY IMAGES

Iogurte, alimento conservado por fermentação.

Patogênicos: causadores de doenças.

THINKSTOCK/GETTY IMAGES

Conservação de alimento por adição de soluto, no caso, açúcar nessas compotas.

Para pensar

1. Qual a finalidade da utilização de técnicas para a conservação de alimentos?
2. Cite um exemplo de alimento conservado pela adição de solutos.
3. Nas residências, é comum o emprego de algumas técnicas de conservação de alimentos mencionadas no texto. Converse com os adultos da sua residência sobre quais delas costumam ser usadas em casa.

teia do saber

1. Cite três importantes funções da água em nosso organismo.

2. Uma pessoa que resolva se tornar vegetariana, isto é, que passe a se alimentar exclusivamente de vegetais, deve substituir as fontes de proteínas animais por qual tipo de alimento vegetal? Justifique sua resposta.

3. Diferencie macronutrientes de micronutrientes. Dê um exemplo de cada tipo.

4. Qual dos componentes está presente em maior quantidade nos seres vivos: carboidratos, água, vitaminas, sais minerais ou lipídios? Explique sua resposta.

5. Observe os alimentos mostrados nas fotografias abaixo e depois faça o que se pede.

THINKSTOCK/GETTY IMAGES
Pão de trigo.

THINKSTOCK/GETTY IMAGES
Tomate.

THINKSTOCK/GETTY IMAGES
Carne vermelha.

FERNANDO FAVORETTO/CRIAR IMAGEM
Feijão.

THINKSTOCK/GETTY IMAGES
Alface.

THINKSTOCK/GETTY IMAGES
Mamão.

a. Faça uma tabela como a do modelo a seguir em seu caderno e nela classifique os alimentos das fotografias de acordo com sua função principal: construtor, energético ou regulador. Observe o exemplo.

Alimento	Nutrientes presentes	Classificação dos nutrientes	Eu como este alimento?	
			Sim	Não
Mamão	Vitaminas/sais minerais	Regulador	X	

b. Acrescente à tabela outros dez alimentos consumidos em sua casa.

6. Leia o texto abaixo e depois responda à questão.

As fibras vegetais são carboidratos encontrados em alimentos como as verduras, as frutas e os grãos integrais. As fibras não são consideradas nutrientes para os seres humanos, pois o sistema digestório humano não consegue digeri-las e absorvê-las, mas são muito importantes para estimular as contrações da musculatura do sistema digestório, principalmente do intestino.

Grãos integrais: grãos como o arroz e o trigo, cuja casca, rica em nutrientes e fibras, não foi retirada no processo de industrialização.

- Se as fibras não são absorvidas pelo organismo, qual é a função delas no processo de digestão humana?

7. Em seu caderno, explique as funções desempenhadas pelos nutrientes de acordo com sua classificação.

a. Construtores **b.** Energéticos **c.** Reguladores

8. Observe a fotografia ao lado. Ela mostra uma refeição brasileira, que contém proteínas (carne, ovo e feijão), carboidratos (arroz e feijão) e lipídios (ovo e carne). Os sais minerais podem ser encontrados no tempero, no ovo e no feijão.

a. Que grupo importante de alimento está faltando? Por que ele é importante?

b. Como você completaria essa refeição?

DELFIM MARTINS/PULSAR IMAGENS

Fotografia de uma refeição comum entre os brasileiros, com arroz, feijão, ovo e carne.

9. Leia as afirmações a seguir. Depois, reescreva em seu caderno as frases incorretas, corrigindo-as.

- As fibras vegetais podem ser encontradas em alimentos como grãos integrais, verduras e frutas.
- Todas as pessoas têm a mesma necessidade calórica.
- Pessoas que não praticam ou praticam pouco exercício físico correm maior risco de se tornar obesas se consumirem a mesma quantidade diária de calorias de um atleta, por exemplo.
- Na pirâmide alimentar, alimentos como os grãos integrais e as frutas estão posicionados no topo.
- A atividade profissional de um indivíduo não influencia suas necessidades calóricas diárias.

10. Você acredita que para fazer uma dieta equilibrada basta contar a quantidade de calorias ingeridas em um dia? Justifique sua resposta.

11. Leia o texto e depois responda às questões.

> "A ingestão em excesso de sódio pela população brasileira, apontada pela análise de consumo alimentar pessoal da Pesquisa de Orçamentos Familiares (POF) do Instituto Brasileiro de Geografia e Estatística (IBGE), é resultado do consumo exagerado de alimentos industrializados que contêm esse nutriente e do hábito do brasileiro em salgar muito a comida", disse a professora Raquel Botelho, do Departamento de Nutrição da Universidade de Brasília (UnB). [...]
>
> De acordo com o IBGE, o consumo de sódio é maior entre os jovens, que em geral consomem mais os alimentos industrializados. Para a presidente do Conselho Regional de Nutrição do Distrito Federal, Mara Saleti De Boni, os bons hábitos precisam ser formados logo que o bebê passa do leite materno para o consumo de vegetais e frutas. "Quando trabalhamos com as mães o preparo dessas comidas, elas acham que está sem sal, mas a criança não tem esse parâmetro. Por isso, quanto mais cedo os hábitos forem construídos de maneira certa, melhor."
>
> [...] No caso dos alimentos industrializados que podem conter sódio em excesso, é importante que o consumidor aprenda a ler as informações contidas nas embalagens.
>
> Amanda Cieglinski. *Consumo excessivo de sal está ligado a hábito alimentar do brasileiro, dizem especialistas*. Disponível em: <http://agenciabrasil.ebc.com.br/noticia/2011-07-28/consumo-excessivo-de-sal-esta-ligado-habito-alimentar-do-brasileiro-dizem-especialistas>. Acesso em: 11 mar. 2015.

a. Que tipo de nutriente é o sódio?

b. Onde ele pode ser encontrado?

c. O que a falta de sódio pode causar?

d. Faça uma pesquisa sobre o que o consumo em excesso de sódio pode causar nos seres humanos.

12. Leia as informações apresentadas a seguir, depois responda às questões.

Lucas tem 13 anos. De acordo com sua idade, ele deve ingerir cerca de 2 mil kcal diariamente. Antes de ir para a escola, Lucas toma seu café da manhã: três colheres de sopa (30 g) de cereais matinais misturados com um copo de leite integral (200 mL).

Cereal matinal		
Porção de 30 g (3/4 de xícara)		
Quantidade por porção		% VD (*)
Valor energético	114 kcal	8
Carboidratos	26 g	1
Proteínas	1,2 g	7
Gorduras (lipídios)	0 g	0
Fibra alimentar	0,6 g	2
Sódio	182 mg	11
Cálcio	0 mg	0
Ferro	3,4 mg	24
Zinco	1,8 mg	26

Leite integral		
Porção de 200 mL (1 copo)		
Quantidade por porção		% VD (*)
Valor energético	132 kcal	7
Carboidratos	10 g	3
Proteínas	7 g	9
Gorduras (lipídios)	7 g	13
Fibra alimentar	0 g	–
Sódio	110 mg	5
Cálcio	246 mg	25

Reprodução dos rótulos das embalagens do cereal matinal e do leite consumido por Lucas.

* Valores diários de referência com base em uma dieta de 2 mil kcal.

a. Calcule o valor calórico total ingerido por Lucas no café da manhã, de acordo com as informações fornecidas nos rótulos dos alimentos. Quantas calorias ele ainda deverá ingerir para suprir suas necessidades diárias?

b. Qual foi a quantidade total de cálcio ingerida por Lucas? Qual é a sua necessidade diária?

c. A partir de que outros alimentos Lucas poderá obter os sais minerais cálcio e fósforo?

13. Leia o texto e responda às questões.

A acerola contém grande teor de ácido ascórbico, ou seja, de vitamina C. Ingerindo apenas dois frutos, a necessidade diária dessa vitamina para o organismo é satisfeita. Quanto mais verde o fruto, maior a quantidade de vitamina C que ele contém.

J. L. BULCÃO/PULSAR IMAGENS

A acerola é um fruto arredondado, com 1 a 3 centímetros de diâmetro. É uma planta originária da América Central.

a. Quais são as principais funções no corpo humano do nutriente mencionado no texto?

b. Mencione outros alimentos que contêm esse nutriente.

14. Uma alimentação saudável deve incluir preferencialmente alimentos *in natura* ou minimamente processados. Leia um trecho do *Guia alimentar para a população brasileira*, publicado em 2014 pelo Ministério da Saúde, e depois faça o que se pede.

Alimentos *in natura* ou minimamente processados

Alimentos *in natura* ou minimamente processados, em grande variedade e predominantemente de origem vegetal, são a base para uma alimentação nutricionalmente balanceada, saborosa, culturalmente apropriada e promotora de um sistema alimentar socialmente e ambientalmente sustentável.

[...] alimentos *in natura* são obtidos diretamente de plantas ou de animais e são adquiridos para o consumo sem que tenham sofrido qualquer alteração após deixarem a natureza.

A aquisição de alimentos *in natura* é limitada a algumas variedades como frutas, legumes, verduras, raízes, tubérculos e ovos. E, ainda assim, é comum que mesmo esses alimentos sofram alguma alteração antes de serem adquiridos, como limpeza, remoção de partes não comestíveis e refrigeração.

MAXIMILIAN STOCK LTD./PHOTOGRAPHER'S

Faça de alimentos *in natura* ou minimamente processados a base de sua alimentação.

[...]

Limpeza, remoção de partes não comestíveis, secagem, embalagem, pasteurização, resfriamento, congelamento, moagem e fermentação são exemplos de processos mínimos que transformam alimentos *in natura* em minimamente processados. Note-se que, como em todo processamento mínimo, não há agregação de sal, açúcar, óleos, gorduras ou outras substâncias ao alimento.

Guia alimentar para a população brasileira. Disponível em: <http://portalsaude.saude.gov.br/images/pdf/2014/novembro/05/Guia-Alimentar-para-a-pop-brasiliera-Miolo-PDF-Internet.pdf>. Acesso em: 27 mar. 2014.

a. O que é um alimento *in natura*?

b. No caderno, faça um quadro como a do modelo abaixo e, durante sete dias, anote tudo o que você comer. Depois, verifique a quantidade de alimentos *in natura* ou minimamente processados que você ingeriu.

Dia	Alimento	É um alimento *in natura* ou minimamente processado?

Pista 2

Estudos têm mostrado que a fome no Brasil diminuiu entre 2009 e 2013, mas ainda é a realidade de uma parcela da população brasileira. Pesquise sobre a situação da fome no país e responda: Onde vive a maior parte das pessoas que passam fome no Brasil?

4 Sistema digestório

A nutrição envolve a ingestão, a digestão, a absorção e o metabolismo dos nutrientes para a produção da energia de que o corpo necessita e para manter as funções do organismo. A nutrição de um indivíduo deve levar em consideração sua idade e seu estado de saúde.

Digestão, respiração, circulação e excreção compõem o que chamamos **funções de nutrição**. São essas atividades que garantem a manutenção da vida. Os sistemas responsáveis por essas funções trabalham de forma integrada: realizam a ingestão e a digestão do alimento, absorvem os nutrientes que são encaminhados até as células e retiram delas os resíduos tóxicos, que serão eliminados do organismo.

THINKSTOCK/GETTY IMAGES

THINKSTOCK/GETTY IMAGES

THINKSTOCK/GETTY IMAGES

THINKSTOCK/GETTY IMAGES

As frutas e os legumes são fontes de nutrientes essenciais para o ser humano. Por meio da digestão do alimento, os nutrientes são absorvidos pelo corpo.

BATE-PAPO

1. O que acontece com os alimentos depois que eles são ingeridos?
2. O que você sabe a respeito do processo de digestão em nosso organismo?
3. Em seu caderno, faça um texto descrevendo o caminho que o alimento percorre dentro do corpo humano. Ao final da unidade, caso necessário, corrija ou complete.

A DIGESTÃO

Ao ingerirmos um alimento, algumas substâncias são absorvidas sem haver necessidade de digestão e outras devem ser digeridas para que possam ser absorvidas no intestino.

Os sais minerais e as vitaminas são nutrientes retirados diretamente dos alimentos e absorvidos pelo organismo sem que seja necessário digeri-los. Os carboidratos, os lipídios e as proteínas são macromoléculas que devem passar pelo processo de digestão. Por meio desse processo, formam-se moléculas menores, as **unidades formadoras**, que possibilitam sua absorção pelo organismo.

Veja na tabela ao lado os nutrientes e suas respectivas unidades formadoras.

O processo de digestão dos nutrientes é composto de duas etapas: a **mecânica** (ou física) e a **química**.

Unidades formadoras dos nutrientes

Nutriente	Unidade formadora
Proteína	Aminoácidos
Carboidrato	Monossacarídeos
Lipídio	Ácidos graxos e glicerol

A digestão mecânica (ou física)

A digestão mecânica é realizada pelos dentes, pela deglutição e pelos movimentos peristálticos, que empurram o alimento pelo tubo digestório.

Na boca, o alimento é partido em pedaços menores, aumentando, dessa forma, sua superfície de contato com as enzimas, o que torna a ação enzimática mais eficiente.

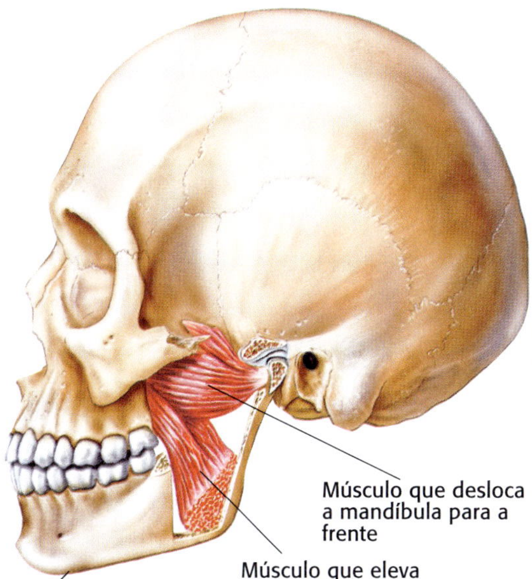

Representação esquemática de crânio humano e dos músculos da mastigação. Esses músculos movem a mandíbula (inferior), fazendo que os dentes moam, rasguem e triturem os alimentos. Cores fantasia. Elementos fora de escala de tamanho.

A digestão química

A digestão química consiste na alteração do alimento realizada no sistema digestório pelas **enzimas**, que são proteínas que aceleram as reações químicas em diversos processos do nosso metabolismo. Cada enzima atua sobre uma substância específica.

As enzimas que atuam no sistema digestório estão na saliva e nos sucos digestivos do estômago e do intestino.

As **lipases** são enzimas que agem na digestão de lipídios, transformando-os em ácidos graxos e glicerol. A **amilase** participa da digestão do amido (um carboidrato) em açúcares menores. Da mesma forma, as **proteases** "quebram" as proteínas em moléculas menores – os aminoácidos.

No final da digestão química, temos as unidades formadoras de cada nutriente que, por seu tamanho diminuto, são capazes de atravessar a mucosa do intestino e entrar na circulação. Os nutrientes absorvidos são distribuídos para as demais partes do corpo.

O CAMINHO DO ALIMENTO

O sistema digestório humano é formado pelos seguintes órgãos: boca, faringe, esôfago, estômago, intestino delgado (duodeno, jejuno e íleo), intestino grosso (apêndice, cólon ascendente, cólon transverso e cólon descendente), reto e ânus.

Embora não façam parte do caminho percorrido pelo alimento, as glândulas salivares, o pâncreas, o fígado e a vesícula biliar atuam no processo digestivo. Esses órgãos são anexos do sistema digestório.

SISTEMA DIGESTÓRIO

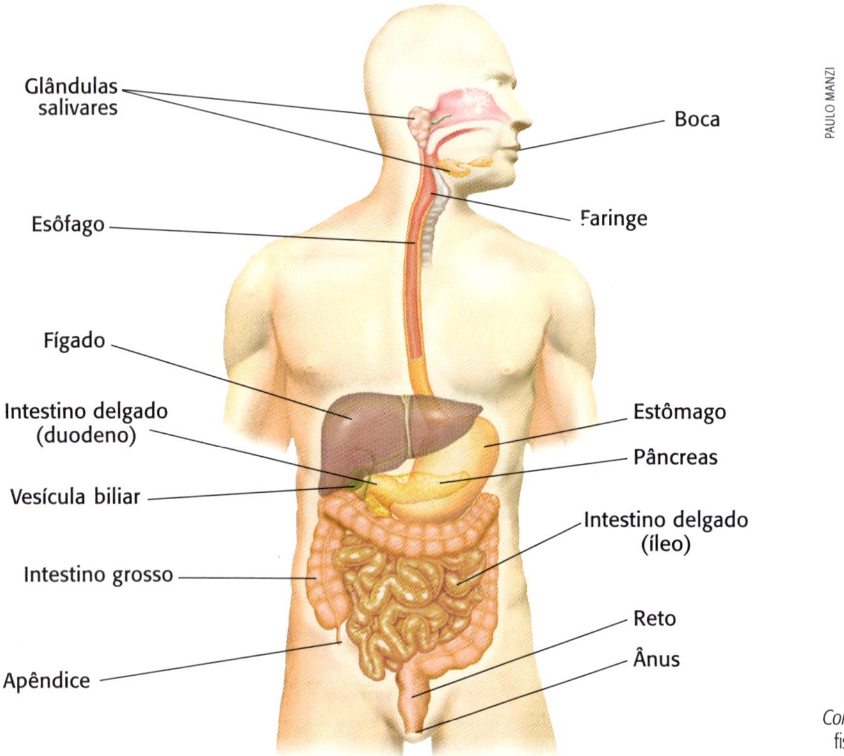

Representação esquemática do sistema digestório humano. Elementos representados fora de proporção. Cores fantasia.

Fonte: TORTORA, G. J.; DERRICKSON, B. *Corpo humano*: fundamentos de anatomia e fisiologia. 8. ed. Porto Alegre: Artmed, 2012.

Boca

Na boca, inicia-se tanto a digestão mecânica como a digestão química do alimento.

A mastigação realizada pelos dentes parte os alimentos em pedaços menores, facilitando a ação das enzimas.

A saliva, produzida pelas glândulas salivares, contém a **amilase salivar**, ou **ptialina**, enzima que inicia a digestão química dos carboidratos, digerindo o amido. O alimento mastigado misturado com a saliva forma o **bolo alimentar**, o qual segue para a faringe.

Os dentes

O ser humano possui duas dentições: a **dentição decídua** ou de leite e a **dentição permanente**. A dentição de leite é composta de 20 dentes; a partir dos 6 ou 7 anos de idade, a criança começa a trocá-la pela dentição permanente, que, ao se completar, por volta dos 20 anos de idade, é constituída por 32 dentes.

De acordo com a forma e a função, os dentes permanentes são classificados em **dentes incisivos** (quatro superiores e quatro inferiores), que cortam o alimento; **dentes caninos** (dois superiores e dois inferiores), que rasgam o alimento; **dentes pré-molares** (quatro superiores e quatro inferiores) e **molares** (seis superiores e seis inferiores), que maceram o alimento.

Cada dente é recoberto por uma substância dura, o esmalte, formado principalmente por sais de cálcio. Abaixo do esmalte encontra-se a dentina. Na raiz do dente estão a polpa dentária, os vasos sanguíneos e os nervos, que proporcionam sensibilidade ao calor, ao frio e à dor.

Para manter a saúde bucal, recomenda-se escovar os dentes depois de todas as refeições e antes de se deitar, evitar o consumo de doces e balas e utilizar fio dental, que ajuda a remover restos de alimentos de locais onde a escova não alcança.

A higienização da boca previne a **cárie**, uma doença dentária. Os resíduos de alimento nos dentes favorecem a proliferação de bactérias que existem naturalmente na boca. Essas bactérias produzem ácidos que corroem o esmalte dos dentes, causando lesões chamadas cáries.

RODRIGO TONAN

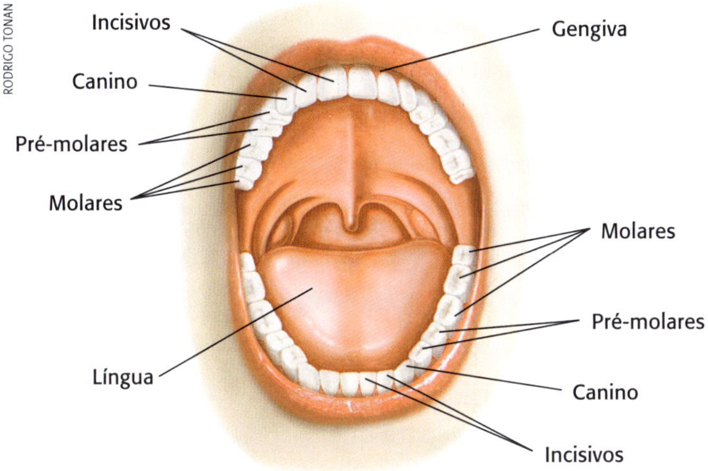

Representação esquemática da distribuição dos dentes na boca de um adulto.

RODRIGO TONAN

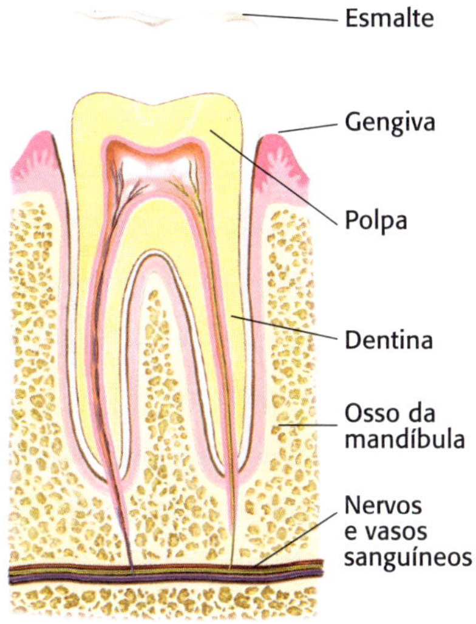

Representação de um dente em corte. Cores fantasia. Elementos fora de escala de tamanho e proporção.

Faringe

Pela faringe passam o bolo alimentar e o ar inspirado. Por isso, dizemos que esse é um órgão comum aos sistemas respiratório e digestório.

Quando engolimos, a epiglote fecha a entrada que leva o ar aos pulmões, e os alimentos deslizam pela faringe em direção ao esôfago. Se a comida entrar no caminho do ar, a pessoa engasga.

PAULO MANZI

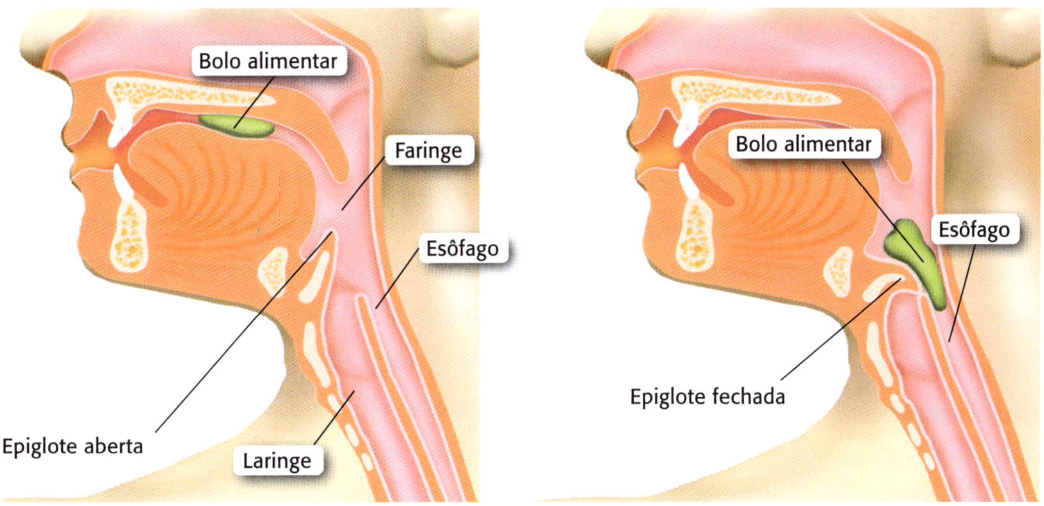

Representação esquemática da epiglote aberta e fechada. Cores fantasia. Elementos fora de escala de tamanho e proporção.

Esôfago

A faringe e o esôfago juntos medem 25 centímetros de comprimento. Por meio dos **movimentos peristálticos**, que são contrações ritmadas e involuntárias realizadas pela musculatura do tubo digestório, o bolo alimentar é empurrado do esôfago em direção ao estômago.

No final do esôfago, há uma válvula, chamada cárdia ou esfíncter esofágico inferior. Quando contraída, essa válvula previne o refluxo do alimento e do suco gástrico para o esôfago. Se estiver relaxada, ela permite a passagem do bolo alimentar para o estômago.

MOVIMENTOS PERISTÁLTICOS DO ESÔFAGO

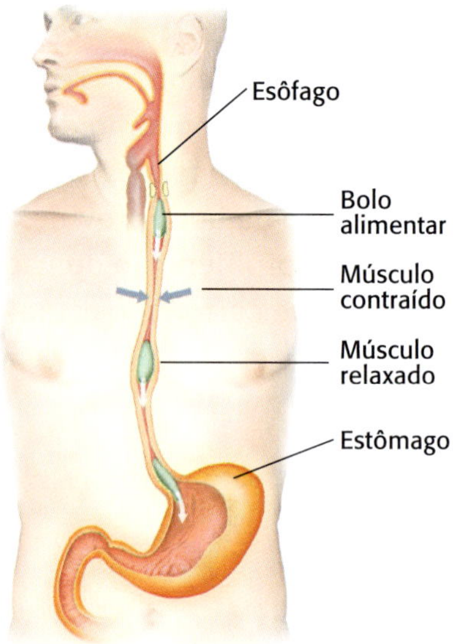

Representação esquemática do fluxo do alimento até o estômago. Elementos representados fora de proporção. Cores fantasia.

Estômago

O estômago é uma dilatação do tubo digestório e constitui a sua parte mais larga. Ele conecta o esôfago ao intestino delgado e continua o processo digestivo iniciado na boca.

No estômago, é liberado suco gástrico, que contém ácido clorídrico e enzimas, como a pepsina (uma protease). Essas enzimas iniciam a digestão das proteínas, quebrando-as em partes menores (aminoácidos). O ácido clorídrico não age diretamente na digestão, mas sua presença é essencial para que essas enzimas possam atuar.

Além da digestão química realizada pelas enzimas, há a digestão mecânica, realizada por contrações da musculatura não estriada do estômago. Esse processo, além de facilitar a mistura do alimento com o suco gástrico, empurra os alimentos em direção ao intestino delgado.

O resultado da digestão do bolo alimentar pelos sucos gástricos do estômago é chamado **quimo**, um líquido pastoso e ácido.

No final do estômago, há uma válvula, chamada piloro, que controla o fluxo de alimento entre o estômago e o intestino delgado.

ESTRUTURA DO ESTÔMAGO

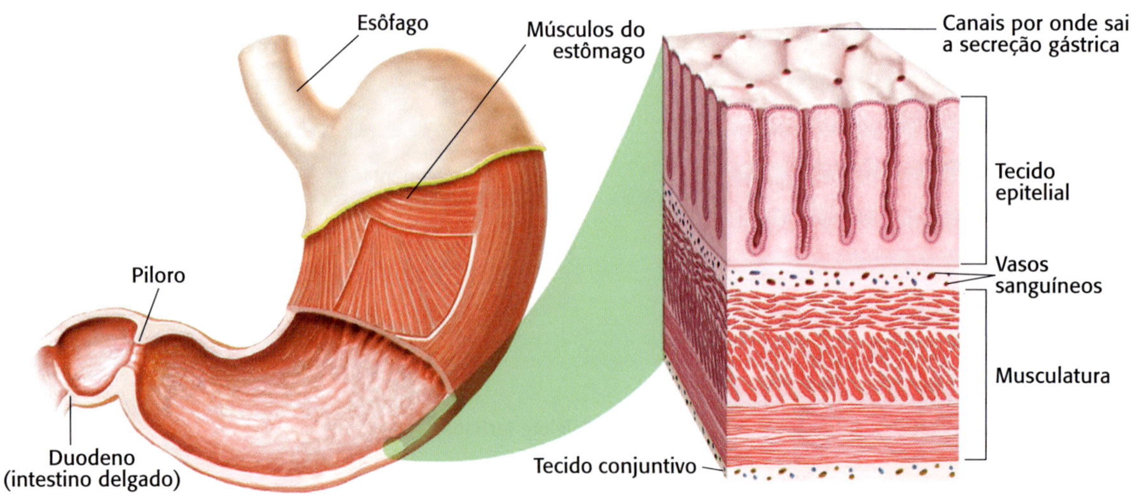

Representação esquemática da estrutura das regiões do estômago. Elementos representados fora de proporção. Cores fantasia.

Intestino delgado

O intestino delgado divide-se em duodeno, jejuno e íleo. O duodeno tem, aproximadamente, 25 centímetros de comprimento. Nele, o quimo recebe secreções produzidas pelo fígado (a **bile**), pelo pâncreas (o **suco pancreático**) e pelo próprio duodeno (o **suco entérico**). A bile participa da digestão das gorduras, facilitando a ação do suco pancreático e do suco entérico.

No jejuno e no íleo, que juntos têm mais ou menos 7 metros de comprimento, a digestão é finalizada: os carboidratos são transformados em açúcares simples; as proteínas, em aminoácidos; e os lipídios, em ácidos graxos e gliceróis. É nessa parte do trajeto que ocorre uma etapa muito importante: a **absorção dos nutrientes**.

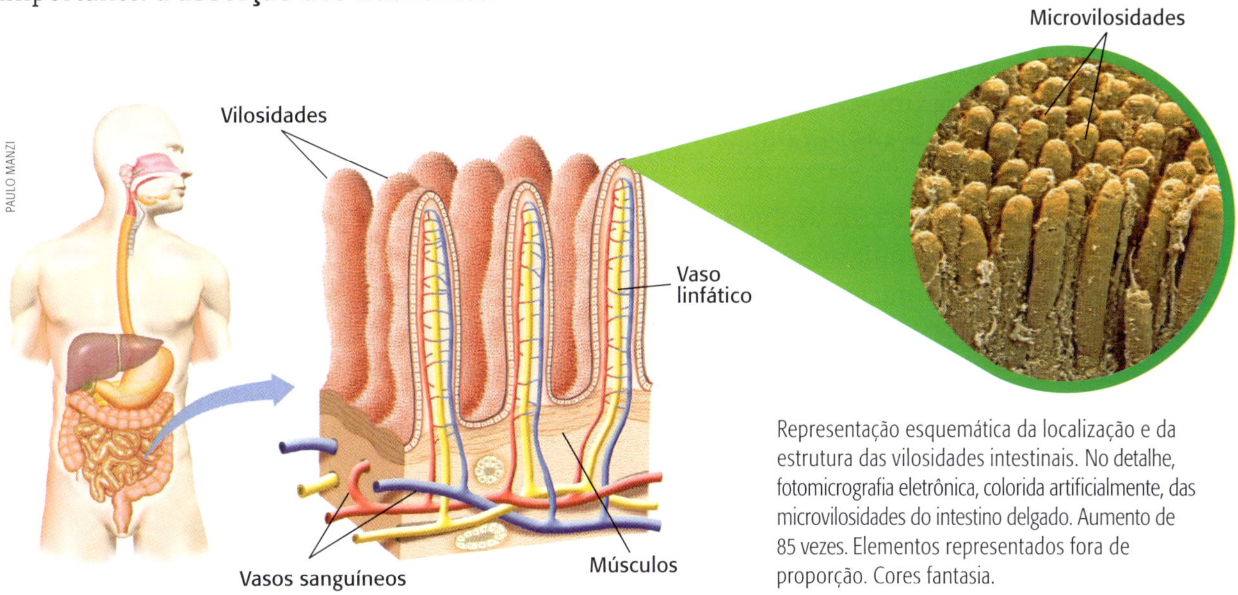

Representação esquemática da localização e da estrutura das vilosidades intestinais. No detalhe, fotomicrografia eletrônica, colorida artificialmente, das microvilosidades do intestino delgado. Aumento de 85 vezes. Elementos representados fora de proporção. Cores fantasia.

A parede interna do intestino possui uma série de projeções, chamadas **vilosidades**, e as células que constituem essa parede também possuem microprojeções, as **microvilosidades**, que aumentam a superfície de absorção dos nutrientes. O tecido epitelial das vilosidades produz muco, que ajuda a movimentação dos produtos da digestão.

Intestino grosso

Ao intestino grosso chegam todos os restos dos alimentos que não puderam ser digeridos, como as fibras, ou que não foram absorvidos no intestino delgado. As fibras aumentam a mobilidade do intestino.

O intestino grosso tem, aproximadamente, 1,5 m de comprimento. Nessa região, o quimo passa a se chamar **quilo**.

Durante a passagem do quilo pelo intestino grosso, o excesso de água vai sendo absorvido e retorna à corrente sanguínea. Dessa maneira, obtém-se o **bolo fecal** (fezes) mais consistente, e evita-se a perda excessiva de água. As fezes são eliminadas pelo ânus.

GLÂNDULAS SALIVARES, PÂNCREAS E FÍGADO

As glândulas salivares, o pâncreas e o fígado, embora não recebam o alimento diretamente, têm um papel fundamental no processo de digestão. Esses órgãos produzem substâncias que atuam diretamente na digestão do alimento. Eles são chamados de **órgãos anexos do sistema digestório**.

Glândulas salivares

Há três pares de glândulas salivares, denominadas **glândulas sublinguais**, **submandibulares** e **parótidas**. Elas são responsáveis pela produção da **saliva**. A saliva umedece o alimento, facilitando sua digestão e seu deslocamento pelo sistema digestório. Ela é liberada continuamente na boca.

A saliva é composta de 99,5% de água, mas também contém a amilase salivar, enzima responsável pelo início da digestão dos carboidratos.

LOCALIZAÇÃO DAS GLÂNDULAS SALIVARES

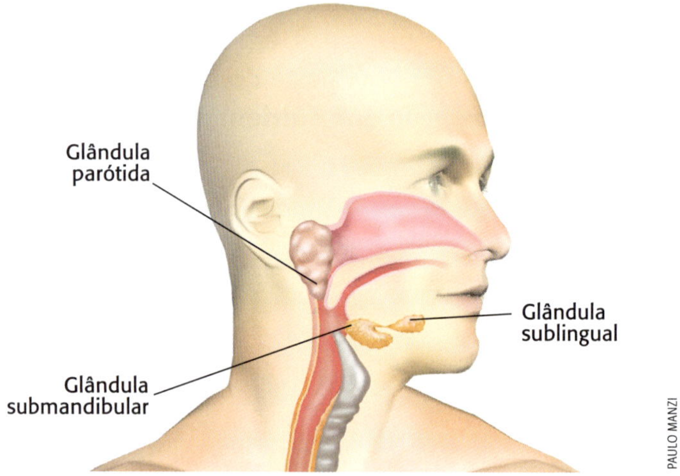

Representação esquemática da localização das glândulas salivares. Algumas estruturas estão em corte ou são vistas por transparência. Cores fantasia. Elementos fora de escala de tamanho e de proporção.

Pâncreas

Localizado próximo ao estômago, o pâncreas é uma glândula mista, pois tem uma porção endócrina, que produz hormônios como a insulina e o glucagon, e uma porção exócrina, que produz o suco pancreático. A insulina e o glucagon regulam a taxa de açúcar no sangue. O suco pancreático contém diversas enzimas digestivas, liberadas diretamente no duodeno pelo ducto pancreático, que se junta ao canal da bile (ducto biliar).

O quimo, chegando ao duodeno, recebe o suco pancreático. Entre as enzimas do suco pancreático há amilases, que quebram os carboidratos em unidades menores; lipases, que quebram as gorduras em glicerol; e proteases, que quebram as proteínas em unidades menores.

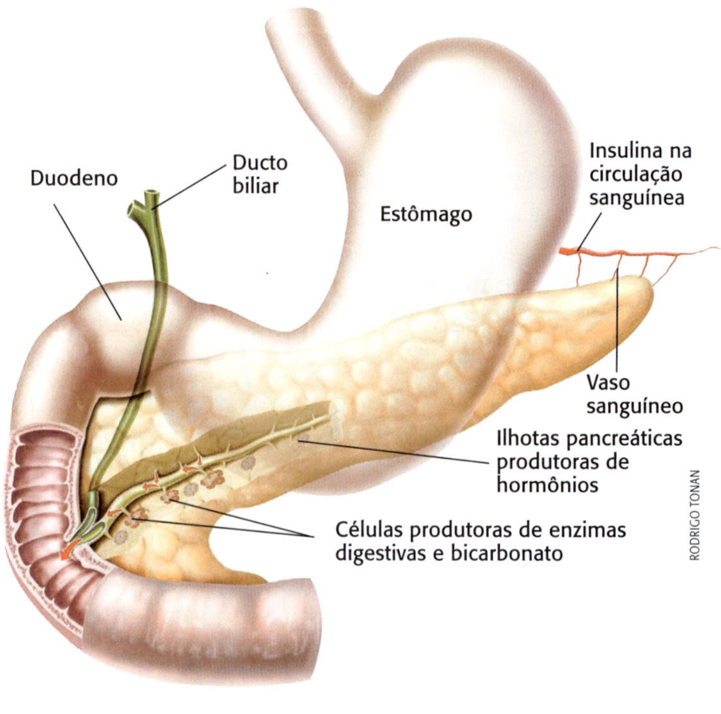

Representação esquemática do pâncreas, do duodeno e do estômago. Algumas estruturas estão em corte ou são vistas por transparência. Cores fantasia. Elementos fora de escala de tamanho e de proporção.

Fonte: TORTORA, G. J.; DERRICKSON, B. *Corpo humano*: fundamentos de anatomia e fisiologia. 8. ed. Porto Alegre: Artmed, 2012.

Fígado

Localizado do lado direito do corpo, o fígado é a maior glândula do corpo humano. Ele contém a vesícula biliar, uma pequena bolsa que armazena a bile e que, quando necessário, a libera no duodeno.

LOCALIZAÇÃO DO FÍGADO E DA VESÍCULA BILIAR

BO VEISLAND/ SPL/ LATINSTOCK

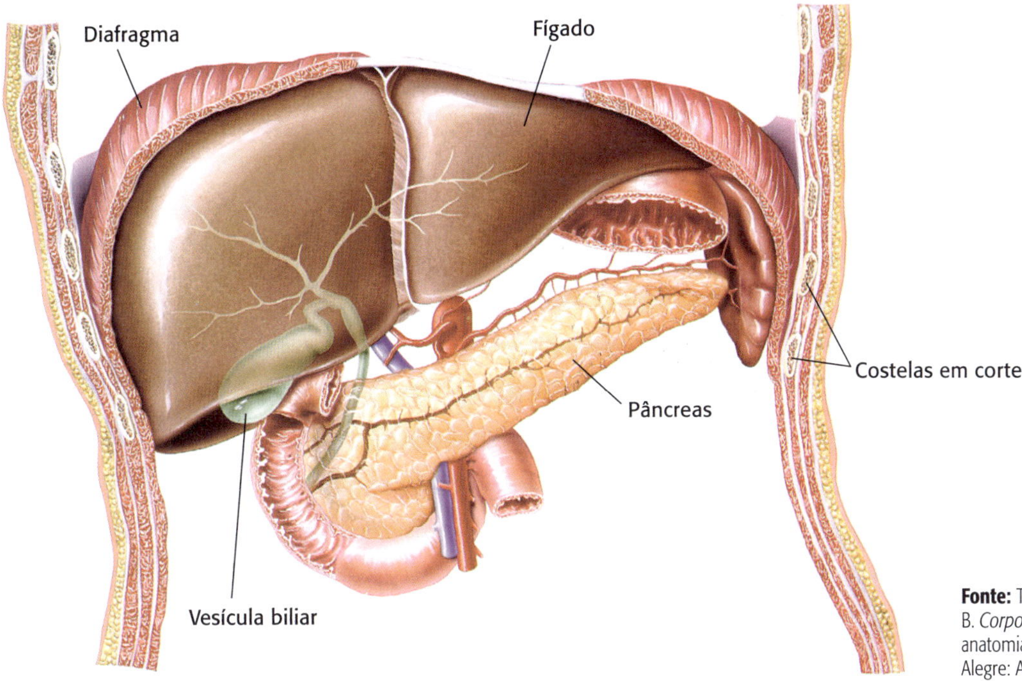

Fonte: TORTORA, G. J.; DERRICKSON, B. *Corpo humano*: fundamentos de anatomia e fisiologia. 8. ed. Porto Alegre: Artmed, 2012.

Representação esquemática do tórax em corte para a visualização da estrutura do fígado. Cores fantasia. Elementos fora de escala de tamanho e proporção.

São muitas as funções do fígado, entre elas estão:

- **produção de bile**, substância de cor amarelo-esverdeada composta principalmente de sais que atuam na digestão de gorduras. Os hepatócitos, que são as células do fígado, produzem aproximadamente 1,5 litro de bile por dia. A bile fica armazenada na vesícula biliar e, quando necessário, é transportada, através de um canal, até o intestino delgado, onde realizará a emulsificação das gorduras;
- **produção de componentes do sangue**, ou seja, o fígado é um órgão hematopoético. Produz e libera proteínas que irão compor o plasma sanguíneo, como a protrombina e o fibrinogênio, que participam da coagulação sanguínea;
- **reabsorção das hemácias envelhecidas ou mortas**. Os fragmentos dessas células formam a bilirrubina, que é excretada com a bile para o duodeno;
- **remoção de substâncias do sangue**, como álcool, alguns medicamentos e toxinas, tornando-as menos nocivas ao organismo;
- **armazenamento de vitaminas e sais minerais**, isto é, várias vitaminas, como A, B_{12} e D, podem ser armazenadas no fígado e liberadas conforme a demanda do corpo.

Emulsificação: quebra das gorduras em partículas menores, facilitando a ação das enzimas sobre elas.

DOENÇAS DO SISTEMA DIGESTÓRIO E ÓRGÃOS ANEXOS

Abaixo estão relacionadas algumas das principais doenças que podem acometer o sistema digestório.

A **cirrose hepática** caracteriza-se por sérias lesões no fígado provocadas pela ingestão, em grande quantidade e por longo período, de álcool ou determinados medicamentos, sem o devido acompanhamento médico.

A **hepatite viral** consiste em uma inflamação do fígado que pode ser provocada por diferentes vírus. Os sintomas mais comuns de uma pessoa com hepatite são: cansaço, dores musculares, febre, mudanças na coloração da urina (que fica escura) e das fezes (que ficam esbranquiçadas). O vírus da hepatite A pode ser contraído por meio de alimentos, água e fezes contaminados. O vírus das hepatites B e C podem contaminar pessoas por meio de fluidos do corpo, como o sangue. Se não tratada, a hepatite C viral pode resultar em cirrose hepática ou câncer no fígado.

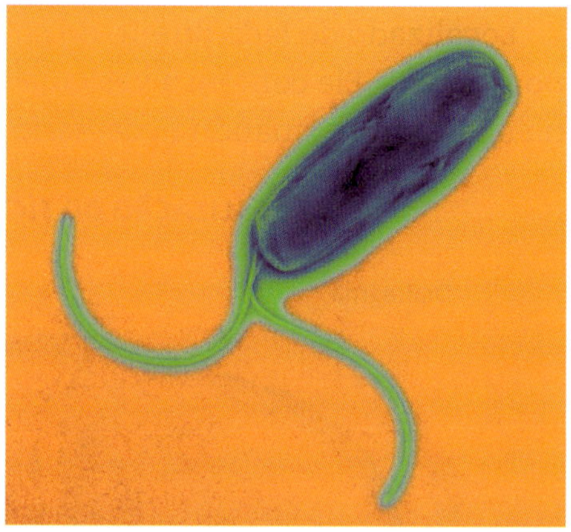

SPL/LATINSTOCK

A bactéria *Helicobacter pylori* pode causar gastrite e úlcera. Cores artificiais. Ampliada 10 200 vezes.

A **gastrite** é uma inflamação da parede do estômago. Vários fatores podem levar ao desenvolvimento de gastrite: uso prolongado de alguns medicamentos, estresse causado por um trauma físico, ingestão excessiva de bebida alcoólica, infecções por bactérias ou outros tipos de parasitas.

A **úlcera** consiste em uma ferida que se desenvolve na parede do estômago (úlcera gástrica) ou do duodeno (úlcera duodenal). As causas mais comuns são: uso prolongado de alguns medicamentos e infecção por bactérias.

Os **cálculos biliares**, também conhecidos como pedras na vesícula biliar, são a formação de uma ou mais pedras, de tamanhos variados, pela cristalização de substâncias da bile. Essas pedras podem obstruir as vias biliares. Essa doença não apresenta sintomas, a não ser que uma das pedras cause a obstrução do ducto biliar ou pancreático. Os cálculos biliares podem causar dor abdominal, além de náuseas e vômitos, se obstruírem algum ducto.

CÁLCULO BILIAR

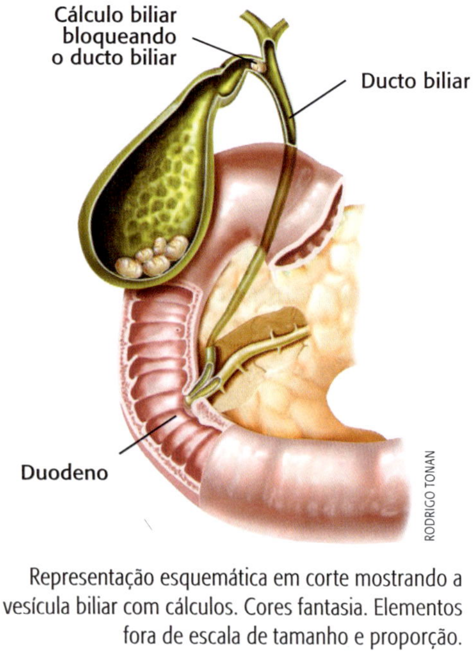

RODRIGO TONAN

Representação esquemática em corte mostrando a vesícula biliar com cálculos. Cores fantasia. Elementos fora de escala de tamanho e proporção.

NÃO DEIXE DE LER

- **Seu corpo: como cuidar dele?**
  Fernanda Wendel. Editora Ática, 2009.

Pista 3

O acesso à merenda escolar é um direito de todos os estudantes de escolas públicas de educação básica. Os recursos financeiros que subsidiam essa alimentação escolar são fornecidos pelo Ministério da Educação do Brasil. Como é a merenda escolar na sua escola? Converse com os colegas.

1. Observe a ilustração e faça o que se pede.

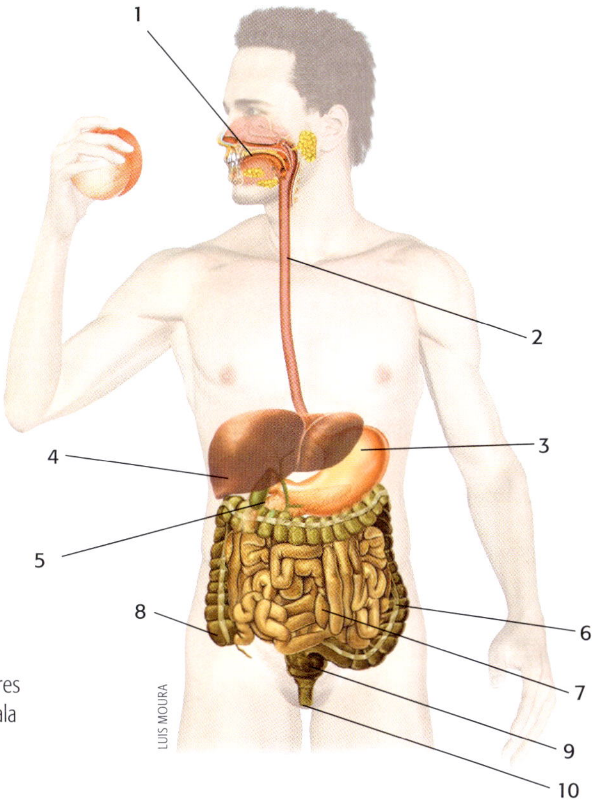

Representação esquemática do sistema digestório humano. Cores fantasia. Elementos fora de escala de tamanho e proporção.

a. Identifique as estruturas numeradas.

b. Descreva o caminho que o alimento percorre no corpo humano.

2. Diferencie digestão química de digestão mecânica.

3. Em seu caderno, faça um desenho esquemático que represente as vilosidades e as microvilosidades intestinais e indique a função de cada uma dessas estruturas.

4. Observe a fotografia a seguir, que mostra a dentição de um adulto. Depois, responda às questões.

Fotografia dos dentes de mulher adulta.

a. Descreva os principais processos digestivos que ocorrem na boca.

b. Os dentes indicados na foto desempenham funções diferentes. Quais são elas?

5. Copie a tabela abaixo em seu caderno. Depois, complete, inserindo o local de produção e o local de ação de cada uma das secreções listadas.

Secreção	Local de produção	Local de ação
Suco gástrico		
Suco entérico		
Bile		
Amilase salivar		
Suco pancreático		

6. Quais são as denominações dadas ao alimento enquanto ele percorre o sistema digestório? Em que partes do sistema ele recebe essas denominações?

7. Cite três funções exercidas pelo fígado.

8. O que acontece com as vitaminas e os sais minerais ao longo do tubo digestório durante a digestão?

9. Leia as frases e reescreva-as corretamente.

a. No esôfago ocorrem movimentos peristálticos, isto é, contrações voluntárias que empurram o bolo alimentar.
b. No intestino grosso ocorre a digestão de vitaminas e sais minerais.
c. Na boca é iniciada a digestão dos lipídios.
d. No intestino grosso ocorre a absorção dos nutrientes que resultaram da digestão.

10. Observe o prato de comida ao lado.
- Elabore um texto descrevendo as etapas da digestão desses alimentos no sistema digestório humano.

EDUARDO SANTALIESTRA

No prato: arroz, feijão, carne, batata e salada.

11. Relacione as doenças ao que elas causam.

Úlcera Hepatite Gastrite Cirrose

a. Inflamação do fígado frequentemente causada por vírus.
b. Inflamação da parede do estômago.
c. Lesões no fígado provocadas pela excessiva e contínua ingestão de álcool ou de determinados medicamentos.
d. Ferida que se desenvolve na parede do estômago ou do duodeno.

12. Leia o texto a seguir e responda às questões.

> [...]
>
> O acesso a informações confiáveis sobre características e determinantes da alimentação adequada e saudável contribui para que pessoas, famílias e comunidades ampliem a autonomia para fazer escolhas alimentares e para que exijam o cumprimento do direito humano à alimentação adequada e saudável.
>
> [...]
>
> Adotar uma alimentação saudável não é meramente questão de escolha individual. Muitos fatores – de natureza física, econômica, política, cultural ou social – podem influenciar positiva ou negativamente o padrão de alimentação das pessoas. Por exemplo, morar em bairros ou territórios onde há feiras e mercados que comercializam frutas, verduras e legumes com boa qualidade torna mais factível a adoção de padrões saudáveis de alimentação. Outros fatores podem dificultar a adoção desses padrões, como o custo mais elevado dos alimentos minimamente processados diante dos ultraprocessados, a necessidade de fazer refeições em locais onde não são oferecidas opções saudáveis de alimentação e a exposição intensa à publicidade de alimentos não saudáveis.
>
> [...]
>
> *Guia Alimentar para a População Brasileira*. Brasília: Ministério da Saúde, 2014. Disponível em: <http://portalsaude.saude.gov.br/images/pdf/2014/novembro/05/Guia-Alimentar-para-a-pop-brasiliera-Miolo-PDF-Internet.pdf>. Acesso em: 11 mar. 2015.

a. De acordo com o texto, ter uma alimentação saudável depende somente das pessoas? Explique.

b. Cite hábitos alimentares que contribuem para uma dieta saudável.

Desfecho

Baseando-se no que você aprendeu nesta unidade: O que é uma alimentação saudável para você? Você acha que a alimentação dos brasileiros é adequada em todas as partes do país? Converse com os colegas a respeito dessas questões.

Encerrando a unidade

1. Reflita sobre os assuntos apresentados nesta unidade. Faça um pequeno resumo a respeito de cada um dos temas.

- **O que é digestão**
- **O que acontece com os alimentos durante a digestão**
- **Os tipos de alimentos e seus nutrientes**
- **A função de cada nutriente**
- **As etapas da digestão**
- **O que é comer bem**

2. Dividam-se em seis grupos. Cada grupo fará um cartaz com um dos temas citados. Dúvidas do grupo devem ser listadas para serem discutidas com o professor.

- **Apresentem os cartazes para a turma.**

Distúrbios alimentares

Os distúrbios alimentares caracterizam-se por desvios do comportamento alimentar, provocados principalmente por alterações psicológicas, fatores sociais e biológicos. Eles podem causar sérios problemas de saúde.

Os distúrbios alimentares são mais comuns na adolescência. A anorexia, a bulimia e a compulsão alimentar são os principais deles.

Anorexia: as pessoas com esse distúrbio caracterizam-se pela recusa em se alimentar. Quem sofre dessa doença tem uma imagem distorcida do próprio corpo e, ao se olhar no espelho, pode se enxergar acima do peso, quando na realidade está pesando muito menos que o ideal.

Em geral, a anorexia ocorre com mais frequência em mulheres jovens, que, muitas vezes, utilizam métodos radicais para reduzir o peso.

A pessoa com anorexia deve procurar acompanhamento médico e buscar apoio de familiares. O tratamento médico pode ser feito por meio da reidratação do organismo, primeiro à base de soros e líquidos e, aos poucos, a reintrodução de alimentos sólidos. É necessário também acompanhamento psicológico para o resgate da autoestima e da confiança.

Bulimia: as pessoas que sofrem de bulimia apresentam sentimento de culpa em relação à comida, ingerem comida em excesso e depois usam métodos para se livrar do alimento: fazem longos períodos de jejum, provocam o vômito, utilizam laxantes sem indicação médica e praticam exercícios físicos em excesso. Também enxergam seu próprio corpo de forma distorcida, imaginando que seu peso é maior do que o real.

Para tratar esse distúrbio, é fundamental o acompanhamento de um nutricionista, de um médico e de um psicólogo.

SPL/LATINSTOCK

As pessoas com anorexia se enxergam acima do peso do que realmente têm e, consequentemente, recusam-se a ingerir alimentos.

Laxante: remédio utilizado para estimular artificialmente a evacuação. Pode provocar diarreia.

Compulsão alimentar: é a ingestão compulsiva e exagerada de alimentos. As pessoas com esse distúrbio podem sofrer de obesidade ou sobrepeso corporal.

Esse distúrbio também está associado a fatores psicológicos e emocionais, como raiva, tristeza, estresse e solidão. A compulsão alimentar difere da bulimia pelo fato de a pessoa não procurar formas de se livrar do alimento (vômito, laxantes) após a ingestão.

A pessoa que sofre desse distúrbio pode desenvolver problemas cardíacos, pressão alta, diabetes e colesterol elevado, além da obesidade. Da mesma forma que os outros distúrbios alimentares, o tratamento da compulsão alimentar é feito com acompanhamento médico, nutricional e psicológico.

MICHELE CONSTANTINI/PHOTOALTO/GETTY IMAGES

A alimentação deve ser saudável e equilibrada: o exagero ou a falta de alimentos pode causar doenças.

Para explorar

1. Converse com seus colegas e procurem listar algumas razões que justifiquem o fato de os distúrbios alimentares serem mais comuns na adolescência.

2. Discuta com seus colegas por que é importante um diagnóstico rápido desses distúrbios.

3. Alguns programas de televisão, filmes, revistas, *sites* e outros meios de comunicação desenvolvem um verdadeiro culto à magreza e desprezam completamente a diversidade de padrões estéticos. Você acha que esses programas podem contribuir para a ocorrência de distúrbios alimentares? Por quê?

4. Em grupo, pesquisem mais informações a respeito de distúrbios alimentares, seus tratamentos e consequências.

5. Produzam um boletim com as informações que obtiveram. Um boletim informativo é um texto com informações relevantes para informar a sociedade a respeito de um tema.
Com a ajuda do professor, divulguem o que a turma descobriu. Distribuam o informativo na escola ou o enviem por *e-mail* ou por meio das redes sociais na internet.

UNIDADE

3 Sistemas cardiovascular, imunitário e linfático

A imagem ao lado reproduz desenhos de estruturas do corpo humano feitas por Leonardo da Vinci (1452-1519), um importante artista do Renascimento. São dele pinturas famosas, como a *Mona Lisa* e a *A última ceia*.

Nascido na Itália, Da Vinci destacou-se em diversas áreas do conhecimento, como nas artes, na ciência, na engenharia e na matemática.

Leonardo Da Vinci fez estudos anatômicos humanos precisos. Seus desenhos estão entre as melhores representações do corpo humano já elaboradas.

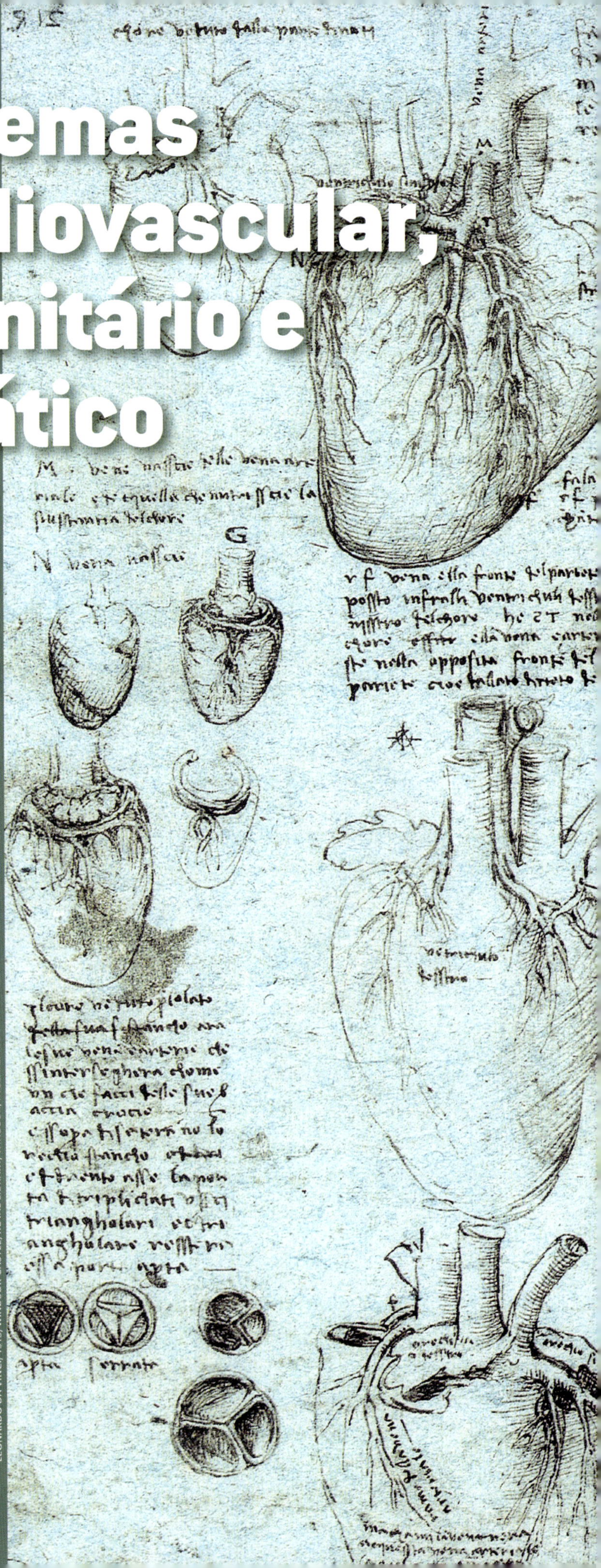

LEONARDO DA VINCI, 1513/WINDSOR CASTLE/ROYAL LIBRARY, WINDSOR, INGLATERRA

Nesta unidade, você vai saber mais sobre:

- O sistema cardiovascular
- Como é o coração
- O caminho percorrido pelo sangue em nosso corpo
- O sistema imunitário
- O sistema linfático

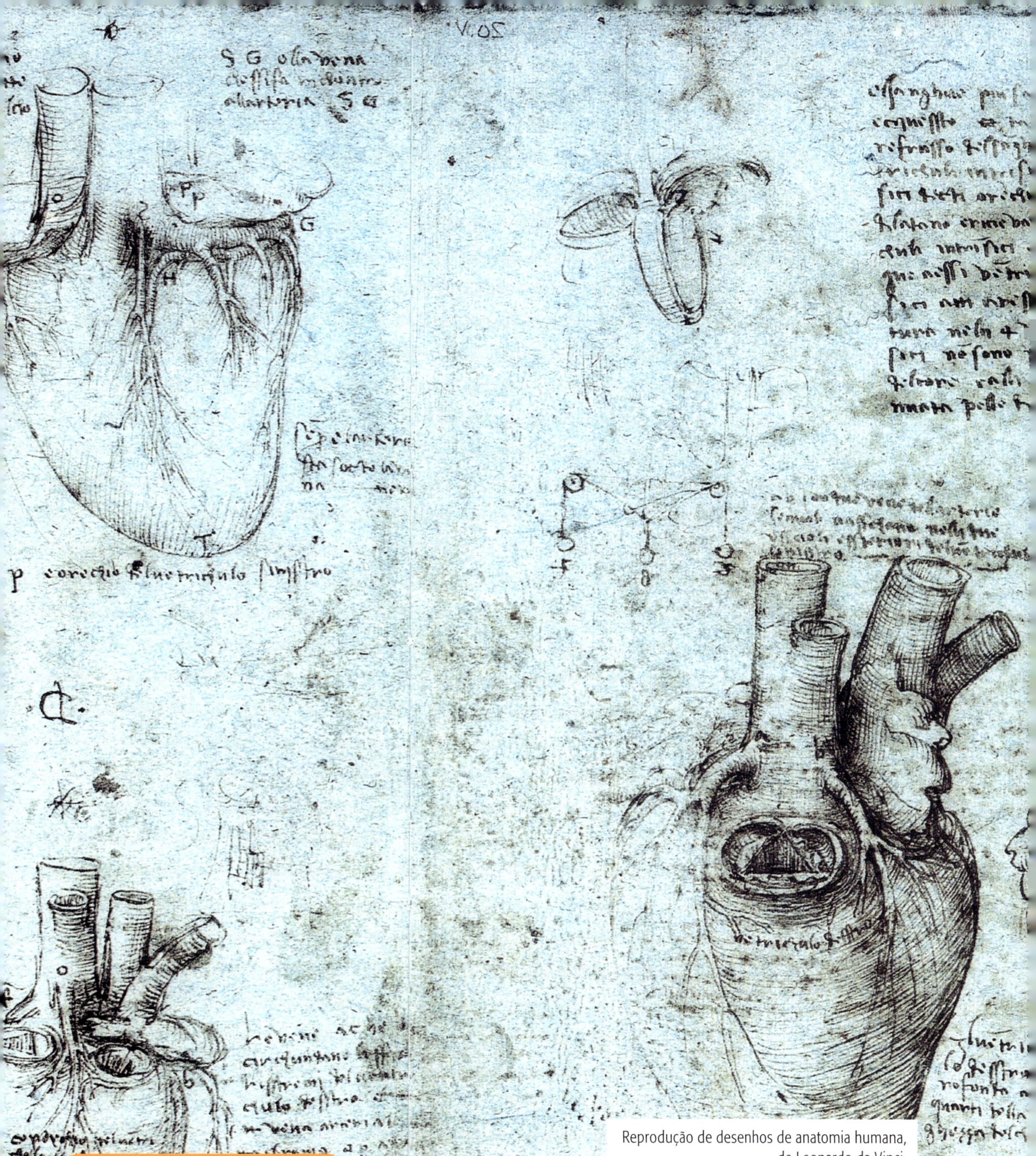

Reprodução de desenhos de anatomia humana, de Leonardo da Vinci.

TROCANDO IDEIAS

1. Observe os desenhos de Leonardo da Vinci e responda: Quais estruturas você identifica na imagem? Quais são as funções que essas estruturas desempenham no corpo humano?
2. Muitas outras técnicas são usadas para mostrar ou representar o corpo humano por dentro, além do desenho. Você conhece algumas delas? Quais?
3. Em que regiões do corpo podemos encontrar vasos sanguíneos?

5 Sistema cardiovascular

Muito antes de conhecer a importância do coração no corpo humano, esse órgão era considerado o centro da vida, da coragem e do amor. Seu símbolo é reconhecido em muitas culturas, embora o desenho mais comum desse órgão pouco tenha a ver com o formato real do coração.

Os poetas e os compositores associam frequentemente o coração aos sentimentos. No entanto, sabemos que os sentimentos não estão relacionados ao coração, mas a áreas específicas do cérebro.

ILUSTRAÇÕES: CARLOS BOURDIEL

BATE-PAPO

1. O que significam as expressões que aparecem nas ilustrações?
2. Recorde com seus colegas poemas e trechos de músicas que associam os sentimentos ao coração. Por que você acha que os autores e compositores associam alguns sentimentos ao coração?
3. Em nosso corpo, quais são as funções desempenhadas pelo coração?

Quem pode doar sangue?

A doação de sangue é um ato voluntário no qual o doador tem seu sangue coletado em um hemocentro para o uso posterior em uma transfusão sanguínea. Doar sangue é um ato rápido, não dói e é de enorme importância para os pacientes que necessitam da transfusão. Vamos refletir sobre esse tema ao longo desta unidade.

ESTUDO DO CORAÇÃO E DA CIRCULAÇÃO DO SANGUE

Há registros de que os egípcios (1500 a.C.) acreditavam que um conjunto de canais conectava-se ao coração, transportando ar, urina, sangue e a alma.

O filósofo grego Aristóteles (384-322 a.C.) acreditava que o coração era um órgão importante, ligado à inteligência, às emoções e aos sentimentos. Com base em dissecações de diversos animais, ele fez estudos anatômicos do coração.

O médico romano Claudius Galeno (131-201), cerca de 400 anos depois, reafirmou as ideias de Aristóteles. Ele acreditava que o coração representava o espírito vital. Foi o primeiro a ressaltar que os vasos sanguíneos transportavam sangue, e não ar.

Uma das mentes mais criativas do Renascimento italiano, Leonardo da Vinci foi o primeiro a afirmar que o coração é um músculo e a descrever seus batimentos.

No século XVI, Andreas Vesalius (1514-1564) escreveu o livro *De humani corpori fabrica* (*A fábrica do corpo humano*), com ilustrações detalhadas da anatomia interna do corpo humano. Ele fez contribuições importantes sobre o entendimento da anatomia do coração.

Em 1628, o médico britânico William Harvey (1578-1657) descreveu o funcionamento do sistema cardiovascular humano. Com Harvey, o coração passou a ser visto apenas como um músculo pulsante.

THE BRIDGEMAN ART LIBRARY/GRUPO KEYSTONE/COLEÇÃO PARTICULAR

Representação artística feita em guache sobre papel pelo pintor britânico Paul Rainer do médico William Harvey (1578-1657). Nesta imagem, o médico está apresentando uma gravura dos vasos sanguíneos do braço de um homem, baseada em estudos que ele estava desenvolvendo.

SISTEMA CARDIOVASCULAR

O sistema cardiovascular humano atua no transporte de nutrientes e outras substâncias. Ele é composto pelo coração, pelos vasos sanguíneos e pelo sangue.

O coração

O **coração** é um órgão formado principalmente por tecido muscular estriado cardíaco. Assim como nos demais mamíferos, o coração dos seres humanos está dividido internamente em quatro cavidades: duas superiores, os **átrios**, e duas inferiores, os **ventrículos**.

Esse órgão é constituído por três camadas de tecidos: o **pericárdio**, que o reveste externamente, o **endocárdio**, que o reveste internamente, e o **miocárdio**, músculo responsável pelas contrações cardíacas localizado entre o endocárdio e o pericárdio.

Os átrios são separados dos ventrículos por meio das valvas atrioventriculares. Isso faz com que não haja mistura de sangue rico em oxigênio e sangue rico em gás carbônico, aumentando a eficiência na troca de gases. As valvas fazem com que o sangue circule em apenas um sentido, impedindo que o sangue que está nos ventrículos volte para os átrios. Existem valvas que ficam entre os ventrículos e os vasos que saem do coração, impedindo que o sangue volte para o coração.

Diástoles e **sístoles** são os movimentos de relaxamento e de contração dos músculos do coração. Quando o sangue chega ao coração, os átrios relaxam (diástole) e os ventrículos contraem (sístole). Para que o sangue passe para os ventrículos, os átrios contraem (sístole) e os ventrículos dilatam (diástole). Assim, sístoles e diástoles alternam-se, gerando os batimentos do coração e a circulação do sangue.

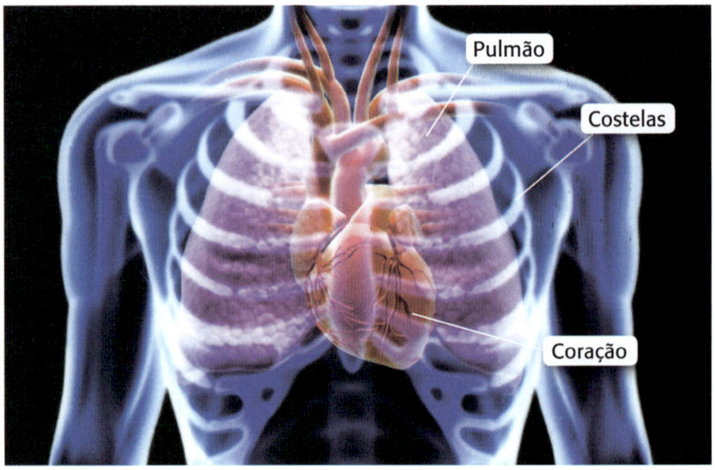

HYBRID MEDICAL ANIMATION/SPL/LATINSTOCK

Representação esquemática da localização do coração no corpo humano. Esse órgão localiza-se no tórax, entre os pulmões, e está logo abaixo das costelas e do osso esterno, que o protegem. Cores fantasia. Elementos fora de escala de tamanho e de proporção.

CORAÇÃO VISTO EM CORTE

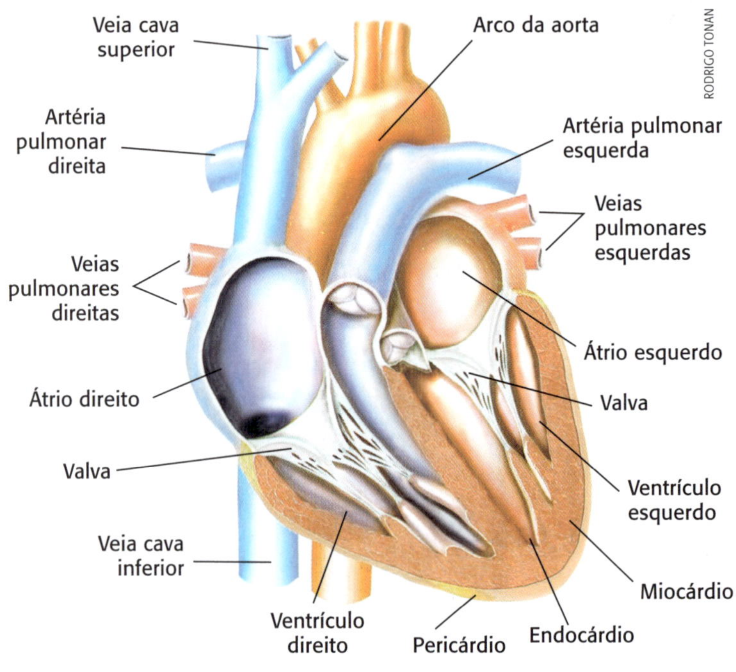

RODRIGO TONAN

Fonte: TORTORA, G. J.; DERRICKSON, B. *Corpo humano*: fundamentos de anatomia e fisiologia. 8. ed. Porto Alegre: Artmed, 2012.

Representação esquemática do coração visto em corte. Cores fantasia. Elementos fora de escala de tamanho e de proporção.

Os vasos sanguíneos

Os vasos sanguíneos são uma grande rede de tubos ramificados pelos quais o sangue percorre o corpo. Podemos classificar os vasos saguíneos em artérias, veias e capilares.

As **artérias** transportam o sangue que sai do coração em direção às células. Para resistir à alta pressão em que o sangue circula, elas são revestidas por tecido muscular e fibras elásticas que dão a elas elasticidade e auxiliam na regulação do fluxo sanguíneo.

Artérias ramificam-se dando origem a vasos de menor diâmetro, as **arteríolas**, que também se ramificam originando os **capilares sanguíneos**. Esses capilares irrigam os tecidos, agrupam-se em **vênulas**, que se unirão para formar as veias, que levam o sangue de volta ao coração.

As **veias** transportam o sangue que retorna do corpo para o coração. As paredes das veias, embora revestidas por músculos, são mais finas e o sangue circula nesses vasos em uma pressão menor do que nas artérias.

Os capilares sanguíneos têm uma fina parede, formada por uma única camada de células epiteliais, chamadas **endotélio**. Esse tecido fino permite a troca de substâncias (nutrientes, gases, hormônios e sais) entre as células e o sangue.

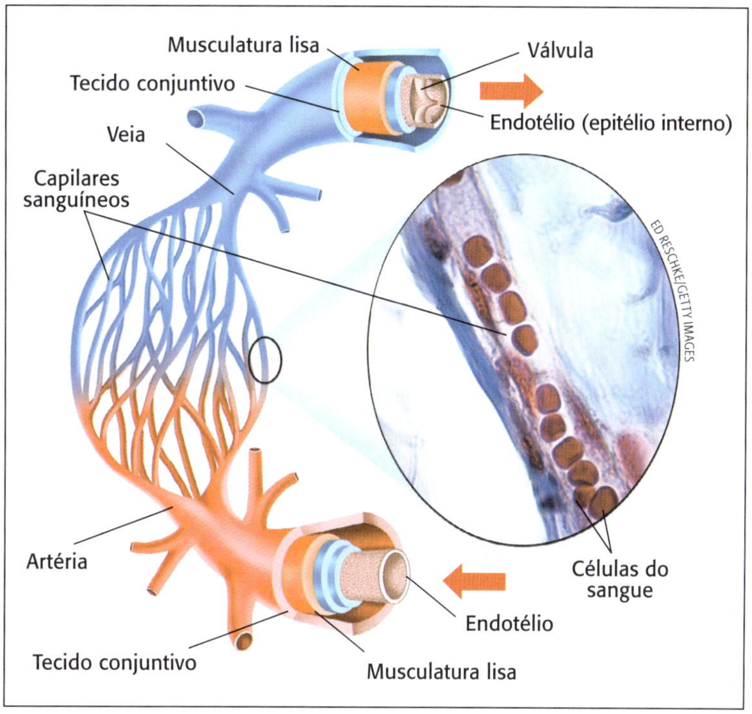

Representação esquemática de capilares sanguíneos. Elementos representados fora de proporção. Cores fantasia. No detalhe, fotomicrografia óptica de capilar sanguíneo. Aumento de 715 vezes.

O que é a pressão sanguínea?

Pressão sanguínea é a pressão que o sangue exerce contra as paredes dos vasos ao ser bombeado pelo coração. A pressão sanguínea é maior quando o sangue sai das artérias, por isso ela também é chamada de **pressão arterial**.

A pressão arterial corresponde à pressão de saída do sangue do coração: durante a sístole do ventrículo esquerdo, temos a pressão máxima e, durante a diástole, temos a pressão mínima.

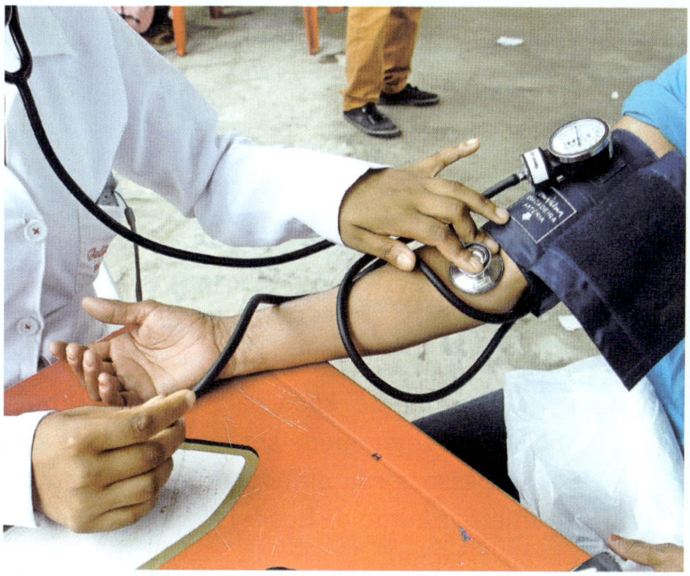

A pressão arterial é medida com um instrumento chamado esfigmomanômetro ou aparelho de pressão.

O caminho do sangue

O corpo humano adulto contém cerca de cinco litros de sangue. Para percorrer todo o corpo, o sangue passa duas vezes pelo coração, realizando dois percursos diferentes.

O percurso mais curto é o da **circulação pulmonar** ou **pequena circulação**, em que o sangue faz o trajeto coração-pulmão-coração. Nesse trajeto, o gás carbônico do sangue passa para o pulmão, e o gás oxigênio inspirado passa para o sangue.

O percurso mais longo corresponde à **circulação sistêmica** ou **grande circulação**, em que o sangue faz o trajeto coração-restante do corpo-coração. Nesse trajeto, o gás oxigênio que estava no sangue passa para as células e esse mesmo sangue recebe gás carbônico produzido nas células pela respiração celular.

O lado direito do coração recebe sangue pobre em gás oxigênio vindo do corpo e o impulsiona para os pulmões. O lado esquerdo recebe o sangue rico em gás oxigênio vindo dos pulmões e o bombeia para o corpo.

A veia cava se abre no átrio direito, trazendo o sangue rico em gás carbônico e pobre em gás oxigênio, chamado de **sangue venoso**. Ele é então bombeado para o ventrículo direito e segue para a artéria pulmonar.

A artéria pulmonar leva o sangue venoso até o pulmão, onde ocorrerão as trocas gasosas. Essa troca gasosa é denominada **hematose**.

O sangue rico em gás oxigênio é chamado de **sangue arterial**. Ele sai dos pulmões e retorna ao coração pelas veias pulmonares. Chegando ao átrio esquerdo, é bombeado para o ventrículo esquerdo. De lá, o sangue arterial sai do coração pela artéria aorta e segue para todas as partes do corpo.

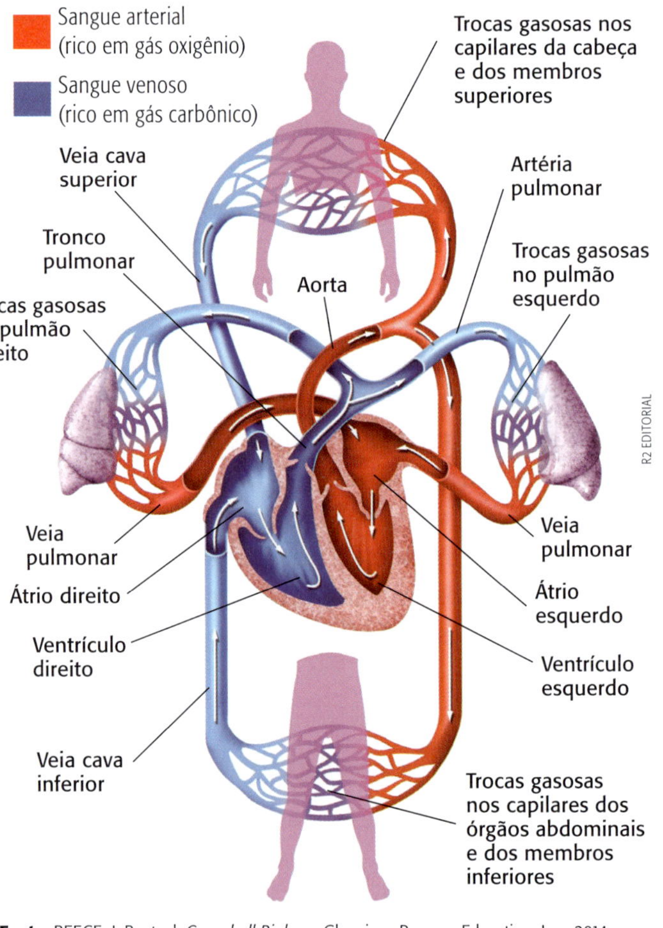

Fonte: REECE, J. B. et. al. *Campbell Biology*. Glenview: Pearson Education, Inc., 2014.

Representação esquemática do percurso do sangue no corpo humano. Cores fantasia. Elementos fora de escala de tamanho e de proporção.

NÃO DEIXE DE LER

- **Pelos caminhos do sangue.** Rogério Nigro. São Paulo: Editora Atual, 2010.
- **O sangue.** Lucila Marcondes. São Paulo: Editora Ática, 2001.

Pista 1

Normalmente, cada pessoa doa 450 mL de sangue. Em muitos casos, uma única bolsa de sangue pode ser usada por até três pacientes. Considere um hospital onde 1200 pessoas são atendidas mensalmente e 40% delas precisam de sangue. Qual o número mínimo de doadores que são necessários para atender a demanda de sangue neste hospital?

Escute o coração

Para pensar

Cada vez que o coração bate, a pressão do sangue aumenta o diâmetro das artérias. Em seguida, as artérias voltam ao diâmetro inicial. Esse movimento de dilatação e contração das artérias é a **pulsação**. O número de pulsações das artérias por minuto é igual ao número de batimentos cardíacos.

O que você supõe que pode alterar a frequência das pulsações?

Material

- 1 relógio (de preferência com cronômetro)

Procedimentos

Organizados em duplas, realizem os procedimentos a seguir. Um dos estudantes vai medir a pulsação do outro, o qual terá a pulsação medida em duas situações – em repouso e após uma atividade física.

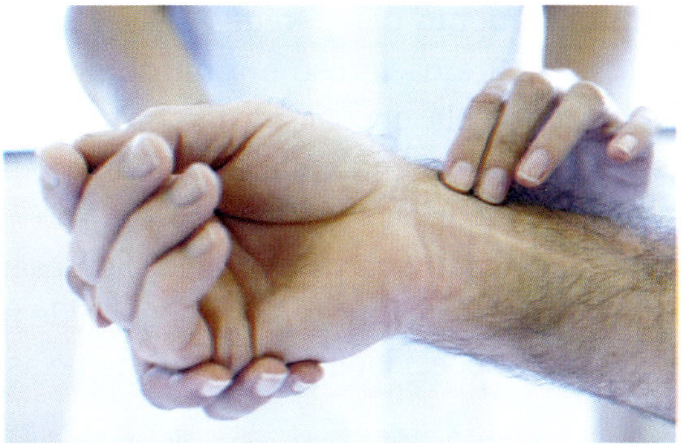

IAN HOOTON/SPL/LATINSTOCK

A pulsação deve ser checada pelos dedos médio e indicador.

1. Para medir a pulsação, coloque o dedo indicador e o médio um pouco abaixo do pulso, pressionando levemente até sentir a pulsação, como mostra a fotografia.
2. O estudante que terá a pulsação medida deverá ficar sentado por pelo menos 5 minutos. O outro estudante deverá contar o número de pulsações em repouso por 15 segundos. Depois, multipliquem o resultado por quatro para obter o número de pulsações em repouso por minuto. Anotem o resultado.
3. Agora, o estudante deverá fazer polichinelos durante 2 minutos. Após esse período, as pulsações deverão ser medidas novamente. Anotem o novo resultado.
4. Meçam a pulsação dele novamente, em repouso, depois de 1, 3, 5 e 7 minutos. No caderno, façam uma tabela com os resultados obtidos.

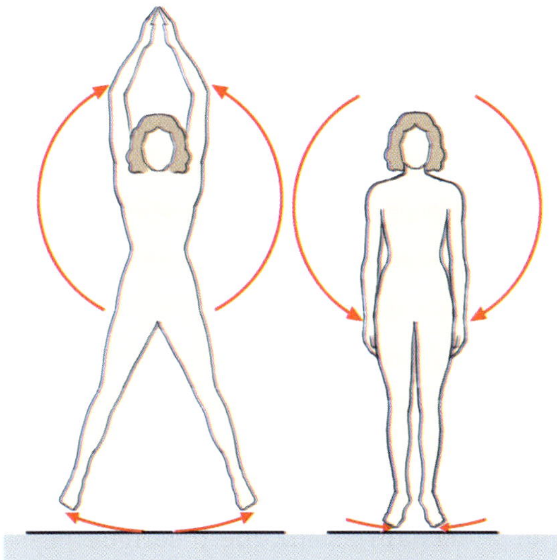

RODVAL MATIAS

Representação esquemática do exercício de polichinelo. Cores fantasia. Elementos fora de escala de tamanho e de proporção.

Resultados e discussões

1. Em que situação o número de pulsações foi maior: antes ou depois do esforço físico? Por que essa alteração acontece?
2. Comparem esses resultados com os de outras duplas. Eles são semelhantes? Elaborem uma tabela com os dados de toda a turma.
3. Depois do esforço físico, quantos minutos foram necessários para os batimentos do colega voltarem ao normal (repouso)? Por quê?
4. Há diferenças de resultados entre os resultados das duplas na situação de repouso? Por quê?

SAÚDE DO SISTEMA CARDIOVASCULAR

Segundo a Organização Mundial da Saúde (OMS), as doenças cardiovasculares são responsáveis por grande número de mortes que ocorrem no Brasil e no mundo.

Aterosclerose

Aterosclerose é um termo geral que designa doenças que afetam as artérias, prejudicam o fluxo de sangue e causam o endurecimento das paredes desses vasos. A principal causa da aterosclerose é a diminuição do diâmetro das artérias pela deposição de gorduras em suas paredes internas, formando placas. A interrupção do fluxo sanguíneo pode provocar um **infarto**.

Entre os fatores de risco que podem levar ao desenvolvimento dessa doença, podemos citar o hábito de fumar, o colesterol alto, a obesidade e o sedentarismo.

Colesterol: tipo de lipídio produzido no organismo ou obtido por meio da ingestão de alimentos de origem animal (carnes, manteiga etc.). Em excesso, pode formar placas de gordura nos vasos sanguíneos.

SCIEPRO/SPL/LATINSTOCK

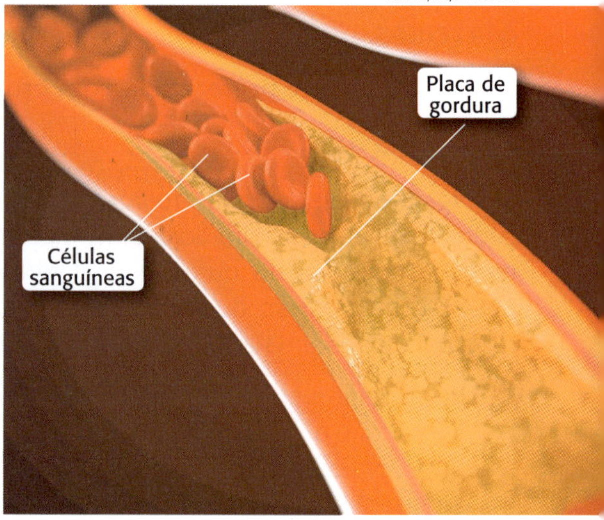

Representação de artéria bloqueada vista em corte, mostrando a interrupção do fluxo de sangue. Cores fantasia. Elementos fora de escala de tamanho e de proporção.

Acidente vascular cerebral (AVC)

Quando uma parte do cérebro deixa de receber sangue por causa de um entupimento de uma artéria, ou quando ocorre o rompimento de um vaso sanguíneo, dizemos que houve um acidente vascular cerebral (AVC).

Dependendo da extensão da área do cérebro atingida, um AVC pode causar paralisia de uma ou mais partes do corpo, dificuldades de fala ou memória e, em casos mais graves, morte.

Varizes

Para evitar o refluxo do sangue, existem válvulas nas veias, que se fecham assim que o sangue passa por elas. Com o passar dos anos, as veias ficam mais largas, impedindo que as válulas fechem completamente. Assim, o sangue começa a se acumular nos vasos e aparecem as varizes. Passar muitas horas em pé, usar saltos altos com frequência e não praticar atividade física são as causas mais comuns de varizes.

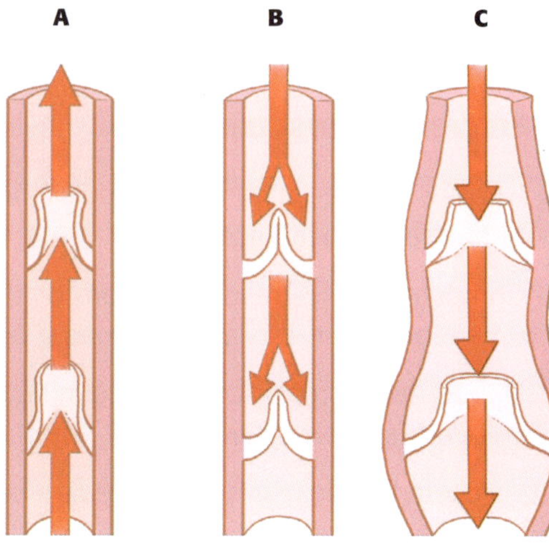

RODVAL MATIAS

Representação esquemática de vasos sanguíneos em três situações – **A**: vasos com fluxo de sangue normal; **B**: vasos normais com válvulas impedindo o retorno do sangue; **C**: vasos frouxos, formando varizes; nessa situação, as válvulas não se fecham completamente, ocasionando o refluxo e o acúmulo de sangue. Elementos fora de escala de tamanho e de proporção. Cores fantasia.

Bons hábitos, boa saúde

Alguns hábitos simples podem evitar o desenvolvimento de doenças cardiovasculares. A seguir, citamos algumas atitudes que podem proporcionar uma vida mais saudável.

- **Ter uma alimentação adequada**: evitar excesso de gordura na alimentação, pois ela pode provocar a aterosclerose; e o excesso de sal, que pode levar à elevação da pressão sanguínea, aumentando, assim, o risco de AVC.
- **Praticar atividades físicas**: a atividade física regular auxilia na redução da gordura corporal, aumenta a capacidade respiratória e cardíaca, além de fortalecer a musculatura, evitando, entre outros problemas, as varizes.

A alimentação saudável associada à prática de exercícios ajuda a manter o peso e a reduzir o risco de doenças cardíacas.

Eletrocardiograma

O eletrocardiograma é o registro da atividade elétrica do coração por meio de um aparelho chamado eletrocardiógrafo, que capta impulsos elétricos.

A realização de um eletrocardiograma é recomendada para a detecção de algumas doenças cardíacas e para a avaliação da saúde do coração para que se possa fazer exercícios físicos.

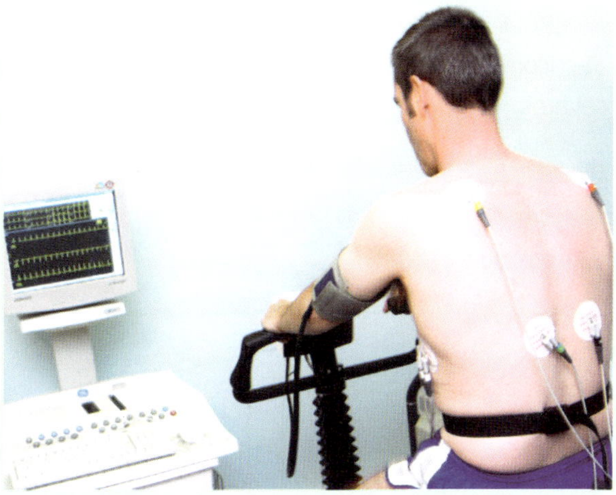

SPL/LATINSTOCK

Avaliação cardíaca para a prática de exercícios. São colocados eletrodos no corpo do paciente para registrar os impulsos elétricos do coração durante a atividade.

FIQUE DE OLHO

- Faça o cálculo do seu índice de massa corpórea (IMC). Divida o seu peso (em quilogramas) pela sua altura (em metros) elevada ao quadrado. Por exemplo: 85 kg e 1,75 m de altura apresenta um IMC de 27,7.

$$IMC = 85 \div (1{,}75 \times 1{,}75) = 27{,}7$$

Esse número, para um adulto, indica pessoa pré-obesa. Entretanto, esses valores são relativos. Crianças, atletas e pessoas sedentárias necessitam de outras avaliações. Um atleta possui músculos que pesam mais do que a gordura e pode apresentar um IMC mais elevado. Já o IMC de uma pessoa sedentária pode estar na faixa normal, embora ela tenha uma quantidade maior de gordura no corpo. É importante procurar um médico para avaliar suas condições físicas.

Tabela de valores do índice de massa corpórea para adulto (IMC)

Classificação	IMC (kg/m²)
Baixo peso	< 18,5
Peso normal	18,5 a 24,9
Pré-obeso	25,0 a 29,9
Obeso I	30,0 a 34,9
Obeso II	35,0 a 39,9
Obeso III	≥ 40,0

Fonte de pesquisa: Disponível em: <http://www.abeso.org.br/pdf/diretrizes_brasileiras_obesidade_2009_2010_1.pdf>. Acesso em: 13 mar. 2015.

SAIBA MAIS

Implante de cardioversor desfibrilador implantável

“O Cardioversor desfibrilador implantável (CDI) é um equipamento [...] totalmente automático, capaz de detectar arritmias graves e tratá-las imediatamente através de estímulos elétricos.

Quando o coração fica lento, o CDI funciona como se fosse um marca-passo convencional, corrigindo a bradicardia. Se o paciente apresenta [...] taquicardia, o CDI inicia protocolos de reversão de acordo com a programação específica definida pelo médico eletrofisiologista. Dependendo da gravidade da arritmia o CDI pode utilizar estímulos de baixa energia ou de alta energia corrigindo-a imediatamente.

O CDI evita que o paciente tenha que ir ao pronto-socorro para reverter a arritmia e, nos casos mais severos, evita a morte súbita. Os pacientes que se beneficiam deste equipamento são criteriosamente avaliados pela equipe de arritmias antes do implante, sendo decidido o modelo indicado para cada caso e a programação do aparelho. [...].

Não é necessária a abertura do tórax e o paciente recebe alta hospitalar 48 a 72 horas após a cirurgia.”

Disponível em: <http://www.hcor.com.br/EspecialidadeseServi%C3%A7os/Servi%C3%A7osDiferenciados/Servi%C3%A7osdeArritmia/ArritmiaMarcapasso/ImplantedeCardioversorDesfibrilador.aspx>. Acesso em: 11 mar. 2015.

Arritmia: ritmo cardíaco irregular.
Marca-passo: dispositivo eletrônico projetado para manter a atividade rítmica do coração.
Bradicardia: ritmo cardíaco lento ou irregular.
Taquicardia: aumento da frequência cardíaca, ou seja, o coração bate mais rapidamente.

AKG-IMAGES/LATINSTOCK

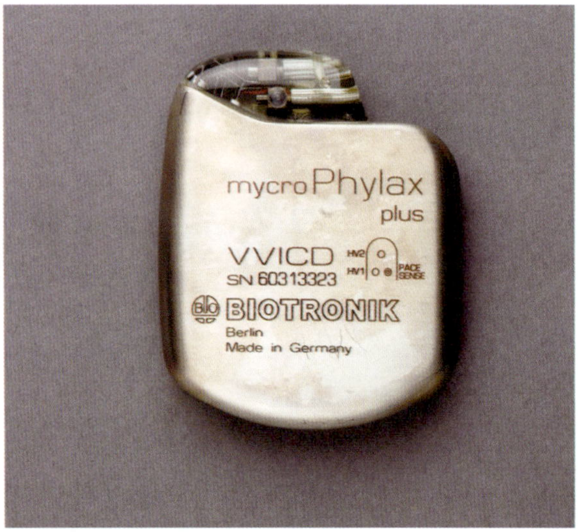

O CDI é usado para monitorar o ritmo do coração de pessoas que podem sofrer de taquicardia ou arritmias.

APOGEE/LATINSTOCK

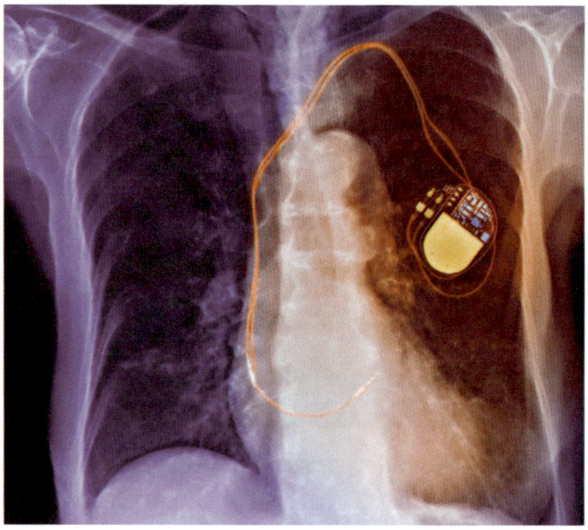

Radiografia do tórax mostrando a localização do CDI. Cores artificiais.

Para pensar

1. Como funciona o CDI?
2. O que pode acontecer a uma pessoa quando o CDI detecta uma alteração no ritmo das batidas do coração (arritmia cardíaca)?
3. Qual é a vantagem, para um paciente que sofre de arritmia cardíaca, de utilizar esse equipamento?

1. Elabore um pequeno texto sobre as diferenças entre as artérias e as veias, comparando essas estruturas quanto à presença de tecido muscular, ao diâmetro e à função desses vasos no sistema cardiovascular.

2. O endotélio é uma única camada de células epiteliais que formam a fina parede dos capilares sanguíneos. Por que é importante que os capilares tenham parede bem fina?

3. Que músculo realiza a sístole e a diástole das cavidades cardíacas?

4. Observe a ilustração a seguir. Depois, responda às questões.

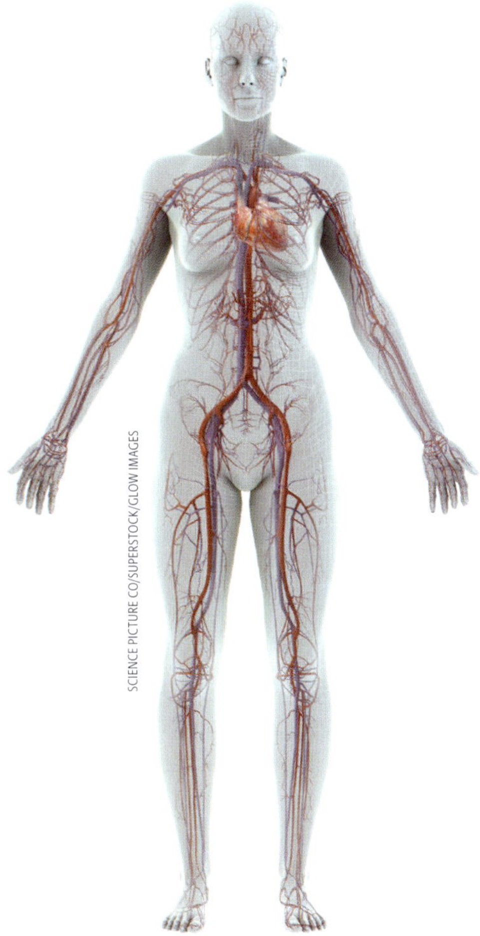

SCIENCE PICTURE CO/SUPERSTOCK/GLOW IMAGES

Representação esquemática de um dos sistemas do corpo humano. Elementos fora de escala de tamanho e de proporção. Cores fantasia.

a. O que a ilustração representa?

b. Que órgão compõe esse sistema?

c. Em qual órgão o sangue é oxigenado? Como esse órgão obtém oxigênio?

d. De onde o sangue recebe gás carbônico?

e. O sangue que é rico em gás carbônico é realmente da cor que ele é representado na ilustração?

f. Os capilares foram representados nessa imagem?

g. Cite cuidados que podemos ter para manter a saúde desse sistema.

5. Qual é a importância da completa separação existente entre o lado direito e o lado esquerdo do coração?

6. Observe o esquema ao lado e responda às questões.

   a. Que percurso do sangue está representado no esquema?

   b. O que representa a trama de vasos mais finos?

   c. O sangue que vai em direção ao pulmão contém grande quantidade de que gás?

   d. E o sangue que sai do pulmão?

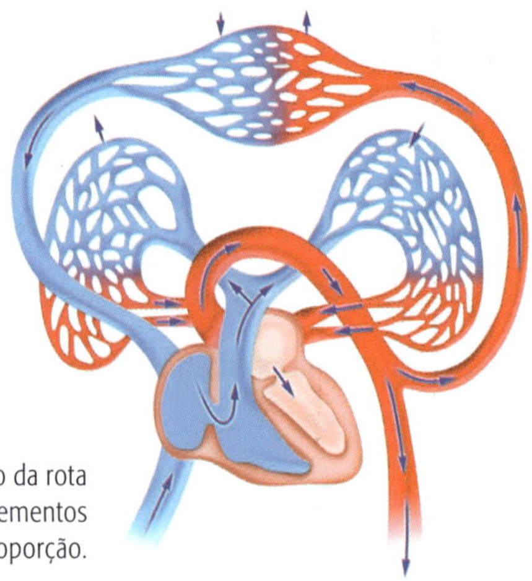

LUIS MOURA

Representação esquemática de um trecho da rota circulatória do sangue. Cores fantasia. Elementos fora de escala de tamanho e de proporção.

7. Leia o texto, observe a imagem e responda às questões.

Maioria dos brasileiros desconhece sintomas do AVC, alertam especialistas

A cada cinco minutos, um brasileiro morre por causa de um acidente vascular cerebral (AVC), segundo dados da Academia Brasileira de Neurologia (ABN), com base em informações do Ministério da Saúde. São quase 100 mil mortes por ano no Brasil. Hoje (29 [de outubro de 2010]), no Dia Mundial de Combate ao AVC, especialistas alertam que a maioria dos brasileiros desconhece os sintomas da doença e não procura o médico. [...]

Em 2008, uma pesquisa do Hospital das Clínicas de Ribeirão Preto, da Universidade de São Paulo (USP), perguntou a 800 pessoas nas ruas das cidades de Ribeirão Preto, São Paulo, Salvador e Fortaleza quais os sintomas do AVC. Somente 15,6% dos entrevistados sabiam o significado da sigla. Ainda segundo a pesquisa, a maioria dos entrevistados confundiu a doença com paralisia, congestão, trombose ou nervosismo. Os sintomas de um AVC são fraqueza ou dormência súbita em um lado do corpo, dificuldade para falar, entender ou enxergar, tontura repentina e dor de cabeça muito forte sem motivo aparente. [...]

Os especialistas alertam ainda que é possível prevenir o acidente vascular, desde que sejam adotados cuidados no decorrer da vida – entre eles praticar exercícios físicos, ter alimentação saudável e evitar o fumo, o consumo de álcool, além de ficar em alerta com as taxas de pressão e do colesterol. A doença incide na população com mais de 65 anos, mas pode ocorrer em jovens e até recém-nascidos. [...]

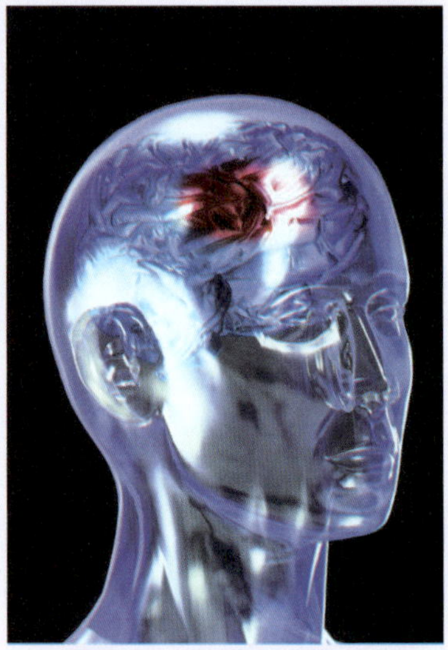

SPL/LATINSTOCK

Representação artística de tomografia destacando a região onde ocorreu um acidente vascular cerebral. A região vermelha representa a hemorragia no cérebro. Cores fantasia.

Carolina Pimentel. *Maioria dos brasileiros desconhece sintomas do AVC, alertam especialistas.* Disponível em: <http://memoria.ebc.com.br/agenciabrasil/noticia/2010-10-29/maioria-dos-brasileiros-desconhece-sintomas-do-avc-alertam-especialistas>. Acesso em: 13 mar. 2015.

   a. Qual é a causa de um AVC?

   b. Quais são os sintomas dessa doença? Por que é importante reconhecer os sintomas da doença?

   c. Como prevenir a ocorrência de um AVC?

8. Explique os termos listados a seguir. Depois, produza um pequeno texto relacionando esses conceitos.

a. Sangue venoso
b. Sangue arterial
c. Veia
d. Artéria
e. Troca gasosa

9. O que é pressão arterial?

10. Leia o texto a seguir e depois responda às questões no caderno.

> As pessoas costumam confundir cateterismo cardíaco com angioplastia. O cateterismo cardíaco é um procedimento que serve para o diagnóstico de obstruções nas artérias que irrigam o músculo cardíaco. A angioplastia é uma intervenção cirúrgica utilizada para desobstruir os vasos sanguíneos que estão entupidos.

a. Qual é a importância de realizar um exame como o cateterismo cardíaco?

b. O que acontece se as células do coração não receberem sangue?

c. Você acha que uma angioplastia pode ser recomendada sem que antes seja feito um cateterismo cardíaco? Por quê?

11. Médicos recomendam que as pessoas com varizes ou com tendência a tê-las durmam com as pernas ligeiramente elevadas. Por que essa recomendação ajuda a prevenir varizes?

12. Como uma alimentação rica em alimentos gordurosos pode afetar a saúde do sistema cardiovascular?

13. Leia o trecho de uma entrevista feita pelo médico Drauzio Varella com o cirurgião cardíaco Sergio Almeida de Oliveira. Em seguida, responda às questões.

> [...]
>
> **Drauzio – A ideia de que as mortes por problemas do coração constituem um problema moderno, característico da segunda metade do século XX, tem fundamentação científica? Não se poderia pensar que hoje o [ser humano] morre mais do coração porque vive mais do que viviam seus antepassados?**
>
> **Sergio [...]** – A prevalência das doenças cardíacas aumentou, em parte, porque as pessoas vivem mais, em parte talvez porque os hábitos de vida mudaram bastante nas últimas décadas.
>
> [...] o infarto do miocárdio, ou seja, a doença coronária, é a primeira causa de morte no mundo de hoje. Segundo a Organização Mundial de Saúde, que só não considera a região abaixo do Saara, na África, porque não existem dados epidemiológicos adequados, morrem de 6 a 7 milhões de pessoas por ano no mundo por infarto do miocárdio.
>
> O Brasil não escapa dessa realidade. Primeiro, porque as pessoas estão vivendo mais; segundo, por causa do estilo de vida que levam.
>
> [...] A doença coronária não tem uma causa só. A elevação dos níveis de colesterol, distúrbio do metabolismo lipídico, é uma causa importante, mas há outros fatores de risco. Obesidade, sedentarismo, tabagismo, pressão arterial elevada, sem dúvida, interferem no seu aparecimento e alteram a expectativa de vida.
>
> [...]

Infarto do miocárdio: necrose de uma parte do músculo cardíaco causada pela ausência da irrigação sanguínea.

Disponível em: <http://drauziovarella.com.br/diabetes/cirurgia-do-coracao>. Acesso em: 27 mar. 2015.

a. Quais são as causas das doenças do coração?

b. Que cuidados você toma para evitar doenças do coração?

c. Converse com os adultos da sua família. Faça perguntas como: Você costuma praticar atividades físicas? Quais? Você sabe quais são os benefícios das atividades físicas? A sua alimentação é saudável?

6 Sangue, linfa e defesas do corpo

Ministério da Saúde lança nova campanha de doação de sangue

ALEX DE JESUS /O TEMPO/FUTURA PRESS

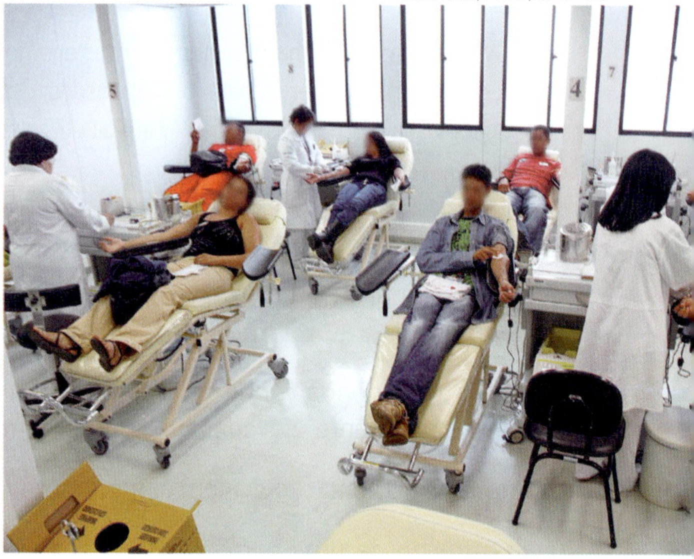

Entre as pessoas que procuram os hemocentros, 64,8% são doadores do sexo masculino e 35,1% são do sexo feminino. Na foto, doação de sangue na Fundação Centro de Hematologia e Hemoterapia de Minas Gerais (Hemominas), Belo Horizonte (MG).

O Ministério da Saúde lançou [...] a nova campanha de incentivo à doação de sangue, que neste ano [2014], ressalta o crescimento de diversas áreas da saúde pública, como transplantes, cirurgias e atendimentos de urgências e o importante papel do sangue doado na garantia desse processo.

[...]

Atualmente, são coletadas no País, cerca de 3,6 milhões de bolsas/ano, o que corresponde ao índice de 1,8% da população doando sangue. Embora o percentual esteja dentro dos parâmetros da Organização Mundial de Saúde (OMS), o Ministério da Saúde trabalha para aumentar este índice.

A campanha deste ano conta com a participação de pessoas envolvidas em casos reais [...] nos materiais de divulgação, que incluem peças como vídeo publicitário, *spot* de rádio, cartazes e *folders* e peças de internet. Nas redes sociais, a mobilização será feita pelo aplicativo de Doação de Sangue do Ministério da Saúde. A página que conta com novos serviços permite que o visitante veja informações, dicas e locais de doação.

[...]

Quem pode doar: pessoas com peso – de no mínimo – 50 quilos; ter entre 18 e 69 anos. Também podem ser aceitos candidatos à doação de sangue com idade entre 16 e 17 anos, com o consentimento formal do responsável legal.

Quem não pode doar: quem teve diagnóstico de hepatite após os 11 anos de idade; mulheres grávidas ou amamentando; pessoas que estão expostas a doenças transmissíveis pelo sangue como Aids, hepatite, sífilis e doença de Chagas; usuários de drogas; aqueles que tiveram relacionamento sexual com parceiro desconhecido ou eventual, sem uso de preservativos.

[...]

Disponível em: <http://www.brasil.gov.br/saude/2014/06/ministerio-da-saude-lanca-nova-campanha-de-doacao-de-sangue>. Acesso em: 11 mar. 2015.

BATE-PAPO

1. Quando você completar 16 anos, tem intenção de doar sangue?
2. Alguém da sua família tem o hábito de doar sangue? Converse com os seus familiares sobre o tema.
3. Qual a importância da doação de sangue?

Pista 2

Após o ato da doação de sangue, diversos exames são realizados no sangue coletado, os quais visam verificar a presença de agentes causadores de doenças. O doador também poderá receber os resultados dos exames para saber como está sua saúde. Você sabe quais doenças podem ser transmitidas por meio da doação de sangue? Pesquise e converse com os colegas.

O SANGUE

O sangue é formado por uma parte líquida, o **plasma**, e pelos **elementos figurados**, que são as células sanguíneas e os fragmentos de células.

LUIS MOURA

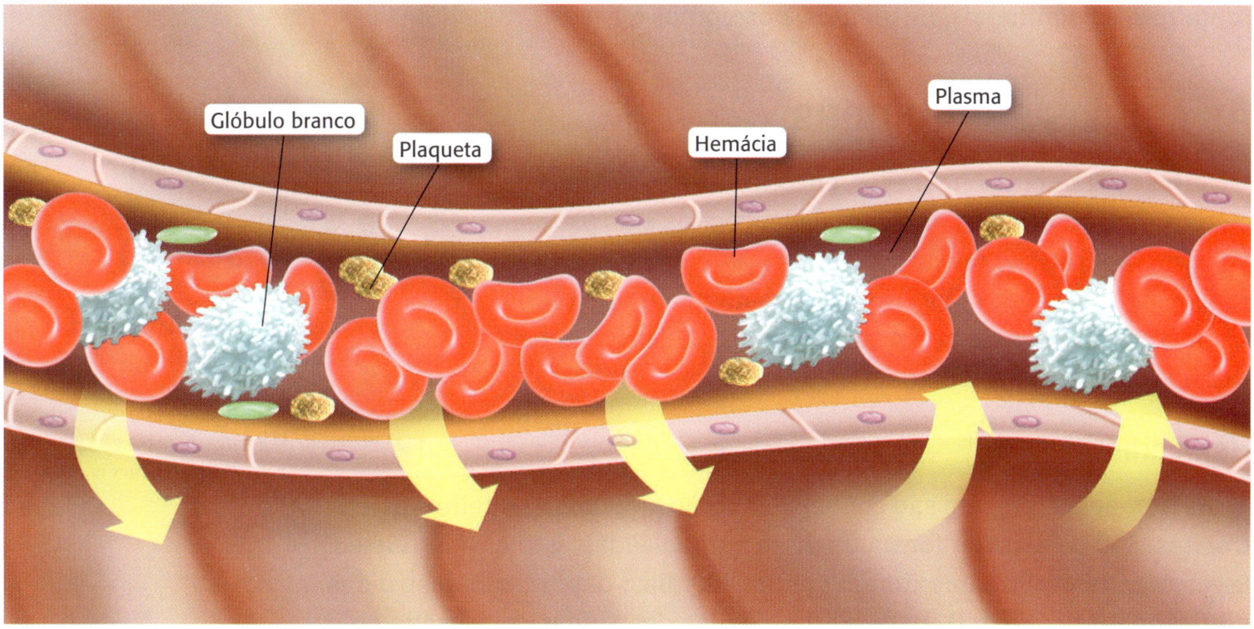

Representação esquemática de células sanguíneas em um vaso sanguíneo. Elementos fora de escala de tamanho e de proporção. Cores fantasia.

No fígado, no baço e na medula vermelha dos ossos longos, novas células sanguíneas são produzidas para que seja feita a reposição necessária. Esses órgãos e tecidos são denominados **hematopoéticos**.

O sangue é o principal meio de transporte de diferentes substâncias pelo corpo. Entre as funções do sangue, podemos destacar as citadas a seguir:

- **Transporte de gases**: o sangue recebe o gás oxigênio que chegou aos pulmões e o leva até as células. Ao fazer o caminho de volta ao coração, carrega o gás carbônico produzido pela respiração celular. O gás carbônico passa dos vasos sanguíneos para os pulmões e é eliminado para o ambiente.
- **Transporte de nutrientes**: os nutrientes liberados na digestão dos alimentos são absorvidos pela parede do intestino. Depois disso, eles vão para a corrente sanguínea. Pelo sangue, eles serão transportados até as células.
- **Transporte de excretas**: durante o metabolismo celular, várias substâncias que podem ser prejudiciais ao organismo são produzidas e, posteriormente, recolhidas pelo sangue. Nos rins, essas substâncias são retiradas do sangue e formarão a urina.
- **Defesa**: uma parte das células sanguíneas é responsável pela defesa do organismo contra corpos estranhos, como bactérias, fungos e vírus.
- **Reservatório de água**: o sangue também representa um importante reservatório de água para o nosso organismo.

O plasma sanguíneo

O plasma corresponde a 55% do volume total do sangue. Ele é constituído em sua maior parte por água. Além de água, há diversos componentes nele dissolvidos, como proteínas, sais minerais, nutrientes, hormônios e gases.

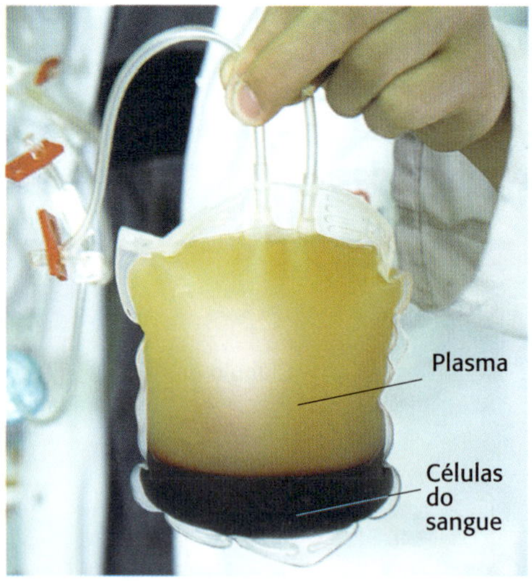

Sangue centrifugado com separação dos componentes celulares e do plasma (amarelado). As plaquetas estão suspensas no plasma e serão usadas em pessoas com dificuldade de coagulação; a outra parte será destinada a tratamento de anemia ou perda de sangue em acidentes ou cirurgias.

As células sanguíneas

Entre os elementos figurados, encontram-se três tipos de células sanguíneas: as hemácias, os leucócitos e as plaquetas (que são fragmentos de células).

Em um milímetro cúbico (mm^3) de sangue de um adulto há de 4 a 6 milhões de hemácias; 4,5 mil a 11,5 mil leucócitos; e 150 mil a 450 mil plaquetas.

Hemácias

As **hemácias** também são conhecidas como glóbulos vermelhos ou eritrócitos. São células em forma de disco e anucleadas, isto é, sem núcleo. Essas células vivem, aproximadamente, 120 dias; depois, são destruídas no fígado ou no baço. O material das células destruídas será usado pelo organismo para produzir novas células.

Na composição das hemácias, encontramos uma proteína rica em ferro: a **hemoglobina**. Essa proteína é necessária para o transporte de gás oxigênio pelo sangue. O sangue tem cor vermelha em função da associação do ferro à hemoglobina nas hemácias. Durante as trocas gasosas, nos alvéolos pulmonares, a hemoglobina liga-se quimicamente ao gás oxigênio e o transporta até as células. Ela também se liga ao gás carbônico eliminado pelas células e o transporta até os alvéolos, embora a maior parte desse gás seja transportada pelo plasma sanguíneo.

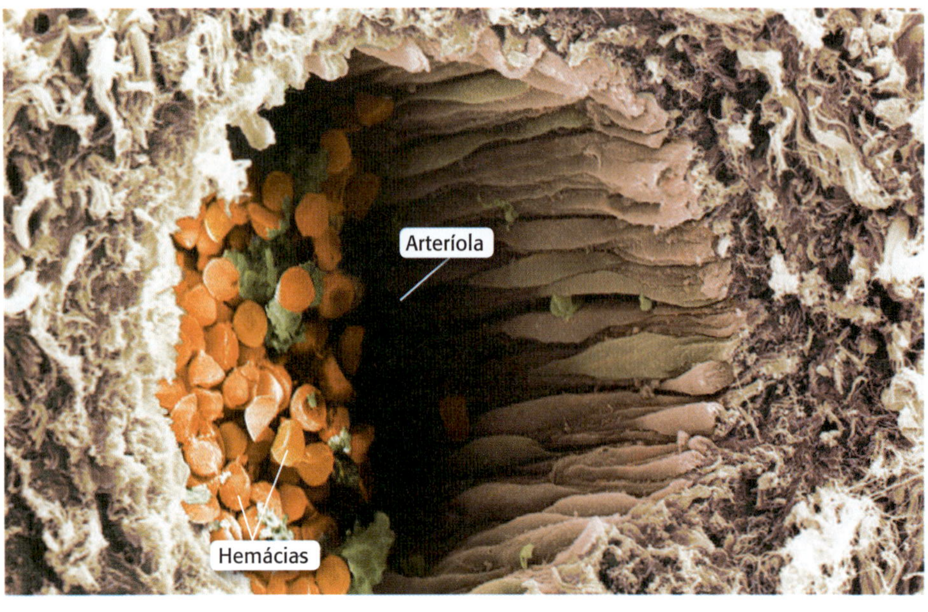

Fotografia feita ao microscópio eletrônico de varredura. As hemácias estão dentro de uma arteríola. Cores artificiais. Por dia, essas células percorrem 15 quilômetros pelos vasos do corpo humano. Cores artificiais. Ampliação de 570 vezes.

Plaquetas

As **plaquetas** são fragmentos anucleados de células responsáveis pelo processo de conter sangramentos, chamado de coagulação sanguínea.

Durante a coagulação, é produzida uma proteína chamada **fibrina**. Essa proteína forma uma rede que retém hemácias e plaquetas: é o coágulo. Sua função é bloquear o sangramento e evitar a contaminação da região ferida por microrganismos.

À medida que o tempo passa e os tecidos lesionados vão se recuperando, o coágulo vai se desprendendo.

O cálcio e a vitamina K, formada por bactérias no intestino, são essenciais no processo de formação da fibrina.

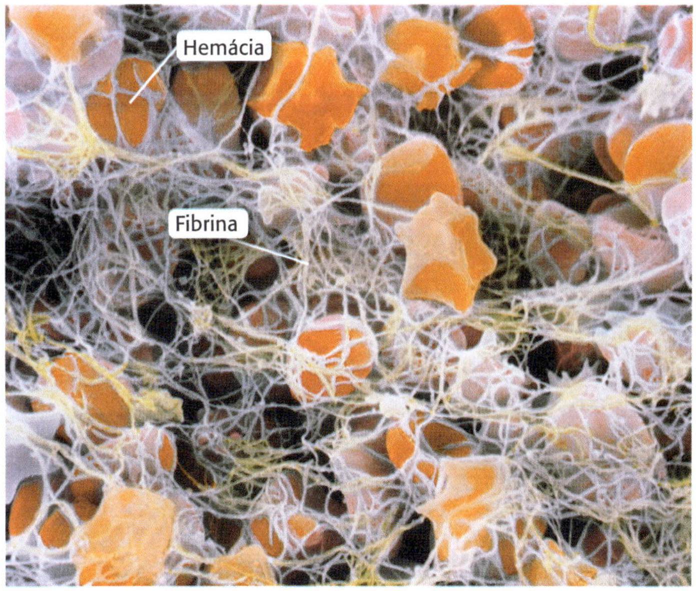

PORF. P. MOTTA/DEPT. OF ANATOMY/UNIVERSITY "LA SAPIENZA", ROME/SPL/LATINSTOCK

Fotografia ao microscópio eletrônico mostrando hemácias presas pela rede de fibrina (coagulação sanguínea). Cores artificiais. Ampliação de 1940 vezes.

Leucócitos

Os **leucócitos** ou glóbulos brancos são células de defesa contra qualquer elemento estranho que tente penetrar no nosso corpo, como os microrganismos (vírus e bactérias) e as toxinas (veneno, por exemplo).

A defesa do organismo acontece, basicamente, de duas formas:

- Pela **fagocitose** (do grego *phago* = "comer"; *kytos* = "célula"), realizada por tipos especiais de leucócitos, os macrófagos. Durante a fagocitose, o macrófrago emite pseudópodes, expansões do citoplasma, que envolvem o elemento estranho. Dentro da célula, esse corpo estranho fica envolvido por um pedaço de membrana plasmática formando uma espécie de bolsa chamada fagossomo. No interior do fagossomo, o corpo estranho será digerido por enzimas de organelas chamadas lisossomos.
- Pela **produção de anticorpos**, proteínas especiais que neutralizam a ação de toxinas ou de determinados microrganismos.

FAGOCITOSE

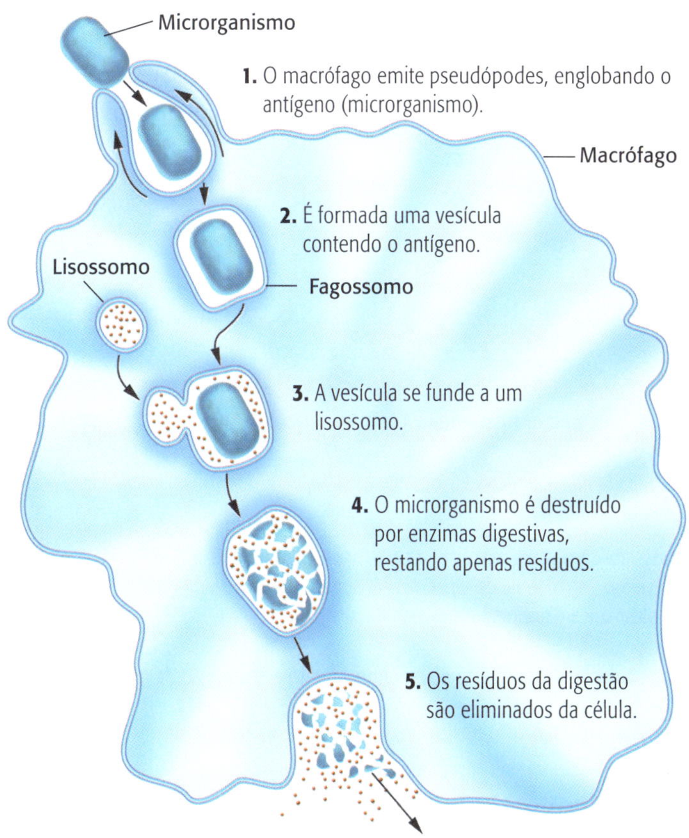

LUIS MOURA

Representação esquemática da fagocitose realizada por um tipo de leucócito chamado macrófago. Elementos fora de escala de tamanho e de proporção. Cores fantasia.

SISTEMA IMUNITÁRIO

Diariamente, o corpo humano entra em contato com diversos patógenos (fungos, bactérias, protozoários e vírus) e substâncias que podem prejudicar a nossa saúde.

Há diversas barreiras e mecanismos que impedem que agentes causadores de doenças invadam as células. A **pele** bloqueia a entrada de microrganismos. A **secreção lacrimal** lubrifica os olhos e elimina alguns patógenos. Já a **secreção gástrica**, por ser muito ácida, mata alguns microrganismos que podem estar presentes nos alimentos ou na água que ingerimos.

No entanto, algumas vezes, os agentes causadores de doenças conseguem invadir as células, por exemplo, quando há um corte na pele.

O **sistema imunitário** é responsável por reconhecer as partículas e as células estranhas ao organismo e desencadear respostas que visam combater os corpos estranhos.

Os **leucócitos** são as células que atacam os corpos estranhos que penetram em nosso corpo de duas formas: produzindo os **anticorpos** ou realizando a **fagocitose**.

Os anticorpos são proteínas que neutralizam a ação de um corpo estranho, também chamado de **antígeno**. É um sistema semelhante ao sistema chave-fechadura – para cada tipo de antígeno, um tipo específico de anticorpo é produzido.

Quando os antígenos penetrarem em nosso corpo, os **linfócitos** (tipo de leucócito) fazem o reconhecimento e passam a produzir os anticorpos específicos para o antígeno. Dessa forma, é adquirida a chamada **memória imunitária**. Todas as vezes que esse antígeno entrar em nosso corpo, será prontamente combatido pelos anticorpos.

Você já deve ter ouvido dizer que algumas doenças geralmente acometem uma pessoa apenas uma vez na vida. É o caso, por exemplo, da rubéola. Ao entrar em contato com o corpo, o vírus da rubéola desencadeia a produção de anticorpos e respostas do organismo. Em um novo contato com o vírus, a memória imunitária impede uma nova infecção.

ATUAÇÃO DOS ANTICORPOS

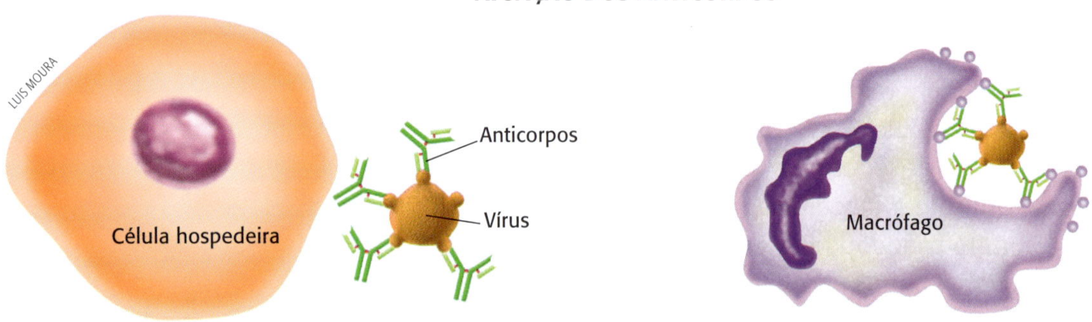

1. Os anticorpos aderem às partículas virais. Dessa forma, a membrana externa do vírus não consegue se ligar à membrana plasmática da célula hospedeira.

2. Os vírus ligados a anticorpos são reconhecidos por macrófagos e, então, são fagocitados.

Representação esquemática do reconhecimento e destruição de um vírus pelo organismo. Elementos fora de escala de tamanho e de proporção. Cores fantasia.

Inflamações também são reações do sistema imunitário. No processo inflamatório, a presença de microrganismos provoca a dilatação dos vasos sanguíneos da região afetada. Essa dilatação leva à saída de líquido do plasma, causando vermelhidão, inchaço e aumento de temperatura.

Imunização

Quando o corpo contém anticorpos que garantem a proteção contra uma doença, dizemos que ocorreu imunização do organismo contra essa doença. A imunização pode ocorrer de maneira **ativa** ou **passiva**.

Vacinação do adolescente (10 a 19 anos)	
Vacina	Doses
Hepatite B	3 doses (a depender da situação vacinal anterior)
Febre amarela*	Dose a cada 10 anos
Tríplice viral	2 doses
HPV	3 doses (11 a 13 anos)
Dupla adulto	Reforço a cada 10 anos

* Recomendado para viajantes ou residentes de áreas de risco.

Fonte de pesquisa: Ministério da Saúde. Calendário Nacional de Vacinação 2014. Disponível em: <http://portalsaude.saude.gov.br/index.php/o-ministerio/principal/leia-mais-o-ministerio/197-secretaria-svs/13600-calendario-nacional-de-vacinacao>. Acesso em: 17 mar. 2015.

Imunização ativa

Quando o corpo produz anticorpos contra um antígeno, ocorre a **imunização ativa natural**.

A **imunização ativa artificial** é a **vacina**, que contém vírus ou bactérias mortos ou enfraquecidos. Ao receber esse corpo estranho, o organismo reage e produz anticorpos contra ele. Se a pessoa tem contato com esse corpo estranho novamente, o organismo reconhece o antígeno rapidamente e passa a produzir anticorpos para combatê-lo.

Imunização passiva

Na imunização passiva, o organismo recebe os anticorpos prontos. A **imunização passiva natural** ocorre quando a mãe amamenta o bebê e passa para ele anticorpos. A **imunização passiva artificial** é quando recebemos **soro terapêutico**, com anticorpos prontos.

O soro é aplicado em casos como picadas de serpentes (soro antiofídico), de aranhas (soro antiaracnídico) e de escorpiões (soro escorpiônico). Cada soro é específico, ou seja, só serve para um tipo de antígeno.

Os soros terapêuticos, em geral, são produzidos a partir de anticorpos produzidos por animais como cavalos e coelhos. O esquema a seguir mostra como é produzido o soro terapêutico.

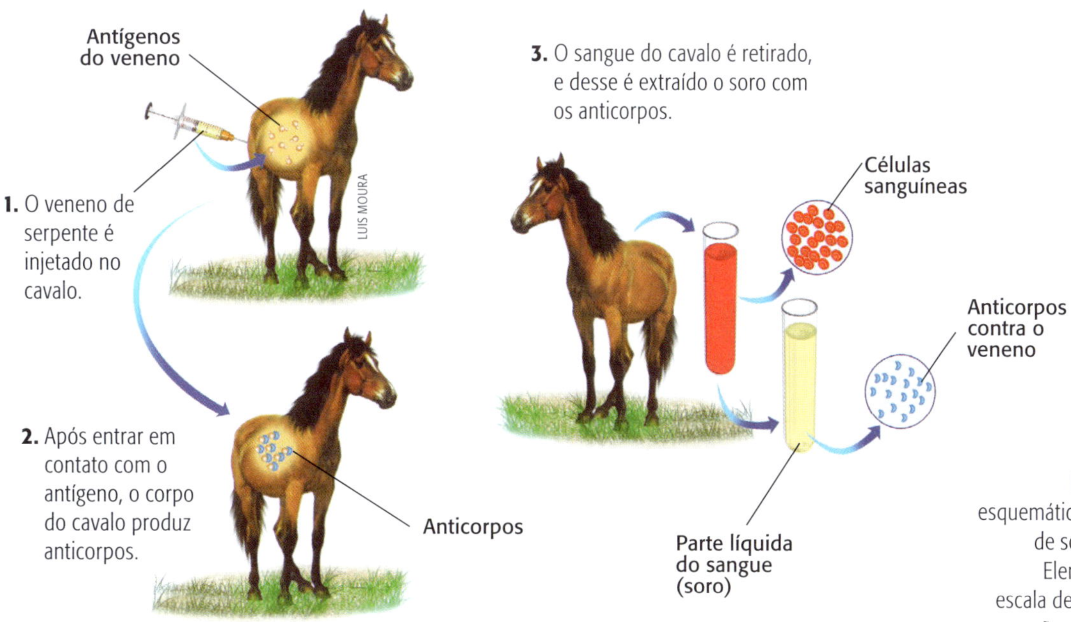

Representação esquemática da produção de soro antiofídico. Elementos fora de escala de tamanho e de proporção. Cores fantasia.

SAIBA MAIS

Um pouco sobre a história das vacinas

“ Edward Jenner, um médico inglês, observou que um número expressivo de pessoas mostrava-se imune à varíola. Todas eram ordenhadoras e tinham se contaminado com *cowpox*, uma doença do gado semelhante à varíola, pela formação de pústulas, mas que não causava a morte dos animais. Após uma série de experiências, constatou que estes indivíduos mantinham-se refratários à varíola, mesmo quando inoculados com o vírus. Em 14 de maio de 1796, Jenner inoculou James Phipps, um menino de 8 anos, com o pus retirado de uma pústula de Sarah Nelmes, uma ordenhadora que sofria de *cowpox*. O garoto contraiu uma infecção extremamente benigna e, dez dias depois, estava recuperado. Meses depois, Jenner inoculava Phipps com pus varioloso. O menino não adoeceu. Era a descoberta da vacina.

A partir de então, Jenner começou a imunizar crianças, com material retirado diretamente das pústulas dos animais e passado braço a braço. Em 1798, divulgava sua descoberta no trabalho *Um Inquérito sobre as Causas e os Efeitos da Vacina da Varíola.*

BETTMANN/CORBIS/LATINSTOCK/COLEÇÃO PARTICULAR

Representação artística do médico Edward Jenner passando o pus das feridas de uma ordenhadeira para arranhões feitos no braço de uma criança. Depois de uma semana, injetou na criança líquidos da varicela (catapora), e ela não ficou doente.

NATIONAL LIBRARY OF MEDICINE/SPL/LATINSTOCK/COLEÇÃO PARTICULAR

Quadro *Vacinação dos Pobres* (1873), de Eytinge, mostrando a vacinação da população pelo próprio Jenner. Nessa época, a varíola matava milhares de pessoas em epidemias devastadoras. Deixava os sobreviventes desfigurados por produzir muitas feridas na pele. A doença foi desaparecendo com a vacinação.

[...]

A descoberta de Jenner logo se espalhou pelo mundo. A partir de 1800, a Marinha britânica começou a adotar a vacinação. Napoleão Bonaparte introduziu-a em seus exércitos e fez imunizar seu filho. Nas Américas, chegou pelas mãos do médico Benjamin Waterhouse, de Harvard, popularizando-se, a partir de 1801, quando o presidente Thomas Jefferson foi vacinado.

[...]

A 6 de julho de 1885, chegava ao laboratório de **Louis Pasteur** um menino alsaciano de 9 anos, Joseph Meister, que havia sido mordido por um cão raivoso. Pasteur, que vinha desenvolvendo pesquisas na atenuação do vírus da raiva, injetou na criança material proveniente de medula de um coelho infectado. Ao todo, foram 13 inoculações, cada uma com material mais virulento. Meister não chegou a contrair a doença. A 26 de outubro, o cientista francês comunicava à Academia de Ciências a descoberta do imunizante contra a raiva, que chamou de vacina em homenagem a Jenner. Louis Pasteur já era famoso quando salvou Meister. Desenvolvera pesquisas sobre fermentação, elaborando um método para conservação [...], a pasteurização. Formulou a teoria da origem microbiana das doenças. Comprovou que o carbúnculo era causado por um microrganismo e descobriu o estafilococo. Desenvolveu imunizantes contra a cólera das galinhas e o carbúnculo do gado. As vacinas de Pasteur foram as primeiras obtidas seguindo uma metodologia científica. Fundador da moderna microbiologia e da medicina experimental, Pasteur revolucionou a ciência ao desenvolver um imunizante produzido à vontade por um método que podia ser generalizado.

[...] »

A história das vacinas: uma técnica milenar. Disponível em: <http://www.ccms.saude.gov.br/revolta/pdf/M7.pdf>. Acesso em: 6 maio 2015.

HERITAGE IMAGES/CORBIS/LATINSTOCK/COLEÇÃO PARTICULAR

Representação artística de Louis Pasteur (1821-1895), químico francês, segurando os coelhos que usou em seu trabalho sobre a hidrofobia, também chamada raiva. Seu processo de conservação conhecido como pasteurização mata as bactérias e conserva os alimentos. Essa gravura foi publicada na revista *Vanity Fair*, em janeiro de 1887.

Para pensar

1. Como os ordenhadores de vacas adquiriram imunidade à varíola?
2. Com qual procedimento Edward Jenner confirmou sua suspeita de que havia uma relação entre o contato dos ordenhadores com o cowpox e a imunidade à varíola?
3. Qual a diferença entre o procedimento empregado por Jenner e os realizados por Pasteur que o levaram à descoberta do imunizante contra a raiva (ao qual chamou de vacina)?
4. Quais vacinas você se lembra de ter tomado até hoje? Se possível, consulte a sua carteira de vacinção e veja quais ainda não tomou.

Pista 3

Cientistas britânicos estão trabalhando na produção de células sanguíneas artificiais a partir de células-tronco. O que são as células-tronco e como elas podem formar células sanguíneas? Qual a vantagem de utilizar sangue artificial em vez do sangue obtido por doação? Se necessário, faça uma pesquisa para responder a essas questões.

SISTEMA LINFÁTICO

O **sistema linfático** é formado pela **linfa**, pelos **vasos linfáticos**, por quais circula a linfa, e por **linfonodos** ou gânglios linfáticos.

Os vasos linfáticos formam uma rede de vasos associados aos linfonodos, os quais concentram-se em algumas áreas do corpo, como axilas, virilhas e pescoço.

O plasma, ao atravessar a parede dos capilares sanguíneos e entrar nos tecidos, leva água, sais minerais e nutrientes. Esse líquido, que também contém os resíduos eliminados pelas células, é chamado **líquido intersticial**. Ele é recolhido pelos vasos linfáticos, onde é chamado linfa. Em determinados trechos de seu trajeto, a linfa passa pelos linfonodos, espécie de filtro que barra os microrganismos e as células mortas.

O sistema linfático está associado ao sistema imunitário, já que dentro dos linfonodos os corpos estranhos presentes na linfa encontram os macrófagos e outras células responsáveis pela defesa do organismo.

Ao contrário do sistema cardiovascular, o sistema linfático não apresenta um órgão para bombear a linfa, que flui de maneira mais lenta que o sangue.

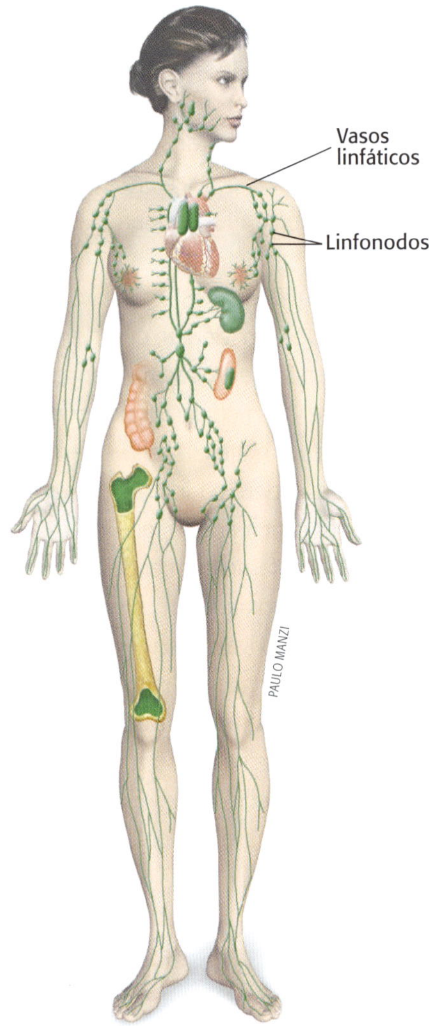

Representação esquemática do sistema linfático no corpo humano. Elementos fora de escala de tamanho e de proporção. Cores fantasia.

Funções do sistema linfático

O sistema linfático drena o excesso de líquido intersticial e o devolve ao sangue. Se não houver essa drenagem, o líquido intersticial se acumula entre as células e a região fica inchada, formando um edema.

Além disso, a linfa transporta vitaminas e gorduras (lipídios), absorvidas durante o processo de digestão, até o sangue. Depois de chegar ao sangue, os nutrientes são distribuídos pelo corpo.

Uma outra função do tecido linfático é defender o corpo por meio da produção de linfócitos e pela retenção e destruição de corpos estranhos dentro dos linfonodos.

As ínguas

Quando temos uma infecção, é comum que, próximo desse local, ocorra um inchaço dos linfonodos como resultado da acentuada multiplicação de leucócitos em seu interior, para combater os agentes invasores. O linfonodo que aumenta e fica endurecido forma a íngua.

As ínguas podem ser percebidas por palpação, principalmente nas axilas, virilhas e abaixo das mandíbulas.

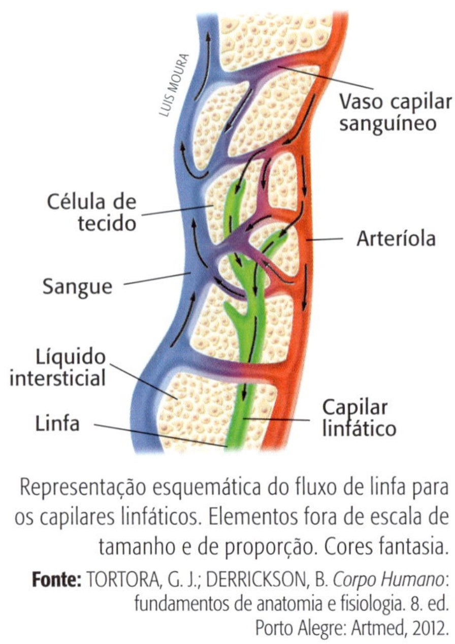

Representação esquemática do fluxo de linfa para os capilares linfáticos. Elementos fora de escala de tamanho e de proporção. Cores fantasia.

Fonte: TORTORA, G. J.; DERRICKSON, B. *Corpo Humano*: fundamentos de anatomia e fisiologia. 8. ed. Porto Alegre: Artmed, 2012.

1. O sangue é o único tecido do corpo humano formado por uma parte líquida, o plasma, e por elementos figurados (glóbulos vermelhos, glóbulos brancos e plaquetas). Elabore um pequeno texto que descreva as funções do sangue e o papel dos elementos figurados.

2. Leia o texto a seguir, observe a imagem e, depois, responda às questões.

Pessoas com anemia falciforme, uma doença hereditária, apresentam hemácias em formato de foice, que podem causar o entupimento dos vasos sanguíneos, impedindo a circulação de sangue para os tecidos.

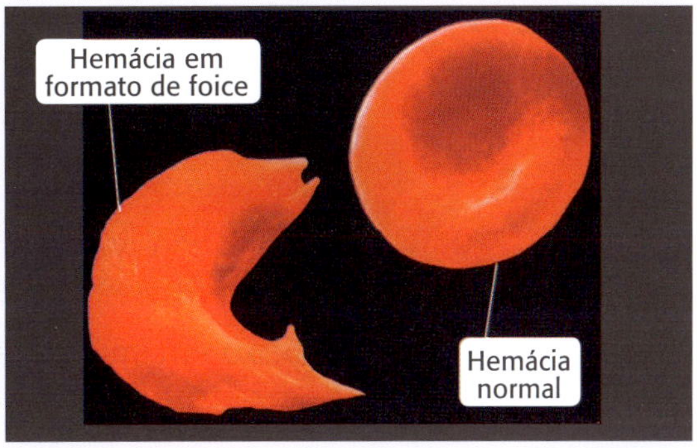

Hemácia em formato de foice, que provoca a anemia falciforme, e hemácia sadia. Aumento de 1 540 vezes.

DR. STANLEY FLEGLER/VISUALS UNLIMITED/CORBIS/LATINSTOCK

- Um transplante de medula pode curar a anemia falciforme. Após um transplante, em quanto tempo espera-se não encontrar mais hemácias em forma de foice? Por quê?

3. O corpo humano apresenta defesas contra corpos estranhos. Quais são as barreiras que dificultam a entrada de parasitas e substâncias prejudiciais no organismo?

4. Leia as frases a seguir. Copie as incorretas, corrigindo-as.

   a. As plaquetas são fragmentos de células responsáveis pela coagulação do sangue.

   b. A hemoglobina é um tipo de proteína presente nos leucócitos, responsável pelo transporte de gases.

   c. Órgãos hematopoéticos, como o fígado e o estômago, são responsáveis pela produção das células sanguíneas.

   d. Um tipo de leucócito é responsável pela fagocitose.

5. Uma mulher adulta realizou um exame laboratorial de sangue denominado hemograma, cujos resultados, em unidades/mm^3, encontram-se na tabela a seguir.

	Valores do hemograma	Valores de referência
Hemácias (glóbulos vermelhos) por mm^3	5 milhões	4 a 5,4 milhões
Leucócitos (glóbulos brancos) por mm^3	4,1 mil	4,5 mil a 11,5 mil
Plaquetas por mm^3	90 mil	150 mil a 450 mil

- De acordo com as informações contidas na tabela, que item do exame não está de acordo com o valor de referência? Explique o que a deficiência desse item poderia acarretar.

6. Os leucócitos ou glóbulos brancos são as células de defesa do organismo. Eles podem defender o organismo de duas formas: fagocitose e produção de anticorpos. No caderno, elabore um desenho esquemático para representar o processo de fagocitose. No esquema, insira os nomes das estruturas, as descrições das etapas e uma legenda.

teia do saber

7. Além da fagocitose, os leucócitos produzem anticorpos para neutralizar a ação de um antígeno (microrganismo ou corpo estranho). Explique como funciona este tipo de defesa usando as palavras: anticorpos, antígenos, linfócitos e memória imunitária.

8. Ao ser picada por um escorpião, uma pessoa deve receber soro antiescorpiônico, uma dose de antibiótico ou uma vacina específica? Justifique sua resposta.

FABIO COLOMBINI

Escorpião-amarelo (*Tityus serralatus*), animal venenoso, com cerca de 6 cm de comprimento.

9. Classifique os itens abaixo em imunização ativa ou imunização passiva.
   a. Aplicação de vacina.
   b. Leite materno.
   c. Pegar rubéola.
   d. Tomar soro antiofídico após ter sido picado por uma cobra.

10. O sistema linfático é muito importante para o funcionamento do sistema imunitário. Sobre esses sistemas, responda às questões abaixo.
   a. Que célula sanguínea é encontrada em maior quantidade nos linfonodos?
   b. Além de contribuir na defesa do organismo, quais são as outras funções do sistema linfático?

11. Escreva um texto comparando a circulação da linfa com a circulação sanguínea.

12. Leia a notícia abaixo e faça o que se pede.

Vacina contra raiva deve ser tomada logo após mordida de cão ou gato

Em caso de mordida de cachorro ou gato, o Ministério da Saúde recomenda que as pessoas procurem logo um posto de saúde para tomar a vacina contra a raiva. [...]

A raiva é uma doença grave e pode levar à morte em quase 100% dos casos. Os principais sintomas em humanos são: coceira, dor de cabeça e coma. Nos animais [cães e gatos], pode haver muita salivação, mudança de comportamento (que deve ser observado por dez dias após a mordida), fuga ou morte. Caso o animal seja desconhecido, é preciso se vacinar. [...]

Disponível em: <http://g1.globo.com/bemestar/noticia/2012/01/vacina-contra-raiva-deve-ser-tomada-logo-apos-mordida-de-cao-ou-gato.html>. Acesso em: 17 mar. 2015.

RICHARD HUTCHINGS/CORBIS/LATINSTOCK

Cachorro sendo vacinado. A vacina contra a raiva é essencial para a saúde dos animais domésticos.

   a. Quais são os sintomas da raiva em humanos e em cães e gatos?
   b. Faça uma pesquisa e responda: Por que é recomendada às pessoas que foram mordidas por cães e gatos a aplicação de vacina antirrábica, e não soro terapêutico?

13. Observe a figura, leia a legenda e o texto. Depois, responda às questões.

Aids e sistema imunitário

A Síndrome da Imunodeficiência Adquirida (Aids) é uma doença causada pelo vírus HIV. Esse vírus ataca os glóbulos brancos que produzem anticorpos. A pessoa portadora do vírus tem seu sistema imunitário enfraquecido e por isso manifesta diversas doenças. A transmissão do vírus se dá através de sangue, esperma e secreções. Nas gestantes, o vírus pode ser transmitido ao feto através da placenta, após o parto, e do leite materno, durante a amamentação.

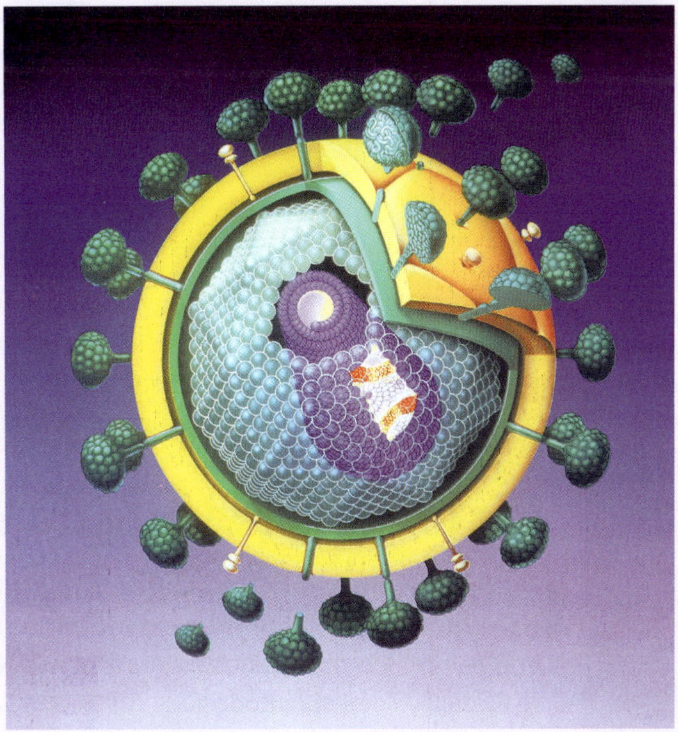

SPL/LATINSTOCK

Representação esquemática da estrutura básica do vírus causador da Aids. O envelope do vírus foi representado em amarelo e as proteínas presentes nele, em verde. Esse vírus ataca principalmente os linfócitos que comandam a defesa de nosso organismo. Elementos fora de escala de tamanho e de proporção. Cores fantasia.

a. Que estruturas do sangue vão produzir anticorpos para combater esse antígeno?

b. Por que motivo a pessoa cujas células estão contaminadas com o vírus da Aids fica com as defesas imunológicas reduzidas?

Desfecho

Ao longo desta unidade, investigamos a importância da doação de sangue. A demanda por sangue é muito alta, assim como o número de doadores necessários para suprir essa demanda. Releia os itens da página 88. Pesquise sobre outros requisitos e verifique se você ou alguém de sua família poderia ser doador.

Encerrando a unidade

1. Nesta unidade, você conheceu três importantes sistemas do corpo humano. Faça um pequeno resumo a respeito de cada um dos tópicos listados.

- **O sistema cardiovascular**
- **O sistema imunitário**
- **O sistema linfático**

2. Dividam-se em três grupos. Cada grupo fará um painel a respeito de um dos sistemas. O painel deve conter a função dos sistemas e os órgãos que os compõem. Além disso, podem ser incluídos outros dados que o grupo achar relevantes. O professor marcará uma data para a apresentação dos cartazes para o restante da sala. Depois da apresentação, esses cartazes podem ficar expostos na sala de aula ou em outro local da escola.

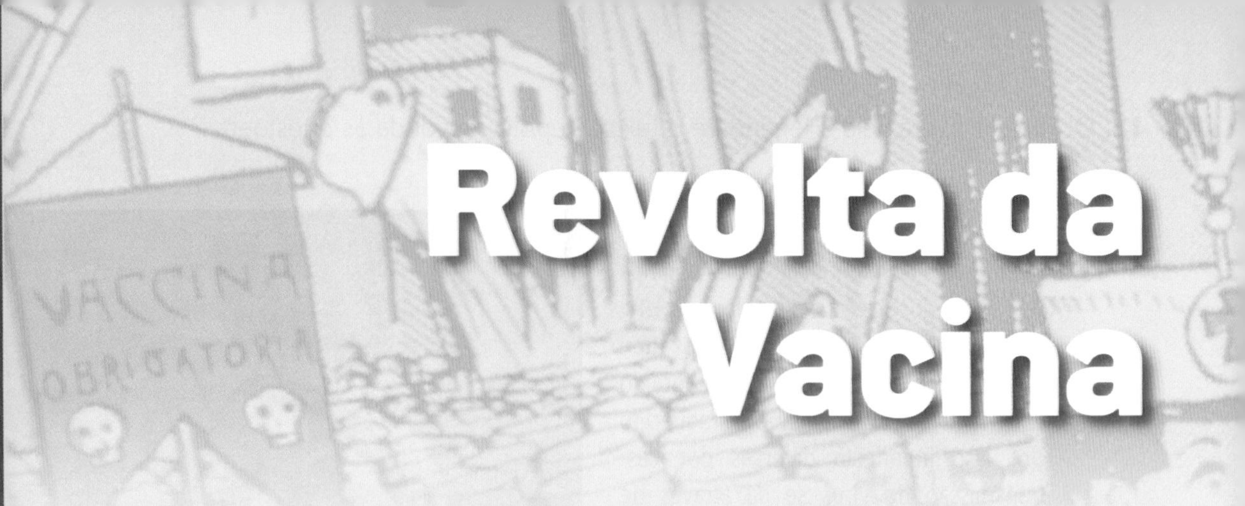

Revolta da Vacina

Em novembro de 1904, o Rio de Janeiro passou por uma das maiores e mais marcantes revoluções brasileiras. Descontentes com o governo da época, a população saiu às ruas para protestar contra a obrigatoriedade da vacina.

História da Revolta da Vacina

O início do século XX foi marcado por um turbulento confronto entre a população e o governo do Rio de Janeiro. A cidade, então capital do Brasil, possuía um ambiente com graves problemas urbanos e a disseminação de várias doenças contagiosas. O presidente Francisco de Paula Rodrigues Alves (1848-1919) criou metas governamentais de saneamento e reurbanização da cidade e convidou o médico sanitarista Oswaldo Cruz (1872-1917) para chefiar o plano de saneamento e higienização.

A reurbanização da cidade começou com a derrubada de casarões e cortiços, a fim de abrir espaços para grandes e modernas avenidas com prédios de cinco andares, fazendo com que a população mais pobre migrasse para os morros e periferia. O movimento foi apelidado de "bota-abaixo".

Oswaldo Cruz combateu, com sua brigada sanitarista, a peste bubônica e a febre amarela. O médico escreveu um projeto de lei que obrigava a população a se vacinar. Não houve uma tentativa efetiva de explicar o que era e como funcionava a vacina. Então, a população teve receio de se vacinar. Além disso, o certificado de vacinação era exigido em diversas situações: desde para realizar a matrícula escolar até para poder se casar. O povo, então, não encarou a vacina como um benefício à sua saúde, mas como uma violação de seus direitos básicos de privacidade.

Por isso, o povo saiu às ruas e enfrentou autoridades policiais para protestar contra a imposição do governo. O confronto durou uma semana, de 10 a 16 de novembro de 1904, transformando a cidade do Rio de Janeiro em um campo de guerra, com inúmeras pessoas mortas, feridas, presas e até deportadas para outros estados.

A Revolta da Vacina não durou muito tempo. A discórdia e a reação da população fizeram com que o governo suspendesse a obrigatoriedade da vacina.

Três anos mais tarde, houve outro surto de varíola na cidade, e grande parte da população foi aos postos de saúde por vontade própria.

AUTORIA DESCONHECIDA

Retrato de Oswaldo Cruz, médico sanitarista. Foi diretor de Saúde Pública e fez várias campanhas de combate à febre amarela e à peste bubônica.

REVISTA O MALHO, 1904

Charge da revista *O malho*, de 1904, retratando a insatisfação popular na Revolta da Vacina.

A biologia da vacina

A primeira vacina foi desenvolvida por Edward Jenner, em 1790, que retirou o pus de feridas dos braços de uma ordenhadeira infectada com varicela bovina e inoculou em uma criança. Jenner constatou que a criança havia se tornado imune à varicela.

Atualmente, as vacinas são feitas em laboratórios a partir de vírus atenuados.

O vírus tem a capacidade de multiplicar-se, simulando uma infecção natural e produzindo uma resposta no organismo criando anticorpos. Quando uma pessoa vacinada adoece, os sintomas são mais brandos.

As campanhas de vacinação promovidas pelo Governo Federal distribuem a vacina contra varicela, também conhecida como catapora, gratuitamente. A Sociedade Brasileira de Pediatria (SBP) e a Associação Brasileira de Imunizações (SBIm) recomendam que crianças maiores de 12 meses sejam vacinadas contra varicela.

Para explorar

1. A vacinação não é obrigatória atualmente, e grande parte da população se vacina ou vacina seus filhos nas campanhas. Discuta com seus colegas a importância da conscientização a respeito da vacinação.

2. A Revolta da Vacina ocorreu, entre outros motivos, porque a população tinha receio dos efeitos da vacina. Converse com seus colegas e o professor a respeito de como isso poderia ter sido evitado.

UNIDADE

4 Respiração e excreção

Quando realizamos atividades físicas intensas, a respiração e os batimentos cardíacos aumentam a frequência. Isso porque necessitamos de energia para nos movimentar. Essa energia é obtida em reações químicas que ocorrem nas células, a partir de moléculas orgânicas e do gás oxigênio.

O aumento da frequência cardíaca e respiratória faz com que mais gás oxigênio chegue nas células musculares, as quais trabalham para realizar os mais diversos movimentos.

Nos exercícios, também perdemos muita água por meio da transpiração. O suor auxilia na manutenção da temperatura do corpo. Por isso, devemos repor a água perdida durante o esforço.

Além disso, ao beber água, estimulamos a produção de urina pelos rins, facilitando a eliminação de substâncias tóxicas produzidas nas células.

Nesta unidade, você vai saber mais sobre:

- O sistema respiratório e seus movimentos
- As doenças respiratórias
- O sistema urinário
- Doenças que afetam os sistemas respiratório e urinário

Durante uma atividade física, como o futebol, ocorrem diversas alterações no nosso corpo: suamos, o coração acelera e ficamos ofegantes.

ROY MORSCH/CORBIS/LATINSTOCK

TROCANDO IDEIAS

1. A cada segundo, inspiramos e expiramos várias vezes. Qual é a finalidade desses movimentos?
2. Do ar que inspiramos, que gás entra na circulação sanguínea?
3. Qual é a diferença de composição dos gases do ar inspirado e do ar expirado?
4. Observe a fotografia. Você já praticou essa atividade física? Como se sentiu após realizá-la?

7 Sistema respiratório

MEDIA FOR MEDICAL/CONTRIBUTOR/GETTY IMAGES

O espirro é uma das formas de defesa do organismo. No espirro, além do jato de ar que sai pelo nariz, são expelidas gotículas de saliva pela boca.

Por que espirramos?

Começa com uma coceirinha no nariz e, de repente, *atchim*! É impossível controlar o momento de espirrar, pois esse é um ato involuntário do organismo.

O espirro protege o organismo de diversos agentes que poderiam prejudicá-lo. Ele é, portanto, uma função de defesa do organismo, principalmente dos órgãos do sistema respiratório.

Da próxima vez que você espirrar, preste atenção nos movimentos do seu corpo: primeiro, você inspira intensamente e, depois, os músculos respiratórios se contraem, fazendo o ar sair com muita força, de uma só vez. O jato de ar que sai pode atingir a velocidade de 150 km/h!

BATE-PAPO

1. O que sai das vias aéreas da pessoa que espirra?
2. De acordo com o texto, o espirro é uma função de defesa do sistema respiratório. Defesa contra o quê? Como o ato de espirrar protege o organismo?
3. O fato de o ar sair com muita força das vias respiratórias ajuda na função de defesa? Por quê?
4. Em que situações você espirra com mais frequência? Explique.

O ar que respiramos

Sabemos que um ambiente sem poluição é essencial para nossa saúde e bem-estar. Mas, como as interações do ser humano com o ambiente são muito complexas, muitas vezes temos dificuldade em quantificar os malefícios que um ambiente poluído pode trazer para a nossa saúde. Ao longo desta unidade, vamos analisar a relação entre a poluição do ar e a saúde das pessoas.

O QUE É RESPIRAÇÃO?

O processo de respiração é essencial aos seres vivos. A respiração fornece ao organismo o oxigênio necessário para a produção de energia. Nos seres humanos e demais mamíferos, as trocas gasosas ocorrem nos pulmões. O gás oxigênio (O_2) do ambiente é absorvido e o gás carbônico (CO_2) é eliminado para o ambiente.

O termo respiração pode ser tanto usado para se referir à ventilação dos pulmões, ou seja, à entrada e saída do ar no organismo, como à **respiração celular**, a qual ocorre dentro das células.

A respiração celular é o processo metabólico do qual depende a vida de cada célula. Ocorre nas mitocôndrias, uma das organelas celulares.

Nas mitocôndrias, moléculas orgânicas (glicose) reagem com o gás oxigênio. O resultado dessas reações químicas é a liberação da energia, com produção de gás carbônico e água. A energia liberada na respiração celular é necessária para o metabolismo do corpo.

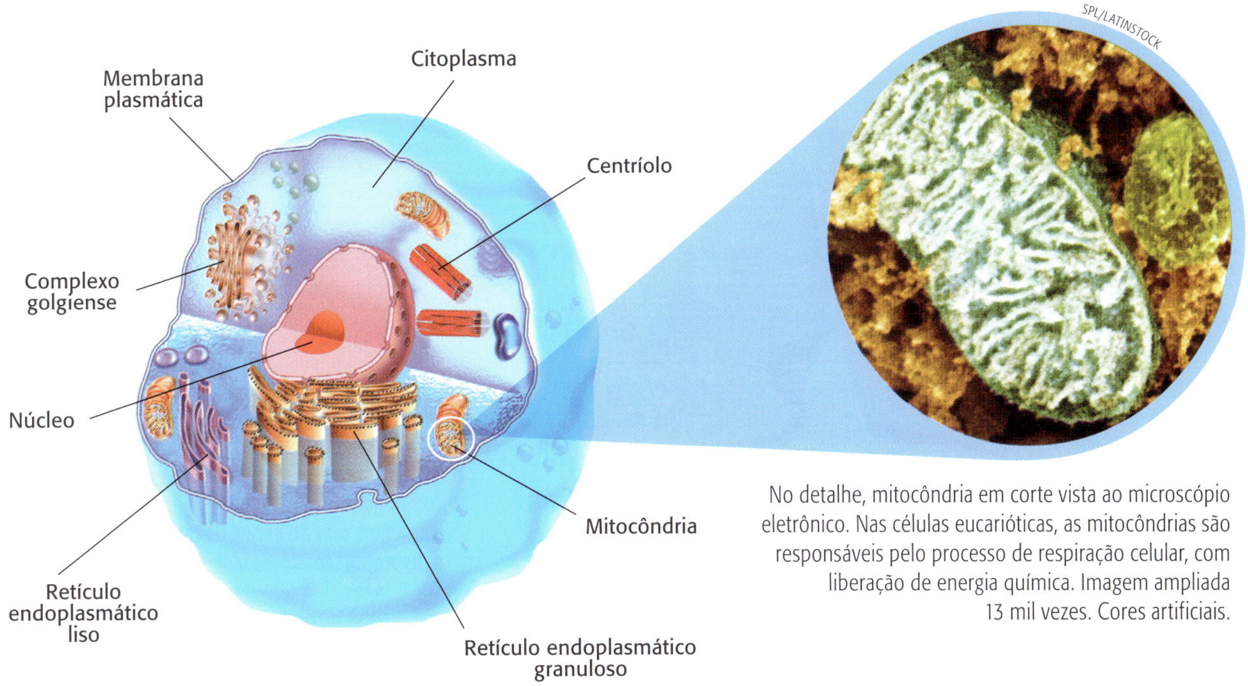

No detalhe, mitocôndria em corte vista ao microscópio eletrônico. Nas células eucarióticas, as mitocôndrias são responsáveis pelo processo de respiração celular, com liberação de energia química. Imagem ampliada 13 mil vezes. Cores artificiais.

Representação esquemática de uma célula animal. Elementos fora de escala de tamanho e de proporção. Cores fantasia.

Pista 1

Observe a fotografia e responda: Como é o ambiente retratado? Um ambiente assim pode afetar a saúde das pessoas?

Americana (SP), em 2012.

O SISTEMA RESPIRATÓRIO

O sistema respiratório dos seres humanos é composto de órgãos e estruturas que conduzem o ar pelo corpo e também pelos órgãos nos quais ocorrem as trocas gasosas.

Os órgãos que conduzem o ar são as **narinas**, as **cavidades nasais**, a **faringe**, a **laringe**, a **traqueia**, os **brônquios** e os **bronquíolos**. As trocas gasosas ocorrem nos pulmões.

SISTEMA RESPIRATÓRIO

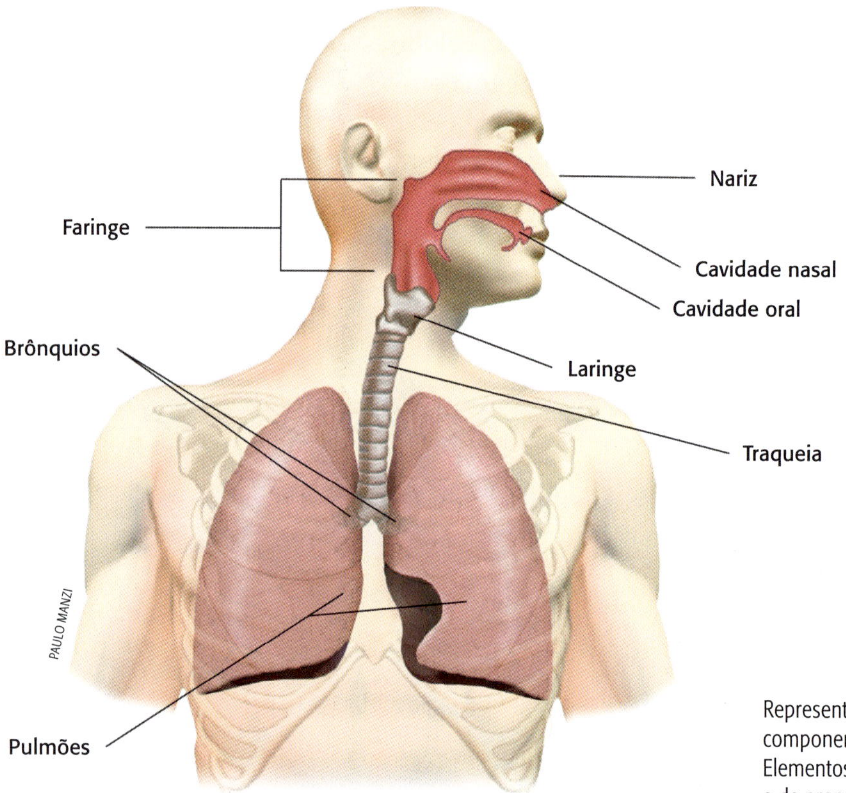

Representação esquemática dos componentes do sistema respiratório. Elementos fora de escala de tamanho e de proporção. Cores fantasia.

Fonte: TORTORA, G. J.; DERRICKSON, B. *Corpo humano*: fundamentos de anatomia e fisiologia. 8. ed. Porto Alegre: Artmed, 2012.

Narinas e cavidades nasais

Narinas são as duas aberturas do nariz, pelas quais o ar entra e sai.

As **cavidades nasais** são separadas pelo septo nasal e revestidas internamente por um tecido epitelial, chamado de mucosa nasal, cujas células apresentam cílios e secretam muco, uma substância pegajosa. No espaço interno do nariz, há pelos grossos.

A **mucosa nasal** é irrigada por grande quantidade de vasos sanguíneos, que aquecem o ar inspirado.

As partículas e os microrganismos presentes no ar entram no sistema respiratório durante a inspiração. Eles podem ficar presos nos pelos e no muco. O muco ajuda a umedecer o ar que inspiramos, evitando o ressecamento das vias respiratórias.

Faringe, laringe e traqueia

A **faringe** é o canal comum aos sistemas digestório e respiratório. Ela conduz o ar até a laringe.

Entre a faringe e a laringe há uma válvula, a epiglote, que se fecha e impede a passagem do alimento para a laringe, e o alimento segue para o esôfago. Quando é o ar que passa pela faringe, a epiglote permanece aberta e o ar segue para a laringe.

A **laringe** fica entre a traqueia e a faringe. Na parede da laringe, há estruturas musculares chamadas pregas vocais, responsáveis pela formação dos sons e da voz.

A **traqueia** é um tubo de aproximadamente 13 centímetros de comprimento que direciona o ar aos pulmões.

FORMAÇÃO DOS SONS E DA VOZ

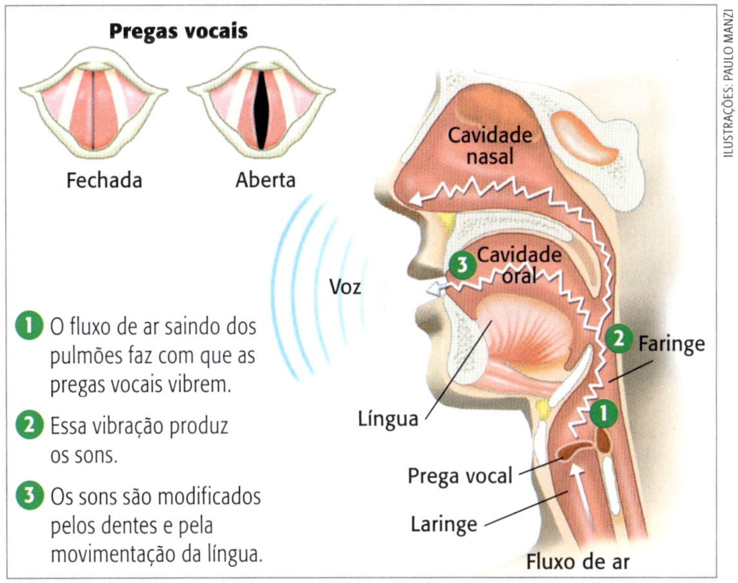

Representação esquemática da formação dos sons e da voz pela vibração das pregas vocais, quando o ar passa pela laringe. Elementos fora de escala de tamanho e de proporção. Cores fantasia.

Brônquios e bronquíolos

A traqueia ramifica-se em dois tubos: um direito e outro esquerdo, que se direcionam aos pulmões. Esses tubos são os **brônquios**.

Os brônquios ramificam-se em tubos cada vez menores, formando finíssimos canais, os **bronquíolos**.

Pulmões

Os pulmões são órgãos responsáveis por realizar as trocas gasosas.

Temos dois pulmões, órgãos de aparência esponjosa e cor avermelhada que ficam no tórax e são protegidos por um conjunto de ossos, a caixa torácica. Revestindo cada pulmão, encontramos uma fina membrana denominada **pleura**.

Cada pulmão é formado por milhares de bronquíolos, que se abrem em pequenas bolsas, os **alvéolos**, onde ocorrem as trocas gasosas.

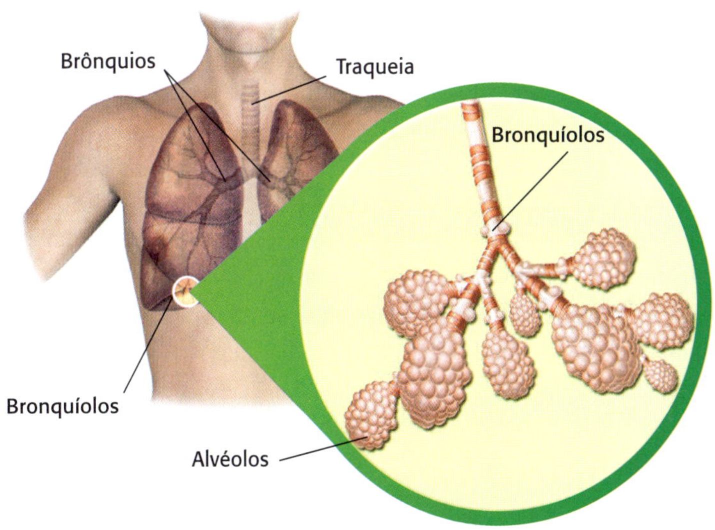

Representação esquemática dos alvéolos. Elementos representados fora de escala de tamanho e de proporção. Cores fantasia.

INSPIRAÇÃO E EXPIRAÇÃO

Começamos a respirar assim que nascemos. O movimento de inspiração promove a entrada de ar atmosférico nos pulmões pelas vias aéreas, e o de expiração promove a saída do ar do corpo por essas mesmas vias.

Inspirar e expirar são ações relacionadas à contração e ao relaxamento do **diafragma** (músculo situado entre o tórax e o abdômen) e dos **músculos intercostais** (localizados entre as costelas), que trabalham de forma integrada.

No movimento de inspiração, o diafragma e os intercostais contraem-se, provocando o aumento do volume da caixa torácica, e o ar atmosférico entra.

No movimento de expiração ocorre o inverso: diafragma e intercostais relaxam, provocando a diminuição do volume da caixa torácica, e o ar desloca-se para fora do corpo.

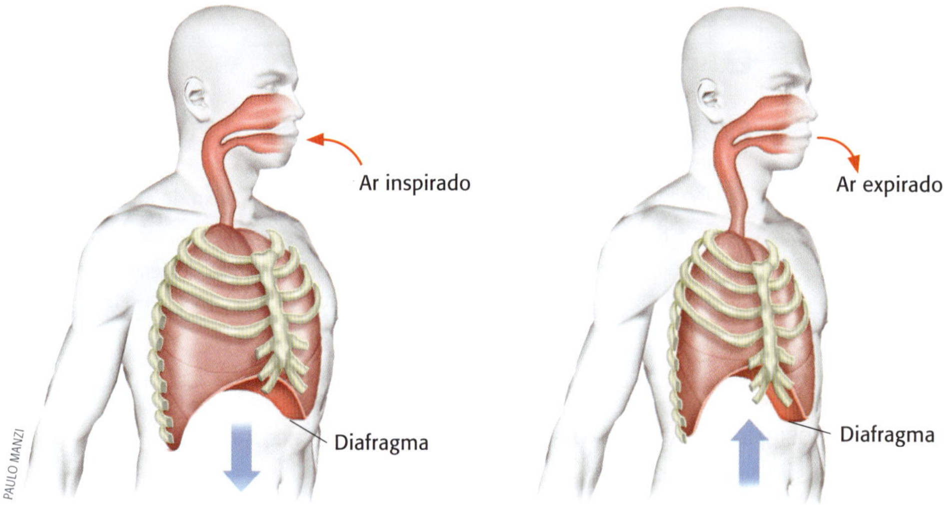

Representação esquemática dos movimentos respiratórios. Elementos fora de escala de tamanho e de proporção. Cores fantasia.

Inspiração: Os músculos intercostais contraem-se. O diafragma contrai-se e desloca-se para baixo.

Expiração: Os músculos intercostais relaxam. O diafragma relaxa e se desloca para cima.

Comparação entre o ar inspirado e o ar expirado

Observe o gráfico ao lado. Ele mostra as proporções dos principais gases atmosféricos presentes no ar inspirado e no ar expirado.

O ar expirado, mesmo recebendo gás carbônico produzido pelas células, contém proporcionalmente mais gás oxigênio que gás carbônico.

A quantidade de nitrogênio se altera pouco, porque esse gás não é utilizado pelo organismo durante o processo de respiração pulmonar – ele chega até os alvéolos com o ar inspirado e é eliminado com a expiração.

O ar expirado também contém mais quantidade de vapor-d'água.

Gráfico da composição do ar inspirado e expirado

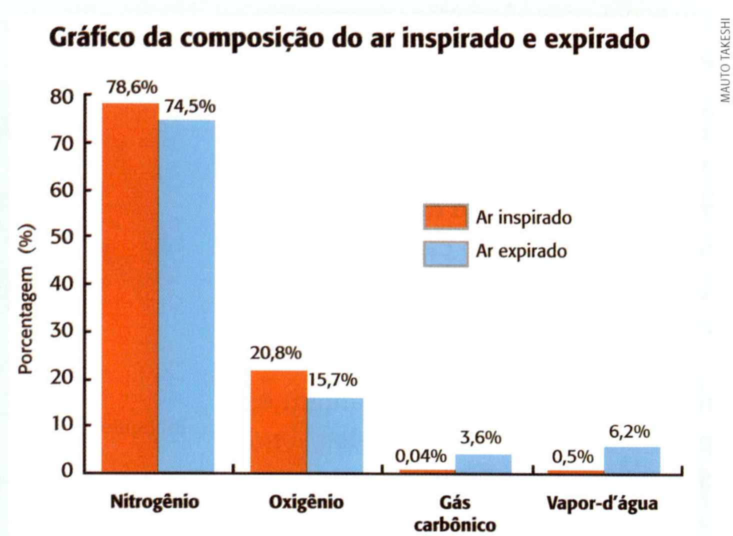

Fonte dos dados: HALL, J. E. *Guyton & Hall* – Tratado de Fisiologia Médica. 12. ed. Elsevier: Rio de Janeiro, 2011.

O CAMINHO DO AR

O ar inspirado pelas narinas segue pelas cavidades nasais, faringe, laringe, traqueia e brônquios. Dos brônquios segue para os bronquíolos e alvéolos pulmonares.

Os alvéolos são envolvidos por capilares sanguíneos e neles ocorre a **hematose** ou troca gasosa: o gás oxigênio do ar que entrou nos pulmões na inspiração passa para o sangue, e o gás carbônico do sangue (recolhido nas células) passa para o interior dos alvéolos e destes para os bronquíolos, brônquios, traqueia e fossas nasais, saindo pela narinas na expiração.

As trocas gasosas ocorrem por **difusão** – as moléculas de gás oxigênio e gás carbônico passam de regiões onde estão mais concentradas para regiões onde estão menos concentradas.

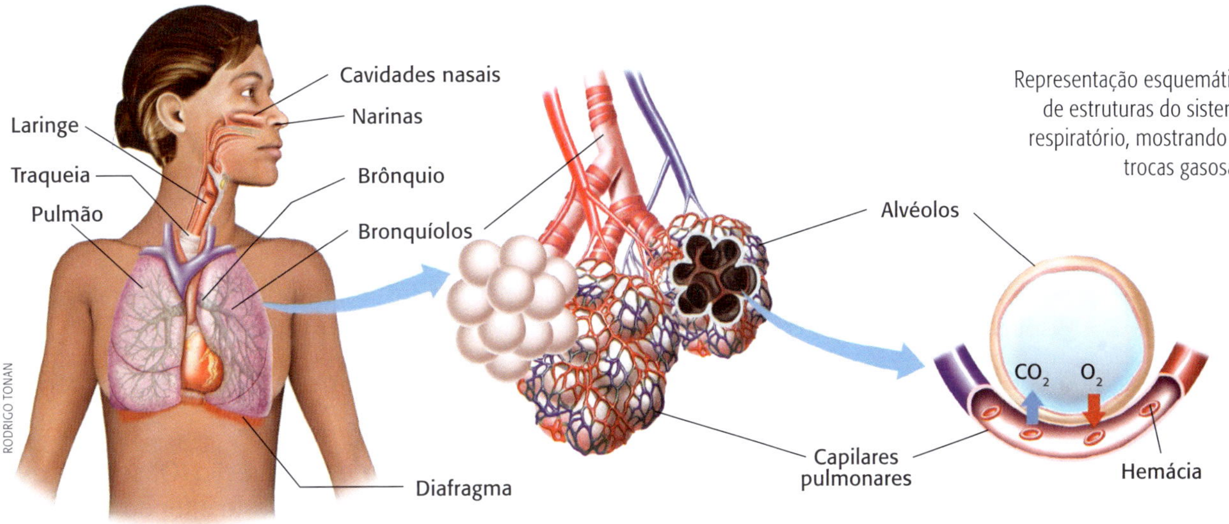

Representação esquemática de estruturas do sistema respiratório, mostrando as trocas gasosas.

Fonte de pesquisa: TORTORA, G. J.; DERRICKSON, B. Corpo humano: fundamentos de anatomia e fisiologia. 8. ed. Porto Alegre: Artmed, 2012.

A tosse

Durante a tosse, ocorre uma contração violenta dos músculos intercostais e do diafragma, que provoca a saída do ar em alta velocidade pela boca. Essa contração é comandada pelo sistema nervoso. Em geral, a tosse corresponde a uma reação do organismo como tentativa de expelir algum corpo estranho (como um pedaço de alimento, por exemplo) presente nas vias respiratórias. Também tossimos quando estamos resfriados ou gripados, pois, nesses estados, muita secreção se acumula nas vias respiratórias, dificultando a passagem do ar. A tosse, nesse caso, é uma tentativa de expelir as secreções e desobstruir as vias aéreas.

Ao tossir coloque as mãos na frente da boca. Algumas doenças são transmitidas por gotículas de saliva.

Respiramos sem esforço!

Para pensar

A respiração é involuntária. Nós podemos até tentar parar de respirar, mas só vamos conseguir segurar o fôlego por alguns segundos. Por que isso acontece? Como você acha que o ar entra nos nossos pulmões? Anote suas ideias, converse com os colegas!

Objetivos

- Por meio de um modelo, compreender os mecanismos da respiração pulmonar.

Materiais

- uma garrafa plástica do tipo PET de 2 litros
- rolha furada por um adulto
- um canudo ou tubo de caneta
- dois balões de festa
- dois elásticos
- tesoura de ponta arredondada
- massa de modelar

Procedimentos

1. Com a ajuda de um adulto, corte a garrafa plástica na metade.
2. Com um dos elásticos, prenda um balão de festa em uma das pontas do canudo.
3. Insira o canudo na rolha.
4. Encaixe a rolha na garrafa de modo que o balão de festa fique dentro da garrafa. Caso sobre espaço entre o canudo e o furo da rolha, vede-o com massa de modelar.
5. Corte o outro balão de festa, de modo que ele tampe a parte da garrafa cortada, e prenda-o com elástico.
6. Puxe o balão que está preso no fundo da garrafa, conforme a ilustração. Observe o que acontece com o balão de dentro da garrafa quando o balão que reveste o fundo é puxado.

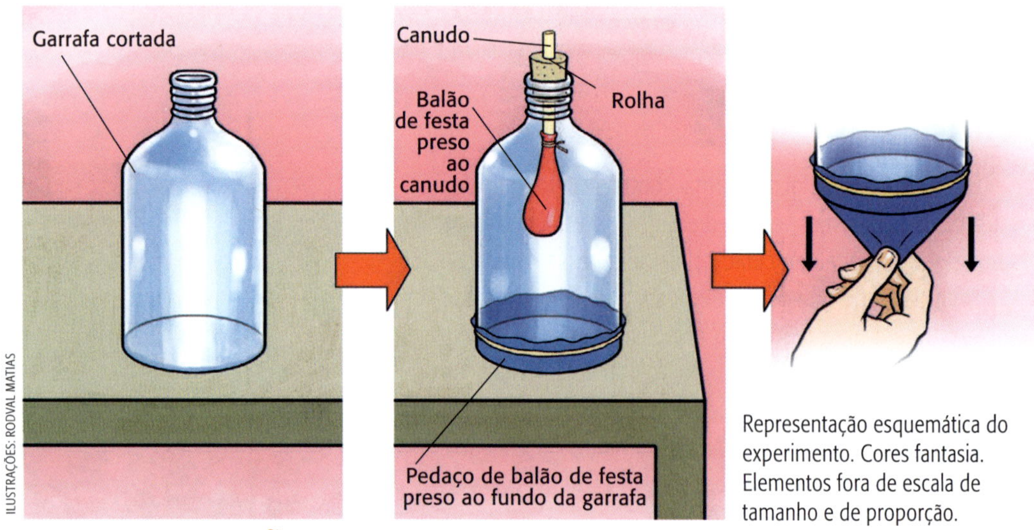

Representação esquemática do experimento. Cores fantasia. Elementos fora de escala de tamanho e de proporção.

Resultados e discussão

1. Sabendo que o modelo montado representa o funcionamento da respiração pulmonar, identifique o que representam as partes: "garrafa plástica", "canudo", "balão de dentro da garrafa" e "balão que reveste o fundo".
2. Por que o ar entra e sai dos nossos pulmões mesmo que a gente tente parar de respirar?

DOENÇAS DO SISTEMA RESPIRATÓRIO

A seguir, listamos algumas doenças do sistema respiratório, muitas delas relacionadas diretamente à qualidade do ar.

Rinite alérgica

A rinite alérgica é um processo inflamatório provocado pela presença de animais microscópicos, conhecidos como ácaros, ou pelos elementos do ambiente, como pó, pelos, fuligem, entre outros.

Os sintomas são semelhantes aos de gripe fraca, com coriza, tosse, coceira no nariz. Se não for tratada, a rinite alérgica pode evoluir para sinusite.

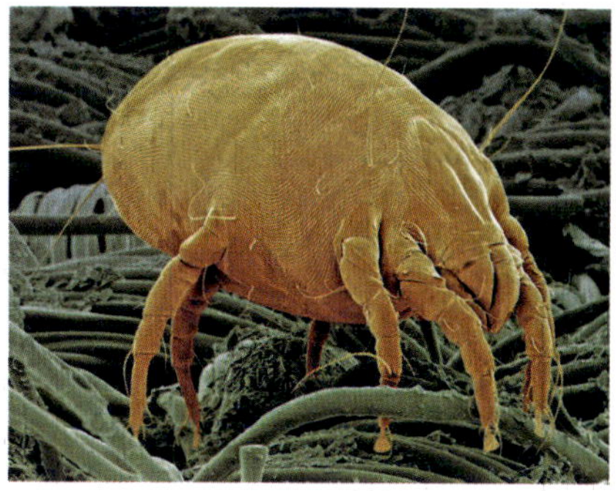

ARDEA/DAVID SPEARS/DIOMEDIA

Ácaro da poeira visto ao microscópio eletrônico em meio a detritos. O ácaro alimenta-se de células descamadas da pele humana e de detritos. Milhares de ácaros vivem nos móveis e tecidos de uma casa. Seus corpos mortos e os excrementos causam asma e rinite alérgica. Cores artificiais. Aumento de 23 vezes.

Sinusite

A sinusite é caracterizada pelo inchaço das mucosas nasais, impedindo a drenagem das secreções (muco) principalmente nas cavidades nasais. Essa doença é causada por uma reação alérgica ou por uma infecção. O acúmulo de secreção pode favorecer a proliferação de microrganismos. Esse quadro pode provocar dor intensa na cabeça, febre e desconforto.

Asma

A asma é caracterizada pela inflamação das vias aéreas, que causa o estreitamento das vias por onde o ar circula, dificultando a respiração. Essa doença pode ter várias causas, como alergia a poluentes domésticos (pó, ácaros, fungos, pólen, pelo e saliva de animais), vírus, fumaça, poluição do ar, variação climática (queda da temperatura atmosférica) e uso de medicamentos.

A asma caracteriza-se por episódios recorrentes de falta de ar, tosse, chiado e aperto no peito.

Bronquite

Nessa doença, os brônquios ficam inflamados e a pessoa tem dificuldade para respirar. As causas da bronquite podem ser alergias e irritações causadas por fumaça de cigarro e poluição. Ambientes com ar-condicionado também favorecem a manifestação dessa doença.

Pista 2

Entre os principais poluentes do ar estão: o monóxido de carbono, o ozônio, o dióxido de nitrogênio, o dióxido de enxofre e o material particulado. Faça uma pesquisa sobre os problemas de saúde que esses poluentes podem causar.

Resfriado e gripe

Resfriado e **gripe** são diferentes. Apesar de ambas as doenças serem causadas por vírus e serem transmitidas do mesmo modo, na gripe há febre acompanhada de dores musculares. A pessoa com gripe pode se sentir fraca, necessitando de repouso. Embora surjam constantemente novas variedades de vírus da gripe, contra ela há vacina, que deve ser tomada anualmente.

Os sintomas do resfriado são coriza, dor de garganta, rouquidão, tosse. Essa doença é transmitida de pessoa para pessoa pela fala, tosse, gotículas eliminadas no espirro ou, ainda, por mãos contaminadas por essas gotículas e/ou secreções. Daí a importância de lavar as mãos após tocar nariz e boca e de ingerir grande quantidade de líquidos, para facilitar a eliminação dessas secreções pelo organismo.

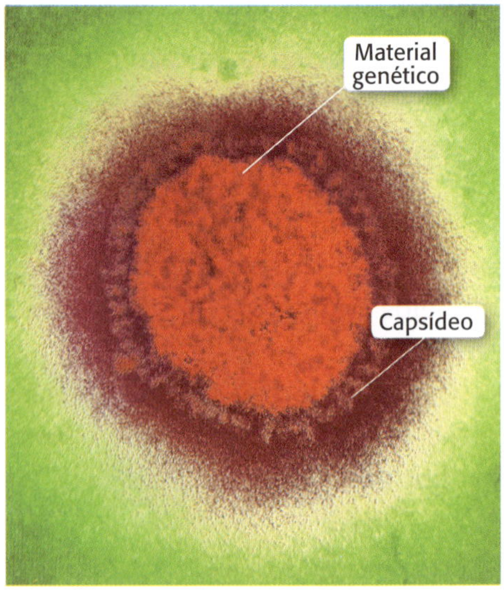

NIBSC/SPL/LATINSTOCK

Vírus da gripe visto ao microscópio eletrônico, com um núcleo central (vermelho) e um envelope de proteína ao redor (marrom). Esse vírus adere ao muco das células do sistema respiratório e é transmitido de uma pessoa para outra por tosse ou espirro. Cores artificiais. Imagem ampliada 200 mil vezes.

Pneumonia bacteriana

Essa pneumonia é causada por bactérias que se instalam nos pulmões. Pode causar febre alta, tosse, fraqueza, indisposição e dores na região do tórax. Se tratada com terapia eficaz, a pessoa se recupera em pouco tempo.

Tuberculose

A tuberculose é causada pela bactéria *Mycobacterium tuberculosis* (ou bacilo de Koch). Provoca tosse, febre alta, fraqueza e eliminação de sangue pela tosse. Pode ser prevenida com a aplicação da vacina BCG no primeiro mês de vida do bebê.

É uma doença grave, que atinge milhões de pessoas no mundo todo; mas, se tratada, a pessoa se recupera em pouco tempo.

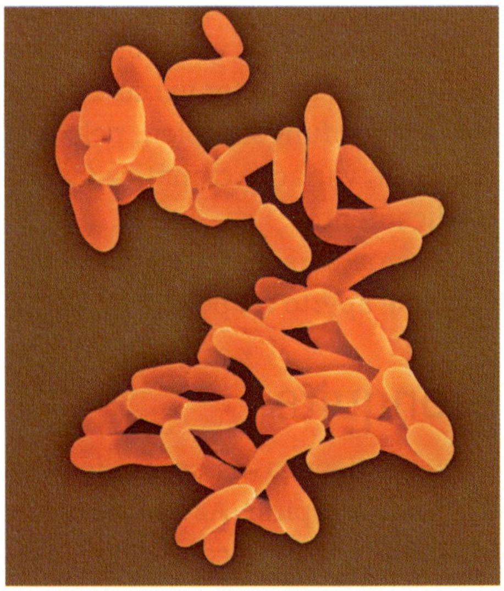

PHOTOTAKE/DENNIS KUNKEL MICROSCOPY, INC./DIOMEDIA

Indivíduos de *Mycobacterium tuberculosis* vistos ao microscópio eletrônico. As bactérias se instalam nas pessoas com baixa imunidade, malnutridas ou muito estressadas. Essa bactéria se espalha no ambiente por tosse e espirros de pessoas doentes. Muitas pessoas têm imunidade natural a essas bactérias. Outras foram vacinadas na infância. Cores artificiais. Aumento de 3750 vezes.

Enfisema pulmonar

O enfisema pulmonar atinge principalmente pessoas que fumam há muitos anos e pessoas que moram em cidades com níveis elevados de poluição do ar. Também pode atingir trabalhadores de minas de carvão, de cimento ou em pedreiras, que respiram pó continuamente. Os alvéolos pulmonares são destruídos progressivamente e tornam-se uma massa negra. Os sintomas mais comuns do enfisema são falta de ar na realização de esforços físicos ou mesmo na realização de tarefas simples.

SAIBA MAIS

Tabagismo passivo

“ Define-se tabagismo passivo como a inalação da fumaça de derivados do tabaco (cigarro, charuto, cigarrilhas, cachimbo e outros produtores de fumaça) por indivíduos não fumantes, que convivem com fumantes em ambientes fechados. A fumaça dos derivados do tabaco em ambientes fechados é denominada poluição tabagística ambiental (PTA) e, segundo a Organização Mundial de Saúde (OMS), torna-se ainda mais grave em ambientes fechados. O tabagismo passivo é a 3ª maior causa de morte evitável no mundo, subsequente ao tabagismo ativo e ao consumo excessivo de álcool [...].

O ar poluído contém, em média, três vezes mais nicotina, três vezes mais monóxido de carbono, e até cinquenta vezes mais substâncias cancerígenas do que a fumaça que entra pela boca do fumante depois de passar pelo filtro do cigarro.

A absorção da fumaça do cigarro por aqueles que convivem em ambientes fechados com fumantes causa:

1 - Em adultos não fumantes:

- Maior risco de doença por causa do tabagismo, proporcionalmente ao tempo de exposição à fumaça;
- Um risco 30% maior de câncer de pulmão e 24% maior de infarto do coração do que os não fumantes que não se expõem.

2 - Em crianças:

- Maior frequência de resfriados e infecções do ouvido médio;
- Risco maior de doenças respiratórias como pneumonia, bronquites e exarcebação da asma.

3 - Em bebês:

- Um risco 5 vezes maior de morrerem subitamente sem uma causa aparente (Síndrome da Morte Súbita Infantil);
- Maior risco de doenças pulmonares até 1 ano de idade, proporcionalmente ao número de fumantes em casa.

[...]

Avanços na Atualidade

Tanto no avanço do conhecimento por parte da população sobre os malefícios do tabagismo em geral e em especial, da fumaça ambiental do tabaco em locais fechados como na criação de legislação local que proíbe totalmente o fumo nestes ambientes, o Brasil, país de dimensões continentais, já apresenta resultados positivos. [...] ”

Disponível em: <http://www1.inca.gov.br/tabagismo/frameset.asp?item=passivo&link=tabagismo.htm>. Acesso em: 17 mar. 2015.

Cancerígenas: que causam câncer.

Para pensar

1. Na sua casa algum adulto fuma?
2. Atualmente, em vários estados do Brasil, é proibido fumar em locais fechados. Na sua opinião, as pessoas que fumam dentro de casa também deveriam adotar esse procedimento? Explique.
3. O que os fumantes passivos podem fazer para se proteger da fumaça de cigarro diariamente?
4. Por que as crianças são mais suscetíveis ao fumo passivo?

1. Observe a imagem, leia a legenda e responda às questões.

a. Qual a importância da passagem do ar pelas cavidades nasais antes de chegar aos pulmões?

b. Como acontece o aquecimento do ar atmosférico ao passar pelas cavidades nasais?

c. Por que, em condições normais, devemos inspirar pelo nariz e não pela boca?

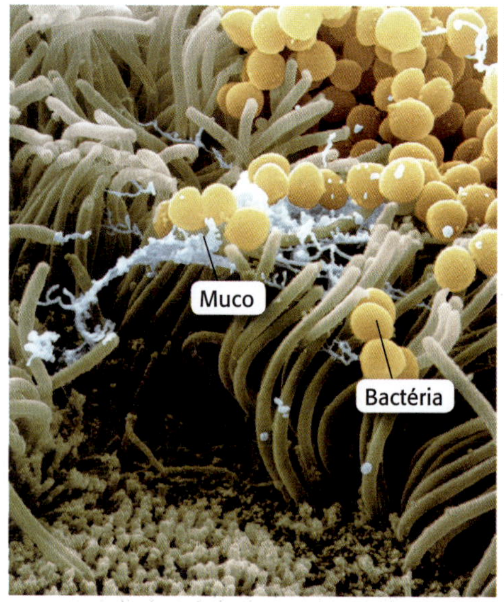

Bactérias do gênero *Staphylococcus* (amarelas) vistas ao microscópio eletrônico. Elas estão presas ao muco (azul) nas células ciliadas que recobrem o epitélio das cavidades nasais. Essas bactérias são comuns em nosso corpo e em até certa quantidade não causam dano à saúde. Se forem muito numerosas, podem provocar infecções. Cores artificiais. Aumento de 8,4 mil vezes.

2. Observe o esquema atentamente e depois responda às questões.

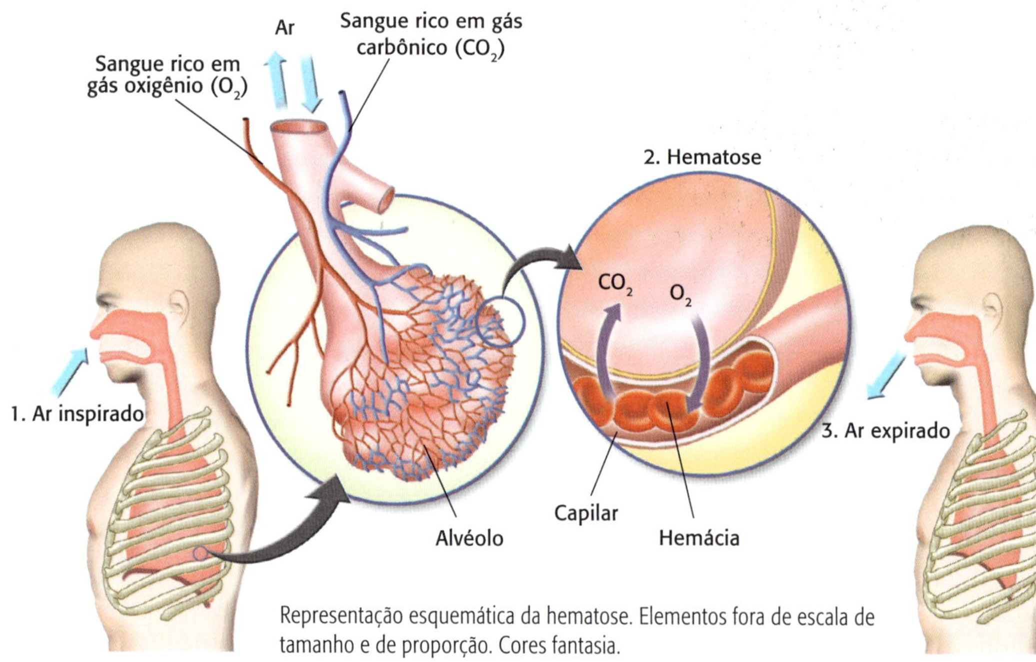

Representação esquemática da hematose. Elementos fora de escala de tamanho e de proporção. Cores fantasia.

a. O que acontece com o ar ao chegar aos alvéolos pulmonares?

b. Observe o gráfico e responda: Qual é a diferença entre o ar expirado e o ar inspirado? Por que isso ocorre?

COMPARAÇÃO ENTRE AR INSPIRADO E EXPIRADO

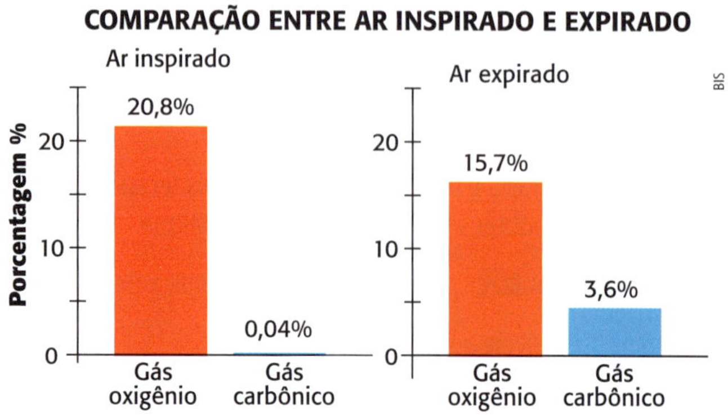

Fonte dos dados: HALL, J. E. *Guyton & Hall – Tratado de Fisiologia Médica*. 12. ed. Elsevier: Rio de Janeiro, 2011

3. Leia o texto e depois responda às questões.

O mergulho em apneia é a técnica mais antiga de mergulho. Ela não requer equipamentos e o mergulhador prende sua respiração. Geralmente, uma pessoa consegue aguentar até quatro minutos embaixo da água sem respirar e sem causar danos ao organismo. A recordista mundial de mergulho em apneia é a brasileira Karoline Meyer, que conseguiu ficar mais de 18 minutos embaixo da água sem respirar. Esse é um esporte muito perigoso e exige muitos anos de treino e de controle da respiração.

THINKSTOCK/GETTY IMAGES

Mergulhador utilizando a técnica do mergulho em apneia.

a. Como você acha que fica a composição dos gases no sangue após tanto tempo sem respirar?

b. Por que o gás oxigênio é importante para o organismo?

4. Explique o que é epiglote e qual é a sua função.

5. Faça um esquema de como ocorre a entrada e a saída de ar nos pulmões.

6. Relembre o que foi estudado na unidade anterior e explique por que pessoas portadoras do vírus HIV são mais frequentemente acometidas por pneumonia e tuberculose bacterianas.

7. Quando expiramos muito próximo de um espelho ou de um vidro, percebemos que ele fica embaçado. Em dias muito frios, quando expiramos, uma fumaça branca pode se formar no ar próximo à boca. Explique por que isso acontece.

ALASKA STOCK LLC/ALAMY/LATINSTOCK

Fumaça branca próximo à boca de uma criança inuíte no Alasca.

8. A poluição do ar nos centros urbanos é causada principalmente pela queima de gasolina e óleo diesel. Qual é a relação entre a queima dos combustíveis e a saúde do sistema respiratório?

8 Excreção

VANDERLEI ALMEIDA/AFP

O Laboratório de Controle de Dopagem (Labdop) da Universidade Federal do Rio de Janeiro (UFRJ) é uma instituição brasileira credenciada pela Wada (Agência Mundial Antidoping) para realizar exames *antidoping*.

NÃO DEIXE DE ACESSAR

Visite o *site* do Comitê Olímpico Brasileiro e conheça mais a respeito do *doping* e as práticas para evitá-lo.

- **<http://www.cbdg.org.br/antidoping>** Acesso em: 17 mar. 2015.

Durante eventos esportivos, como a Copa do Mundo de futebol, as Olimpíadas e outras competições importantes, é comum que os atletas sejam submetidos a um exame chamado de *antidoping*.

Esse exame é exigido porque alguns atletas utilizam remédios, substâncias ou outros métodos proibidos para melhorar seu desempenho. Essa prática, chamada *doping*, é antiética, pois dá ao usuário da substância uma vantagem desleal em relação aos outros competidores, além de possivelmente causar danos à saúde. Anualmente, a Agência Mundial Antidoping (WADA) divulga uma lista de substâncias proibidas para os atletas.

Para realizar o exame *antidoping*, são coletadas amostras de urina e de sangue. Essas amostras são analisadas pela WADA para verificar a utilização de alguma substância proibida.

BATE-PAPO

1. O que é *doping*?
2. Muitas substâncias usadas no *doping* têm sua ingestão por via oral. Como elas chegam ao sangue?
3. Para detectar o *doping*, além do exame de sangue, é usado o exame de urina. É possível que as substâncias do *doping* cheguem à urina? De que forma?

HOMEOSTASE

O equilíbrio necessário para o bom funcionamento do corpo depende da manutenção de determinadas condições dos sistemas, órgãos, tecidos e células. Isso significa que a quantidade de substâncias como água, nutrientes e gases deve ser mantida, variando dentro de limites que não alterem esse equilíbrio.

O processo de manutenção do equilíbrio dinâmico entre as substâncias que estão dentro e fora da célula é conhecido como **homeostase** (do grego *homoios* = "igual"; e *stasis* = "permanente").

RUBBERBALL/GETTY IMAGES

Durante uma atividade física intensa, o aumento da frequência cardíaca e da respiração faz com que mais gás oxigênio chegue às células e mais energia seja produzida. O suor e a evaporação ajudam a controlar a temperatura do corpo. Os músculos contraem e relaxam para que os movimentos sejam executados.

Excreção

A excreção é o processo pelo qual o corpo controla a concentração de substâncias nos sistemas do corpo e elimina as que são tóxicas.

Pela excreção, o ser humano descarta substâncias que estejam em excesso no organismo, como água e, em alguns casos, vitaminas. Além disso, são excretadas também as substâncias produzidas durante processos de obtenção de energia na célula, como o gás carbônico, e pela digestão de proteínas, como as excretas nitrogenadas.

São exemplos de excretas nitrogenadas a amônia, a ureia e o ácido úrico. A **amônia** é extremamente tóxica ao organismo e é transformada no fígado em **ureia** (menos tóxica) antes de ser eliminada na urina. O ácido úrico também é menos tóxico que a amônia. A ureia é a excreta nitrogenada presente em maior quantidade na urina humana e também compõe o suor.

Pista 3

Investigue como é a qualidade do ar na cidade onde você mora. Converse com adultos e descubra se há um órgão responsável por divulgar dados da qualidade do ar da região.

SISTEMA URINÁRIO

O **sistema urinário** é responsável por diversas funções do organismo; entre elas, destacam-se:

- produção de urina, principal forma de excreção do ser humano;
- regulação do volume de sangue. Os rins podem manter ou retirar água do sangue, controlando o volume desse tecido no corpo; quanto maior a quantidade de água retirada, mais urina é produzida;
- regulação da pressão sanguínea. Os rins atuam nessa regulação controlando o volume de sangue e regulando seu fluxo;
- regulação da composição do sangue, controlando a quantidade de sódio, potássio, cloro e fosfato presente no sangue;
- participação na produção de hemácias. Os rins produzem uma enzima que estimula a produção de células vermelhas do sangue;
- eliminação de substâncias tóxicas do organismo, como excesso de medicamentos e toxinas do ambiente.

O esquema a seguir destaca os órgãos que compõem o sistema urinário: dois rins, dois ureteres, uma bexiga urinária e uma uretra. Nesse sistema, o sangue é filtrado, separando-se as excretas, que serão eliminadas pela urina. A filtragem do sangue acontece no interior dos rins, o armazenamento da urina ocorre na bexiga urinária e sua eliminação é feita através da uretra.

SISTEMAS URINÁRIOS MASCULINO E FEMININO

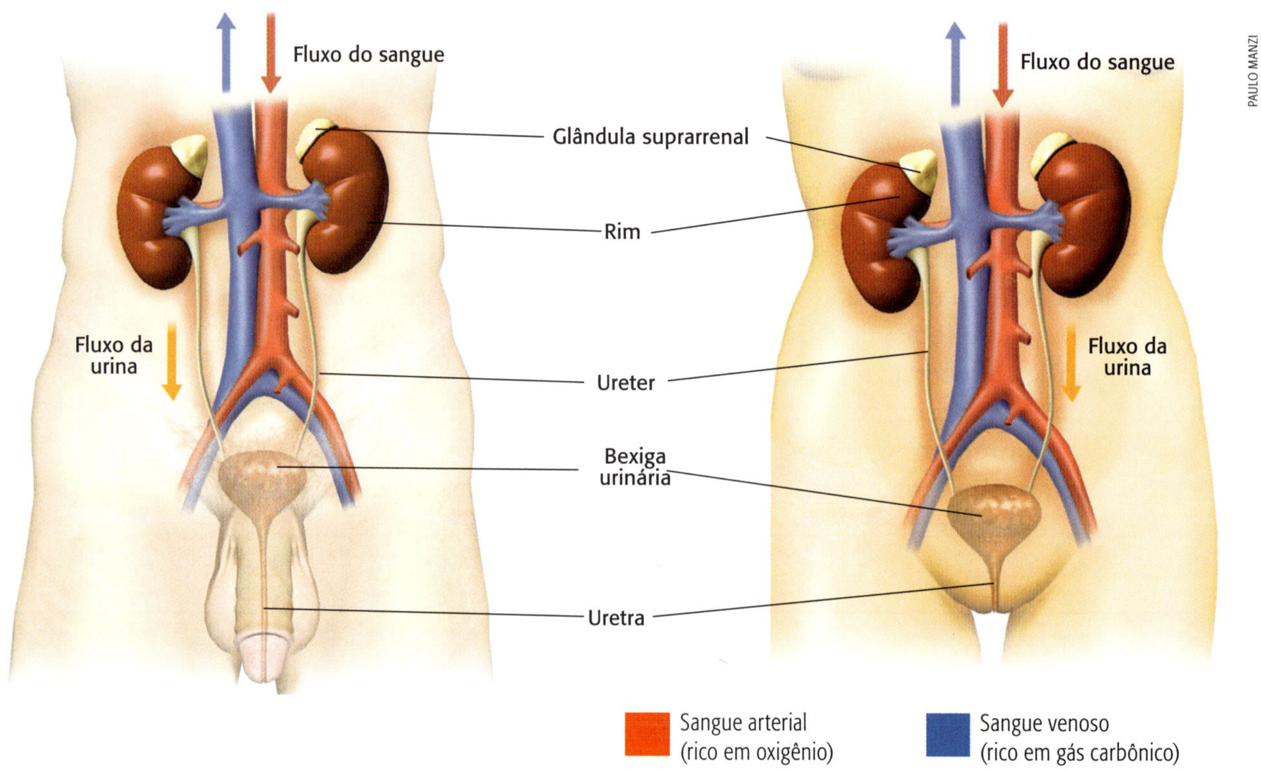

Representação esquemática dos sistemas urinários masculino (à esquerda) e feminino (à direita). Elementos fora de escala de tamanho e de proporção. Cores fantasia.

Fonte: TORTORA, G. J.; DERRICKSON, B. *Corpo humano*: fundamentos de anatomia e fisiologia. 8. ed. Porto Alegre: Artmed, 2012.

Rins

Os rins localizam-se na região dorsal do abdômen, um de cada lado da coluna vertebral. Eles têm formato de grão de feijão e medem, aproximadamente, 10 centímetros.

A parte mais externa do rim é o **córtex renal**, no qual estão os **néfrons**. Os néfrons filtram o sangue, formando a urina. Cada rim tem cerca de um milhão de néfrons. Eles são formados por uma cápsula glomerular e por túbulos renais. No interior da cápsula, forma-se um emaranhado de capilares, o **glomérulo**. A parte interna do rim é chamada de **medula renal**. Há ainda uma cavidade afunilada, para onde segue a urina produzida nos rins, conhecida como **pelve renal**. Os dutos coletores recolhem a urina produzida em diversos néfrons e a conduzem até o ureter.

A principal função dos rins é remover os resíduos produzidos pelas células e demais substâncias nocivas. Eles também são responsáveis por ajudar a manter o equilíbrio de água e sais no organismo.

ESTRUTURA DO RIM

RODRIGO TONAN

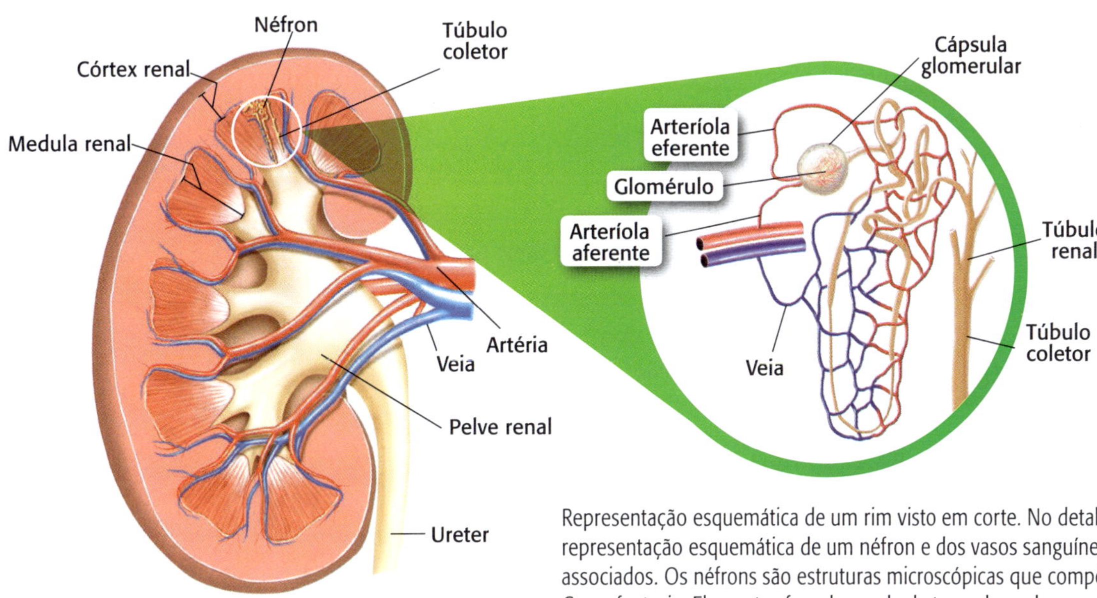

Representação esquemática de um rim visto em corte. No detalhe, representação esquemática de um néfron e dos vasos sanguíneos associados. Os néfrons são estruturas microscópicas que compõem os rins. Cores fantasia. Elementos fora de escala de tamanho e de proporção.

Produção da urina

O sangue chega aos néfrons pela arteríola aferente. Quando passa pelo glomérulo, o sangue é **filtrado**, retirando dele substâncias tóxicas, como a ureia e o ácido úrico, e o excesso de água. Parte do plasma sanguíneo e de impurezas que ele carrega atravessam a parede desses capilares. No glomérulo, encontram-se tanto substâncias que devem ser excretadas quanto substâncias que precisam voltar para o sangue e que formam o filtrado glomerular: glicose, aminoácidos, vitaminas, ácidos graxos, parte da água e sais.

Da cápsula glomerular, todo esse filtrado passa por uma sequência de túbulos até chegar ao túbulo coletor. As substâncias que ainda podem ser reaproveitadas pelo organismo, como sais minerais, glicose e aminoácidos, são **reabsorvidas** pelos vasos sanguíneos, retornando ao sangue, enquanto o líquido restante forma a urina.

Bexiga urinária

A **bexiga urinária** é uma espécie de bolsa que armazena a urina. As paredes desse órgão são elásticas e revestidas de musculatura não estriada. Sua capacidade máxima de armazenamento, em geral, é de 500 mL.

Ureteres e uretra

Os **ureteres** são tubos que conduzem a urina, produzida nos rins, até a bexiga urinária, onde é armazenada. A **uretra** é o canal ligado à bexiga pelo qual a urina é eliminada. Nos homens, a uretra é mais longa e termina no pênis. Nas mulheres, a uretra é mais curta e termina na região do pudendo feminino.

O controle da micção (ato de eliminar urina) é feito pelos esfíncteres, que são anéis musculares localizados entre a bexiga e a uretra. Durante a micção, os esfíncteres relaxam e a musculatura da bexiga se contrai para eliminar a urina.

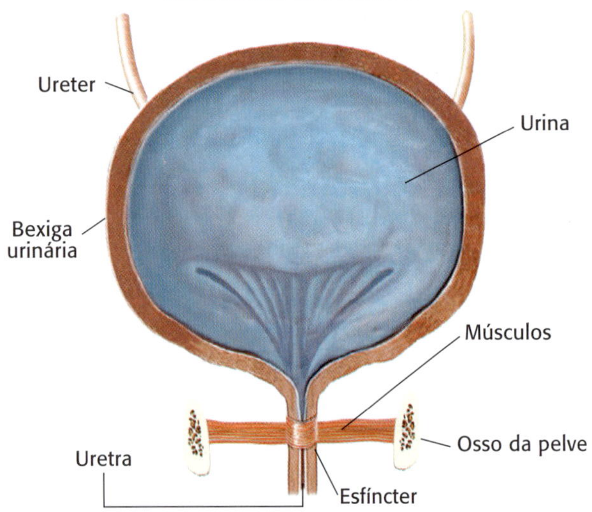

Representação esquemática de uma bexiga urinária cheia. Os ureteres levam a urina à bexiga urinária. Os músculos da bexiga estão relaxados e ela aumenta de tamanho. O esfíncter está contraído e impede a passagem da urina. Elementos fora de escala de tamanho e de proporção. Cores fantasia.

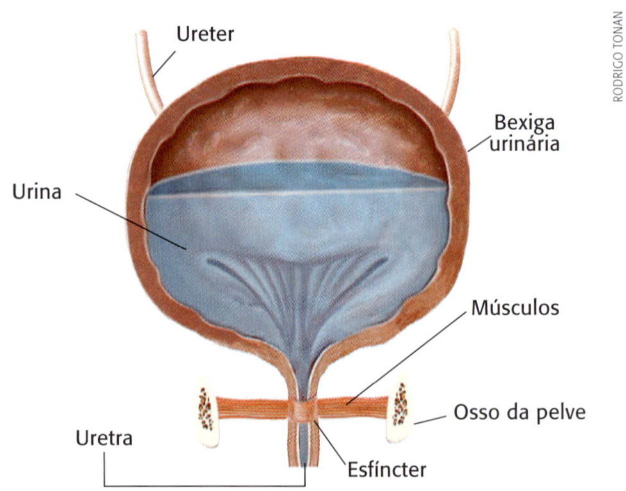

Representação esquemática de bexiga urinária esvaziando. Quando a bexiga urinária está cheia, suas paredes musculares se contraem e o esfíncter relaxa. Assim, a urina é eliminada pela uretra. Elementos fora de escala de tamanho e de proporção. Cores fantasia.

A urina

O corpo de uma pessoa adulta tem cerca de cinco litros de sangue. Esse volume passa várias vezes por dia pelos rins, o que resulta em aproximadamente 180 litros de sangue filtrados ao final de um dia. Todo esse trabalho de filtração produz diariamente uma quantidade aproximada de um litro de urina.

A **urina** é um líquido normalmente amarelo-claro constituído principalmente por água, sais minerais, ureia (resultante da metabolização das proteínas), uma pequena quantidade de ácido úrico e outras substâncias que não devem se acumular no organismo. Ao chegar ao túbulo coletor, a urina está pronta e é conduzida aos ureteres e, daí, à bexiga urinária.

OUTRAS FORMAS DE EXCREÇÃO

Além do sistema urinário, a excreção no ser humano ocorre pelo sistema respiratório, que elimina o gás carbônico, produzido durante a respiração celular, e por glândulas sudoríferas, que produzem o suor.

O corpo humano apresenta mais de dois milhões de glândulas sudoríferas distribuídas por toda a pele. No entanto, elas não são dispostas uniformemente: estão concentradas em algumas áreas do corpo, como as axilas, a virilha, a testa, as palmas das mãos e as plantas dos pés. As gotas de suor são eliminadas através de um duto que se abre nos poros da superfície da pele.

O suor é formado por grande quantidade de água e pequena quantidade de sais minerais e outros compostos, como ureia. A eliminação do suor é chamada **transpiração**.

CORBIS/LATINSTOCK

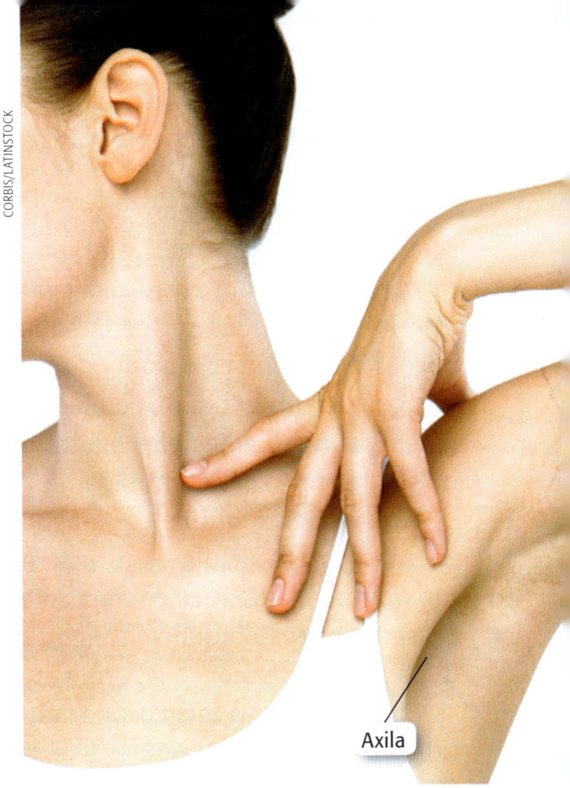

Nas axilas, concentra-se grande quantidade de células sudoríferas.

Nos dias mais quentes ou quando nos exercitamos, ocorre aumento da temperatura do corpo em razão do aumento da atividade celular. Parte do calor produzido é absorvida pela água existente nas células. A água do suor retira calor da superfície do corpo, muda de estado líquido para vapor e transfere esse calor para o ambiente. A evaporação do suor, portanto, ajuda a esfriar o corpo e a manter sua temperatura em torno de 36,5 °C. Portanto, além de auxiliar no processo de excreção, a transpiração é um mecanismo fundamental na manutenção da temperatura corporal constante.

ESTRUTURA DA PELE

RODRIGO TONAN

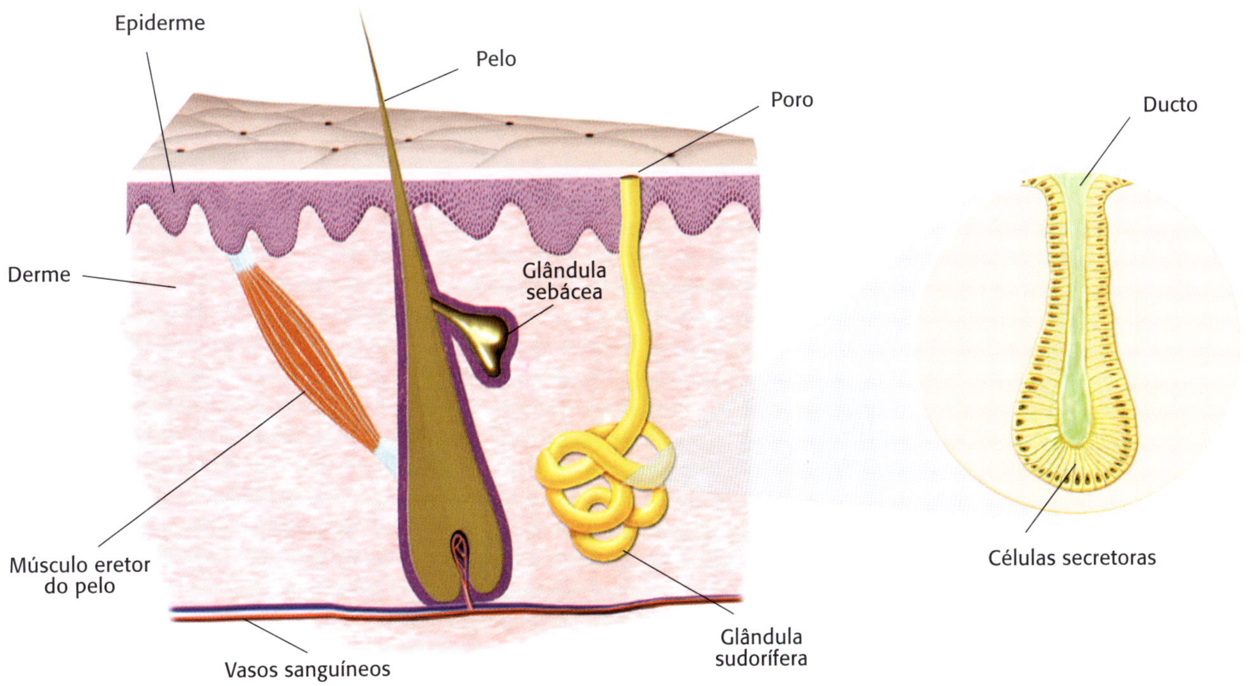

Representação esquemática das estruturas das glândulas secretoras da pele. Elementos fora de escala de tamanho e de proporção. Cores fantasia.

A importância da água

A água que bebemos passa do intestino para o plasma sanguíneo e segue para os capilares. Deles, passa para o meio entre as células (intersticial) e finalmente entra nas células. Quando a quantidade de água no interior das células se torna suficiente para que ocorram os processos necessários à vida da célula, atinge-se um equilíbrio entre a quantidade de água dentro e fora da célula. Se você tomar mais água, ela vai ficar no plasma sanguíneo e dele seguirá para os rins, e depois para a bexiga urinária, de onde será eliminada.

Para os seres humanos, a água é importante, pois transporta os nutrientes para a célula e carrega substâncias solúveis que atravessam a membrana plasmática celular. As reações químicas do organismo se processam em meio aquoso. A água também auxilia na eliminação de resíduos do organismo (suor, urina etc.).

Pode-se dizer que o corpo está em equilíbrio hídrico quando as quantidades de água que ele perde estão em equilíbrio com a quantidade de água ingerida ou produzida em processos metabólicos, pelas reações químicas, como a respiração celular.

A água é importante para a manutenção da vida. Sem ela, não sobrevivemos mais do que alguns dias.

EQUILÍBRIO HÍDRICO EM UM ADULTO

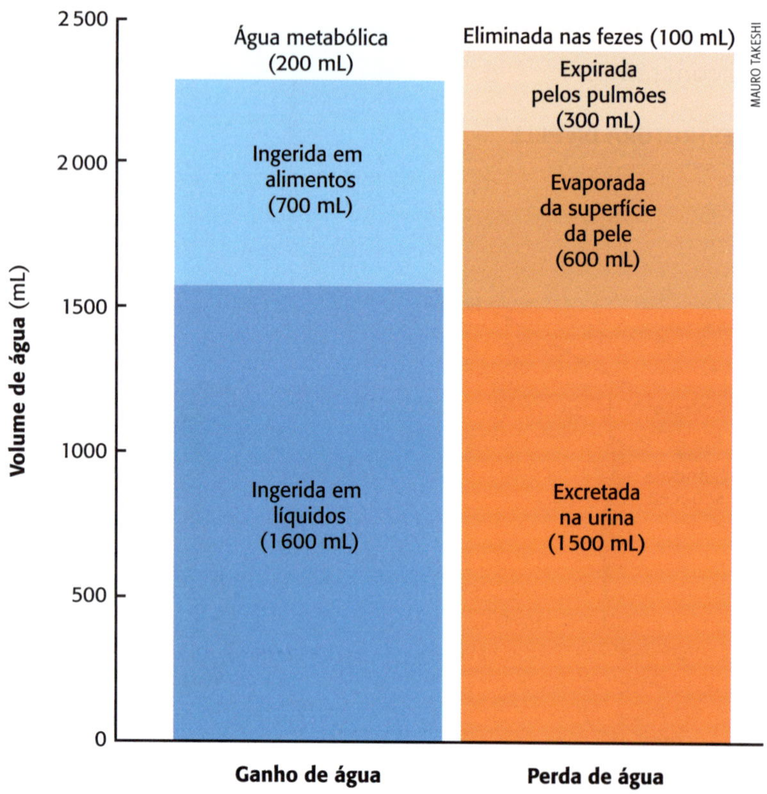

Fonte: TORTORA, G. J.; DERRICKSON, B. *Corpo humano*: fundamentos de anatomia e fisiologia. 8. ed. Porto Alegre: Artmed, 2012.

Representação gráfica da manutenção do equilíbrio hídrico de um adulto. Água expirada pelos pulmões: sai pela boca na forma de vapor-d'água quando expiramos. Água evaporada da superfície da pele: é o suor, produzido pelas glândulas sudoríferas.

Desidratação

Sais de reidratação sendo diluídos em água.

A desidratação é a perda excessiva de água do organismo. O vômito, a diarreia, o uso de diuréticos, o calor excessivo, a febre e a redução da ingestão de água por qualquer razão podem acarretar desidratação. Perdas rápidas e intensas de água corporal podem ter consequências fatais.

No processo inicial de desidratação, há sensação de sede. Quando a ingestão não consegue compensar a perda de água, desidratamos.

A desidratação é uma doença bastante frequente em crianças. Ela é uma das principais causas de mortalidade infantil em países subdesenvolvidos e em desenvolvimento. Os sintomas de desidratação são olhos fundos, muita sede, pele seca, choro sem lágrimas, pouca saliva e urina.

Em 1960, a Organização Mundial da Saúde (OMS) desenvolveu uma mistura de sais de potássio, sódio, glicose e citrato, chamada **sais de reidratação oral**. Essa mistura é distribuída gratuitamente nos postos de saúde e reidrata o paciente por via oral, sem necessidade de internação.

Diurético: substância que estimula a secreção de urina.

Preparação do soro de sais de reidratação

É necessário diluir todo o pó do envelope de sais de reidratação oral em um litro de água potável e mexer bem.

Atenção ao preparo!

- Não adicionar açúcar ou sal à solução.
- Utilizar todo o pó do envelope.
- Não ferver o soro depois de pronto.
- Utilizar o soro em até 24 horas; após esse tempo, ele deverá ser descartado.

O soro de sais de reidratação oral deve ser ministrado em pequenas doses, porém com frequência contínua, a fim de evitar o agravamento da desidratação, repondo líquidos e sais minerais.

FIQUE DE OLHO

INTEGRAÇÃO DOS SISTEMAS DO CORPO HUMANO

Observe a ilustração e escreva, no seu caderno, um pequeno texto a respeito de cada um dos sistemas do corpo humano e como eles se relacionam entre si.

O gás oxigênio que chega até as células do organismo é captado nos pulmões e distribuído por meio do sangue. O gás carbônico produzido pelo metabolismo que ocorre nas células é recolhido pelo sangue e eliminado nos pulmões.

O sangue também distribui para as células os produtos da digestão e recolhe nas células o que precisa ser eliminado pela urina.

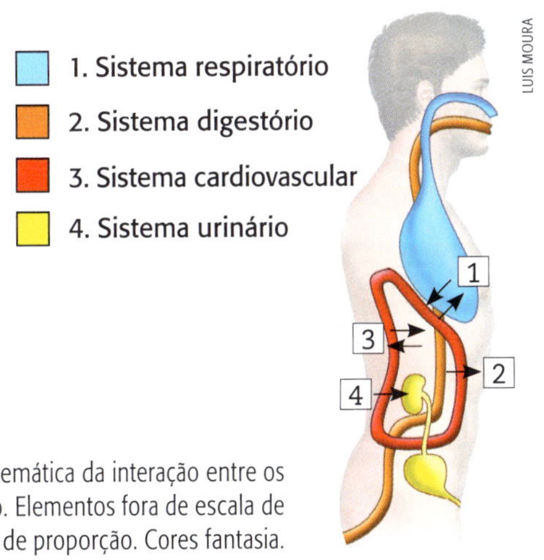

Representação esquemática da interação entre os sistemas do corpo. Elementos fora de escala de tamanho e de proporção. Cores fantasia.

DOENÇAS DO SISTEMA URINÁRIO

Infecções nas vias urinárias

As infecções urinárias são causadas por uma grande variedade de bactérias que vivem no intestino. A bactéria *Escherichia coli*, importante para a digestão, é a maior causadora de casos de infecção urinária. Outras espécies de bactérias, vírus e fungos também provocam infecções urinárias.

Esses microrganismos podem se multiplicar em diferentes locais do sistema urinário. Se for na uretra, causam uretrite, na bexiga urinária, causam cistite, e nos néfrons provocam a nefrite.

Pessoas que têm infecção urinária sentem ardor ao urinar e aumento na frequência da vontade de urinar.

As mulheres contraem infecções urinárias mais frequentemente que os homens. Observe os esquemas a seguir, mostrando, em vista lateral, os sistemas urinário e genital masculino e feminino e parte do sistema digestório (intestino grosso). Note que no homem a uretra é mais distante do ânus, dificultando a contaminação com bactérias.

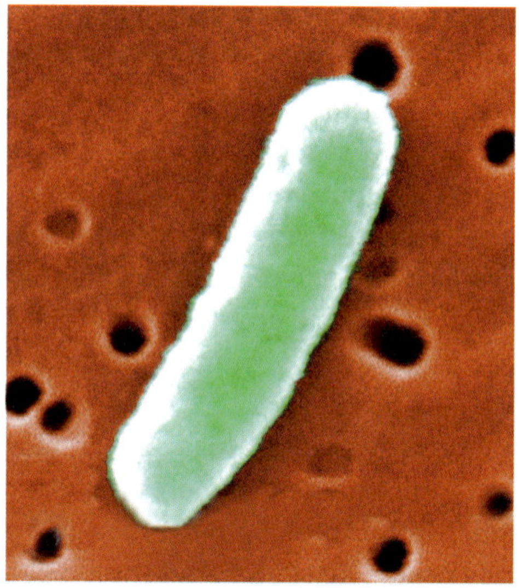

COURTESY EVERETT COLLECTION/LATINSTOCK

Escherichia coli vista ao microscópio eletrônico. Essas bactérias de forma cilíndrica são parte da flora intestinal. Se aumentam muito em número podem causar diarreia. Cores artificiais. Aumento de 40 mil vezes.

PAULO MANZI

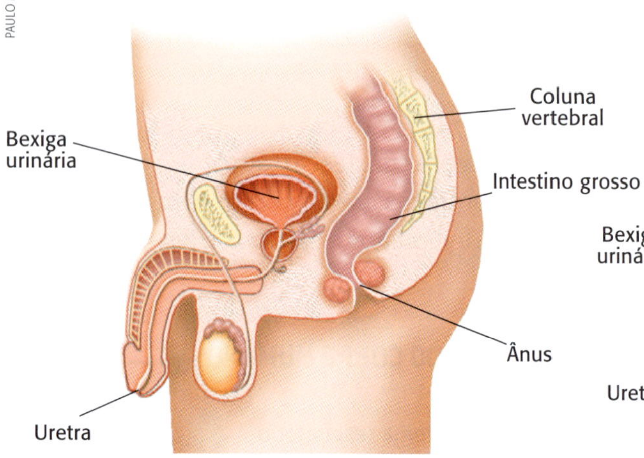

Representação esquemática em corte do sistema urinário e genital masculino. Elementos fora de escala de tamanho e de proporção. Cores fantasia.

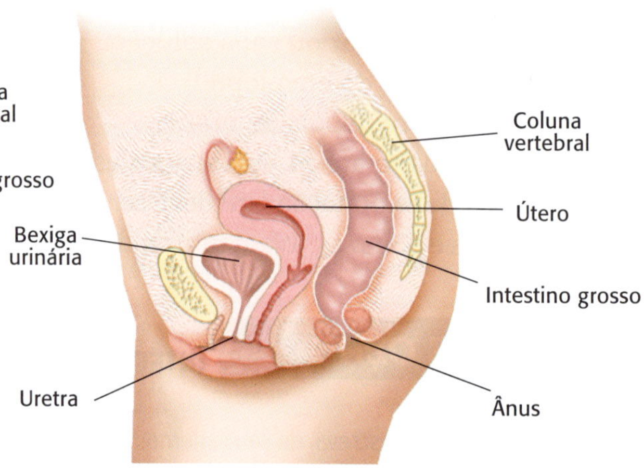

Representação esquemática em corte do sistema urinário e genital feminino. Elementos fora de escala de tamanho e de proporção. Cores fantasia.

FIQUE DE OLHO — **UROCULTURA E ANTIBIOGRAMA**

Para diagnosticar a infeccão urinária, o médico solicita um exame chamado urocultura. Nesse exame, o laboratório recolhe uma amostra de urina e a coloca em um meio propício à reprodução de bactérias. Se houver bactérias na urina, elas se desenvolverão nesse meio e poderão ser analisadas ao microscópio. Para saber como realizar o tratamento, é preciso fazer outro exame, o antibiograma.

Pesquise na internet o que é um antibiograma e cite qual a vantagem de realizar esse tratamento.

Cálculo renal ou nas vias urinárias

Os cálculos renais, popularmente conhecidos como "pedras", são cristais de sais minerais (o mais comum é o oxalato de cálcio) que se acumulam nos rins ou nas vias urinárias.

A formação desses cálculos pode estar associada a uma predisposição genética, ou seja, parentes próximos apresentam ou já apresentaram essa doença. Também pode ser causada por hábitos como a pouca ingestão de líquidos e dietas com excesso de alimentos ricos em cálcio (leite e derivados), sais e proteína animal.

Os cristais podem entupir as vias urinárias e impedir a passagem da urina. Quando isso acontece, a pessoa sente muita dor.

Os menores cristais, de alguns milímetros, são eliminados naturalmente pelo organismo por meio da urina. Já os cristais maiores precisam ser removidos com o auxílio de medicamentos ou cirurgias.

Para evitar a formação de cálculos, recomenda-se beber muito líquido (dois a três litros diários) e controlar a ingestão de alimentos ricos em proteína animal e sais.

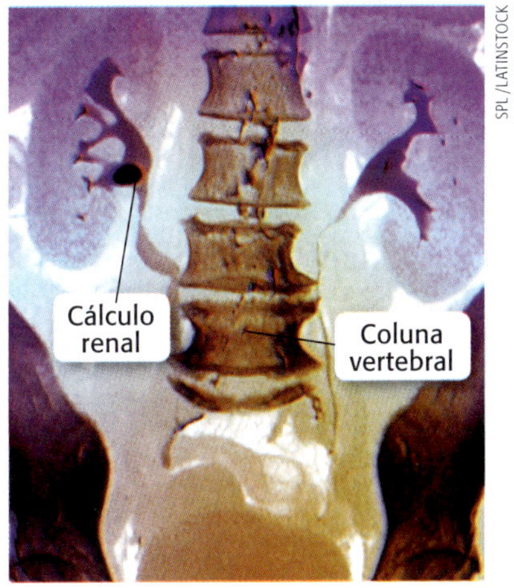

Tomografia computadorizada de rim com um cálculo com 1,6 cm de comprimento. Ele bloqueou a saída da urina para o ureter em direção à bexiga urinária. A tomografia mostra também parte das vértebras da coluna vertebral. Cores artificiais.

Insuficiência renal

Os rins são órgãos fundamentais na manutenção da homeostase. Existem, porém, casos em que os rins não funcionam direito ou podem perder totalmente a capacidade de filtrar o sangue. Nesses casos, dizemos que a pessoa sofre de **insuficiência renal**.

Vários problemas de saúde podem levar à insuficiência renal, como infecções, processos inflamatórios, intoxicações, diabetes e acidentes.

Se o tratamento convencional (medicamentos e dieta) não normalizar os desequilíbrios causados pelo mau funcionamento dos rins, o tratamento recomendado é a hemodiálise.

Hemodiálise: tratamento no qual o sangue do paciente passa por um equipamento que filtra o sangue, retornando ao corpo com menos impurezas.

Há casos tão graves de insuficiência renal que a única maneira de cura é o transplante.

O rim é um órgão que pode ser doado em vida. Os rins apresentam uma reserva funcional; dessa forma, é possível viver normalmente com um único rim.

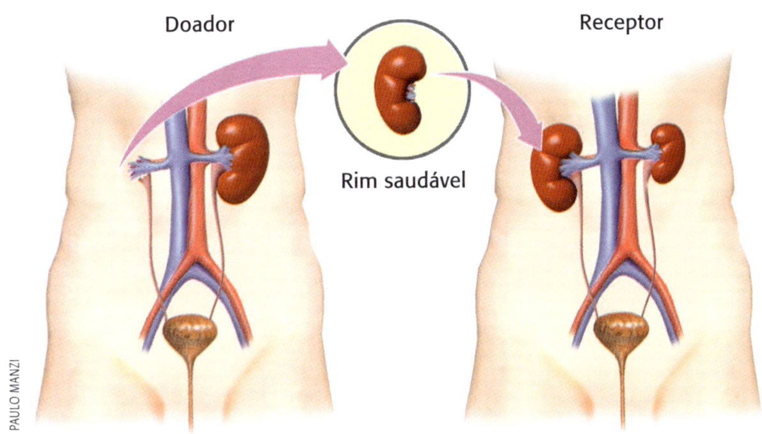

Representação esquemática de transplante renal. O rim de um doador saudável é colocado no corpo de um receptor. Cores fantasia. Elementos fora de escala de tamanho e de proporção.

Rins **artificiais**

Várias doenças podem comprometer o funcionamento dos rins. E quando os rins funcionam mal, os resíduos se acumulam no sangue. A hemodiálise é um tratamento utilizado quando 90% da capacidade de funcionamento dos rins já foi perdida.

Como é o processo de hemodiálise

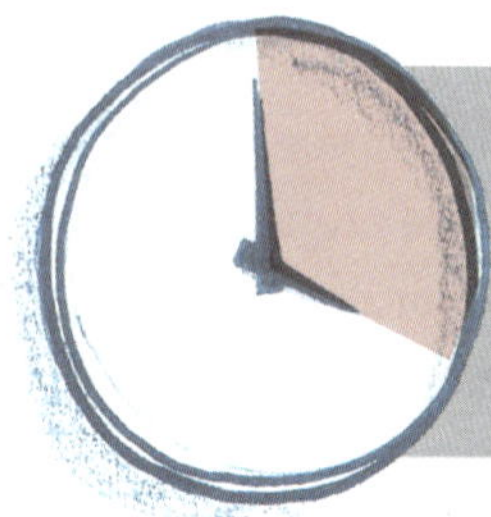

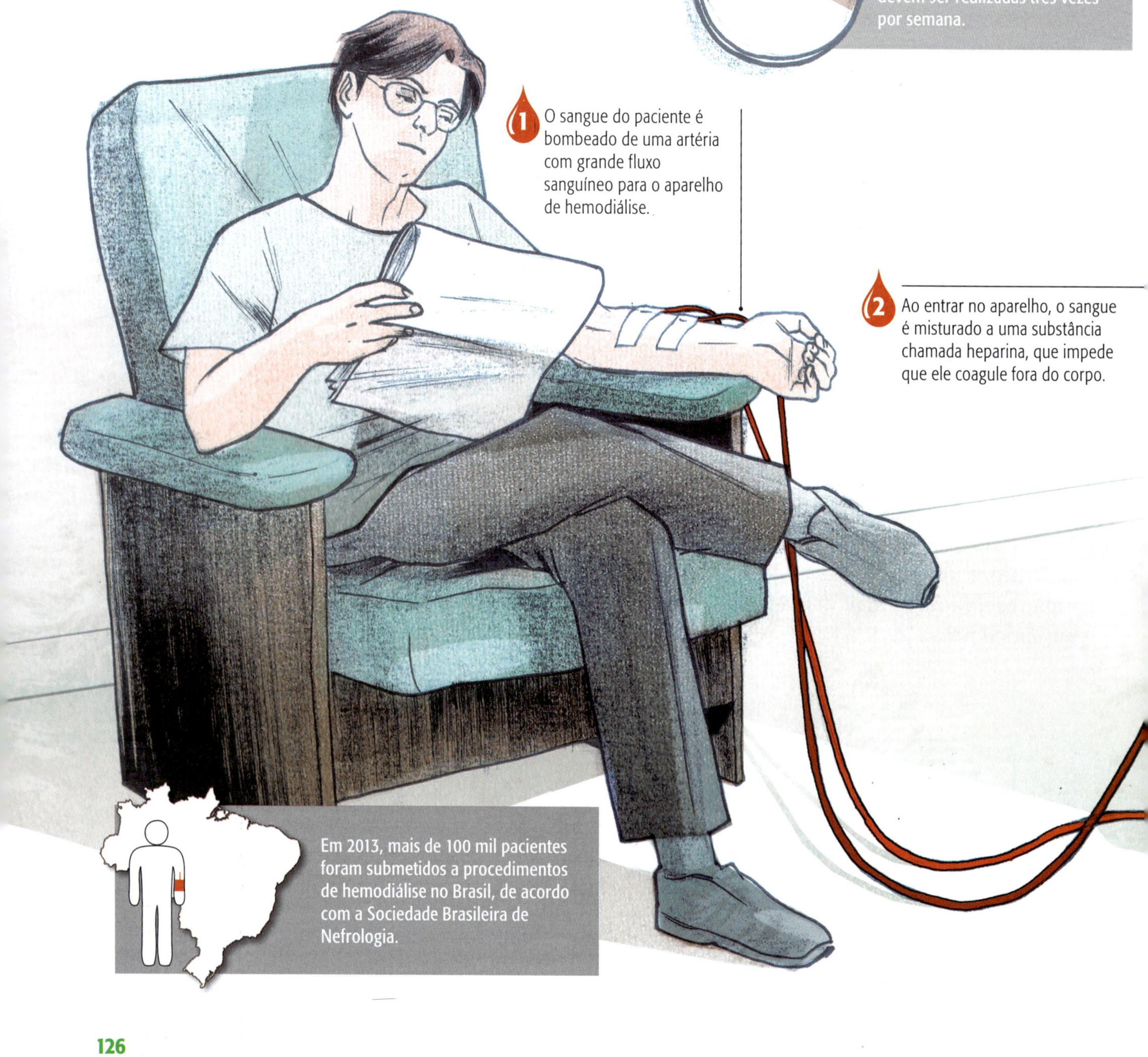

3 O monitor permite que o profissional de saúde verifique em tempo real o nível de toxinas no sangue, a pressão arterial e a temperatura corpórea. Havendo qualquer problema, o especialista pode interromper o procedimento.

> Em 19 de maio de 1949, o Dr. Tito Ribeiro de Almeida utilizou pela primeira vez no Brasil uma máquina para filtrar o sangue, chamada então de "rim artificial".

4 O sangue então passa por um filtro, que retira dele as toxinas, os sais minerais, o excesso de fluidos e as impurezas, de forma similar aos rins.

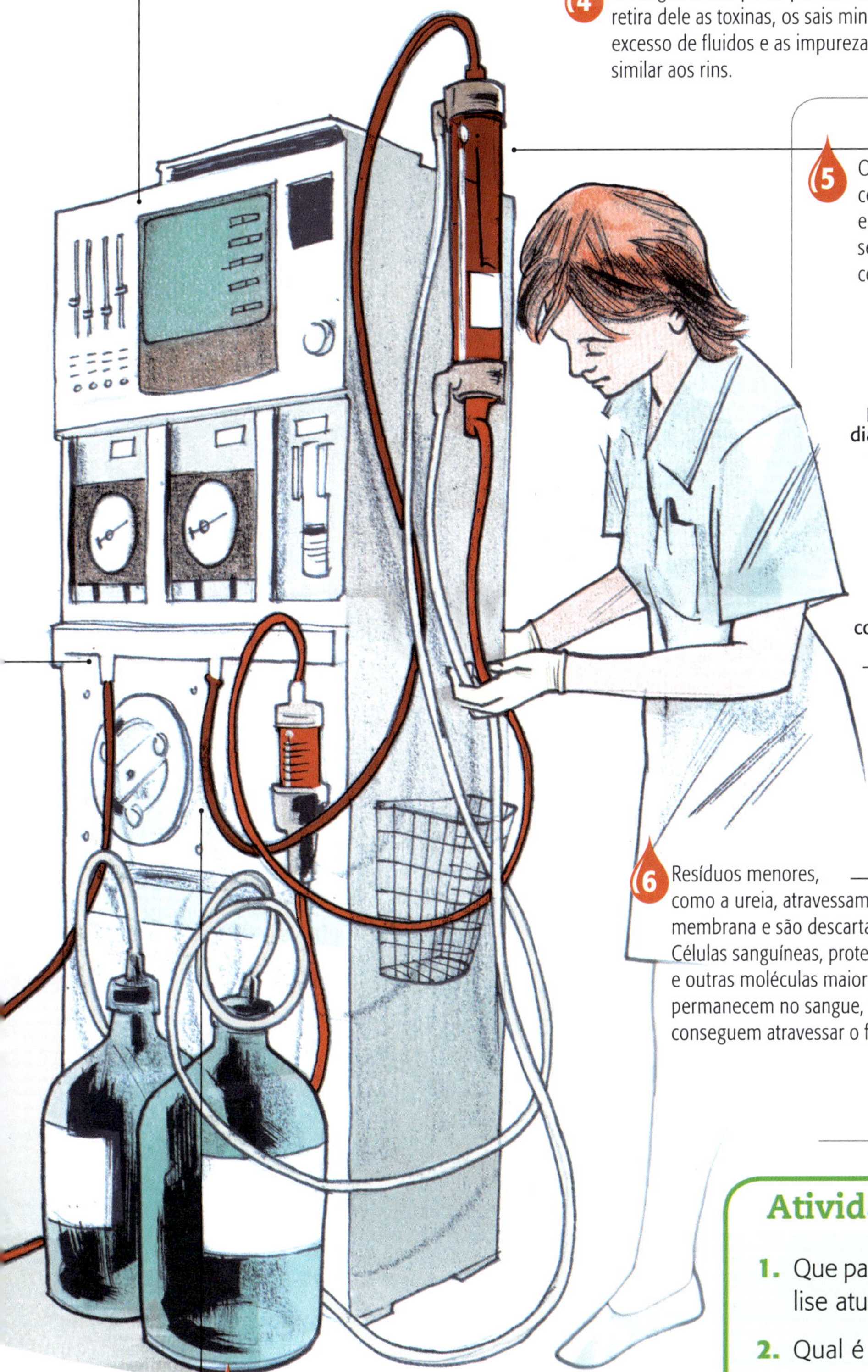

5 O filtro é composto de duas partes: no centro, flui o sangue. Na parte entre o centro e a parte externa, há um compartimento separado apenas por uma membrana. Nesse compartimento corre o líquido de diálise.

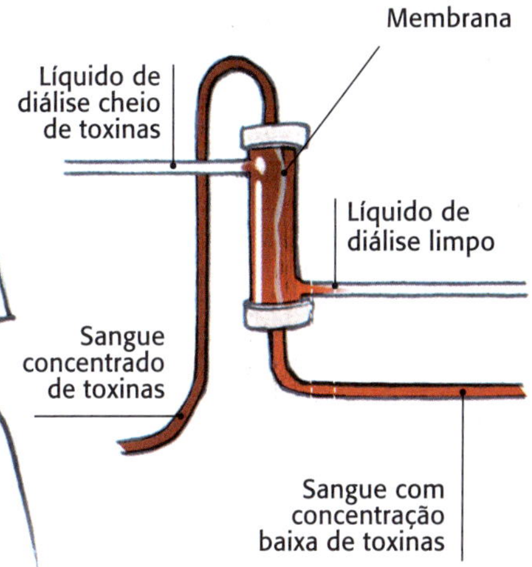

6 Resíduos menores, como a ureia, atravessam a membrana e são descartados. Células sanguíneas, proteínas e outras moléculas maiores permanecem no sangue, pois não conseguem atravessar o filtro.

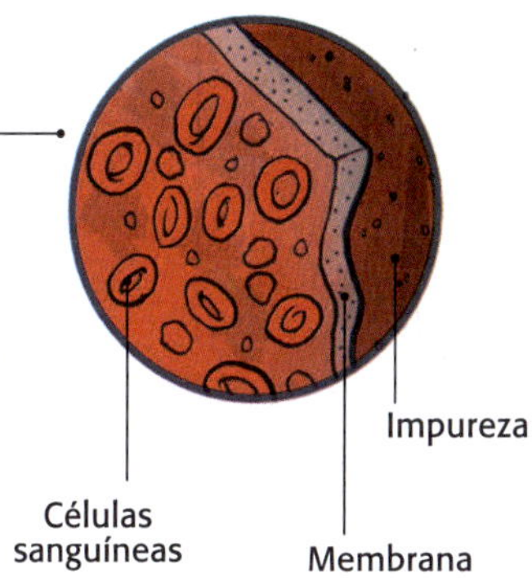

7 Antes do sangue já filtrado ser injetado novamente no corpo do paciente, são retiradas as bolhas de ar, para evitar embolias, que são obstruções de vasos sanguíneos causadas por gases.

EVERTON PRUDÊNCIO

Atividades

1. Que parte do equipamento de hemodiálise atua como um rim?
2. Qual é a função da heparina?
3. Qual é a função do monitor?
4. Em geral, as pessoas que fazem hemodiálise urinam menos. Explique por que isso ocorre.

teia do saber

1. Explique o que é homeostase e por que é importante a sua manutenção.

2. Observe a imagem ao lado, leia a legenda e, depois, responda às questões.

a. O que é a estrutura arredondada (estrutura 1) de cor vermelha?

b. Qual é o nome e a função dos dois tubos vermelhos (estrutura 2) mostrados na imagem?

c. Em qual estrutura ocorre a filtração do sangue?

d. Na imagem, é possível ver o canal responsável pela eliminação da urina para o meio externo?

e. Identifique a estrutura com musculatura não estriada que armazena a urina.

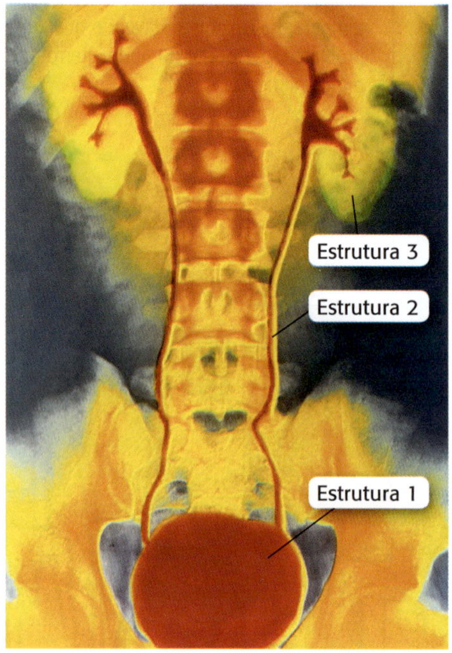

ALAIN POL, ISM/SPL/LATINSTOCK

Radiografia do sistema urinário colorida artificialmente. Nela, é possível observar a coluna vertebral, algumas costelas e os ossos da bacia. Para fazer essa radiografia, a pessoa tomou uma injeção de iodo para evidenciar os órgãos.

3. Em quais estruturas dos néfrons ocorrem a filtração do sangue e o retorno de parte das substâncias filtradas para o sangue?

4. Compare a eliminação de urina com a eliminação de fezes. Ambas podem ser consideradas formas de excreção? Justifique.

5. Observe a imagem e responda às questões.

a. Em quais estruturas estão os cálculos?

b. Como são produzidos os cálculos? Quais são as possíveis causas dos cálculos renais?

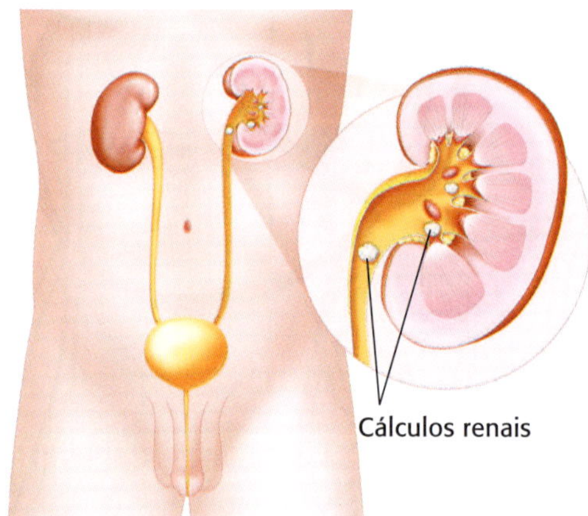

JACOPIN/BSIP/ALAMY/LATINSTOCK

Representação esquemática do sistema urinário com cálculos renais.

6. Leia o texto e responda às questões.

> Quando chega o momento de as hemácias serem destruídas no fígado e no baço, a proteína hemoglobina se transforma em bilirrubina, que é amarela.
>
> A bilirrubina segue para o intestino, onde é transformada em outras substâncias por ação de bactérias. Parte dessas substâncias segue com as fezes e parte volta para o sangue, sendo eliminada com a urina, conferindo-lhe a cor amarela.

a. Por que a urina é amarela?

b. Quais são os destinos da bilirrubina?

7. Observe o esquema e depois responda às questões.

a. Todas as substâncias que estão no sangue passam para a urina?

b. Por que os aminoácidos não são eliminados com a urina? E as células sanguíneas?

c. Quais são os resíduos tóxicos que precisam ser eliminados?

d. O que a presença de outras substâncias ou células na urina pode indicar?

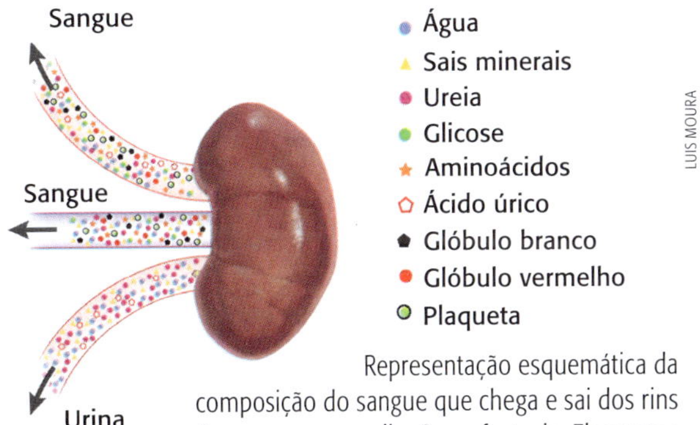

Representação esquemática da composição do sangue que chega e sai dos rins de uma pessoa sadia. Cores fantasia. Elementos fora de escala de tamanho e proporção.

8. O suor, além de ser uma forma de excreção, também auxilia na manutenção da endotermia. Explique essa afirmação e descreva como e onde acontece.

9. Leia o texto e responda às questões.

> O transplante é a substituição dos rins doentes por um rim saudável de um doador. É o método mais efetivo e de menos custo para a reabilitação de um paciente com insuficiência renal crônica [...].
>
> O transplante de rim é um procedimento [por meio] do qual se coloca em seu corpo um rim saudável vindo de outra pessoa. Este novo e único rim deve substituir totalmente os dois rins que pararam de funcionar. [...]
>
> Hoje, no Brasil, aproximadamente 35 000 pacientes com insuficiência renal crônica estão em tratamento pela diálise. Destes, somente três mil conseguem ser transplantados anualmente. [...]

Transplante renal. Disponível em: <www.transdoreso.org/transplantes.shtml>. Acesso em: 27 mar. 2015.

a. O que é um transplante renal?

b. Como é o procedimento de transplante renal em pessoas com insuficiência renal crônica?

Desfecho

Nessa unidade, foi estudada a poluição atmosférica. Reunidos em grupo, conversem sobre a questão: Na sua opinião, ações individuais e isoladas podem melhorar a qualidade do ar? Explique.

Encerrando a unidade

1. Trabalhando com seus colegas de grupo, escreva um resumo dos assuntos abordados nesta unidade:

- **Sistema respiratório**
- **Como é o sistema urinário e qual é a sua função**
- **Outras formas de excreção**
- **Doenças que afetam o sistema respiratório e urinário**

Fique atento às dúvidas. Converse com seus colegas de grupo a respeito delas, procurando esclarecê-las.

2. Cada grupo vai juntar seus resumos para formar um livreto sobre respiração e excreção. Pesquisem imagens para ilustrá-lo. Depois de prontos, troquem os livretos e apreciem o trabalho dos colegas.

JUCA VARELLA/FOLHAPRESS

Nas grandes cidades, os principais poluidores são os veículos de passeio e caminhões.

Atitudes contra a poluição do ar

A qualidade do ar está cada vez pior na maioria das grandes cidades. Os gases poluentes emitidos por carros, caminhões, indústrias, queimadas e incineração de resíduos contribuem para o aumento das doenças respiratórias.

Uma das maiores fontes de poluição do ar são os veículos automotores, como carros, motocicletas, ônibus, tratores e caminhões. Quando o motor do veículo é ligado, são lançadas no ar inúmeras substâncias tóxicas. A gasolina e o óleo diesel são os combustíveis que mais causam danos à saúde e ao ambiente, pois, quando são queimados, emitem gases e partículas que se dispersam no ar.

No ambiente rural, as queimadas são uma das principais causas da poluição do ar. Essa prática é usada para a formação de pastos e na agricultura. No entanto, são emitidos diversos poluentes com queimada de vegetação.

A poluição do ar causa diversos problemas de saúde, como alergias, irritação nos olhos, tosse, coceira na garganta, entre outros. As pessoas com bronquite e asma, por exemplo, são mais sensíveis à poluição, podendo ter seu problema de saúde agravado.

CESAR DINIZ/PULSAR IMAGENS

As queimadas aumentam a poluição do ar.

Veja a seguir algumas alternativas que podem ajudar a reduzir os níveis de poluição do ar, além de melhorar a qualidade de vida da população.

- Usar transporte público coletivo em vez de carro.
- Caminhar ou usar bicicletas! Faz bem à saúde e não polui.
- Denunciar aos órgãos públicos a ocorrência de queimadas de vegetação ou de lixo.
- Substituir o uso de combustíveis fósseis, como a gasolina e o óleo diesel, por combustíveis renováveis, como o álcool ou o biodiesel.

GERSON GERLOFF/PULSAR IMAGENS

O uso de transporte público coletivo contribui para diminuir a emissão de gases poluentes. Curitiba (PR), 2012.

RUBENS CHAVES/PULSAR IMAGENS

Algumas cidades brasileiras têm ciclovias, pistas destinadas à circulação de bicicletas. Rio de Janeiro (RJ), 2012.

Para explorar

Campanha contra a poluição do ar

Etapa 1: Pesquisa

O texto mostra algumas formas de reduzir a poluição. Estas, porém, não são as únicas. Em grupos, façam uma pesquisa e descubram mais formas de ajudar a reduzir a poluição e, depois, identifiquem as ações que são individuais, ou seja, que cada cidadão pode praticar sozinho para diminuir a poluição. Em seguida, pesquisem quais são as possíveis ações públicas, que dependem de órgãos governamentais.

Etapa 2: Preparação da ação

Com os dados da pesquisa, vocês podem elaborar um plano de ação, em grupos. Os dados podem ser divulgados em forma de cartazes, de palestra, de folhetos, pela internet (redes sociais, *blogs*, *sites*) e jornais do bairro ou da cidade. Vocês só precisarão decidir que dados serão divulgados e como divulgá-los.

Depois, preparem os dados para a apresentação. Lembrem-se de que o texto deve:

- atrair a atenção do leitor para a importância de evitar a poluição;
- mostrar os benefícios de atitudes contra a poluição;
- motivar o leitor a participar da campanha;
- usar imagens para tornar a campanha mais atrativa.

Criem um *slogan* (frase de fácil memorização que resuma as características da campanha); por exemplo: "Poluição no ar: hora de mudar!".

Etapa 3: Em ação!

Depois de tudo preparado, é hora de agir. Tentem envolver, na campanha, o maior número de pessoas.

UNIDADE

5 Locomoção e revestimento

O termo *skate* vem da palavra inglesa *skateboarding*. O esporte consiste em deslizar sobre o solo, equilibrando-se em uma prancha com rodas. Há algumas modalidades do esporte, que diferem pelas manobras e tipos de pista. O esqueitista executa diferentes movimentos com níveis variados de dificuldade.

O *skate* foi inventado na década de 1960, na Califórnia. Desde então, vem se popularizando e conseguindo mais adeptos.

JEFF GROSS/GETTY IMAGES

Nesta unidade, você vai saber mais sobre:

- O sistema esquelético humano
- O sistema muscular humano
- Que cuidados devemos tomar com a postura
- Que doenças afetam o sistema locomotor
- Como é o revestimento do corpo e quais suas funções

Karen Jonz (1985-) é uma esqueitista brasileira. Ganhou diversas competições e é considerada uma das melhores esqueitistas da atualidade.

TROCANDO IDEIAS

1. Para andar de *skate* é necessário usar equipamentos de proteção. Que equipamentos Karen Jonz está usando na fotografia? Que estruturas eles protegem?
2. Que acidentes podem ser mais graves em uma pista de *skate*? Os equipamentos de proteção ajudam a evitá-los? Se sim, como?
3. Na pista, os esqueitistas fazem diversas manobras, dobrando os braços e as pernas. Qual é a importância das articulações para que o corpo realize movimentos como esses?
4. Você já andou de *skate*? Pratica algum esporte? Qual?

9 Sustentação e locomoção

A ilustração a seguir mostra os esqueletos de cinco primatas atuais: o ser humano, o gorila, o chimpanzé, o orangotango e o gibão. Repare na postura e na proporção entre os membros superiores e inferiores de cada um deles.

CARLOS BOURDIEL

Representação esquemática do esqueleto de cinco primatas atuais. Cores fantasia. Elementos fora de escala de tamanho e de proporção.

THINKSTOCK/GETTY IMAGES

Gorila

THINKSTOCK/GETTY IMAGES

Chimpanzé

ADAM JONES/LATINSTOCK

Gibão

THINKSTOCK/GETTY IMAGES

Orangotango

Fotografia de quatro primatas atuais: o gorila mede cerca de 1,70 m de altura; o chimpanzé tem cerca de 1 m de altura; o gibão mede cerca de 70 cm de altura; o orangotango tem cerca de 1,30 m de altura.

BATE-PAPO

1. Após observar a ilustração, converse com seus colegas e citem algumas diferenças entre o esqueleto do ser humano e os dos outros primatas. Compare também com as fotografias apresentadas nesta página.
2. Quais são as funções do esqueleto?
3. O que as diferenças nos esqueletos dos animais podem indicar?

SISTEMA ESQUELÉTICO

Os ossos e os músculos são as principais estruturas que sustentam o corpo e mantêm sua forma.

Grande parte dos ossos pode se movimentar graças às articulações e à contração dos músculos associados a eles.

Juntos, ossos, articulações e músculos representam cerca de 60% da massa do nosso corpo.

NELSON ALMEIDA/AFP

Alguns atletas são capazes de realizar movimentos de incrível elasticidade e leveza. Na foto, ginasta brasileira na Copa do Mundo de Ginástica Artística em 2015.

O sistema esquelético é formado pelo conjunto de ossos e cartilagens que compõe o corpo humano. Esse sistema desempenha diversas funções, listadas a seguir:

- **Proteção de órgãos**: os ossos protegem vários órgãos internos contra choques mecânicos (impactos) que podem prejudicá-los. Por exemplo, os ossos do crânio protegem o encéfalo.
- **Sustentação do corpo**: formam uma estrutura que dá forma ao corpo e sustenta os órgãos moles, como os intestinos e o fígado.
- **Movimentação e locomoção**: os ossos, associados aos músculos e às articulações, permitem os movimentos e a locomoção do corpo. Apesar da estrutura rígida do esqueleto, o corpo humano pode ser bastante flexível.
- **Produção de células sanguíneas**: dentro de alguns ossos do corpo, como o fêmur, por exemplo, há um tecido chamado medula óssea, responsável pela produção de células sanguíneas.
- **Armazenamento de nutrientes**: os ossos contêm a maior reserva de cálcio do organismo e também atuam no armazenamento de outros minerais, que podem ser liberados na corrente sanguínea.

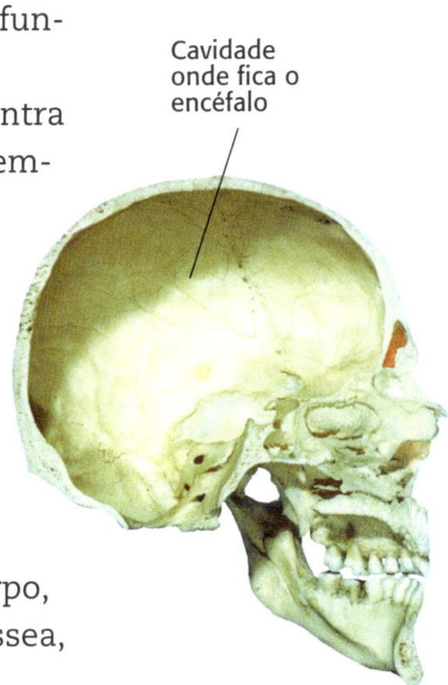

VIDEOSURGERY/LATINSTOCK

Fotografia de crânio humano em corte. Observe os ossos da face e a cavidade na qual fica o encéfalo.

Dançar faz bem

O esforço exigido para que uma pessoa siga a carreira de dançarino profissional é imenso. Mas a dança também pode ser praticada por pessoas cujo objetivo seja apenas se divertir ou realizar algum tipo de exercício físico. Será que estudar a anatomia do corpo humano pode ajudar qualquer tipo de dançarino a praticar esse esporte de forma mais saudável, melhorando o desempenho e evitando lesões? Ao longo desta unidade discutiremos um pouco sobre essa questão.

O esqueleto humano

O esqueleto humano localiza-se na parte interna do corpo. Por isso, é chamado de **endoesqueleto** ("endo" significa "dentro"). Ele é formado por 206 ossos e algumas cartilagens na fase adulta.

As cartilagens, presentes em maior quantidade no feto e nas crianças, são substituídas pelos ossos com o crescimento do indivíduo. No adulto, elas podem ser facilmente identificadas na ponta do nariz e nas orelhas externas.

Podemos dividir o esqueleto em duas regiões: o esqueleto apendicular e o esqueleto axial.

ESQUELETO HUMANO

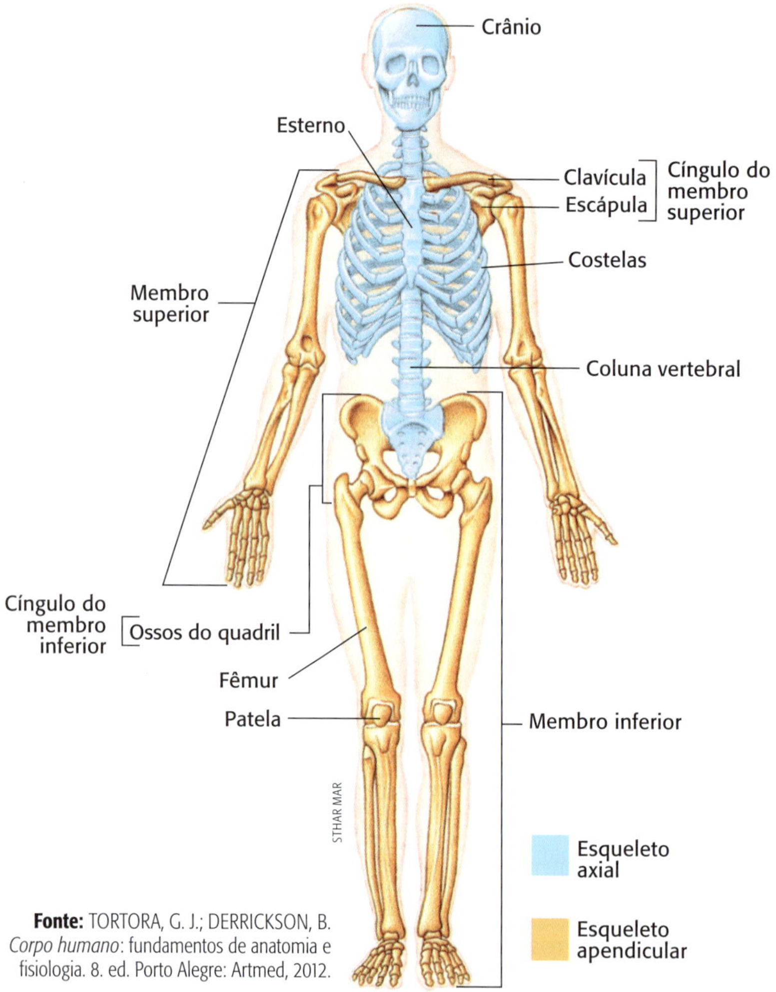

Fonte: TORTORA, G. J.; DERRICKSON, B. *Corpo humano*: fundamentos de anatomia e fisiologia. 8. ed. Porto Alegre: Artmed, 2012.

Representação esquemática do esqueleto humano em vista frontal. Cores fantasia. Elementos fora de escala de tamanho e de proporção.

Esqueleto apendicular

O esqueleto apendicular é formado pelos membros superiores e inferiores e pelos cíngulos (cinturas), que unem os membros superiores (cíngulo do membro superior) e inferiores (cíngulo do membro inferior) ao esqueleto axial.

O cíngulo do membro superior é composto pela escápula e pela clavícula. O cíngulo do membro inferior é formado pelos ossos do quadril: púbis, ílio e ísquio, aglutinados um no outro na fase adulta.

Esqueleto axial

Em um indivíduo adulto, o esqueleto axial é composto de 80 ossos. Dele fazem parte os ossos da cabeça, da caixa torácica e da coluna vertebral. O esqueleto axial forma o eixo central que sustenta os demais ossos.

A cabeça é formada pelos ossos do crânio e pelos ossos da face. Nela, o único osso móvel é a mandíbula, responsável pela mastigação.

A coluna vertebral é formada por 33 vértebras. Ela sustenta a cabeça e serve como eixo de apoio para os braços e as pernas. Em cada uma das vértebras há um orifício por onde passa a medula espinal.

A caixa torácica é formada por 12 pares de costelas e pelo osso esterno, que fica bem no meio da região peitoral e une as costelas à região ventral do corpo.

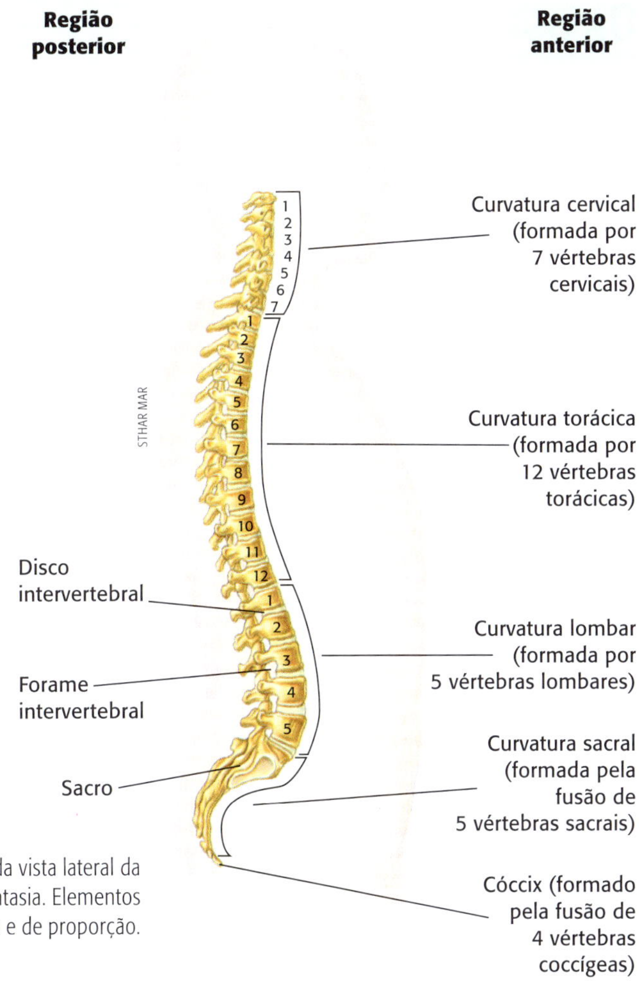

Representação esquemática da vista lateral da coluna vertebral. Cores fantasia. Elementos fora de escala de tamanho e de proporção.

Fonte: PAULSEN, F.; WASCHKE J. *Sobotta Atlas of Human Anatomy*: General Anatomy and Musculoskeletal System. 15. ed. v. 1. Munique: Elsevier GmbH, 2011.

Ossos protetores de órgãos

Vários órgãos do corpo humano estão protegidos por ossos, como o coração e os pulmões. Por se tratar de órgãos delicados, poderiam ser prejudicados se fossem comprimidos. Como são protegidos pela caixa torácica (composta de costelas e esterno) o coração e o pulmão não são comprimidos, não importando a posição do corpo.

Dentro da coluna vertebral, está a medula espinal – um tubo nervoso que conduz impulsos nervosos do corpo para o cérebro e coordena atos involuntários, como retirar a mão rapidamente de um objeto muito quente.

Se a medula espinal for lesionada, dependendo do local e da gravidade da lesão, a pessoa pode perder os movimentos das pernas (paraplegia) ou dos braços e das pernas (tetraplegia).

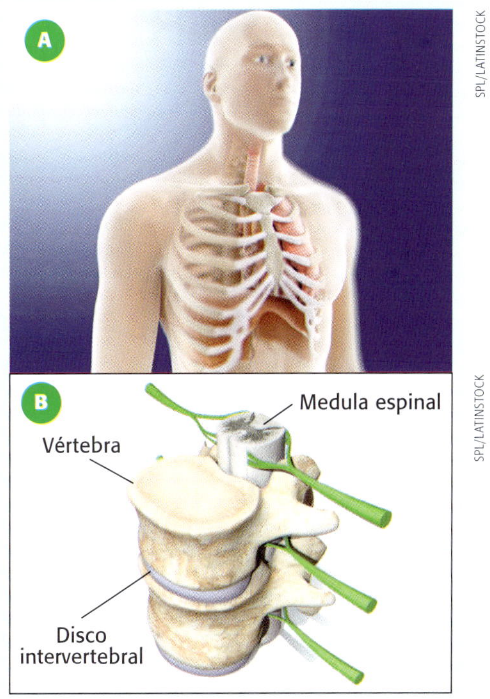

Representação esquemática de caixa torácica (**A**), que protege o coração e o pulmão, e de vértebras (**B**), que protegem a medula espinal. Elementos fora de escala de tamanho e de proporção. Cores fantasia.

Os ossos

Os ossos são formados de matriz óssea e de células ósseas. A matriz contém colágeno (proteína responsável pela flexibilidade) e substâncias minerais, como sais de cálcio e de fósforo, que conferem rigidez.

As células ósseas recebem nutrientes e gás oxigênio por artérias que chegam até elas. Esses vasos, assim como as fibras nervosas, passam pelo interior de pequenos canais da matriz óssea e se comunicam.

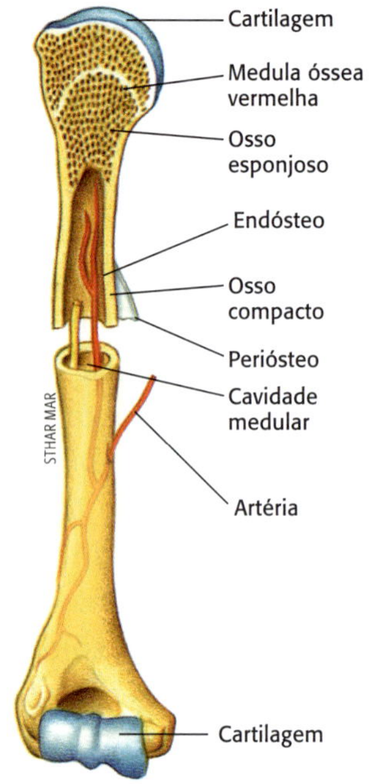

Representação esquemática de um osso longo. Cores fantasia. Elementos fora de escala de tamanho e de proporção.

Estrutura macroscópica de um osso

- **Osso esponjoso**: parte do osso com espaços pequenos entre as células, dando proteção e suporte.
- **Osso compacto**: parte do osso sem espaço entre as células.
- **Cavidade medular**: cavidade interna do osso, que contém a medula óssea amarela.
- **Medula óssea amarela**: formada por tecido adiposo, serve como reserva de energia.
- **Medula óssea vermelha**: produz hemácias, está presente na extremidade de ossos longos.
- **Endósteo**: membrana que reveste a cavidade medular e forma as células do osso.
- **Periósteo**: tecido conjuntivo que reveste a cavidade medular, com células formadoras de osso que permitem seu crescimento em diâmetro e espessura, mas não em comprimento.

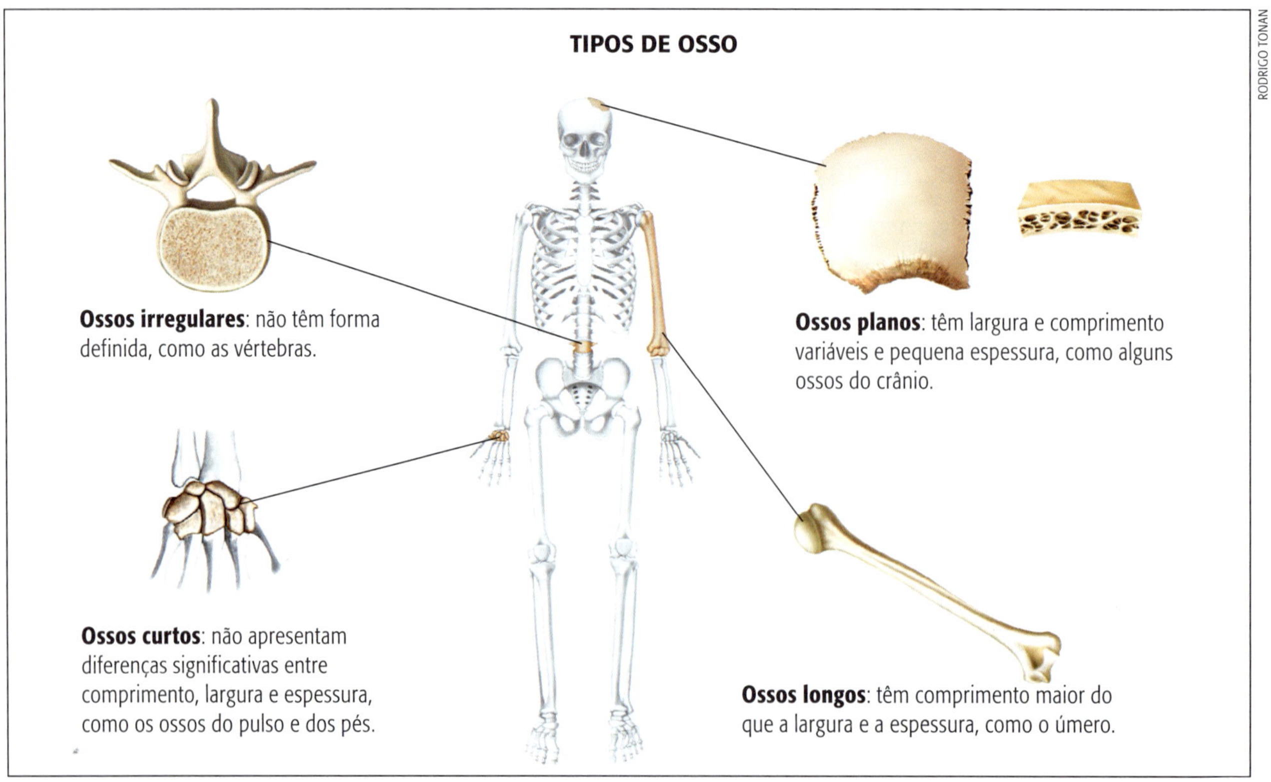

Representação esquemática dos tipos de ossos. Cores fantasia. Elementos fora de escala de tamanho e de proporção.

Fonte: TORTORA, G. J.; DERRICKSON, B. *Corpo humano*: fundamentos de anatomia e fisiologia. 8. ed. Porto Alegre: Artmed, 2012.

Cartilagem

As cartilagens são compostas de tecido conjuntivo cartilaginoso. São estruturas flexíveis encontradas nas articulações, nos espaços entre as vértebras, na orelha, no nariz, nas costelas, no joelho, entre outros. O tecido cartilaginoso não é irrigado por vasos sanguíneos.

Há três tipos de cartilagem no corpo humano:

- **cartilagem hialina**: encontrada principalmente no nariz, na extremidade dos ossos longos, na traqueia. Por ser lisa, sua função é sustentar os ossos e facilitar seus movimentos;
- **cartilagem elástica**: encontrada na orelha e na epiglote. Mantém a forma dessas estruturas e dá sustentação a elas;
- **fibrocartilagem**: presente no discos intervertebrais, nas articulações do joelho e em outros locais. Dá sustentação e previne o desgaste do osso.

CARTILAGENS NO CORPO HUMANO

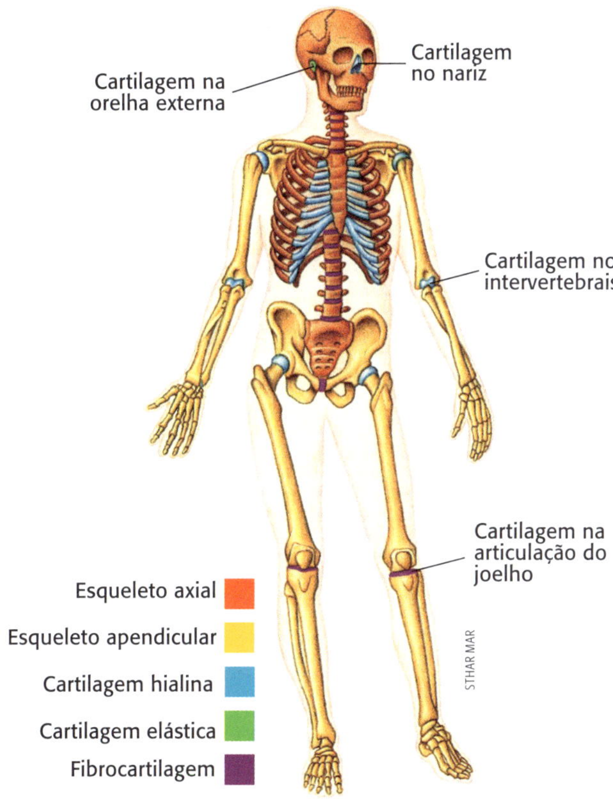

Representação esquemática do tecido conectivo cartilaginoso. Cores fantasia. Elementos fora de escala de tamanho e de proporção.

Fonte: PAULSEN, F; WASCHKE J. *Sobotta Atlas of Human Anatomy*: General Anatomy and Musculoskeletal System. 15. ed. v. 1. Munique: Elsevier GmbH, 2011.

A maior parte dos ossos do esqueleto humano desenvolve-se de moldes de cartilagem presentes no embrião. A partir da oitava semana de desenvolvimento embrionário, ocorre a ossificação e a cartilagem é substituída por tecido ósseo. O desenvolvimento dos ossos continua até o final da adolescência.

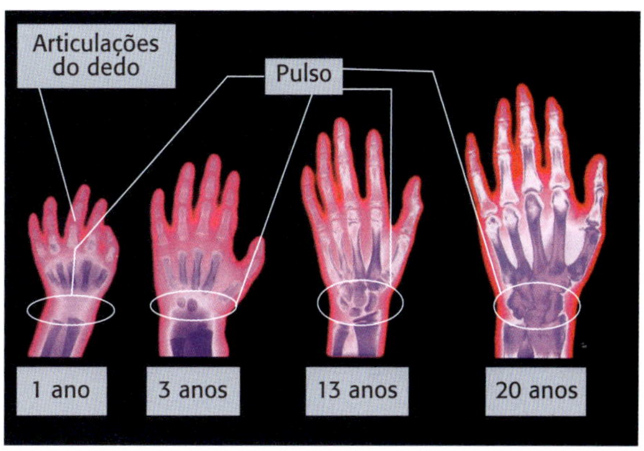

SPL/LATINSTOCK

Comparação de radiografias dos ossos da mão direita de uma pessoa de 1 ano, 3 anos, 13 anos e 20 anos de idade, respectivamente. Observe os ossos do pulso e a região nas articulações dos dedos, em que grande parte da cartilagem é substituída por ossos. Cores artificiais.

Articulação

Damos o nome de **juntas** ou **articulações** às regiões de encontro entre os ossos. Nas articulações, os ossos se mantêm unidos por um tecido conjuntivo que forma os tendões e os ligamentos.

As articulações podem ser classificadas de acordo com os movimentos que elas permitem executar.

As **articulações móveis** permitem movimentos amplos, como a do ombro, que permite a rotação do braço. As **articulações semimóveis** permitem movimentos limitados, como a movimentação das vértebras que compõem a coluna vertebral. As **articulações imóveis** não permitem movimentos, como as que estão entre os ossos do crânio (a mandíbula é exceção).

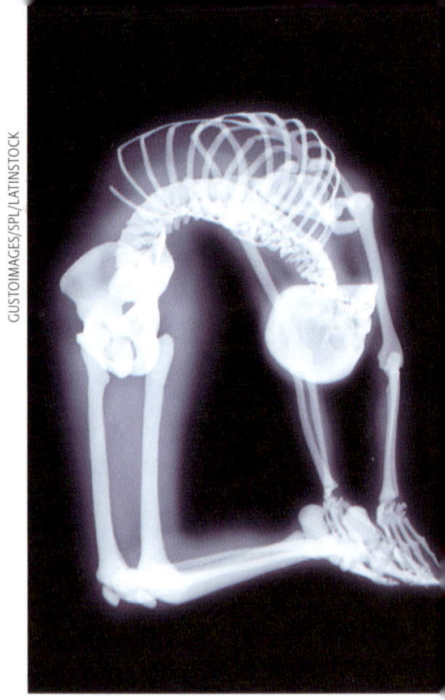

Representação artística feita com base em uma radiografia de pessoa fazendo alongamento. Podemos notar principalmente as articulações dos joelhos, dos ombros e da coluna vertebral.

Estrutura de uma articulação móvel

As articulações móveis apresentam as seguintes estruturas:

- **cápsula articular**: membrana fibrosa que envolve os ossos que formam a articulação e possibilita que eles se mantenham unidos;
- **cavidade articular**: espaço entre os ossos da articulação, envolvida pela cápsula articular. Nessa cavidade, há a sinóvia, ou líquido sinovial, um fluido que lubrifica a articulação e leva nutrientes às células da cartilagem que não são irrigadas por vasos sanguíneos como os ossos;
- extremidade dos ossos cobertos por **cartilagem hialina** que reduz o desgaste provocado pelo constante atrito e impacto que ocorre entre os ossos.

NÃO DEIXE DE ACESSAR

- **Biomecânica *on-line*.** *Site* com fotografias e animações da anatomia humana. <http://www2.fm.usp.br/fofito/fisio/pessoal/isabel/biomecanicaonline/articulacoes/articulacoes.php> Acesso em: 23 mar. 2015.

ESTRUTURA DA ARTICULAÇÃO DO DEDO

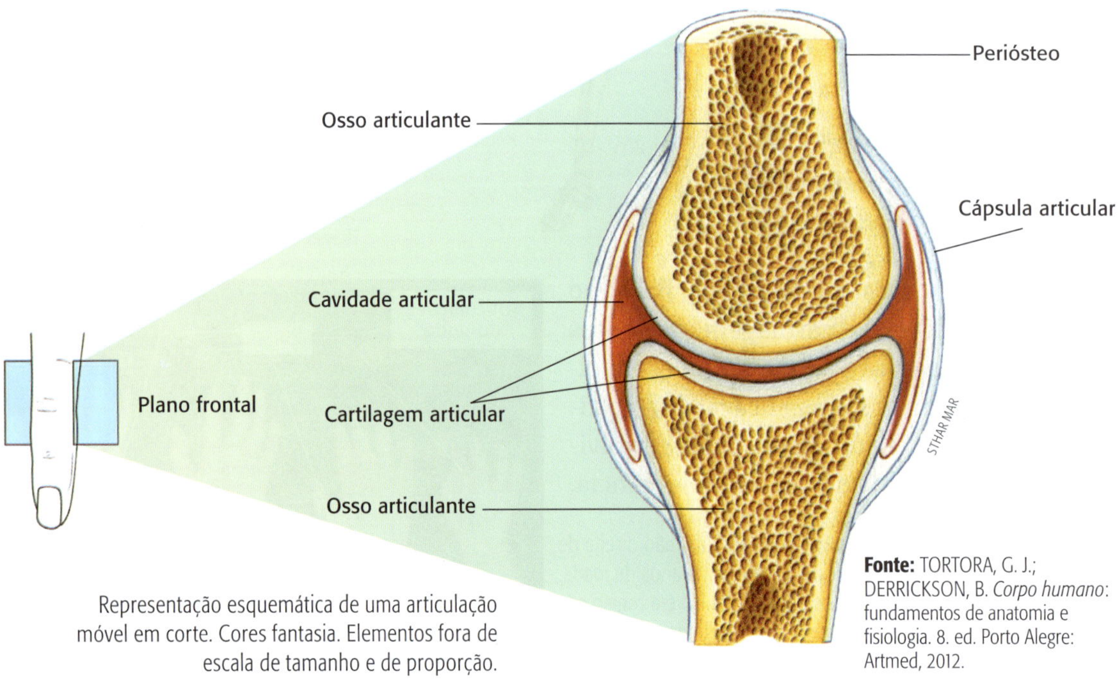

Representação esquemática de uma articulação móvel em corte. Cores fantasia. Elementos fora de escala de tamanho e de proporção.

Fonte: TORTORA, G. J.; DERRICKSON, B. *Corpo humano*: fundamentos de anatomia e fisiologia. 8. ed. Porto Alegre: Artmed, 2012.

Articulações móveis do sistema esquelético

As articulações são as conexões entre ossos que permitem o crescimento ósseo e também a movimentação de algumas partes do corpo.

Apesar de o sistema esquelético ser rígido, as articulações, tendões e ligamentos tornam o corpo flexível.

LOCALIZAÇÃO DE ALGUMAS ARTICULAÇÕES MÓVEIS

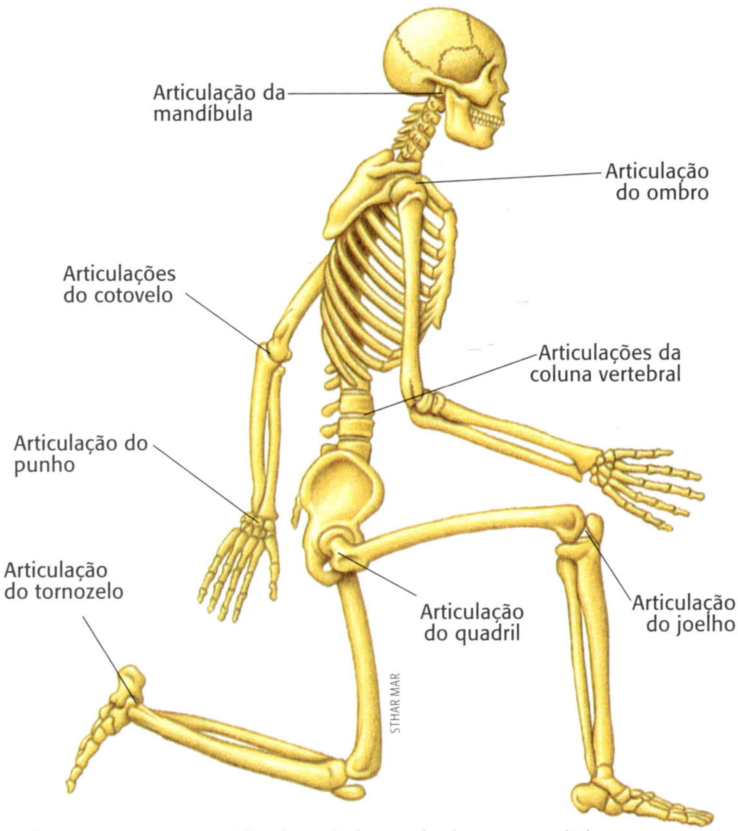

Representação esquemática das articulações do sistema esquelético. Cores fantasia. Elementos fora de escala de tamanho e de proporção.

Na fotografia, podemos observar a flexibilidade do corpo do jovem.

FIQUE DE OLHO

1. Experimente as articulações de seu corpo. Gire e dobre o braço, abra e feche a mão, mova a mão de um lado para outro, abra os dedos, feche os dedos sobre a palma da mão, gire o tronco sobre o quadril, mova a coluna para frente, para trás e para os lados. Perceba a diferença de movimentos em cada articulação. Quais articulações permitem grande mobilidade?

2. Pesquise e responda: Uma pessoa que não pratica atividade física tem a mesma mobilidade corporal de uma que pratica? Por quê?

Pista 1

Reunidos em grupos, reflitam sobre a questão a seguir.

- Pensem em uma modalidade de dança (*ballet*, forró, samba etc.). Agora, pense em um movimento específico da dança escolhida (um passo de samba, um giro de forró etc.) e responda: Que articulações um bailarino usa ao executar esse movimento? Observe a ilustração do esqueleto apresentada acima para responder.

SISTEMA MUSCULAR

O corpo humano é constituído por mais de 600 músculos, que podem ser divididos em três grupos, de acordo com os tipos de célula que os formam e o movimento que desenvolvem.

As contrações musculares do corpo humano, como os batimentos cardíacos, a flexão dos braços e a movimentação dos olhos, dependem de musculaturas específicas.

- **Musculatura não estriada, lisa ou visceral**: composta de músculos que envolvem os diferentes órgãos do corpo. Realiza movimentos involuntários, como os músculos que envolvem o tubo digestório, e é responsável pelos movimentos peristálticos.
- **Musculatura estriada cardíaca**: composta de um tipo especial de músculo esquelético, encontrado apenas no coração, que realiza movimentos involuntários.
- **Musculatura estriada ou esquelética**: composta de músculos que, na maioria das vezes, ligam-se aos ossos. Realiza os movimentos voluntários. É o caso, por exemplo, do bíceps e do tríceps, responsáveis pela movimentação do antebraço.

Cada um desses músculos é formado por fibras musculares responsáveis pelos movimentos de contração.

Os vasos sanguíneos que irrigam os músculos esqueléticos formam uma rede de capilares em torno de cada fibra muscular.

MÚSCULO ESQUELÉTICO DO CORPO HUMANO EM CORTE

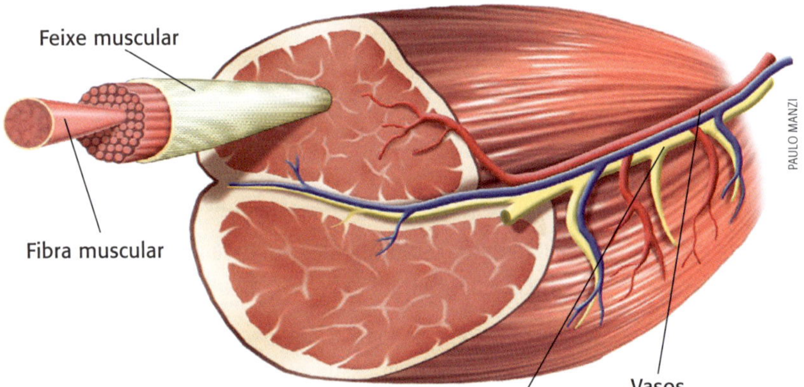

Representação esquemática de um músculo em corte, mostrando o feixe e a fibra muscular. As fibras musculares são células que recebem esse nome em razão de sua forma alongada. Cores fantasia. Elementos fora de escala de tamanho.

VISTA VENTRAL DO SISTEMA MUSCULAR ESQUELÉTICO

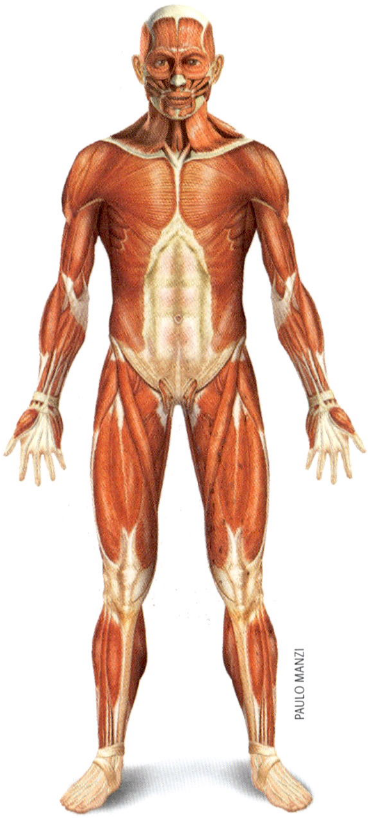

VISTA DORSAL DO SISTEMA MUSCULAR ESQUELÉTICO

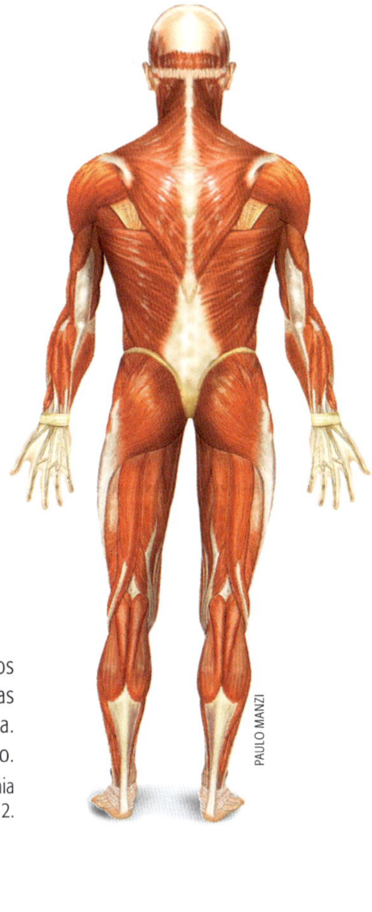

Representação esquemática dos músculos estriados esqueléticos do corpo humano vistos de frente e de costas. As partes brancas representam os tendões, e as vermelhas, os músculos. Cores fantasia. Elementos fora de escala de tamanho e de proporção.

Fonte: TORTORA, G. J.; DERRICKSON, B. *Corpo humano*: fundamentos de anatomia e fisiologia. 8. ed. Porto Alegre: Artmed, 2012.

Movimentos voluntários

Os músculos esqueléticos realizam os movimentos voluntários. Para que um músculo realize um movimento, ele deve estar ligado a um osso. Essa ligação é feita por tendões, que são tecidos conectivos fibrosos.

Cada músculo só realiza um tipo de movimento, que ocorre por meio da contração. Para que sejam realizados **movimentos antagônicos**, ou seja, opostos (como dobrar e esticar o braço), é necessária a atuação de dois músculos. No caso do braço, o bíceps realiza o movimento de dobrar o braço ao se contrair; para esticar o braço, o tríceps se contrai.

Veja as ilustrações a seguir.

NÃO DEIXE DE LER

- **Músculos: tudo o que você precisa saber**
  Irwin M. Siegel. Rio de Janeiro: Editora Revinter, 2006.

PAULO MANZI

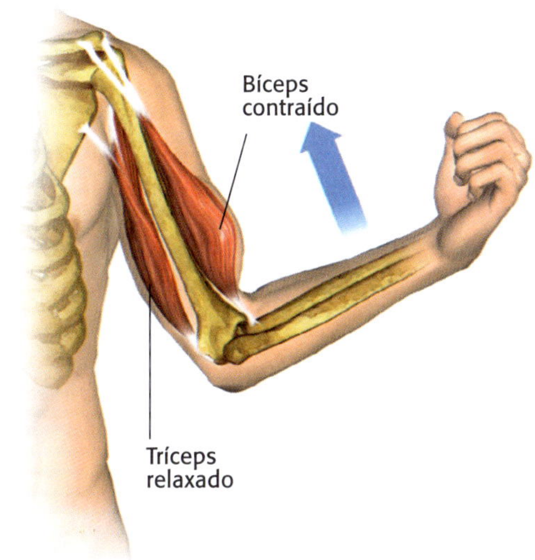

Figura A: Antebraço flexionado

PAULO MANZI

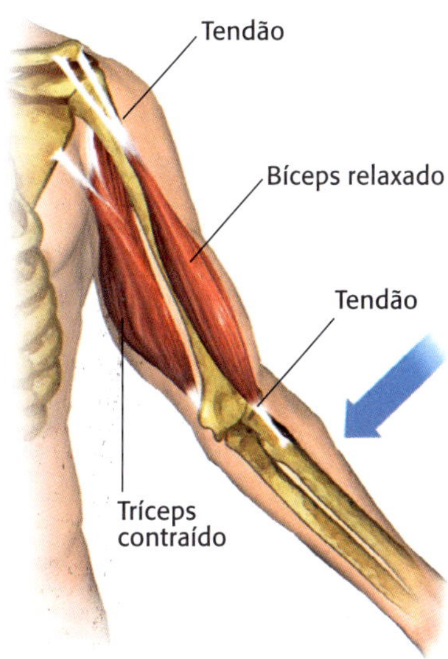

Figura B: Antebraço estendido

Representação esquemática dos movimentos do antebraço. Na figura **A**, o antebraço flexionado: o músculo bíceps está contraído e o tríceps, relaxado. Na figura **B**, o antebraço está estendido, então o bíceps está relaxado e o tríceps, contraído. Cores fantasia. Elementos fora de escala de tamanho e de proporção.

Fonte: FOX, S. I. *Fisiologia humana*. Barueri: Manole, 2007.

FIQUE DE OLHO

Além de ser uma prática recreativa, a atividade física na adolescência é importante para o crescimento, na redução de riscos de futuras doenças e nas relações sociais.

A atividade física na adolescência não é isenta de riscos. Esses riscos variam de pequenas contusões a lesões mais graves. Por isso, é preciso estar atento a qual faixa etária uma determinada atividade física se destina. Por exemplo, a musculação, quando praticada na infância ou adolescência, pode causar diminuição da taxa de crescimento ósseo em extensão.

A escolha do esporte pelo adolescente não deve ser apenas baseando-se em seu biotipo. Ele deve sentir prazer com a prática dos esportes escolhidos. O esporte é muito importante para o desenvolvimento psicossocial dos adolescentes, melhorando sua capacidade de resolução de problemas e relacionamento em grupo.

Reunidos em pequenos grupos, conversem sobre as questões:

1. Você pratica exercícios físicos? Quais?
2. Por que você pratica exercícios físicos?
3. Quais os benefícios da atividade física que você e seus colegas praticam?

Pista 2

Para mover determinada parte do corpo, o dançarino deve primeiro pensar e, em seguida, executar o movimento. Quais tipos musculares são usados no movimento específico pensado na pista 1? É importante que o dançarino saiba qual músculo irá mover e como fazê-lo?

DOENÇAS ÓSSEAS E MUSCULARES

Desvios posturais

A coluna vertebral apresenta uma curvatura natural. Desvios anormais ou acentuamento da curvatura natural são chamados desvios posturais, que podem causar enrijecimentos e encurtamento dos músculos e desgaste de articulações.

São três desvios posturais mais comuns: a **lordose** (curva acentuada da coluna na região lombar, para frente), a **cifose** (curva acentuada da coluna na região torácica, para trás) e **escoliose** (desvio lateral da coluna vertebral). Para evitar desvios posturais é necessário manter a postura correta ao sentar e evitar carregar objetos muito pesados.

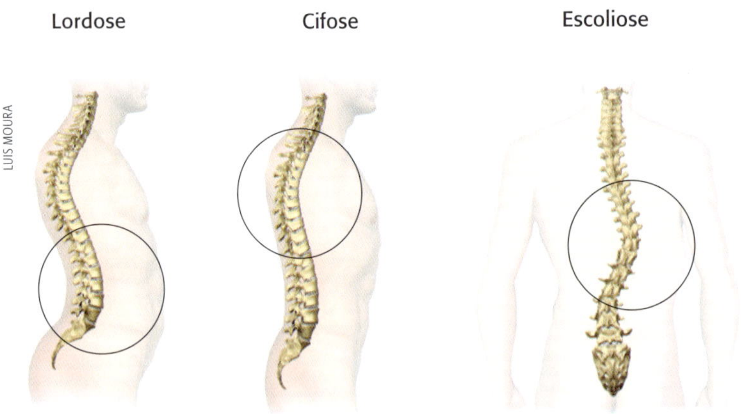

Representação esquemática da lordose, cifose e escoliose, respectivamente. Observe a curvatura das colunas. Cores fantasia. Elementos fora de escala de tamanho e de proporção.

ATENÇÃO !

Cuide da sua coluna vertebral, não carregue itens desnecessários na sua mochila!

Fratura

As fraturas ocorrem quando um osso se fragmenta após um traumatismo. Apesar da grande capacidade de regeneração, o processo de reparação do osso varia de acordo com o local e o tipo de lesão.

BSIP/CONTRIBUTOR/GETTY IMAGES

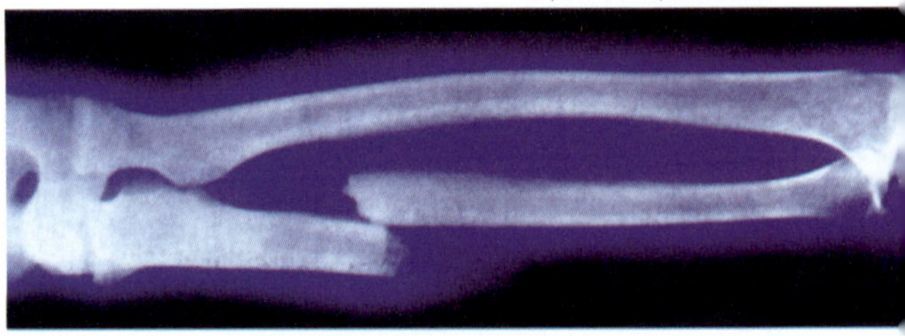

Radiografia de fratura óssea no antebraço.

Hérnia de disco

Entre as vértebras cervicais, torácicas e lombares, há discos intervertebrais de tecido cartilaginoso e elástico que evitam o atrito entre uma vértebra e outra e amortecem impactos. Os discos intervertebrais desgastam-se com o tempo e com o uso repetitivo. A hérnia de disco é uma lesão causada pelo extravasamento do fluido que compõe os discos intervertebrais, formando uma saliência (hérnia) que comprime a medula espinal e os nervos.

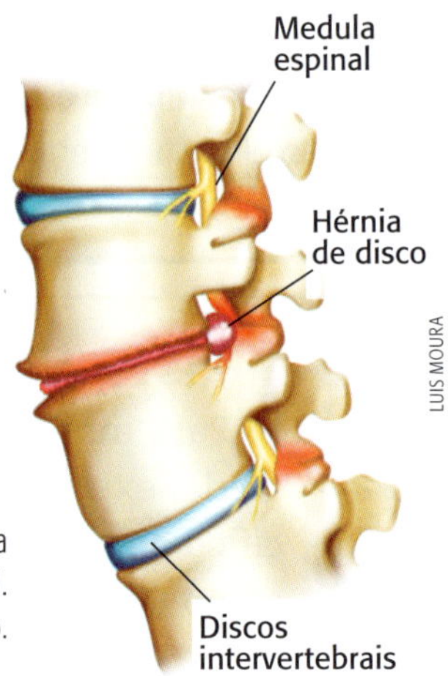

Representação esquemática de região da coluna vertebral na qual a medula foi comprimida por uma hérnia de disco. Na coluna vertebral há um canal por onde passa a medula espinal. Cores fantasia. Elementos fora de escala de tamanho e de proporção.

Osteoporose

A osteoporose é uma doença que afeta os ossos, provocando descalcificação e tornando-os cada vez mais porosos e frágeis. Com isso, podem ocorrer mais fraturas.

À medida que os ossos ficam enfraquecidos, a curvatura da coluna vertebral pode ficar cada vez maior. Isso causa fortes dores nas costas e redução da mobilidade. Os ossos crescem até os 20 anos de idade. A partir dos 35 anos, eles começam a diminuir sua densidade, havendo uma perda óssea natural que pode agravar a osteoporose.

O cálcio é muito importante para a formação dos ossos. A carência deste mineral na alimentação afeta o desenvolvimento dessas estruturas, causando a osteoporose.

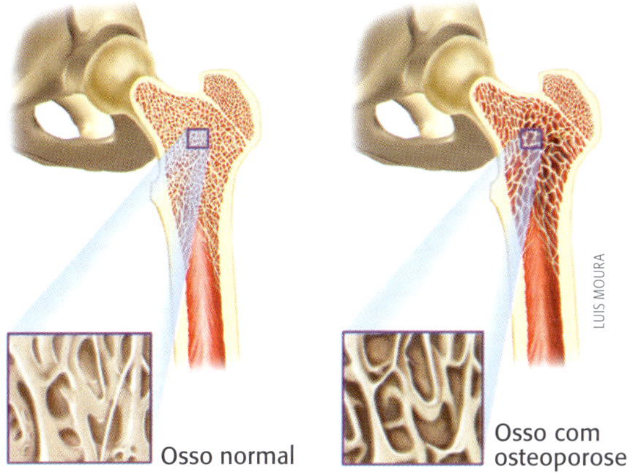

Representação esquemática em corte de fêmur normal, à esquerda, e fêmur com osteoporose, à direita. Observe a porosidade dos dois ossos. Cores fantasia. Elementos fora de escala de tamanho e de proporção.

Distrofia muscular progressiva

As distrofias musculares progressivas são um grupo de doenças que afetam o sistema muscular. São hereditárias, ou seja, transmitidas de pais para filhos.

Os sintomas envolvem redução da massa muscular (atrofia), dificuldade de locomoção e, nos casos mais graves, comprometimento da musculatura respiratória e cardíaca.

Apesar de o tratamento ser realizado com medicação e fisioterapia, a cura para as distrofias musculares progressivas ainda não foi encontrada.

Na fotografia, Lucie Carrasco, estilista francesa que sofre de distrofia muscular. Atualmente é criadora de modelos de roupas na Europa.

Artrose

Artrose é o desgaste da cartilagem das articulações. Esse desgaste começa a ficar evidente principalmente em pessoas mais velhas. À medida que a cartilagem se desgasta, aumenta o contato entre as extremidades dos ossos, provocando dor intensa.

A artrose se agrava progressivamente com o passar do tempo e não existe cura. Os tratamentos existentes hoje retardam a progressão da doença e aliviam as dores.

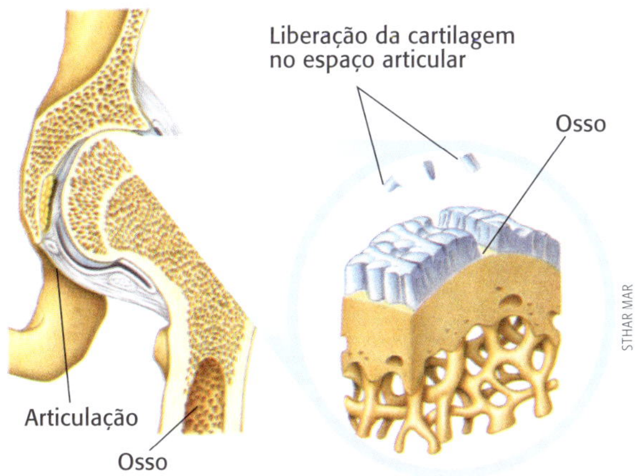

Representação esquemática da artrose. Cores fantasia. Elementos fora de escala de tamanho e de proporção.

Joelho:

cuide bem dele

Você já reparou como muitos bebês engatinham, apoiados nas mãos e nos joelhos flexionados? Depois, quando aprendem a caminhar, os joelhos passam a suportar uma carga equivalente ao dobro do peso do corpo.

Esportistas, principalmente aqueles que praticam atividades de alto impacto, como corrida, futebol, ginástica de solo e vôlei, podem lesionar os joelhos com frequência. Eles sabem o quanto essa articulação é importante e precisa de cuidados.

Se perceber qualquer dor nos joelhos, é necessário procurar um médico ortopedista, que poderá auxiliá-lo no diagnóstico e tratamento das lesões. Isso também evita que as lesões se agravem.

A ginasta brasileira Daiane dos Santos (1983-) já sofreu várias lesões no joelho devido ao ritmo forte de seus treinos.

Daiane dos Santos recebeu inúmeros títulos, sendo um dos de maior destaque o ouro no Campeonato Mundial de Ginástica Artística em 2003.

O SALTO QUE VALEU OURO

Duplo Twist Carpado
Estreia em agosto de 2003, no Mundial de Anaheim, nos Estados Unidos.

1. Daiane corre no tablado, ganha velocidade, gira o corpo e dá dois giros completos (mortais).

2. Na saída do segundo giro, ela vira o corpo no ar.

3. Ela dá duas piruetas com o joelho esticado.

4. Na aterissagem perfeita, ela cai com os joelhos flexionados e não se desloca.

ALEXANDRE JUBRAN

Atividades

1. Por que os atletas podem lesionar o joelho com mais frequência?
2. Explique como o joelho participa dos movimentos de flexão e extensão de perna.

CLIVE BRUNSKILL/GETTY IMAGES

ESTRUTURA DO JOELHO

Nos movimentos dos joelhos estão envolvidos três ossos: o fêmur, a tíbia e a patela. Também participam músculos (como os quadríceps da coxa), discos articulares de cartilagem (os meniscos) e tendões, que ligam os ossos aos músculos.

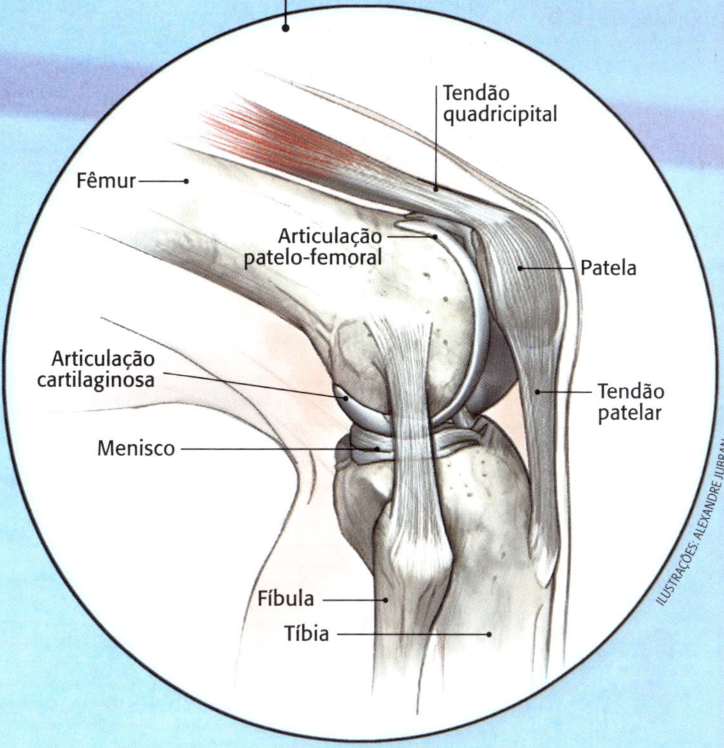

ILUSTRAÇÕES: ALEXANDRE JUBRAN

MOVIMENTOS

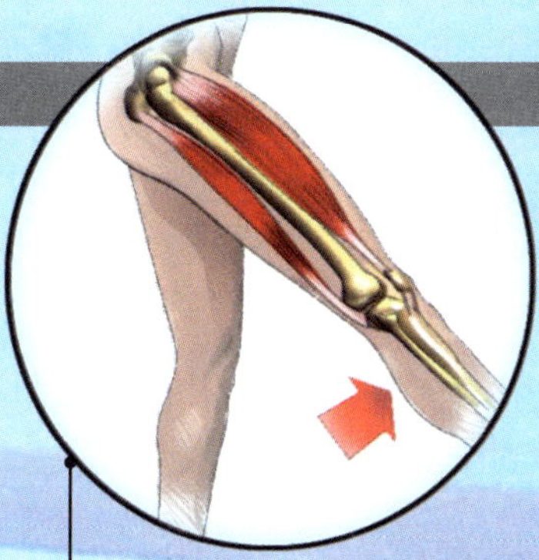

Extensão

Os meniscos são forçados para a frente. Os ligamentos impedem o deslocamento brusco dos joelhos.

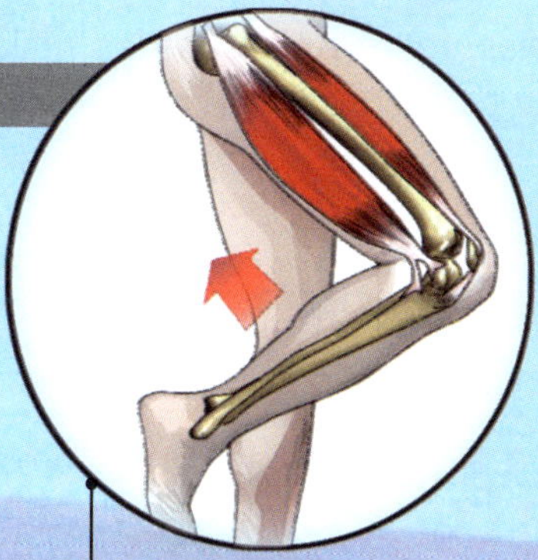

Flexão

Os meniscos são puxados para trás. Nos movimentos, a patela sobe e desce. Em casos de deformidade ou força excessiva, o movimento ocorre de forma desordenada, provocando dor.

O QUE FAZER PARA PREVENIR LESÕES NO JOELHO?

- Antes de qualquer exercício, fazer alongamentos para proteger os músculos e as articulações;
- Fortalecer a musculatura dos membros inferiores. Isso ajudará a reduzir a sobrecarga no joelho;
- Usar calçados adequados para praticar esportes;
- Manter a forma física. O excesso de peso sobrecarrega os joelhos, podendo causar danos às articulações.

Fonte: PAULSEN, F. WASCHKE J. *Sobotta Atlas of Human Anatomy*: General Anatomy and Musculoskeletal System. 15. ed. v. 1. Munique: Elsevier GmbH, 2011.

EXPERIMENTE FAZER

Os ossos são flexíveis?

Para pensar

O osso é um tipo de tecido conjuntivo constituído por uma parte mineral, formada por cálcio, e uma parte orgânica. A porção mineral é responsável por seu aspecto rígido. A parte orgânica é formada por colágeno e células, conferindo certa flexibilidade. Ao tentar entortar um osso, você consegue verificar essa flexibilidade?

Objetivo

- Verificar se há alteração na flexibilidade do osso após deixá-lo no vinagre.

Materiais

- dois ossos de coxa de frango (não cozidos, fornecidos pelo professor)
- dois potes com tampa
- vinagre
- água
- luvas

RODVAL MATIAS

Representação esquemática do experimento. No pote à esquerda, osso na água; e no pote à direita, osso no vinagre. Cores fantasia. Elementos fora de escala de tamanho e de proporção.

Procedimentos

1. Coloque um osso em cada pote.
2. Em um dos potes, coloque água o suficiente para cobrir o osso. Tampe o pote e escreva nele "ÁGUA".
3. No outro pote, despeje o vinagre até cobrir o osso. Tampe-o e escreva nele "VINAGRE".
4. Observe durante sete dias o aspecto dos ossos dentro de cada pote e anote suas considerações no caderno.
5. Depois de sete dias, retire os ossos dos recipientes, lave-os e deixe-os secar. Usando luvas, tente dobrar os ossos.

Resultados

1. Você observou alguma mudança na aparência dos ossos durante os sete dias?
2. O que aconteceu com o osso que ficou imerso na água?
3. Como você explica o que aconteceu com o osso colocado no vinagre?

Conclusões

1. Por que um dos potes foi deixado somente com o osso e a água?
2. Se usássemos ossos de outros animais, o resultado seria o mesmo? Por quê?

SAIBA MAIS

A alimentação saudável e a prática de atividade física

“O crescimento físico de crianças e adolescentes representa uma das conquistas proporcionadas por uma alimentação saudável. Para um crescimento adequado, a presença de cálcio na alimentação é indispensável, pois esse mineral participa da formação dos ossos e dentes. As principais fontes de cálcio são os leites e derivados, porém podemos encontrá-lo em outros alimentos, como o gergelim e hortaliças verde-escuras. [...]

Não consumir alimentos que são fontes de cálcio implica maior risco, principalmente para as mulheres, de adquirirem osteoporose, uma doença com controle, porém sem cura. Grande parte do cálcio que ingerimos é depositada em nossos ossos. Caso a ingestão de cálcio seja inferior ao que necessitamos, o cálcio já depositado no osso será reabsorvido pelo nosso organismo, ou seja, ocorrerá a desmineralização do osso, caracterizando a osteoporose. As pessoas que possuem essa doença apresentam maior facilidade de fraturar os ossos.

A manutenção da saúde óssea não depende somente do cálcio que ingerimos, ela também está relacionada à ingestão de outros nutrientes, à exposição aos raios solares por períodos adequados, para produção de vitamina D, e também à prática de atividade física [...].

Como a atividade física auxilia na melhoria da qualidade de vida?

A atividade física promove maior equilíbrio energético, o que contribui para um melhor aproveitamento dos nutrientes dos alimentos, sem acumular gordura no corpo. Manter uma vida fisicamente ativa é muito importante, pois sabe-se que pessoas fisicamente em forma têm mais qualidade de vida, melhor desempenho no trabalho, adoecem menos e as chances de envelhecer com saúde aumentam. Esses benefícios também se aplicam às crianças, para as quais a prática regular de exercícios físicos também favorece um melhor desempenho escolar, melhor convívio social com amigos e familiares e menores chances de envolvimento com drogas ilícitas.

Fazer atividade física continuamente auxilia na mobilidade, fortificação dos músculos, ossos e articulações, diminuindo as chances de lesões nesses tecidos por algum esforço realizado no trabalho, ou mesmo em momentos de lazer, atuando também como fator protetor de doenças dos ossos e articulações. Além disso, ajuda a manter as funções hormonais, imunológicas e intestinais dentro das faixas de normalidade.”

Eliane Said Dutra. *Alimentação saudável e sustentável*. Disponível em: <http://portal.mec.gov.br/seb/arquivos/pdf/profunc/alimet_saud.pdf>. Acesso em: 21 mar. 2015.

RITA BARRETO

Hortaliças verde-escuras e alimentos derivados do leite são ricos em cálcio.

STEVE NAGY/DESIGN PICS RF/LATINSTOCK

Atividades físicas podem e devem ser praticadas por todos. Na foto, mulher paraplégica se preparando para a natação.

Ilícito: proibido.

Para pensar

1. Qual é a importância do cálcio na alimentação diária de uma criança? O que a falta de cálcio pode causar aos ossos?

2. Quais dos cuidados citados você toma com os seus ossos?

teia do saber

1. Qual é o único osso móvel do crânio e qual é a importância de sua mobilidade?

2. Cite ao menos duas importâncias do esqueleto em nosso organismo.

3. Qual é a função do líquido sinovial presente entre os ossos?

4. Como o esqueleto contribui para a constituição do sangue?

5. De acordo com a mobilidade, classifique as articulações presentes entre os ossos da cabeça, da coluna vertebral, do úmero (osso do braço) e do cíngulo do membro superior.

6. Reescreva as frases que estiverem erradas, corrigindo-as.

a. O esqueleto axial é constituído pelos ossos da cabeça, pela caixa torácica e pela coluna vertebral.

b. O osso esterno pertence ao cíngulo do membro superior.

c. O cíngulo do membro inferior é responsável pela sustentação dos membros superiores.

d. A caixa torácica, formada pelas costelas e pelo osso esterno, protege o encéfalo.

7. Observe na ilustração os músculos da perna e explique o trabalho antagônico realizado pelos músculos esqueléticos para que a perna possa dobrar e esticar.

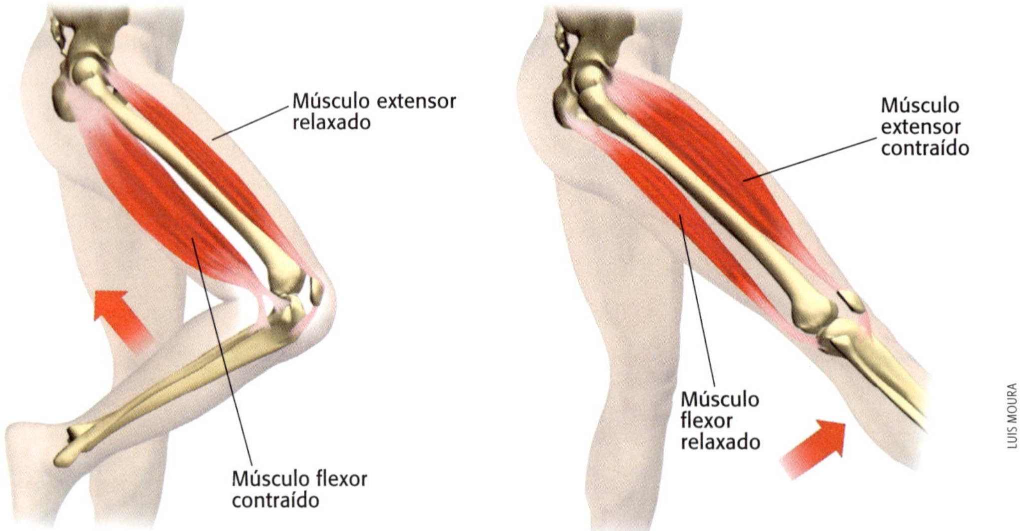

Representação esquemática dos músculos da perna. Cores fantasia. Elementos fora de escala de tamanho e de proporção.

Pista 3

Sabe-se que a dança é uma atividade física muito importante, pois, além de movimentar muitos músculos do corpo, estimula o músculo cardíaco. Mas, por ser uma atividade geralmente realizada em grupo, a dança também pode trazer outros benefícios. Quais são eles?

8. Descreva a função de cada uma das musculaturas abaixo.

a. Musculatura esquelética.

b. Musculatura estriada cardíaca.

c. Musculatura não estriada.

9. Leia o texto apresentado a seguir e responda às questões.

A moleira do bebê

Os médicos chamam a moleira de fontanela. Essa delicada região da cabecinha dos bebês costuma ser motivo de aflição constante dos pais. Muitos nem a tocam, com medo de causar algum dano ao cérebro do recém-nascido. Conhecer suas peculiaridades ajuda a entender que ela não é tão frágil quanto parece.

Para começar, o bebê tem duas moleiras. A menor fica atrás da cabeça e geralmente nem é notada pelos pais. A outra todo mundo logo vê: é maior e fica no alto da cabeça. Seu tamanho varia de criança para criança, mas, em média, costuma ter área equivalente a duas ou três vezes a daquela parte mais gordinha do polegar de um adulto.

Grande serventia

As moleiras têm funções muito importantes. A primeira é permitir que o crânio do bebê se contraia na hora do parto, para facilitar a passagem de sua cabeça pelo canal vaginal. É que o crânio de uma criança não é uma peça única, mas um conjunto de ossos unidos entre si por tecidos resistentes e elásticos como as moleiras.

A segunda função das fontanelas é proteger o cérebro enquanto ele cresce e até que os ossos cranianos "colem", fiquem soldados uns nos outros. Isso só acontece entre os 11 e os 15 meses de idade, pois o desenvolvimento do cérebro do bebê é muito acentuado no primeiro ano de vida. [...]

Cuidados com a moleira do bebê. Disponível em: <http://revistacrescer.globo.com/Revista/Crescer/0,,EMI21424-15056,00.html>. Acesso em: 21 mar. 2015.

a. Por que as moleiras dos bebês são importantes na hora do parto natural?

b. O que acontece com o esqueleto de um bebê conforme ele vai crescendo?

10. Algumas pessoas têm mobilidade reduzida, isto é, têm dificuldade em se locomover ou movimentar. Para garantir a acessibilidade, os locais públicos devem fornecer condições seguras, que permitam a essas pessoas ter autonomia. Por exemplo, os acessos a prédios devem estar livres de barreiras e devem ter rampas, caso exista desnível.

- Faça uma pesquisa sobre acessibilidade e dê exemplos de espaços adaptados a pessoas com mobilidade reduzida.

ROGÉRIO REIS/ PULSAR IMAGENS

Pessoas com algum tipo de deficiência têm seus direitos respeitados, como a liberdade de locomoção independente, com a adaptacão do transporte público para cadeirantes, conforme mostra a fotografia. Esse é um direito garantido pela Constituição brasileira e cada vez mais presente no dia a dia dessas pessoas.

10 O revestimento do corpo humano

SPL RF/LATINSTOCK

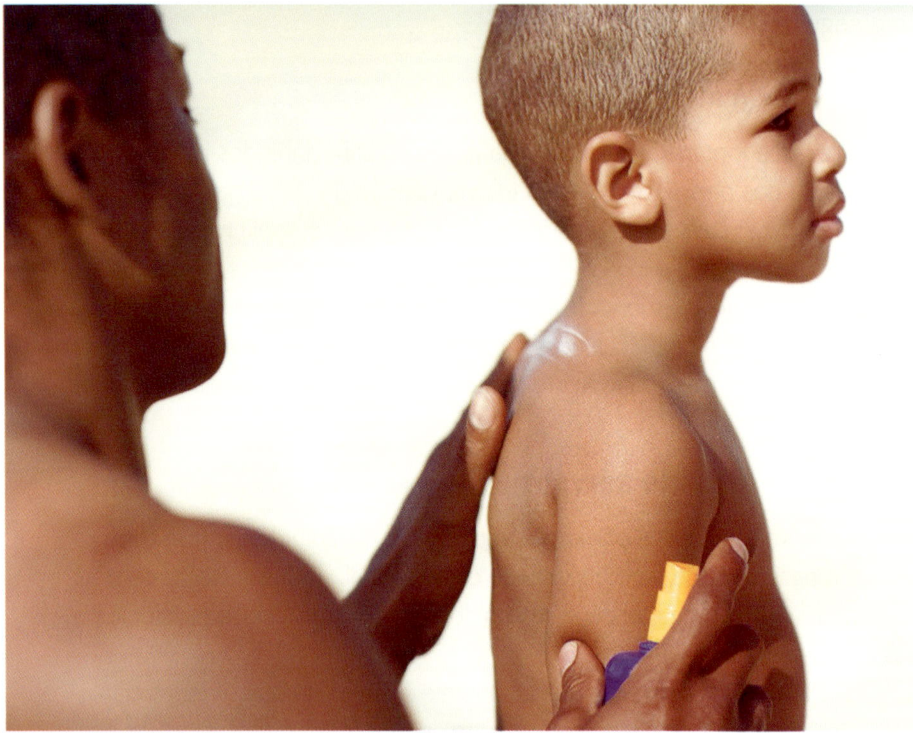

É importante usar protetor solar sempre que houver exposição prolongada aos raios solares. Além disso, recomenda-se evitar a exposição solar entre 10 h e 16 h.

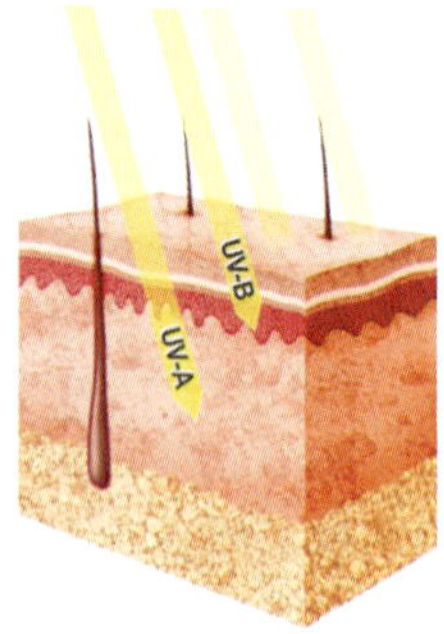

Representação esquemática de pele sendo atingida por raios UV sem proteção. Elementos fora de escala de tamanho e de proporção.

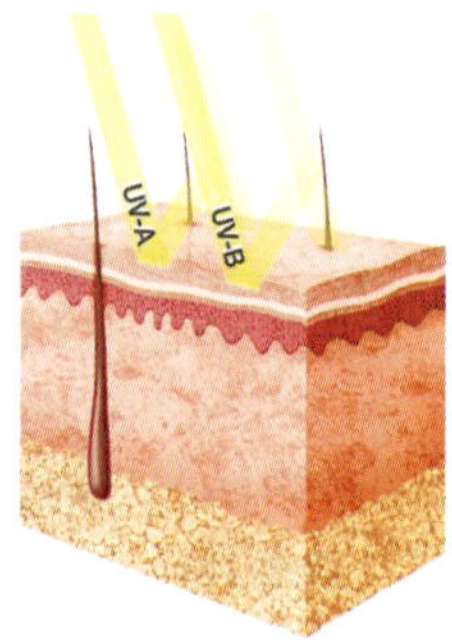

R2 EDITORIAL

Representação esquemática de pele sendo atingida por raios UV com proteção. Elementos fora de escala de tamanho e de proporção.

Protetor solar

[...] O bronzeamento é uma defesa contra as radiações solares, que estimulam o organismo a produzir melanina, um pigmento natural da pele, reduzindo, com isso, a penetração das radiações UV-A e UV-B. Nos primeiros dias de exposição ao sol, o mecanismo de produção de melanina começa a ser ativado. Nesse período, devem ser utilizados protetores solares com fatores de proteção mais elevados, pois eles atuarão de forma similar à melanina, filtrando os raios UV-A e UV-B.

Queimaduras, sensações de ardor e inchaços são comuns quando ocorre exposição indevida ao sol. A escolha adequada do FPS, para cada tipo de pele, é de fundamental importância. Peles mais sensíveis necessitam de um fator de proteção maior. Um produto com FPS 8, por exemplo, permite a exposição da pele ao sol por um período 8 vezes maior do que seria permitido sem a sua utilização. Contudo, isso não significa dizer que o usuário estará livre de queimaduras, pois, passado esse tempo, a pele sofrerá danos, como se nenhum produto tivesse sido utilizado. [...]

INMETRO. *Protetor solar*. Disponível em: <www.inmetro.gov.br/consumidor/produtos/protetorSolar.asp>. Acesso em: 21 mar. 2015.

UV-A: são os raios ultravioleta A, caracterizados por estar presentes em maior parte da radiação que chega à superfície terrestre. Penetram profundamente na pele. Podem causar manchas, envelhecimento precoce da pele e câncer de pele.

UV-B: são os raios ultravioleta B. Embora mais intensos que os UV-A, são parcialmente absorvidos pela camada de ozônio e atingem a pele superficialmente. Causam vermelhidão, queimaduras e predisposição ao câncer de pele.

FPS: fator de proteção solar.

BATE-PAPO

1. O uso de protetor solar é uma questão de saúde ou de estética? Por quê?
2. Quais são as funções da pele no corpo? Cite pelo menos duas.

A PELE

A pele reveste externamente o corpo humano. Ela representa em média 16% de nossa massa corporal, sendo o maior órgão do corpo humano. Duas camadas formam a pele: a **epiderme**, mais superficial, e a **derme**, que fica abaixo da epiderme.

A **epiderme** é formada por várias camadas de células epiteliais. As mais superficiais são células mortas e contêm grande quantidade de queratina, uma proteína impermeabilizante que evita a perda excessiva de água pelo corpo. Essas células mortas descamam e são repostas continuamente.

As células da epiderme podem produzir melanina, pigmento que a protege contra a radiação ultravioleta e confere cor à pele. Quanto mais melanina, mais escura a pele.

A epiderme não tem vasos sanguíneos e recebe nutrientes e gases dos vasos da derme.

A **derme** é formada por tecido conjuntivo. Nela, estão: os vasos sanguíneos responsáveis pela nutrição das células; as terminações nervosas; as bases dos pelos; as glândulas sebáceas e as sudoríferas; os receptores sensoriais (de pressão, calor, frio e dor); e o colágeno, proteína que dá sustentação à pele. Sua camada superior forma as papilas dérmicas, que têm terminações nervosas responsáveis pelo tato.

As **glândulas sudoríferas** são as responsáveis pela produção de suor, que é eliminado por poros na superfície da epiderme, auxiliando na regulação da temperatura corpórea.

As **glândulas sebáceas** estão em todas as partes do corpo, concentrando-se mais na face e no couro cabeludo. Elas chegam à superfície da epiderme por meio de poros ou associadas aos pelos e cabelos. Essas glândulas produzem sebo, que lubrifica e impermeabiliza a pele e os pelos contra a dessecação.

ESTRUTURAS DA PELE

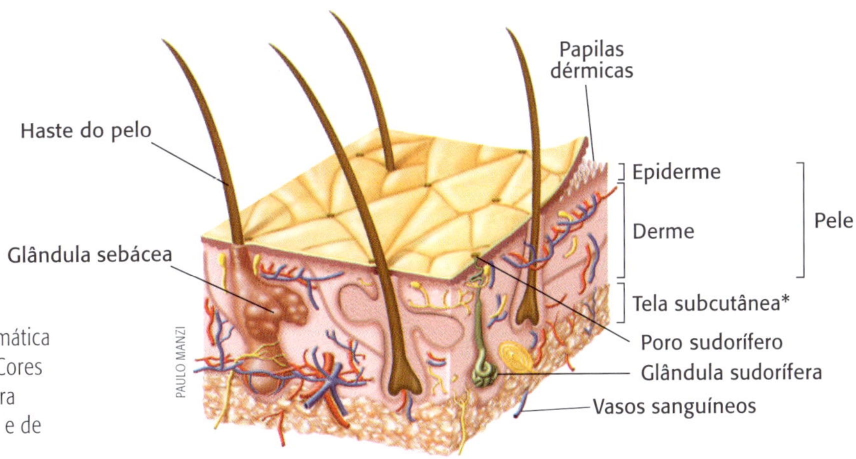

Representação esquemática da estrutura da pele. Cores fantasia. Elementos fora de escala de tamanho e de proporção.

Fonte: TORTORA, G. J.; DERRICKSON, B. *Corpo humano*: fundamentos de anatomia e fisiologia. 8. ed. Porto Alegre: Artmed, 2012.

*A **tela subcutânea**, localizada logo abaixo da derme, é formada por tecido adiposo e não faz parte da pele. Além de funcionar como reserva energética, atua também como isolante térmico.

Importância da pele

- **Proteção**

A queratinização das células da epiderme proporciona uma barreira do corpo humano contra corpos estranhos, como bactérias, vírus, vermes e outros agentes causadores de doenças. Além da proteção contra patógenos, as células queratinizadas, juntamente com a oleosidade produzida pelas glândulas sebáceas, evitam a perda excessiva de água.

Na pele, também estão os corpúsculos que fornecem percepção de dor, como de um corte ou de uma queimadura; e receptores de pressão (percepção de impactos) e de temperatura. Sem esses receptores presentes na pele, o corpo poderia sofrer grandes danos sem que as pessoas pudessem perceber, evitar ou minimizar as consequências.

A pele também funciona como barreira contra as radiações solares, evitando danos nas estruturas internas do corpo.

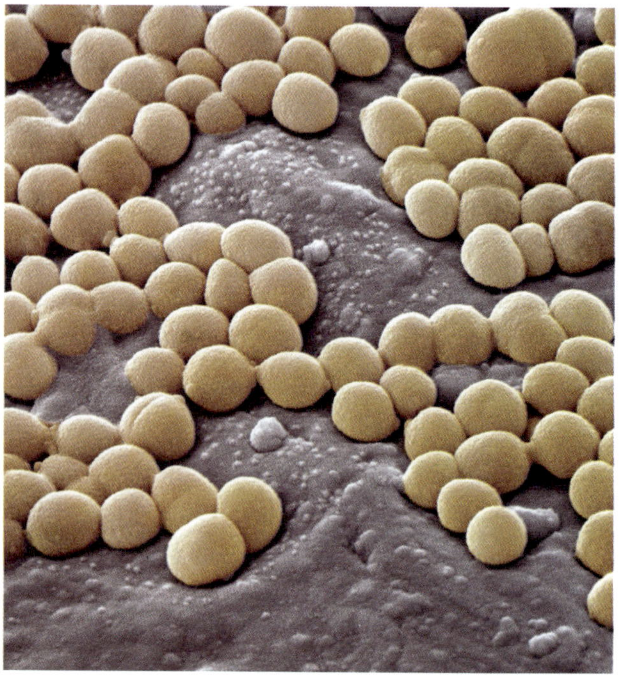

DAVID SPEARS FRPS FRMS/CORBIS/LATINSTOCK

Colônia de bactérias *Staphylococcus aureus* vista sobre a pele ao microscópio eletrônico. O crescimento exagerado dessa colônia nos poros da pele causa o aparecimento de pus, formando as espinhas. Cores artificiais. Aumento de 12 mil vezes.

Na pele, crescem cabelos, cílios e pelos, que também têm função de proteção. O cabelo protege o couro cabeludo de lesões e dos raios solares; os cílios e as sobrancelhas protegem os olhos contra o vento e partículas do ar; os pelos das narinas retêm partículas do ar e os pelos do corpo auxiliam na percepção sensorial.

- **Regulação da temperatura**

A pele também atua na regulação da temperatura corporal. Quando o corpo está aquecido, por exemplo, eliminamos suor por meio das glândulas sudoríferas e os capilares sanguíneos dilatam-se para facilitar a perda de calor. Quando a temperatura do corpo cai, os capilares sanguíneos que irrigam a pele diminuem seu diâmetro, reduzindo a perda de calor. Os pelos eriçam, criando ao redor do corpo uma camada de ar entre os pelos, auxiliando na proteção contra o frio.

- **Produção de vitamina D**

A vitamina D é importante para a saúde dos ossos, para o funcionamento adequado dos músculos, entre outras funções. Essa vitamina é produzida na pele, quando ela é exposta à luz solar.

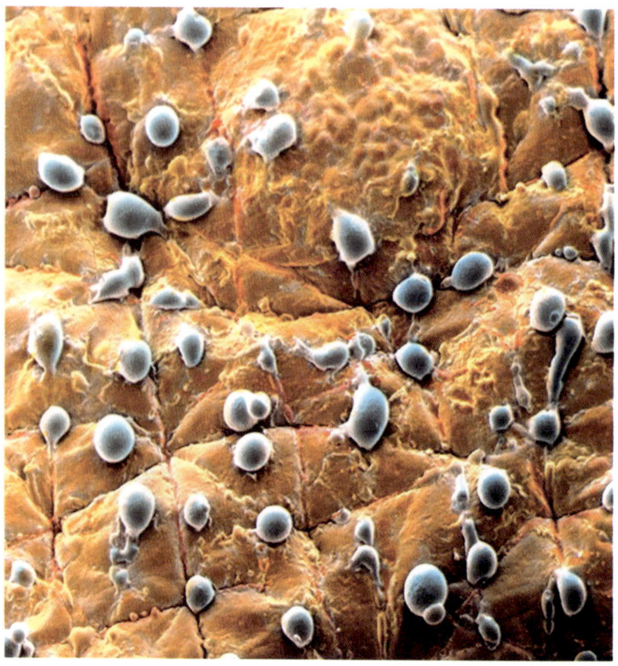

RICHARD WEHR/CMSP/SPL/LATINSTOCK

Gotas de suor sobre a pele vistas ao microscópio eletrônico. As gotas formaram-se durante exercício físico. Ao evaporarem, "roubam" calor do corpo. Cores artificiais. Aumento de 25 vezes.

Eriçam: arrepiam.

CUIDADOS COM A PELE

A saúde da pele está ligada a alguns cuidados relativamente simples que devemos tomar.

- Fazer **higiene diária** é fundamental para conservarmos a pele livre de sujeira e seus poros desobstruídos para que possam eliminar o suor.
- Usar **protetor solar** sempre que se expuser ao sol é fundamental, principalmente para quem tem a pele mais clara. A exposição contínua à radiação solar pode provocar envelhecimento precoce e câncer de pele.
- **Alimentar-se de maneira saudável** também é essencial para a saúde da pele, melhorando sua hidratação e nutrição. É importante também beber cerca de dois litros de água por dia para que a pele não resseque.
- Em períodos mais secos, recomenda-se usar **hidratantes** que evitem o ressecamento da pele. Na pele ressecada, podem surgir irritações e lesões que facilitam a penetração de microrganismos causadores de doenças ou infecções.

INDEED/GETTY IMAGES

Lavar as mãos com água e sabão é importante para manter a pele limpa.

Pinturas corporais

Diversos povos têm a prática da pintura corporal como parte da sua cultura. As pinturas corporais são usadas em rituais, como expressão artística ou na identidade de um grupo. Cada povo tem pinturas e técnicas próprias.

Na Índia, as tatuagens são temporárias e são feitas com hena.

Egípcios antigos faziam tatuagens definitivas. Hoje, algumas etnias também fazem, como os Maori da Nova Zelândia.

Na tatuagem definitiva, as tintas são introduzidas na derme e ficam retidas nas células de maneira permanente. No Brasil, tatuagens desse tipo só são permitidas em pessoas maiores de 18 anos. Além disso, as tatuagens devem ser feitas com material esterilizado e agulhas descartáveis.

Alguns estados brasileiros permitem que menores de idade sejam tatuados apenas com autorização dos pais ou responsável.

FABIO COLOMBINI

Pintura corporal indígena. As tintas são feitas com urucum, jenipapo e barro, podendo se fixar na pele por até duas semanas. Na fotografia, indígena da aldeia Rouxinol (etnia Pira-tapuya), Manaus (AM), em 2009.

NÃO DEIXE DE ACESSAR

- **Arte indígena: pinturas, cerâmicas e plumagem**
No *link* abaixo, há um texto que trata da pintura corporal e outros aspectos da arte indígena brasileira.
<http://www.museudoindio.org.br/arte-indigena-pinturas-ceramicas-plumagem/>
Acesso em: 23 mar. 2015.

SAIBA MAIS

Companhia indesejada

“A acne é a mais comum das doenças crônicas da pele humana. Apesar de ocorrer em outras fases de nossa vida, ela é uma companhia frequente dos adolescentes, sendo, por isso, vista como um símbolo desse período. Essas erupções da pele impõem sua presença igualmente a homens e mulheres, embora os adolescentes do sexo masculino sejam as vítimas mais frequentes.

[...]

Os eventos que levam à formação dessas erupções ocorrem em nossos pelos ou folículos pilossebáceos e nas glândulas sebáceas. As glândulas sebáceas são distribuídas por todo o nosso corpo (exceto nas solas dos pés e mãos) concentrando-se principalmente na face e no couro cabeludo (onde há de 400 a 900 glândulas por cm^2). Essas glândulas produzem uma secreção oleosa conhecida como sebo (que vem de *sebum*, gordura, em latim), produzida por células conhecidas como corneócitos. O sebo protege e torna a pele e os pelos impermeáveis, prevenindo-os de se tornarem secos ou quebradiços. Além disso, essa secreção inibe o crescimento de microrganismos na pele.

Com a evolução do processo de queratinização, o núcleo e as organelas citoplasmáticas dos corneócitos desaparecem, seu metabolismo cessa e essas células sofrem um processo de morte programada ou apoptose. Em seguida sua membrana plasmática se rompe e o conteúdo celular restante é secretado em conjunto com o sebo por elas produzido (secreção holócrina), através dos dutos dos folículos pilossebáceos na superfície da pele.

Cravos e espinhas

Os folículos pilossebáceos podem ficar obstruídos pela sua própria secreção, formando-se assim uma espécie de rolha que entope o duto pelo qual são transportados os compostos produzidos pelas glândulas sebáceas em direção à superfície da pele. Nessa primeira fase, a acne é conhecida como cravo (ou comedão).

O aumento da atividade das glândulas sebáceas, induzida pelos hormônios androgênicos, como a testosterona, faz com que as acnes possam ser ocupadas por bactérias anaeróbias – principalmente a *Propionibacterium acnes* – e leveduras do gênero *Malassezia*, que necessitam de gorduras para se desenvolver.

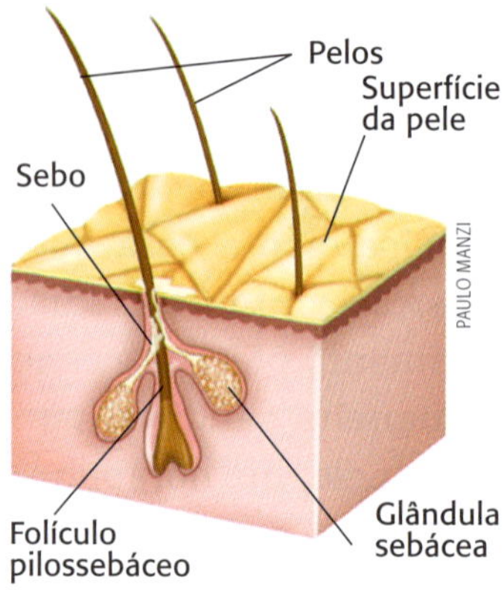

Representação esquemática da pele vista em corte. Cores fantasia. Elementos fora de escala de tamanho e de proporção.

Essa associação entre células mortas e microrganismos que produzem uma série de compostos biologicamente ativos atrai para o local leucócitos, que levam a uma reação inflamatória (acnes de grau 2 ou espinhas). Posteriormente, a inflamação poderá originar no local uma pequena elevação (pápula), além de dor. As pápulas podem ter pus em seu interior (pústulas, nódulos e abscessos) e, dependendo de sua gravidade, podem deixar cicatrizes como lembrança de sua ocorrência.

As causas exatas da acne não são plenamente conhecidas. Contudo, sabe-se que elevações na produção de sebo, a queratinização exagerada das células do duto piloso (hiperqueratinização ou hipercornificação), infecções bacterianas e ocorrência de um processo inflamatório contribuem para o surgimento desse problema. Especula-se que essa hipercornificação esteja associada a respostas anormais dos corneócitos a hormônios androgênicos ou mesmo uma produção exagerada de lipídios por essas células. A herança genética e diversos outros fatores contribuem para o surgimento das acnes. Estresse, tensão pré-menstrual, utilização de contraceptivos orais e reações a cosméticos podem desencadear um quadro de acne. [...]

Queratinização: processo de fabricação da queratina, proteína resistente e impermeável.
Androgênico: relativo a androgênio, hormônio masculino.
Levedura: fungo que promove fermentação.

Acne e hormônios

PEPI/GETTY IMAGES

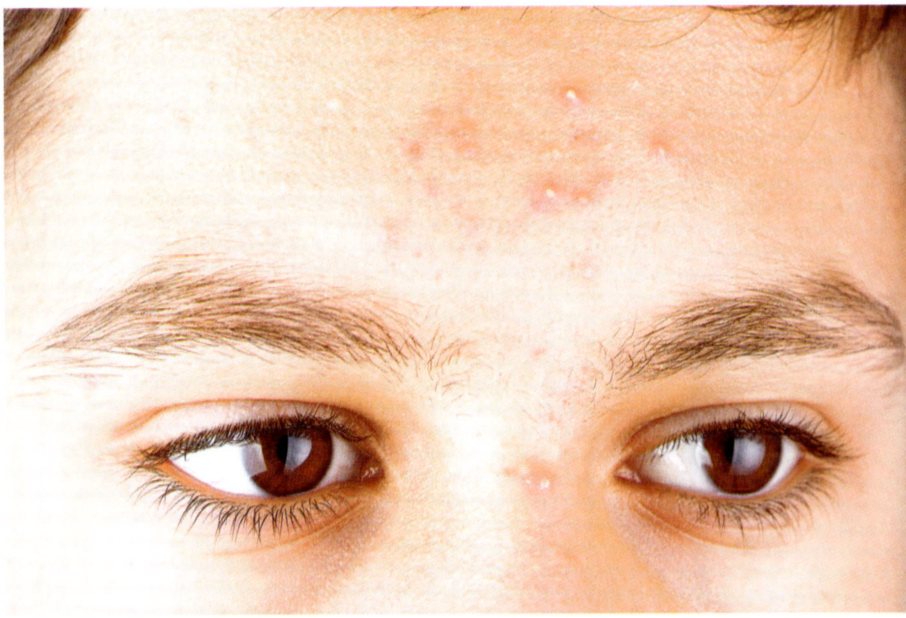

A acne é comum na adolescência, e é recomendado não mexer nela. Somente o dermatologista pode indicar o tratamento correto para a acne.

Na maioria dos casos, as acnes iniciam-se entre os 10 e 13 anos e usualmente perduram por cerca de cinco a dez anos. O surgimento da acne nos adolescentes, conhecida como *acne vulgaris* ou acne comum, é desencadeado principalmente pelo aumento da produção dos hormônios sexuais nessa fase da vida. Contudo, em algumas pessoas (principalmente mulheres), os tormentos causados pelas acnes iniciam-se durante a infância ou após os 30-40 anos ou mesmo mais tarde.

A prevenção é uma das armas para se tratar da acne. É possível minimizar o problema com medidas como a limpeza periódica da pele para se eliminar resíduos e excesso de oleosidade e cuidados específicos, como o uso de produtos para a desobstrução dos poros, a retirada das células mortas e o controle da proliferação bacteriana. Dependendo do quadro, o recurso a antibióticos ou outros medicamentos de uso oral também pode ser recomendado por seu dermatologista para controlar a infecção.

As acnes são motivo de insatisfação e embaraço para diversas pessoas, quase um tabu. A adolescência é um dos períodos mais complicados da vida de muita gente e, nessa época, uma avalanche hormonal torna as pessoas instáveis e sensíveis. É também o período da descoberta de si mesmo e do sexo oposto e da "introdução" ao convívio social. A presença das acnes, muitas vezes, diminui a autoestima das pessoas que, assim, tornam-se retraídas.

Os avanços da medicina atual converteram as acnes em um problema contornável e que não deixa vestígios de sua indesejável visita. De qualquer forma, é importante se ter em mente que a beleza de uma pessoa inclui outros fatores, como a inteligência e a personalidade, algo que está muito além de pequenos pontinhos vermelhos em nossa pele. »

Jerry Carvalho Borges. *Companhia indesejada*. Disponível em: <http://cienciahoje.uol.com.br/colunas/por-dentro-das-celulas/companhia-indesejada>. Acesso em: 23 mar. 2015.

Para pensar

1. Em que idade a acne é mais frequente? O que desencadeia esse distúrbio?

2. Qual é a resposta do organismo para a associação entre células mortas e microrganismos no folículo polissebáceo?

3. Há muitos mitos relacionados à causa da acne entre as pessoas. Em grupos, façam uma pesquisa em livros ou na internet sobre esses mitos e suas comprovações científicas. Depois, juntem as informações de todos os grupos e elaborem um folheto explicativo para ser distribuído na escola.

1. Na pele, encontramos a queratina e o colágeno. Quais as funções exercidas por essas proteínas?

2. A regulação da temperatura corpórea também é feita pela pele. Explique de que forma a pele atua na regulação da temperatura.

3. Qual é a importância da melanina para o organismo?

4. Diferencie as glândulas sebáceas das glândulas sudoríferas.

5. Observe a fotografia.

a. Qual é a diferença mais evidente da pele dessas pessoas?

b. A derme é mais espessa do que a epiderme. É formada por tecido conjuntivo com colágeno, proteína que dá sustentação à pele. Qual dessas pessoas tem menos colágeno na pele?

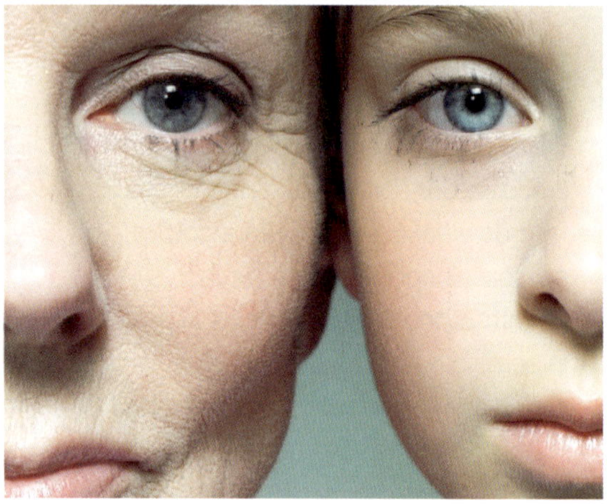

CONEY JAY/SPL/LATINSTOCK

Fotografia da face de uma pessoa idosa e de uma criança.

6. A fotografia mostra uma pessoa que sofreu queimaduras ao ficar exposta ao sol.

a. Que providência essa pessoa deveria ter tomado para não se queimar?

b. O que vai acontecer com as células queimadas da epiderme?

c. Que problema de saúde esse tipo de queimadura pode causar?

SPL/LATINSTOCK

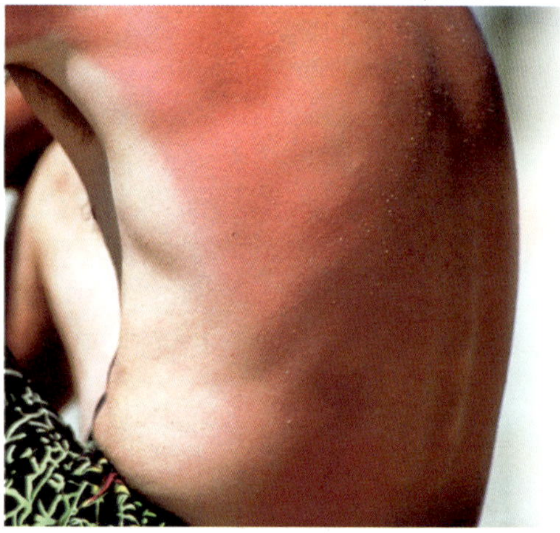

Pele avermelhada de uma pessoa que ficou exposta ao sol sem proteção. A queimadura deixa a pele sensível ao toque, causando dor.

7. A frieira é uma infecção de pele muito comum, causada por fungos. Caracteriza-se pelo aparecimento de manchas vermelhas, seguidas de descamação, rachaduras e coceira, especialmente na pele entre os dedos dos pés. O fungo causador da frieira tem preferência por lugares quentes e úmidos.

a. A frieira também é conhecida como pé de atleta. Por que você acha que ela recebe esse nome?

b. A frieira é transmitida de uma pessoa para outra. Que cuidados deve ter a pessoa que frequenta clubes e academias para não pegar o fungo que causa essa doença?

THINKSTOCK/GETTY IMAGES

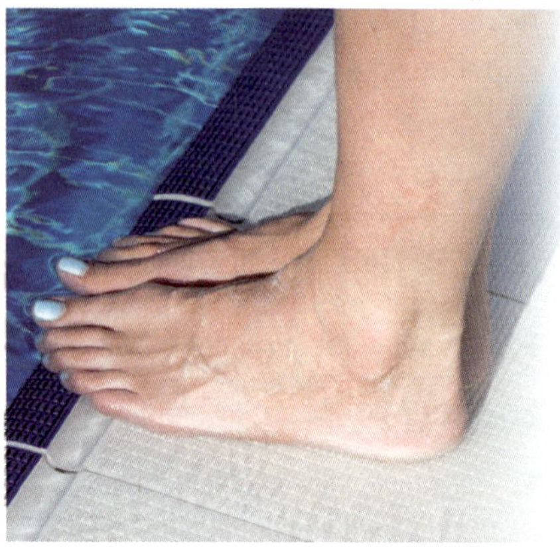

Os fungos que causam as frieiras se alojam em locais úmidos, como as beiradas das piscinas.

8. Observe a fotografia, leia a legenda e responda às questões.

a. Em qual camada da pele a fêmea do ácaro causador da sarna cava os túneis para depositar seus ovos?

b. Essa doença passa de uma pessoa para outra? Justifique sua resposta.

c. Roupas de cama também podem facilitar a passagem dos ácaros de uma pessoa doente para uma sã?

SPL/LATINSTOCK

Ácaros causadores da sarna em epiderme vistos ao microscópio eletrônico. Por reação alérgica, as fezes desses parasitas causam coceira intensa, que pode formar pontos de pus. As fêmeas botam ovos em túneis que fazem na pele. Esses artrópodes podem ser combatidos com medicamentos. Cores artificiais. Aumento de 160 vezes.

9. Observe a fotografia, leia a legenda e responda à questão.

- As verrugas são formações causadas por vírus que entram nas células mais internas de epiderme. Depois de instalados, os vírus provocam um aumento do número de células, resultando em saliência da pele. As verrugas passam de uma pessoa para outra ou para diferente partes do corpo?

SPL/LATINSTOCK

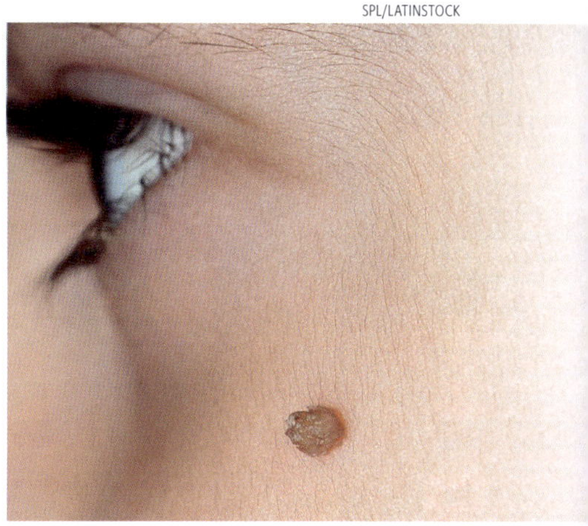

Verruga causada por vírus que invade a pele.

Desfecho

Após refletir sobre os conceitos desta unidade, você considera a prática de dança algo importante para o desenvolvimento físico e mental de uma pessoa? Que outros tipos de atividade podem trazer os mesmos benefícios que a dança?

Encerrando a unidade

1. **Reveja o que você aprendeu nesta unidade, escrevendo uma frase para cada uma das questões a seguir.**
2. **Troque ideias com os colegas e o professor sobre suas dúvidas.**
   - **Como é o esqueleto humano?**
   - **Como é a nossa musculatura?**
   - **Que cuidados devemos ter com a postura?**
   - **Que doenças prejudicam o sistema locomotor?**
   - **Como é o revestimento do corpo e quais são suas funções?**

Conhecimento Interligado

Humanidade sem raças

Jovem da etnia Maasai, da África.

JIM ZUCKERMAN/ CORBIS/LATINSTOCK

Cor da pele e raça na Biologia

O termo raça foi criado há muito tempo por Lineu (1707-1778) para referir-se a indivíduos de uma mesma espécie, porém com aparências diferentes, por exemplo: raças de cães ou de cavalos. A classificação em raças é artificial e foi criada por seres humanos.

Segundo o que a maioria dos pesquisadores acredita hoje, brancos, negros, amarelos, pardos e indígenas não constituem raças. A cor da pele, o formato do nariz, a cor dos olhos, o tipo de cabelo, a altura e outras características físicas são exemplos da variabilidade normal da espécie humana.

Entre os sete bilhões de indivíduos da população humana, cada pessoa é única, tem suas próprias características, mas todas pertencem à mesma espécie. Se duas pessoas no mundo forem escolhidas ao acaso e o código genético de uma for comparado ao da outra, a diferença entre elas não ultrapassa 0,2%.

Cor da pele e raças para o Instituto Brasileiro de Geografia e Estatística (IBGE)

Nas pesquisas feitas para descobrir dados da população brasileira, o IBGE usa a cor da pele ou a raça para distinguir uma pessoa de outras ou para agrupá-la com outras. Assim, o entrevistador pode perguntar qual é a cor da pele do entrevistado: branca, preta, amarela, parda ou indígena. As pessoas geralmente associam a cor branca aos europeus, a cor preta aos negros, a cor amarela aos orientais (japoneses, coreanos, chineses) e a cor parda aos mestiços (mulato, caboclo, cafuzo, mameluco). A pessoa não é obrigada a se declarar pertencente a nenhuma dessas raças.

KARL F SCHÖFMANN/GRUPO KEYSTONE

Jovem usando trajes típicos de seu país, Zelândia, Países Baixos, na Europa.

Homem inuíte de Nunavut, Canadá.

Aborígene australiano tocando *didgeridoo*, um instrumento musical de sopro típico da região.

Essa maneira de classificar as pessoas, pela cor da pele, pode levar a muitas confusões e é criticada por muitos pesquisadores.

Vamos imaginar um brasileiro cujos avós maternos são europeus; mas, do lado paterno, um dos avós é descendente de europeus, e o outro é filho de negros. A pele do brasileiro que está sendo entrevistado é branca, mas ele é mestiço. É possível que esse entrevistado fique em dúvida em relação a que grupo pertence.

Cor da pele e raça na Sociologia

Os sociólogos afirmam que a humanidade só pode ser agrupada pela cultura. Cultura é o conjunto dos modos de vida criados e transmitidos de uma geração a outra pelos membros de uma sociedade. Abrange conhecimentos, crenças, artes, normas e costumes.

Para a Sociologia, características físicas, como cor da pele, formato de olhos ou tipo de cabelo não são suficientes para agrupar indivíduos. Os indivíduos de diferentes povos da Terra falam línguas diferentes, usam determinados instrumentos musicais, dançam ritmos próprios, têm suas receitas culinárias, suas festas populares. Nós, brasileiros de muitos tipos de cabelo, formato dos olhos, estatura, cor de pele, somos uma mistura enorme de culturas, que, no conjunto, formam o povo do Brasil.

Para explorar

1. Que critério o IBGE utiliza em suas pesquisas para classificar as pessoas?
2. Segundo os critérios do IBGE, em que categoria de cor de pele você se enquadraria?
3. Para a Sociologia, é correto diferenciar as pessoas pela cor da pele? Justifique sua resposta.
4. A classificação de seres humanos de acordo com critérios artificiais já gerou diversos problemas graves na história da humanidade. Como o estudo desse conceito por diversas ciências pode ajudar a reduzir o preconceito e a discriminação entre os seres humanos? Organizem um debate em sala de aula sobre essa questão.

UNIDADE

6 Coordenação e percepção

Ao lado, está a reprodução da pintura O *grito*, do pintor norueguês Edvard Munch (1863-1944), criada em 1893.

Leia o texto escrito por Munch em 1892, no qual ele descreve suas sensações e percepções de um pôr do sol enquanto passeava com amigos.

Eu estava passeando com dois amigos ao longo de uma estrada e o Sol começou a se pôr. De repente, o céu se tornou tão vermelho quanto o sangue – eu parei, debrucei-me sobre a cerca, sentindo-me exausto. Meus amigos se foram e eu fiquei ali, tremendo de medo e eu podia sentir um grito sem fim passando pela paisagem.

Edvard Munch, 1892. Tradução dos autores.

Para expressar em formas e cores o que sentiu na tarde que descreveu, Munch pintou o quadro reproduzido ao lado. Assim, as cores do céu foram usadas para expressar o grito da natureza que ele percebeu naquele momento. Ele criou quatro versões da obra, usando diferentes materiais.

Nesta unidade, você vai saber mais sobre:

- As células nervosas
- Partes do sistema nervoso
- As glândulas que controlam nosso corpo
- Os órgãos dos sentidos

TROCANDO IDEIAS

1. Que sensação este quadro transmite a você?
2. Munch percebeu muitas coisas no ambiente e passou suas sensações para a tela. Como ele captou essas sensações?
3. Como podemos perceber as sensações do ambiente?

AKG-IMAGES/LATINSTOCK/THE MUNCH MUSEUM, OSLO, NORUEGA

O grito, 1893, pintado pelo artista norueguês Edvard Munch (1863-1944). Óleo sobre cartão.

11 Sistemas nervoso e endócrino

Voltar a andar

Rob Summers usou cadeira de rodas por quatro anos em função de um acidente automobilístico em 2006. Um dia, ele se levanta sozinho, fica em pé por minutos, anda em uma esteira (com ajuda), passa a mover os quadris, joelho, tornozelo e dedos do pé. E parte de sua função sexual e da bexiga retornam. A impressionante recuperação se deve basicamente a eletricidade e treino.

Summers, paralisado do peito para baixo, foi submetido a um novo método para tratar paralisias. A técnica consistiu na inserção, por cirurgia, de um aparelho que emite, na medula espinal, estímulos elétricos, imitando os sinais cerebrais. Antes disso, ele foi treinado por dois anos, para que os nervos pudessem "lembrar" de como produzir o movimento de levantar e andar (mesmo que de forma assistida).

É preciso cuidado com resultados da medicina. [...] Eis, portanto, dois "poréns" do método:

I) só funcionou até agora para uma pessoa;

II) Summers [...] sentia algum estímulo abaixo do peito.

Levanta-te e anda. *Ciência Hoje*. Rio de Janeiro, n. 283, v. 48, jul. 2011.

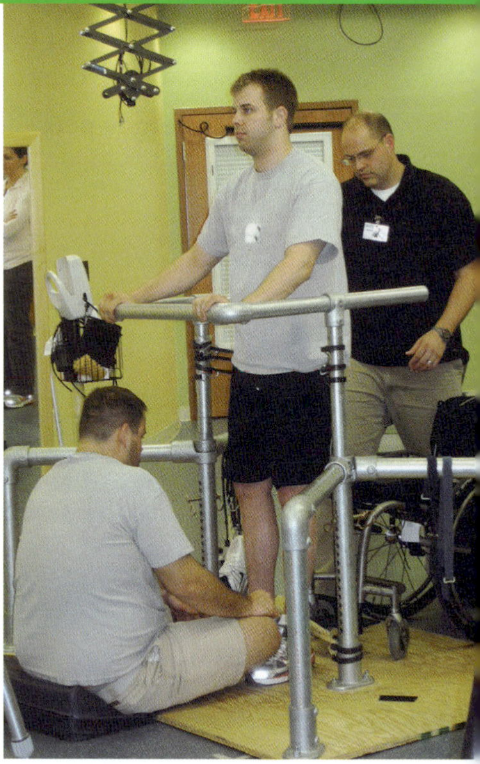

AFP/OTHER IMAGES

Rob Summers em pé: após passar por cirurgia, um aparelho emite estímulos elétricos em sua medula espinal.

BATE-PAPO

1. Rob Summers perdeu a capacidade de andar, de controlar a bexiga e de ter relações sexuais. Seu problema está localizado no cérebro, na medula espinal ou nos nervos das pernas? Justifique sua resposta.

2. Por que o tratamento ao qual Rob foi submetido é considerado inovador?

O que é necessário para ser um bom ator?

A qualidade da interpretação de uma atriz ou um ator é um dos fatores principais para que uma peça de teatro ou filme tenha sucesso. Um ator precisa ler, memorizar textos, falar e agir conforme o que lhe foi pedido. Quais partes do corpo esse profissional usa durante uma encenação? Você acha que esse tipo de aprendizado pode auxiliar as pessoas em seu cotidiano?

THINKSTOCK/GETTY IMAGES

Atriz encenando em um palco.

SISTEMA NERVOSO

Os órgãos e sistemas do corpo humano estão em constante integração. A coordenação e a integração de todas as tarefas são realizadas pelos sistemas nervoso e endócrino.

O sistema nervoso humano desempenha três ações básicas: **recebimento** de um estímulo, **tradução** ou **interpretação** dele e a **emissão** de uma resposta adequada a esse estímulo.

Entre as funções desempenhadas pelos órgãos que compõem o sistema nervoso, podemos citar:

- coordenar os movimentos do corpo e do equilíbrio;
- controlar processos como a respiração, a digestão, a regulação da temperatura do corpo, entre outros;
- transmitir e interpretar as informações do ambiente e do corpo fornecidas pelos órgãos dos sentidos, como os olhos e a pele;
- produzir respostas de acordo com os estímulos do ambiente, como dilatação e contração das pupilas, aceleração ou desaceleração dos batimentos cardíacos, estímulo ou inibição da produção de insulina, entre outras respostas.

O sistema nervoso é constituído por dois tipos de células: os **neurônios**, responsáveis por transmitir o impulso nervoso, e as **neuróglias**, que nutrem, protegem e sustentam os neurônios.

CESAR DINIZ/PULSAR IMAGENS

Coordenar os movimentos do corpo e manter o equilíbrio são funções do sistema nervoso. Roda de capoeira em Ruy Barbosa, BA, 2014.

Neurônio: a célula nervosa

O neurônio transmite os impulsos nervosos, ou seja, recebe e envia mensagens para todas as partes do corpo. Ele processa as informações recebidas do corpo e do ambiente e produz a resposta mais adequada ao estímulo recebido.

LUIS MOURA

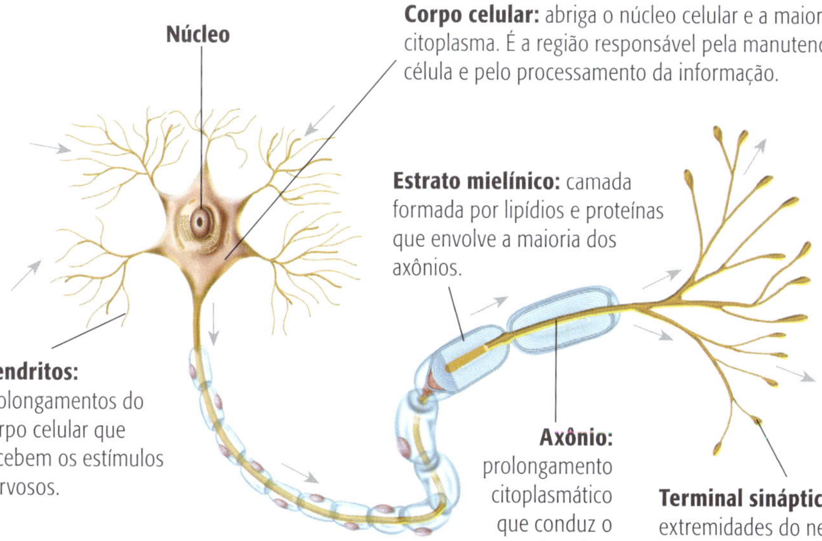

Representação esquemática de um neurônio. As setas indicam o caminho percorrido pelos impulsos nervosos. Cores fantasia. Elementos fora de escala de tamanho e de proporção.

Fonte: TORTORA, G. J.; DERRICKSON, B. *Corpo humano*: fundamentos de anatomia e fisiologia. 8. ed. Porto Alegre: Artmed, 2012.

A transmissão do impulso nervoso

O impulso nervoso chega pelos dendritos, passa pelo corpo celular do neurônio e percorre o axônio; segue então para o próximo neurônio. Esse sentido é obrigatório, nunca ocorrendo inversão. A transmissão desse impulso ocorre de forma coordenada, para que as informações do corpo e do ambiente possam ser processadas e transmitidas.

A passagem do impulso nervoso de um neurônio para outro ocorre nas sinapses.

Sinapses

Os neurônios não estão conectados fisicamente. É chamada de **sinapse** a região compreendida entre as ramificações do axônio de um neurônio e os dendritos de outro neurônio.

Existem substâncias que fazem a comunicação entre dois neurônios, chamadas neurotransmissores. Liberados por um neurônio, os **neurotransmissores** atravessam a sinapse e são captados pelo próximo neurônio, estimulando-o. Dessa forma, a mensagem (ou impulso) pode seguir adiante, até seu órgão-alvo.

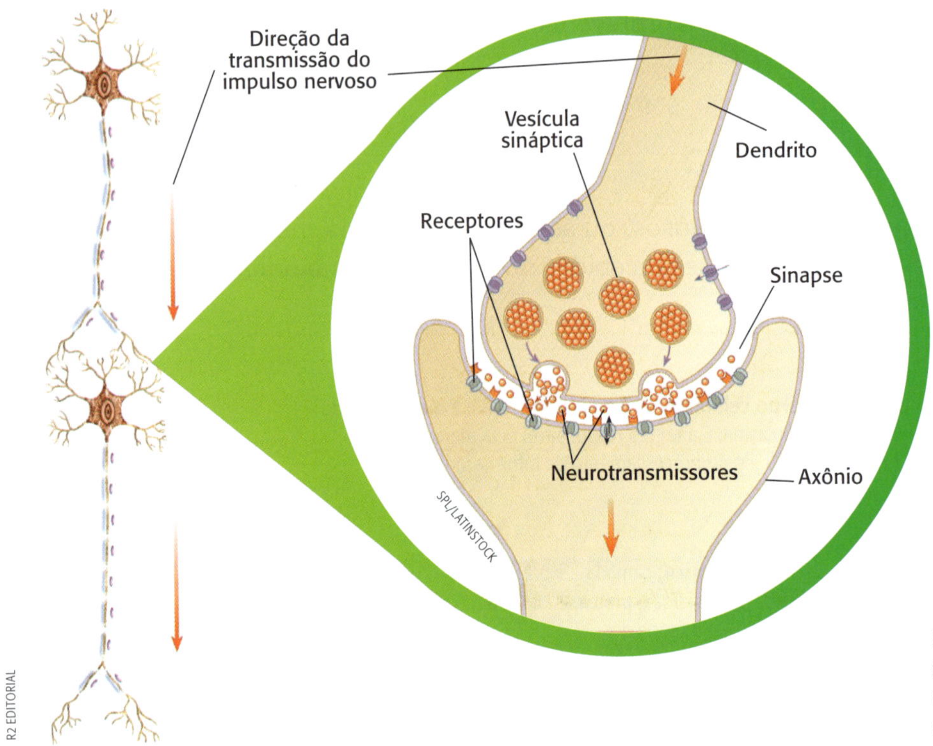

Representação esquemática da sinapse de dendrito para o axônio. Cores fantasia. Elementos fora de escala de tamanho e de proporção.

Regeneração dos neurônios

Uma vez que os corpos celulares dos neurônios sejam lesionados, eles não se dividem mais, ou seja, eles não são substituíveis. Isso pode causar danos ou sequelas permanentes. Seus axônios, no entanto, podem se regenerar, mesmo que de forma limitada, caso seus corpos celulares de origem tenham se mantido íntegros na época da lesão.

Sequela: doença ou alteração do funcionamento do corpo como consequência de uma lesão, um acidente ou outra doença.

A ESTRUTURA DO SISTEMA NERVOSO

O sistema nervoso está dividido em **parte central do sistema nervoso**, ou sistema nervoso central (SNC), e **parte periférica do sistema nervoso**, ou sistema nervoso periférico (SNP).

Sistema nervoso central

O sistema nervoso central é formado pelo **encéfalo** e pela **medula espinal**. Ele recebe a informação de todas as partes do corpo, intepreta e envia respostas a todos os tecidos e órgãos.

O sistema nervoso é frágil e suas estruturas estão protegidas por ossos, membranas e fluidos. O encéfalo e o início da medula são protegidos pela caixa craniana e o restante da medula está protegido pela coluna vertebral.

Envolvendo o encéfalo e a medula estão três membranas, chamadas meninges:

- **dura-máter**: membrana externa e rígida;
- **aracnoide**: membrana com estrutura semelhante a uma rede, rica em vasos sanguíneos e fluidos;
- **pia-máter**: membrana mais interna, que envolve a superfície do cérebro.

Entre a pia-máter e a aracnoide, há o fluido cerebrospinal. Esse fluido transporta nutrientes, como a glicose e proteínas, e carrega os resíduos produzidos pelas células nervosas. Além da função de nutrição e remoção de resíduos, também proteje o cérebro contra choques mecânicos.

ESTRUTURA DO SISTEMA NERVOSO

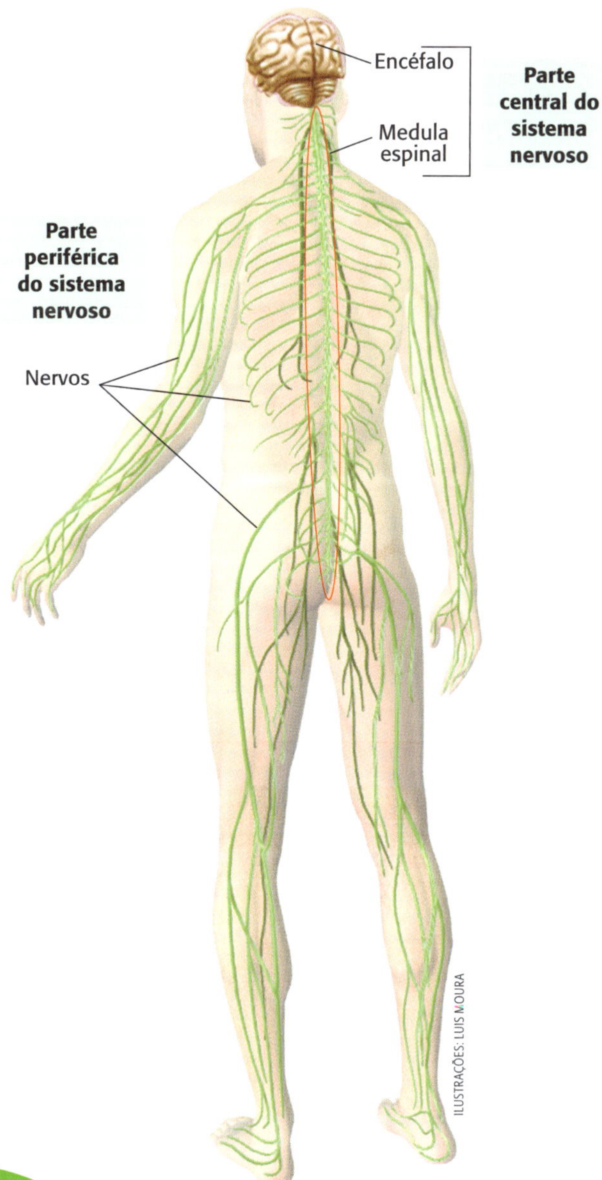

Representação esquemática da vista dorsal da estrutura do sistema nervoso. Cores fantasia. Elementos fora de escala de tamanho e de proporção.

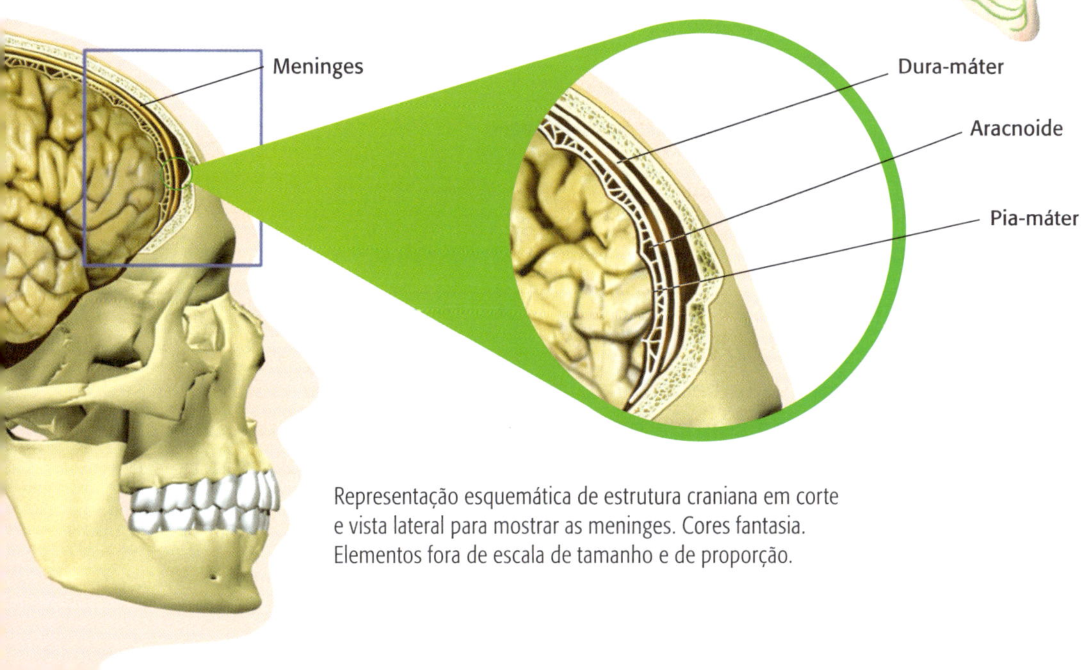

Representação esquemática de estrutura craniana em corte e vista lateral para mostrar as meninges. Cores fantasia. Elementos fora de escala de tamanho e de proporção.

Encéfalo

O encéfalo é formado pelo cérebro, cerebelo, bulbo raquiano e ponte. Cada um desses órgãos é responsável por diferentes funções.

O encéfalo é composto de cerca de 100 bilhões de neurônios e tem uma massa de 1 300 gramas; é um dos maiores órgãos do corpo humano.

O encéfalo está relacionado às diversas funções cognitivas do ser humano, como memória, aprendizagem, linguagem e raciocínio lógico-matemático, e aos aspectos emocionais e afetivos.

Cérebro

O cérebro representa a maior porção do encéfalo e está dividido em dois hemisférios: o direito e o esquerdo. Apesar dessa separação, as ações coordenadas pelo cérebro dependem das ligações e da integração entre os hemisférios, realizadas por **neurofibras** (fibras nervosas).

A parte mais superficial do cérebro — denominada córtex cerebral — é formada por substância cinzenta (corpos celulares dos neurônios). Nela, ocorrem a interpretação das informações captadas pelos órgãos dos sentidos e a capacidade de raciocinar da espécie humana. Abaixo dessa camada, há uma substância branca, constituindo uma complexa rede de informações.

CÉREBRO EM CORTE TRANSVERSAL

RODRIGO TONAN

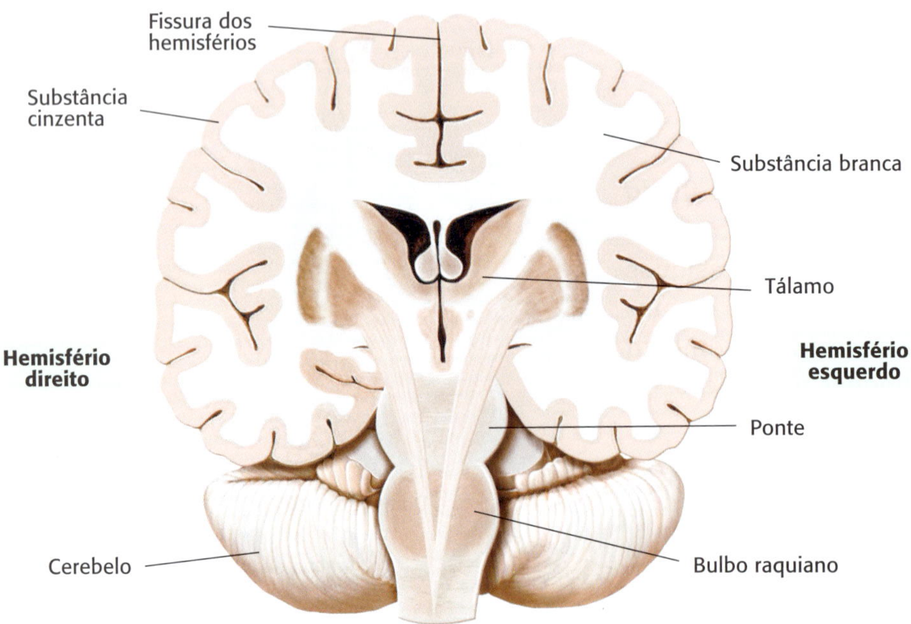

Representação esquemática do cérebro em corte transversal e vista frontal. Cores fantasia. Elementos fora de escala de tamanho e de proporção.

NÃO DEIXE DE ACESSAR

- **Cérebro nosso de cada dia**

Apresenta informações, atividades, novidades e curiosidades sobre o sistema nervoso.

<http://www.cerebronosso.bio.br/>

Acesso em: 18 mar. 2015.

Pista 1

Como primeiro passo para desempenhar seu papel, o ator deve ler e entender seu texto. Que caminho a informação contida em um texto deve percorrer até chegar ao cérebro e ser compreendida? Qual a importância da interpretação de um texto no dia a dia de uma pessoa comum?

Hipotálamo, cerebelo e tronco encefálico

No interior do cérebro, há o **hipotálamo**, que regula a temperatura corporal, o sono, a sensação de fome e de sede, além de produzir hormônios e regular o funcionamento da hipófise, uma importante glândula.

O **cerebelo** controla a ação dos músculos, o equilíbrio corporal e a manutenção da postura.

O **bulbo raquiano** controla os batimentos cardíacos e os movimentos respiratórios. Ele também controla a tosse, o vômito, a sucção e a deglutição.

Na **ponte**, cruzam-se os nervos que conduzem os impulsos que chegam ao encéfalo e partem dele. Juntos, ponte e bulbo raquiano formam o **tronco encefálico**.

ENCÉFALO VISTO EM CORTE

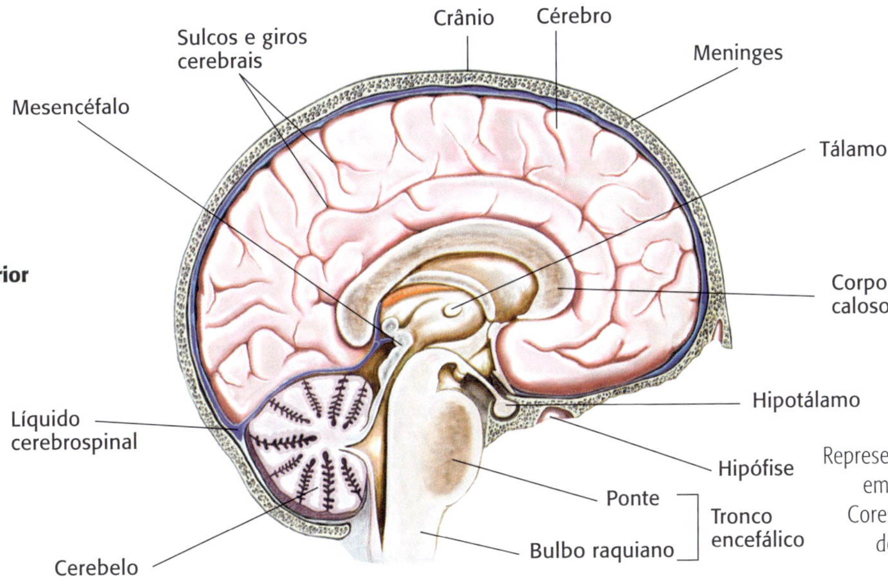

ILUSTRAÇÕES: RODRIGO TONAN

Representação esquemática vista em corte lateral de encéfalo. Cores fantasia. Elementos fora de escala de tamanho e de proporção.

Medula espinal

A medula espinal é um cordão nervoso que começa no tronco encefálico e continua praticamente até o final da coluna vertebral, que a protege. Ela faz a comunicação entre o encéfalo e o restante do corpo da seguinte forma: enquanto alguns nervos chegam à medula transmitindo informações do corpo ao encéfalo, outros partem da medula levando as respostas do encéfalo ao órgão ou parte do corpo inicialmente estimulada. Esses nervos formam a parte periférica do sistema nervoso.

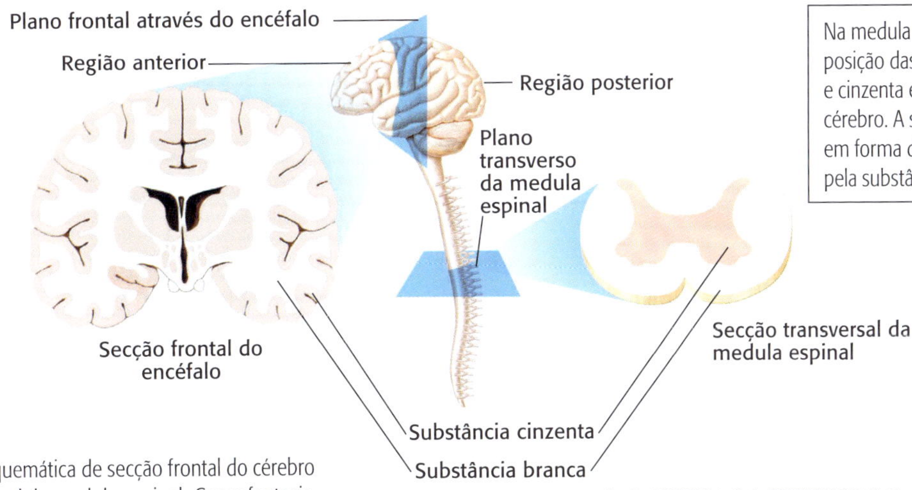

Na medula há uma inversão na posição das substâncias branca e cinzenta em relação ao cérebro. A substância cinzenta, em forma de "H", é envolvida pela substância branca.

Representação esquemática de secção frontal do cérebro e de corte transversal da medula espinal. Cores fantasia. Elementos fora de escala de tamanho e de proporção.

Fonte: TORTORA, G. J.; DERRICKSON, B. *Corpo humano*: fundamentos de anatomia e fisiologia. 8. ed. Porto Alegre: Artmed, 2012.

Sistema nervoso periférico

A parte periférica do sistema nervoso ou o sistema nervoso periférico (SNP) é formada basicamente pelos nervos. Os **nervos** ou **cordões nervosos** são feixes de axônios, envoltos por camadas de tecido conjuntivo, que transmitem as informações enviadas pela parte central do sistema nervoso para o corpo e também no sentido contrário.

Os nervos partem do encéfalo e da medula e seguem para as diferentes regiões do organismo. Pelos **nervos sensoriais**, as informações são transmitidas do corpo para a parte central do sistema nervoso. Pelos **nervos motores**, são transmitidas as respostas do encéfalo para os órgãos efetores (músculos ou glândulas).

A parte periférica do sistema nervoso é dividida em somática (ou voluntária) e autônoma (ou involuntária).

ESTRUTURA DE UM NERVO ESPINAL

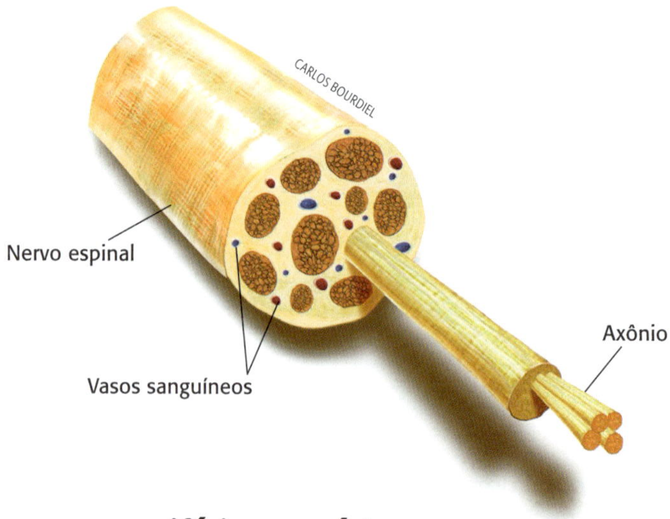

Representação esquemática da estrutura detalhada de um nervo espinal. Cores fantasia. Elementos fora de escala de tamanho e de proporção.

Sistema nervoso periférico somático

Caminhar, sentar, mastigar e segurar objetos são ações conscientes e que desempenhamos conforme desejamos, ou seja, são ações **voluntárias** ou **somáticas**. O encéfalo envia informações para a musculatura estriada ou esquelética e controla os movimentos de contração e relaxamento dessa musculatura. Além disso, o sistema somático ainda recebe e traduz as informações enviadas pelos órgãos do sentido.

Pista 2

Após a leitura e interpretação de seu texto, o ator deve memorizar a informação para transmiti-la. E, então, pensar em como irá falar ou agir. Onde ocorrem essas ações no sistema nervoso? A memorização e a transmissão de informação são importantes? Em quais situações do dia a dia uma pessoa usa esses processos?

Sistema nervoso periférico autônomo

As ações desempenhadas pelo nosso corpo que independem da nossa vontade, como os batimentos do coração, a secreção de suor e a dilatação da pupila do olho, são ações **involuntárias** ou **autônomas**.

O sistema nervoso periférico autônomo controla as condições internas do organismo, como a temperatura corporal, e pode ser subdividido em **simpático** e **parassimpático**, cujos nervos têm funções diferentes e atuam, em geral, de forma antagônica, ou seja, oposta: quando um desses sistemas estimula a secreção de determinada substância ou a realização de uma função, o outro as inibe.

Por exemplo: ao entrar em um quarto na penumbra, sua pupila se dilata, de modo a permitir a maior entrada posssível de luz através dela para você enxergar. A dilatação da pupila é função da divisão simpática do sistema autônomo. Mas, ao acender a luz, a divisão parassimpática responde com uma rápida contração de sua pupila, diminuindo a quantidade de luz que penetra no olho.

Veja, no esquema a seguir, outros exemplos dessas ações opostas.

AÇÕES ANTAGÔNICAS DOS SISTEMAS SIMPÁTICO E PARASSIMPÁTICO

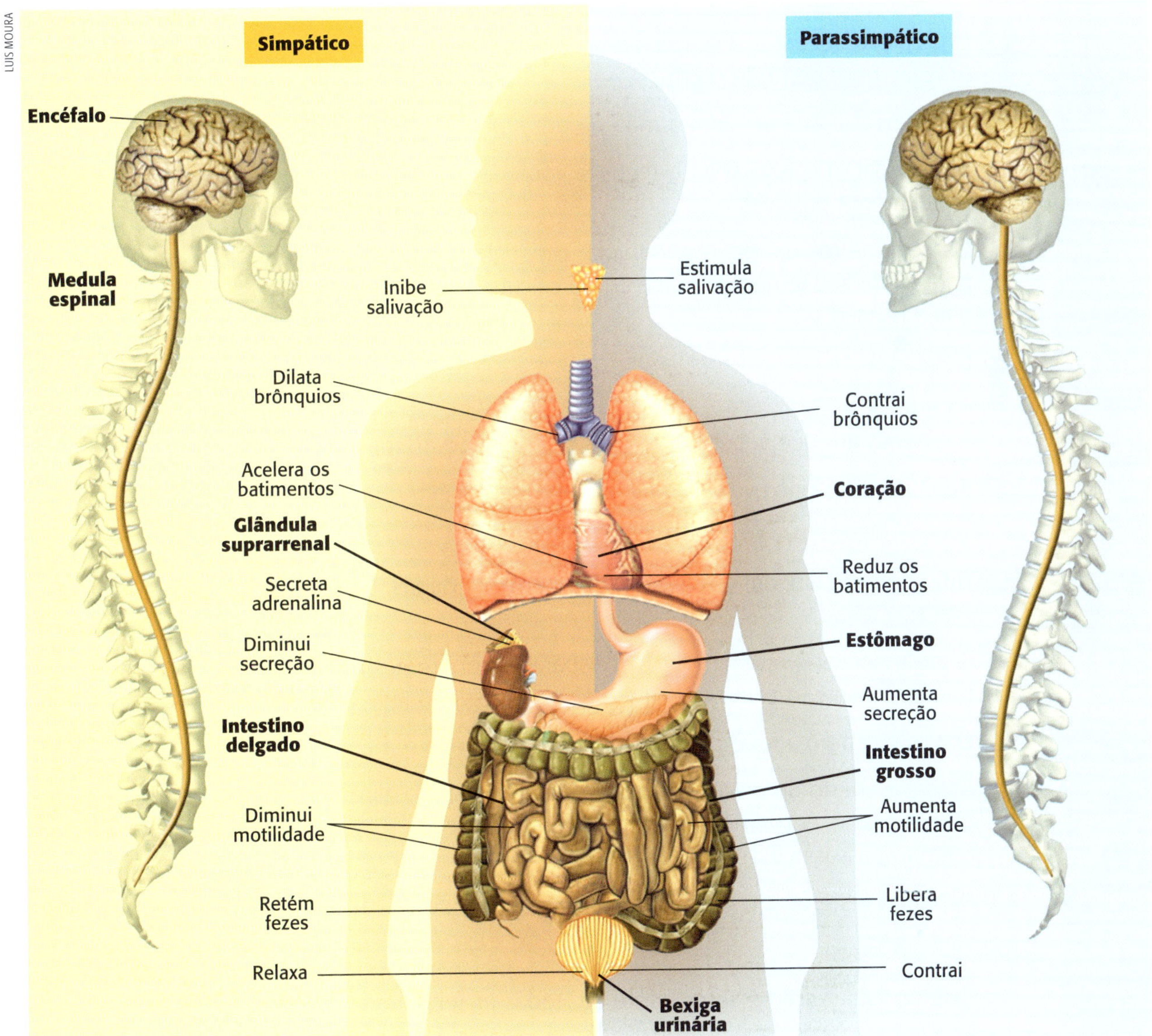

Representação esquemática do sistema periférico autônomo. Cores fantasia. Elementos fora de escala de tamanho e de proporção.

EXPERIMENTE FAZER

Tempo de reação

Para pensar

Um bom goleiro precisa ter bom tempo de reação. O tempo de reação é o tempo que vai da percepção do estímulo até o momento de reação, com movimento. O que faz um goleiro agir e iniciar o movimento para a defesa? A reação é sempre rápida? E você já passou por alguma situação em que precisou agir com rapidez? O que fez você agir?

Objetivo

- Verificar o tempo de reação a um estímulo em algumas situações.

Materiais

- uma régua de 50 cm ou uma régua de costura de 1 m
- um cronômetro (pode ser de um relógio digital)

Procedimentos

1ª Etapa – Teste da régua

RODVAL MATIAS

Representação esquemática do teste da régua. Cores fantasia. Elementos fora de escala e de proporção.

1. Um colega segura a régua horizontalmente com o indicador e o polegar, bem perto do 0 cm.
2. Você envolve a régua com a mão na outra ponta, sem segurá-la.
3. Sem avisar, o colega solta a régua e você deve segurá-la o mais rapidamente possível.
4. Os centímetros da régua onde você conseguir segurá-la servirão para medir seu tempo de reação. Para calcular o tempo de reação, use a relação:

$$t = \frac{2 \times d}{g}$$

na qual: **g** = 10 m/s² é a aceleração da gravidade, **d** = a distância entre o zero da régua e o ponto em que você a segurou e **t** é o tempo de reação.

5. Repita o teste cinco vezes e anote os resultados em uma tabela.

2ª Etapa – Teste da roda

1. Um grupo de alunos forma uma roda de mãos dadas. Escolhe-se um aluno que irá começar o teste.
2. O professor zera o cronômetro. Ao disparar o cronômetro, ele avisa o aluno que começará. Imediatamente, o aluno aperta a mão do colega do lado direito.
3. Quem recebe o aperto de mão, em seguida aperta a mão do próximo colega.
4. Assim, o aperto de mão percorre a roda até voltar ao aluno que começou a brincadeira, que avisará imediatamente ao professor, que medirá o tempo que levou para que todo o grupo passasse o aperto de mão.
5. Repetir o teste quatro vezes, anotando o tempo de reação em uma tabela.

Resultados

1. O tempo de reação é semelhante em todas as tentativas de cada atividade?
2. Podemos treinar uma ação para que o tempo de reação seja reduzido?

Ato reflexo medular

Chamamos **ato reflexo medular** (ou ato reflexo involuntário) a ação rápida e involuntária envolvida na recepção de um estímulo. O caminho percorrido no sistema nervoso por esse estímulo é chamado **arco reflexo**: ocorre condução da informação até a medula espinal e de lá é conduzida uma resposta a um neurônio motor (ligado a um músculo). No ato reflexo, não há participação do cérebro no envio da resposta.

THINKSTOCK/GETTY IMAGES

Se um dedo toca um espinho, rapidamente, a mão afasta-se.

O ato reflexo é importante para que o organismo reaja rapidamente a uma situação de perigo, como a mostrada na fotografia ao lado. O estímulo, representado pelo toque no espinho, é transmitido a um nervo espinal, que leva a informação até a medula espinal. Um nervo motor é estimulado e passa a informação para que as fibras musculares se contraiam. O braço então se afasta rapidamente do espinho. Como o cérebro não participa dessa resposta, o tempo de reação é muito rápido. No entanto, ao mesmo tempo, a medula espinal envia uma informação ao cérebro e aí percebemos a sensação de dor.

NÃO DEIXE DE LER

- **Cérebro nosso de cada dia.** Suzana Herculano-Housel. Rio de Janeiro: Vieira & Lent Casa Editorial, 2004.

Reflexo patelar

Para testar a percepção e a resposta a estímulo de uma pessoa, pode ser realizado um exame de **reflexo patelar**, no qual o médico bate levemente com um pequeno martelo no joelho do paciente. O estímulo da batida deverá seguir pelo neurônio sensitivo até a medula espinal. Lá, o estímulo passa para o neurônio motor, fazendo o músculo contrair e a perna levantar. Se a perna não levantar, pode haver algum problema na percepção do estímulo ou na resposta.

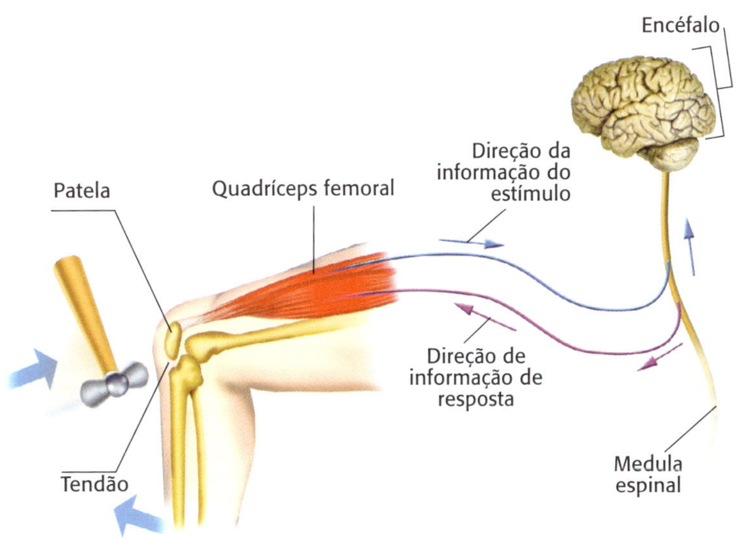

LUIS MOURA

Representação esquemática do mecanismo de ocorrência do reflexo patelar. Cores fantasia. Elementos fora de escala de tamanho e de proporção.

SISTEMA ENDÓCRINO

As funções do organismo são integradas pelo sistema nervoso e pelo **sistema endócrino**. O sistema endócrino é constituído pelo conjunto das glândulas endócrinas, que produzem **hormônios**. A palavra "hormônio" origina-se do grego *hormoein*, que significa "excitar".

Após serem secretados, os hormônios são levados pela corrente sanguínea e atuam sobre o órgão-alvo, estimulando-o ou inibindo-o.

O sistema endócrino age pelos hormônios transportados pelo sangue. Portanto, sua velocidade de ação é menor do que a velocidade de ação do sistema nervoso, que age por meio de impulsos nervosos e neurotransmissores.

SISTEMA ENDÓCRINO

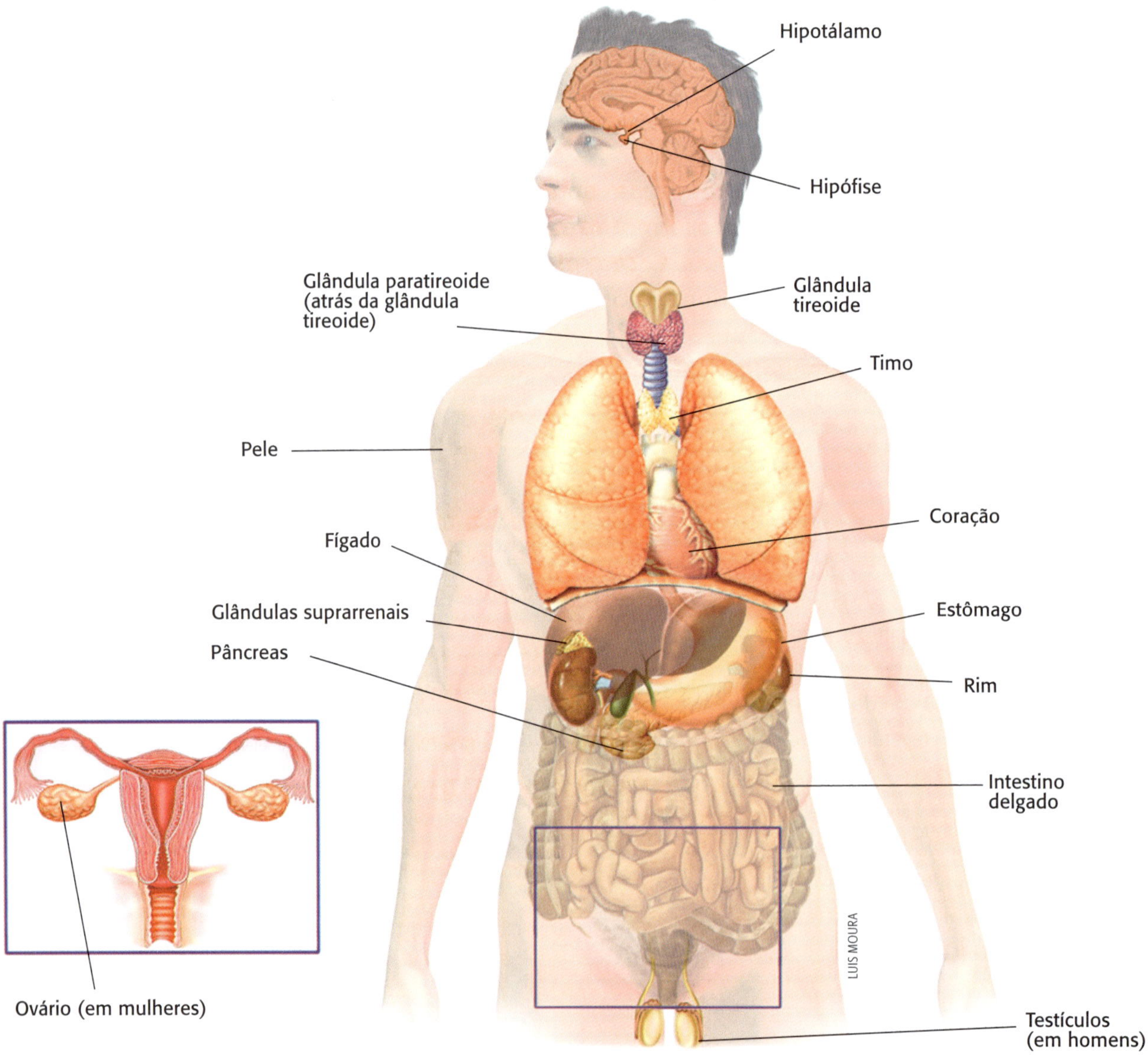

Fonte: TORTORA, G. J. ; DERRICKSON, B. *Corpo humano*: fundamentos de anatomia e fisiologia. 8. ed. Porto Alegre: Artmed, 2012.

Representação esquemática da localização de algumas glândulas endócrinas e de órgãos com células endócrinas. Destaque para o ovário. Cores fantasia. Elementos fora de escala de tamanho e de proporção.

Hipófise e hipotálamo

A hipófise localiza-se na base do crânio. Essa glândula produz hormônios que controlam a ação de glândulas endócrinas. A hipófise é dividida em duas porções: a hipófise anterior (ou **adeno-hipófise**) e a posterior (ou **neuro-hipófise**). O hipotálamo atua regulando as secreções da hipófise.

Os hormônios produzidos pela adeno-hipófise são:

- **hormônio somatotrófico** (STH): é o hormônio do crescimento, também conhecido como somatotrofina ou somatotropina. Produzido durante a infância e a adolescência, estimula a multiplicação das células que formam as cartilagens, os ossos e os músculos;
- **hormônio tireotrófico** (TSH): atua sobre a glândula tireoide, estimulando o trabalho de suas células;
- **hormônio adrenocorticotrófico** (ACTH): regula a atividade das glândulas suprarrenais;
- **hormônios gonadotróficos** ou **hormônios foliculoestimulantes** (FSH): agem sobre as gônadas masculinas (testículos) e femininas (ovários). Uma de suas ações é estimular a produção de espermatozoides e ovócitos, respectivamente;
- **prolactina**: atua sobre as células das glândulas mamárias, estimulando a produção de leite.

A neuro-hipófise armazena e secreta os hormônios produzidos pelo **hipotálamo**, região do cérebro pertencente ao sistema nervoso. Esses hormônios são:

- a **ocitocina**: estimula a contração da musculatura uterina durante o parto e a liberação do leite pelas glândulas mamárias;
- o **hormônio antidiurético** (HAD, ou ADH em inglês): atua nos rins, evitando a perda excessiva de água pela urina. O diabetes insípido é causado pela produção insuficiente de HAD, provocando grande perda de água pela urina.

A produção excessiva do hormônio somatotrófico (STH) causa o gigantismo, e a baixa produção dele leva ao nanismo.

Tireoide e paratireoides

O hormônio da tireoide, glândula localizada na região do pescoço, age nas células do corpo regulando a velocidade com que as reações químicas do corpo ocorrem.

O **hipertireoidismo** caracteriza-se pela produção excessiva de hormônios da tireoide e causa emagrecimento, insônia, agitação e exoftalmia (olhos saltados e arregalados).

O **hipotireoidismo** é a produção insuficiente de hormônios da tireoide. Na criança, pode afetar o desenvolvimento físico e mental, e no adulto causa aumento de peso, raciocínio lento, além de cansaço excessivo.

As paratireoides são pequenas glândulas (geralmente quatro), situadas atrás da tireoide, que produzem um hormônio que regula a concentração de cálcio.

Suprarrenais e pâncreas

As glândulas suprarrenais (ou adrenais) produzem **adrenalina** e **noradrenalina**, hormônios liberados no sangue em situações de estresse (sustos ou outras situações semelhantes de grande emoção), provocando aceleração do batimento cardíaco, aumento da pressão sanguínea e dilatação das pupilas e dos brônquios.

As suprarrenais produzem ainda:

- os **corticoides**, que reduzem os processos de inflamação;
- o **cortisol**, que regula a quantidade de glicose no sangue;
- os **androgênios**, como a testosterona (hormônio masculino) e alguns hormônios sexuais.

GLÂNDULAS SUPRARRENAIS

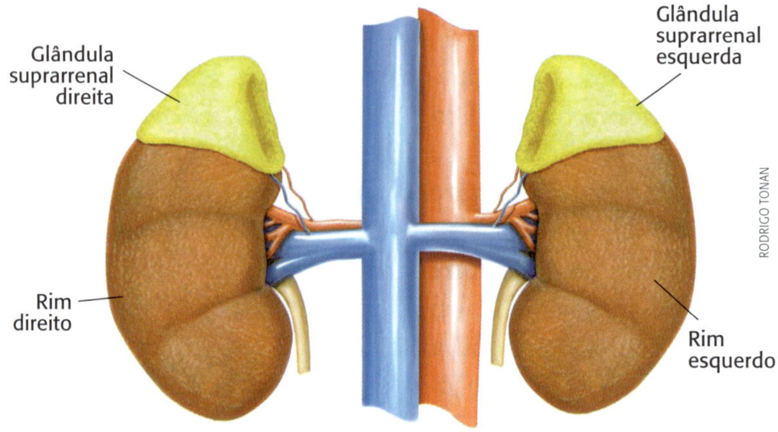

Representação esquemática das glândulas suprarrenais. Cores fantasia. Elementos fora de escala de tamanho e de proporção.

O pâncreas é considerado uma glândula mista porque tem uma parte exócrina, produtora do suco pancreático (que atua no processo digestório), e uma parte endócrina, que secreta o **glucagon** e a **insulina**, hormônios responsáveis por regular a taxa de glicose no sangue. Esses dois hormônios trabalham de forma antagônica: enquanto o glucagon trabalha na emissão de glicose para o sangue, a insulina atua retirando-a da corrente sanguínea, levando-a em direção às células.

A deficiência de insulina causa a **diabetes melito**, doença caracterizada pelo aumento de glicose no sangue. A diabetes pode ser do tipo I ou II.

A diabetes tipo I manifesta-se na primeira infância, pela produção insuficiente de insulina. No tipo II, as células são resistentes à ação da insulina. Esse distúrbio aparece, em geral, na vida adulta e pode ser decorrente de alimentação inadequada e vida sedentária.

A pessoa com diabetes pode apresentar vários sintomas: sede constante, dificuldade na cicatrização de ferimentos e produção excessiva de urina.

Ovários e testículos

Os testículos e os ovários produzem os hormônios sexuais.

Os testículos produzem a **testosterona**, hormônio responsável pelo desenvolvimento dos caracteres sexuais secundários masculinos, como barba, pelos nas axilas e na região pubiana, aumento da massa muscular e o tom de voz mais grave.

Os ovários produzem o **estrogênio** e a **progesterona**. O estrogênio atua no desenvolvimento dos caracteres sexuais secundários femininos, como o aumento das mamas e dos quadris, e o crescimento dos pelos pubianos. A progesterona prepara o útero para receber o embrião, no caso de uma gravidez.

1. Observe as ilustrações e responda às questões.

a. Que estruturas estão representadas nas imagens?

b. Quais são as funções desempenhadas por essas estruturas no corpo humano?

c. Em que regiões do corpo humano podem ser encontradas essas estruturas?

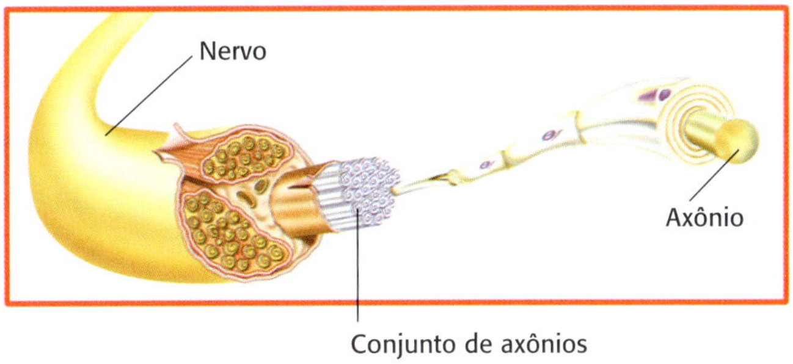

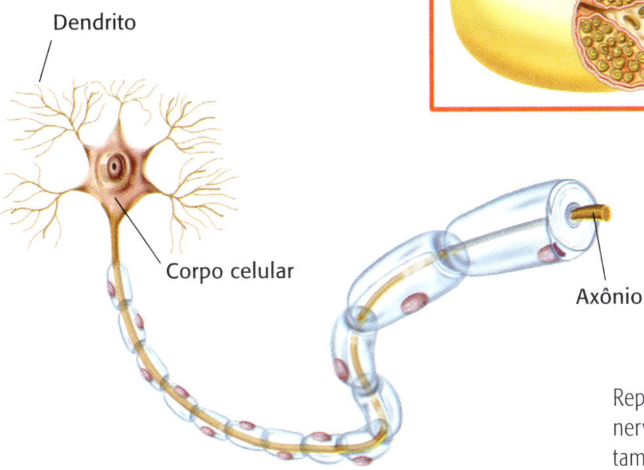

LUIS MOURA

Representação esquemática de estruturas do sistema nervoso. Cores fantasia. Elementos fora de escala de tamanho e proporção.

2. Escreva a frase no seu caderno completando-a com as palavras que faltam:

O impulso chega através dos ■, passa pelo ■, percorre todo o ■ e segue para o próximo neurônio.

3. No caderno, corrija as afirmações consideradas falsas.

a. Sinapse é a região compreendida entre as ramificações do axônio de um neurônio e os dendritos de outro neurônio.

b. Durante a passagem do impulso nervoso há contato físico entre os neurônios.

c. Neurotransmissores são substâncias químicas que estabelecem a comunicação entre dois neurônios.

d. Os nervos são formados por feixes de dendritos envoltos por tecido conjuntivo.

4. Responda às questões.

a. O que o crânio protege?

b. O que a coluna vertebral protege?

5. Qual é o papel do hipotálamo no corpo humano?

6. Que funções são desempenhadas pelo cerebelo e pelo bulbo raquidiano?

7. Diferencie o sistema nervoso periférico somático do sistema nervoso periférico autônomo.

8. Qual é a vantagem das divisões simpática e parassimpática para o funcionamento do corpo humano?

teia do saber

9. Leia o texto, observe a imagem e depois responda às questões no caderno.

Em muitos acidentes, a medula espinal pode ser rompida, deixando a vítima paraplégica ou tetraplégica, dependendo do local em que houve o rompimento. Essa situação acontece porque a comunicação entre as diversas partes do corpo e o encéfalo é interrompida. O fato de o neurônio ser uma célula altamente especializada limita sua capacidade de regeneração. Quando a lesão ocorre na parte superior da medula, chamada de região cervical, a pessoa fica tetraplégica. Quando a lesão é na parte inferior (ou região lombar), a pessoa torna-se paraplégica.

Em acidentes em que há suspeita de comprometimento da coluna vertebral, a vítima deve ser cuidadosamente transportada ao hospital em posição deitada e, de preferência, imobilizada.

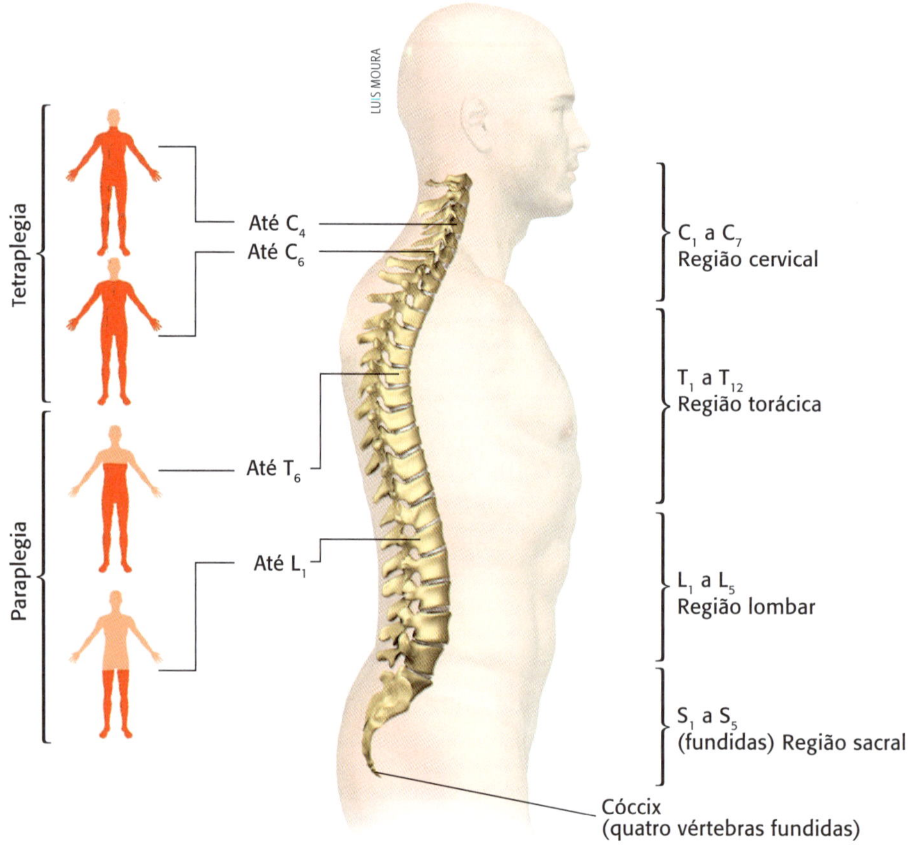

Representação esquemática da coluna vertebral, que tem 33 vértebras separadas por discos de cartilagem fibrosa. Observe, em vermelho, o grau de comprometimento de uma lesão. Cores fantasia. Elementos fora da escala de tamanho e de proporção.

a. Qual é a função da medula espinal?

b. Qual é o motivo desse procedimento?

10. Cícero gosta de andar a cavalo. Um dia, o cavalo que montava disparou em direção ao estábulo. Nesse momento, o corpo de Cícero passou por várias transformações, típicas de uma condição de perigo imediato.

a. Que transformações o corpo de Cícero sofreu? Que sistema desencadeia essas transformações?

b. Por que, em situações de estresse, como na de um perigo iminente, é importante a liberação de adrenalina e noradrenalina?

11. Uma pessoa com poliomielite apresenta sensibilidade nas pernas, mas não consegue movê-las. Com base nessa informação, responda: Os vírus causadores da poliomielite atacam os nervos motores ou os sensititivos?

12. O desenvolvimento das células nervosas durante o crescimento de um feto e em seus primeiros meses de vida pós-natal está representado no gráfico abaixo.

DESENVOLVIMENTO DAS CÉLULAS NERVOSAS DURANTE O CRESCIMENTO DE UM FETO

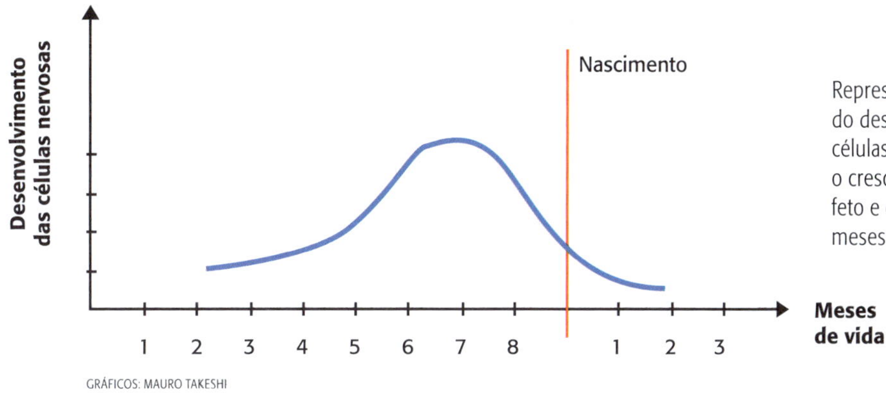

Representação gráfica do desenvolvimento das células nervosas durante o crescimento de um feto e em seus primeiros meses de vida.

Analise as informações apresentadas no gráfico e depois responda às questões.

a. Quando ocorre a maior parte do desenvolvimento das células nervosas?

b. Nos primeiros meses após o nascimento, ainda há desenvolvimento de células nervosas?

13. O hormônio cortisol, graças a sua acentuada ação anti-inflamatória, é muito utilizado como medicamento. No gráfico a seguir, são mostradas a taxa de produção de cortisol pelo organismo de um paciente e a concentração desse hormônio no sangue, nos primeiros 30 dias de tratamento contra um processo inflamatório.

PRODUÇÃO DE CORTISOL DURANTE O TRATAMENTO

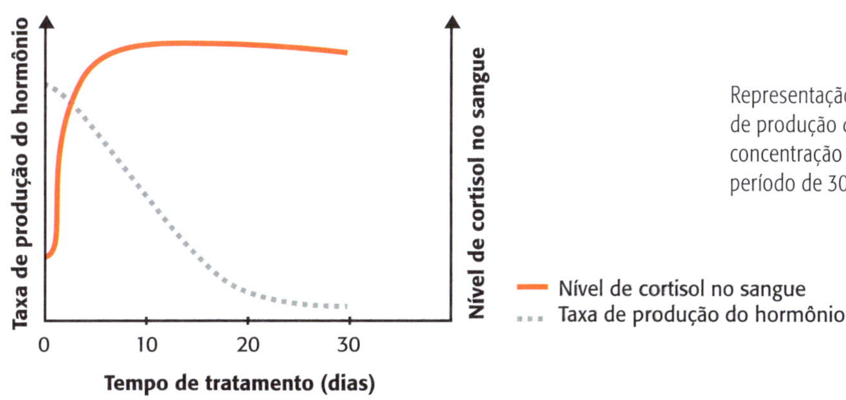

Representação gráfica da taxa de produção de cortisol e sua concentração no sangue num período de 30 dias.

a. O que ocorre com a concentração de cortisol no sangue após o início do tratamento?

b. Com o uso do hormônio sintético na forma de medicamento, o que ocorre com a taxa de produção de cortisol pelo corpo ao longo do tratamento?

14. Que glândula produz, durante o parto, um hormônio que auxilia nas contrações do útero?

15. Que hormônios são produzidos pelos testículos e pelos ovários? Qual é a ação desses hormônios?

12 Sistema sensorial

ESREF ARMAGAN/COLEÇÃO PARTICULAR

Obra *Cachoeira* de Esref Armagan, 2008.

O pintor cego

Para reconhecer o mundo ao seu redor, Esref utiliza as mãos, percebendo as formas, as texturas e a temperatura. Ele aprendeu sozinho a pintar o mundo que o cerca e a expressar sua forma de percebê-lo.

REPRODUÇÃO

Esref Armagan é turco e se dedica à pintura há mais de 35 anos. Esref é cego desde que nasceu, em 1953.

Para fazer um quadro, ele começa desenhado o contorno dos objetos e depois os pinta utilizando uma cor por vez, usando os dedos em vez de pincéis. Isso faz com que o quadro demore muito para ser finalizado, pois é preciso esperar uma cor secar para começar a pintar com outra. Caso contrário, as cores podem se misturar.

Ele aprendeu os nomes das cores ao associá-las a objetos, por exemplo, o tomate ao vermelho. Para isso, ele precisou da ajuda de pessoas que enxergavam e o ensinavam os nomes das cores.

Esref Já participou de mais de 20 exposições ao redor do mundo.

BATE-PAPO

1. Como Esref, que é cego, percebe o ambiente que o cerca?
2. Por que você acha que ele não utiliza pincéis para pintar?
3. Cheiros, sabores, luzes, cores, sons, texturas, calor e frio são algumas das sensações que experimentamos quase a todo momento e que nos colocam em sintonia com o mundo que nos rodeia. Quais são os órgãos envolvidos na percepção do ambiente?

VISÃO

A visão é um sentido que depende da luz captada por meio dos olhos. O olho transforma a luz em impulsos nervosos que são conduzidos pelo nervo óptico até o cérebro, onde ocorre a interpretação da imagem.

Estrutura do olho humano

Entre os componentes da estrutura do olho, podemos citar:

- **íris**: região com pigmentos coloridos e um orifício central, chamado **pupila**, por onde entra a luz;
- **escler**: camada mais externa, esbranquiçada na região posterior do olho e transparente na córnea;
- **córnea** e **lente**: regiões para onde convergem os raios de luz que chegam aos olhos. A lente, ao contrário da córnea, pode regular sua própria curvatura, tornando-se mais fina ou mais espessa, possibilitando focalizar a imagem recebida;
- **corioide**: camada irrigada por muitos vasos sanguíneos;
- **retina**: camada onde se forma a imagem e os estímulos luminosos são transformados em impulsos nervosos;
- **nervo óptico**: nervo condutor dos impulsos nervosos até o cérebro;
- **humor aquoso**: líquido que auxilia a manter o formato do olho e nutre a córnea;
- **humor vítreo**: substância transparente e gelatinosa que mantém a pressão interna do olho.

ESTRUTURA DO OLHO HUMANO

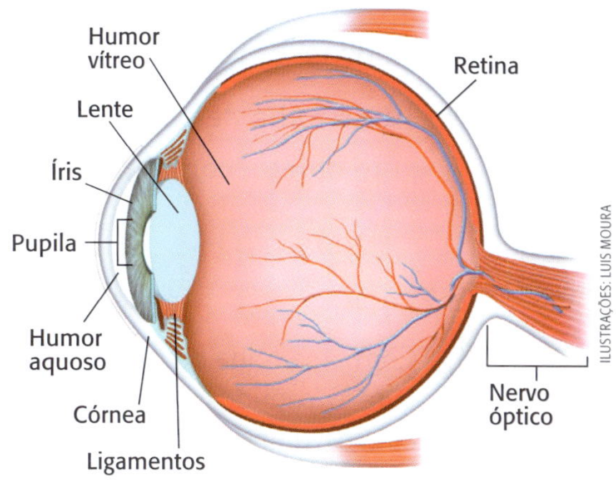

Fonte: TORTORA, G. J.; DERRICKSON, B. *Corpo humano*: fundamentos de anatomia e fisiologia. 8. ed. Porto Alegre: Artmed, 2012.

Representação esquemática da estrututura do olho humano visto em corte. Cores fantasia. Elementos fora de escala de tamanho e de proporção.

Há estruturas que auxiliam na proteção dos olhos, como os supercílios e os cílios, e as glândulas lacrimais, que produzem secreções e lágrimas que percorrem a córnea, removendo a poeira e umedecendo sua superfície.

O diâmetro da pupila é regulado pelos músculos da íris, que recebem informação do sistema nervoso de acordo com a intensidade luminosa do ambiente. Quando a luminosidade é alta, o diâmetro da pupila diminui; na condição inversa, o diâmetro da pupila aumenta.

ESTRUTURAS DE PROTEÇÃO DO OLHO

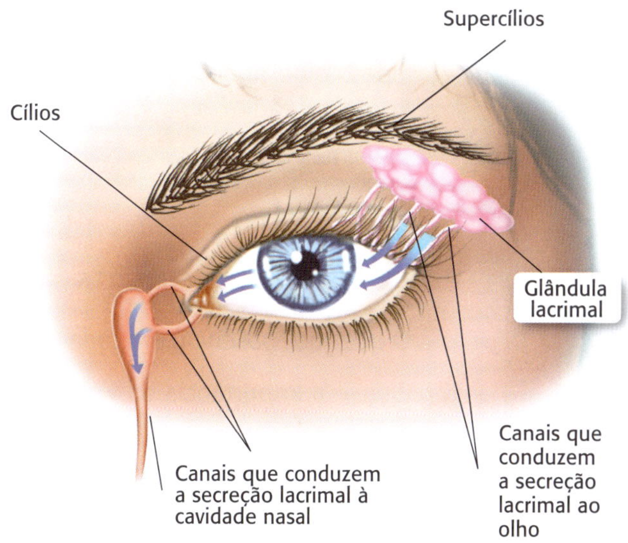

Representação esquemática do olho humano. Cores fantasia. Elementos fora de escala de tamanho e de proporção.

EXPERIMENTE FAZER

Testes de visão binocular

Para pensar

Você já percebeu que o que o olho esquerdo vê é um pouquinho diferente do que o que o olho direito vê? Experimente fechar um olho de cada vez e perceba as diferenças.

Os humanos têm visão binocular, isto é, as imagens captadas pelos dois olhos são interpretadas pelo nosso cérebro, o qual é capaz de fundi-las, gerando uma imagem única em três dimensões. Com isso, somos capazes de perceber se um objeto está perto ou longe.

Objetivo

- Testar e compreender os princípios da visão binocular humana.

Materiais

- uma folha de papel sulfite branca
- um objeto, como um porta-lápis ou uma maçã

Procedimentos

1ª Etapa

1 Com uma folha de papel, faça um canudo. Segure o canudo com a mão esquerda e olhe através dele com o olho esquerdo. Encoste a palma da mão direita no olho direito e afaste-a lentamente mantendo-a encostada no canudo, olhando com ambos os olhos.

2 O que um olho vê é igual ao que o outro olho vê? Anote no caderno as suas impressões.

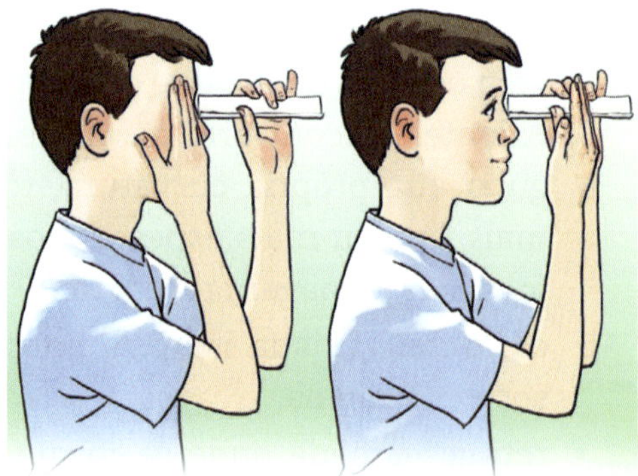

Representação esquemática do teste de visão binocular – etapa 1. Cores fantasia. Elementos fora de escala de tamanho e de proporção.

2ª Etapa

2 Tape o olho esquerdo, estique o braço esquerdo e coloque o dedo indicador levantado sobre um objeto distante. Sem mover o dedo indicador, tape o olho direito e veja onde está o objeto. Anote no caderno as suas impressões.

Fonte de pesquisa: Seara da Ciência. *A ótica da visão humana*. Disponível em: <http://www.seara.ufc.br/tintim/fisica/visao/tintim4-3.htm>. Acesso em: 20 mar. 2015.

ILUSTRAÇÕES: RODVAL MATIAS

Representação esquemática do teste de visão binocular – etapa 2. Cores fantasia. Elementos fora de escala de tamanho e de proporção.

Resultados e conclusões

1. O que você observou em cada uma das etapas?
2. Qual é a importância da visão binocular?

NÃO DEIXE DE LER

- **Ver e ouvir. Ciência Hoje na escola, n. 5.** Rio de Janeiro: Ciência Hoje, 1998.

Percepção da luminosidade e das cores

A retina, camada mais interna do olho, é formada por células fotossensíveis, ou seja, sensíveis à luz. São os cones e os bastonetes.

Os cones têm grande sensibilidade para a percepção de cores, já os bastonetes são sensíveis a diferentes intensidades de luz. Em ambientes com pouca luminosidade, somente os bastonetes são estimulados e, por essa razão, na penumbra não somos capazes de distinguir as cores.

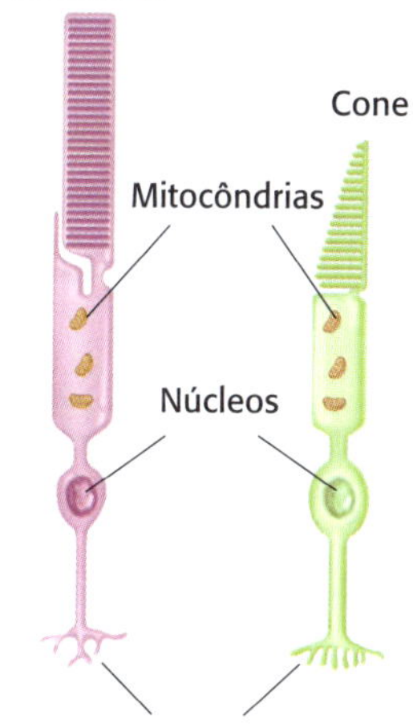

Representação esquemática das células bastonetes e cones. Cores fantasia. Elementos fora de escala de tamanho e de proporção.

Formação da imagem

Para que possamos enxergar, os raios luminosos (emitidos ou refletidos) devem chegar até a retina, onde a imagem será formada.

Quando as células fotossensíveis da retina são estimuladas, geram impulsos nervosos que são conduzidos até o cérebro pelo nervo óptico. É nesse momento que o processo de enxergar se completa. A região da retina de onde sai o nervo óptico é chamada de "ponto cego", pois ali, em razão da ausência de cones e bastonetes, não se formam imagens.

FORMAÇÃO DA IMAGEM

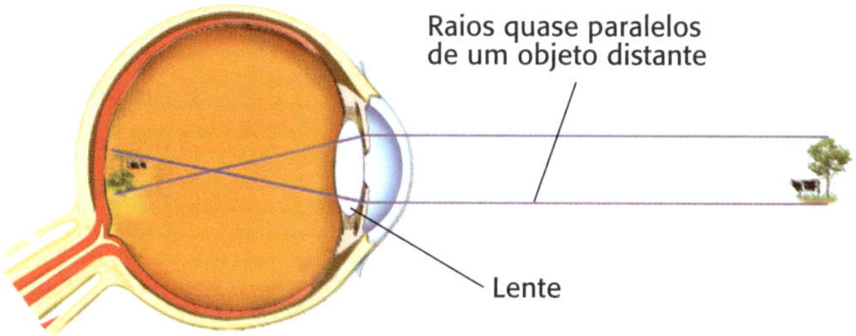

Representação esquemática da formação da imagem vista em um olho em corte transversal. Cores fantasia. Elementos fora de escala de tamanho e de proporção.

Miopia e hipermetropia

A **miopia** e a **hipermetropia** são problemas de visão. Na miopia, o formato do olho é mais alongado e a imagem forma-se antes da retina. Na hipermetropia, a distância entre a lente e a retina é menor que em um olho normal.

Para melhorar a visão de pessoas que têm miopia e hipermetropia, recomenda-se o uso de lentes (óculos ou lentes de contato).

ILUSTRAÇÕES: LUIS MOURA

Representações esquemáticas de problemas de visão: miopia e hipermetropia. Na miopia, os objetos distantes ficam "embaçados"; na hipermetropia, é difícil enxergar objetos próximos, que ficam "embaçados". Cores fantasia. Elementos fora de escala de tamanho e de proporção.

AUDIÇÃO

A função de audição é desempenhada por orelha, nervo auditivo e cérebro (que interpreta os impulsos nervosos). Além de captar sons ou ondas sonoras, a orelha humana também é responsável por informar ao cérebro a posição do nosso corpo e auxiliar, portanto, a manutenção do equilíbrio corporal.

Estrutura da orelha

A orelha pode ser dividida em três regiões: a orelha externa, a orelha média e a orelha interna.

ESTRUTURA DA ORELHA DIREITA

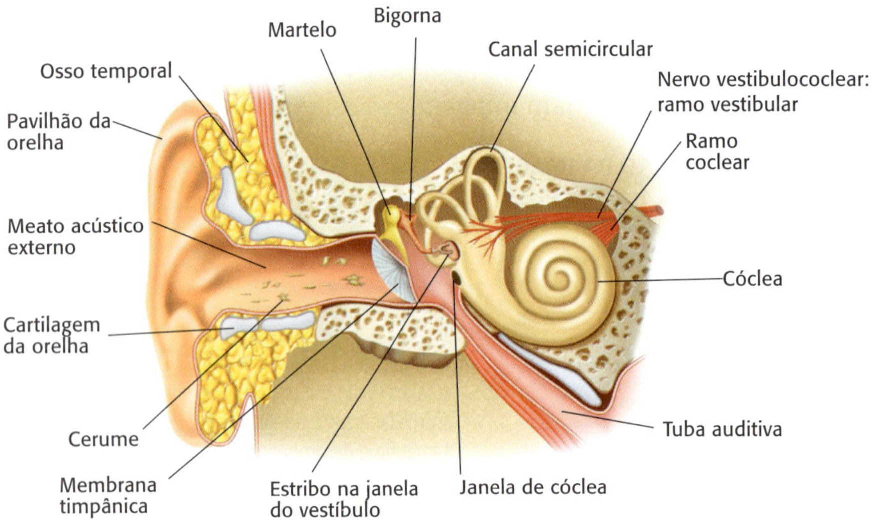

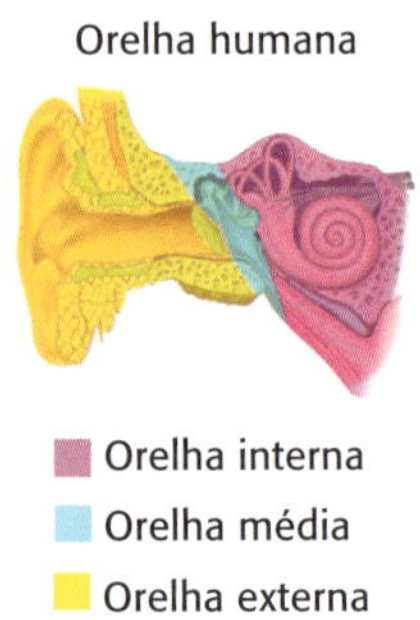

LUIS MOURA

Fonte: TORTORA, G. J.; DERRICKSON, B. *Corpo humano*: fundamentos de anatomia e fisiologia. 8. ed. Porto Alegre: Artmed, 2012.

Representação esquemática da orelha direita vista em corte transversal. Cores fantasia. Elementos fora de escala de tamanho e de proporção.

A **orelha externa** é constituída pelo pavilhão da orelha, formado principalmente por cartilagem, que capta os sons, e pelo canal ou meato acústico externo, que conduz as ondas sonoras até a orelha média. No **meato acústico externo**, a presença de pelos e células especiais que produzem o cerume protege a orelha contra a entrada de corpos estranhos.

Cerume: um tipo de cera.

A **orelha média** é formada pela cavidade do osso temporal (que fica na região lateral da cabeça) e pela membrana timpânica, uma fina estrutura que separa a orelha externa da orelha média.

Dentro da orelha média, encontramos três ossículos: a bigorna, o estribo e o martelo. Esses ossículos são articulados entre eles e localizados entre a membrana timpânica e a janela do vestíbulo.

A **orelha interna** está separada da orelha média pela janela da cóclea. É formada por cóclea ou caracol, que contém o órgão espiral, no qual ficam as células ciliadas, um líquido interno circulante e ductos semicirculares, relacionados à manutenção do equilíbrio corporal.

Como ouvimos

O som é formado por vibrações de algum emissor (no exemplo, a caixa de som). Essas vibrações se propagam pelo ar.

Representação esquemática de como ouvimos o som. As vibrações sonoras se propagam pela orelha, até serem codificadas pelo cérebro. Cores fantasia. Elementos fora de escala de tamanho e de proporção.

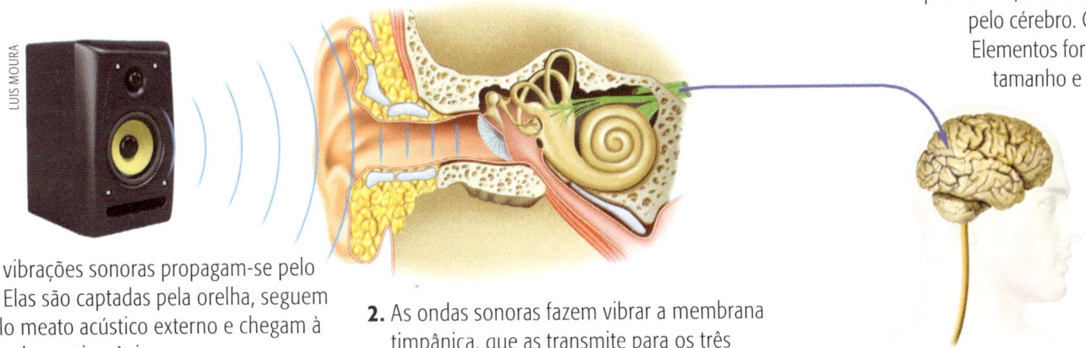

LUIS MOURA

1. As vibrações sonoras propagam-se pelo ar. Elas são captadas pela orelha, seguem pelo meato acústico externo e chegam à membrana timpânica.

2. As ondas sonoras fazem vibrar a membrana timpânica, que as transmite para os três ossículos da orelha média. As vibrações são amplificadas em até 20 vezes antes de serem transmitidas para a janela da cóclea.

3. As vibrações movimentam a cóclea. Esse movimento induz à formação de um impulso nervoso, conduzido pelo nervo auditivo até o cérebro.

Deficiências auditivas

As pessoas podem perder a audição por problemas na orelha média ou na orelha interna causados por sons de alta intensidade ou infecções. Na orelha média, os ossículos são afetados, mas é possível usar um aparelho que corrige a deficiência. Problemas na orelha interna são mais difíceis de solucionar porque envolvem a cóclea. Nesse caso, é possível fazer um implante de cóclea.

THINKSTOCK/GETTY IMAGES

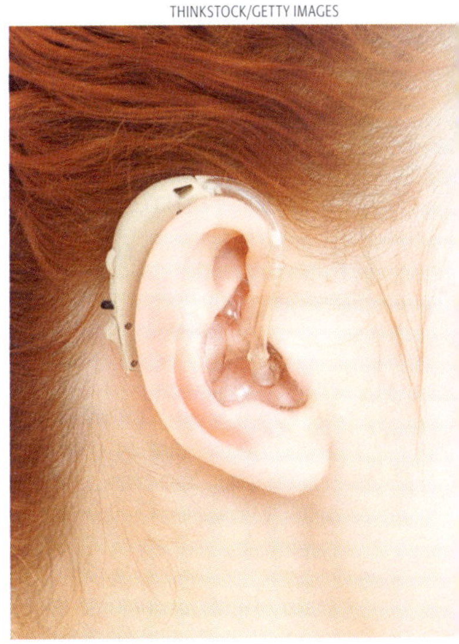

Pessoa usando aparelho auditivo movido a bateria, no qual a intensidade do som pode ser controlada. As vibrações sonoras são ampliadas por microfone e canalizadas para a orelha por um tubo fino. Só funciona para pessoas que não perderam completamente a audição.

NÃO DEIXE DE ACESSAR

- **Animação: Como escutamos**

No *site* da Faculdade de Medicina da Universidade de São Paulo, você poderá encontrar informações e uma animação que permite compreender com facilidade o caminho das vibrações pela orelha e dos impulsos nervosos até chegarem ao cérebro.
<http://surdez.org.br/como_escutamos.asp>.
Acesso em: 20 mar. 2015.

A dificuldade de ouvir sons, também chamada de surdez temporária, pode ocorrer quando subimos ou descemos uma região montanhosa. Isso acontece por causa da diferença de pressão atmosférica em áreas de diferentes altitudes. No litoral, por exemplo, a pressão atmosférica é maior do que nas regiões mais altas. A sensação de incômodo ocorre por causa da diferença de pressão entre a face interna da membrana timpânica e a sua face externa, que está sofrendo a ação da maior pressão atmosférica ambiente.

Nessa situação, a membrana timpânica é empurrada para dentro, impedindo que as vibrações ocorram normalmente. Abrir a boca e bocejar funcionam para igualar as pressões, pois o ar entra pela boca e chega à face interna da membrana timpânica através da tuba auditiva. Dessa forma, a pressão exercida dos dois lados se iguala.

Uma diferença grande de pressão entre as duas faces da membrana timpânica pode lesioná-la. É o que acontece, por exemplo, quando fazemos mergulhos muito profundos sem fazer descompressão conforme se aumenta a profundidade.

OLFATO E GUSTAÇÃO

O **olfato** é o sentido relacionado à percepção de odores, captados pelo nariz e interpretados pelo cérebro. A **gustação** é relacionada aos gostos, que são percebidos pela língua e interpretados pelo cérebro.

Tanto a percepção dos gostos quanto a dos odores ocorre por meio de **quimiorreceptores** espalhados na cavidade nasal e na boca (principalmente na língua), que identificam, respectivamente, as substâncias de odor e de gosto.

Sabores são as sensações percebidas em conjunto pelo olfato e pela gustação.

Como sentimos os cheiros

Ao serem inaladas pelo nariz, as substâncias químicas ou **partículas odoríferas** espalhadas pelo ar passam pelas narinas e chegam às cavidades nasais. Lá, são captadas pelos quimiorreceptores do olfato localizados em células do epitélio olfatório. Estimuladas, essas células olfatórias produzem um impulso nervoso que segue para o cérebro, no qual nossa memória olfativa interpreta o cheiro.

Embora cada pessoa possa identificar centenas de cheiros pelo olfato, a memória olfativa é individual e depende da relação afetiva que ficou registrada entre o cheiro que sentimos e as situações, pessoas ou alimentos a que ele nos remete.

VIAS AÉREAS E RECEPTORES OLFATÓRIOS

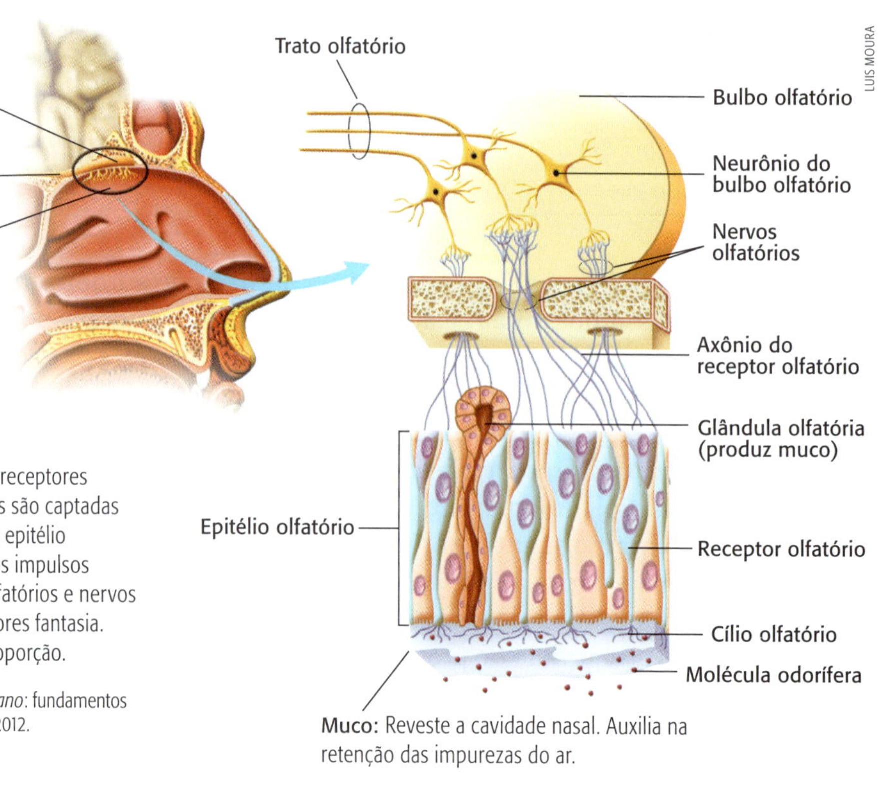

Representação esquemática das vias aéreas e receptores olfatório. Observe que as moléculas odoríferas são captadas pelos cílios olfatórios no muco e seguem pelo epitélio olfatório por meio dos receptores olfatórios; os impulsos nervosos seguem pelos axônios receptores olfatórios e nervos olfatórios, até chegarem ao bulbo olfatório. Cores fantasia. Elementos fora de escala de tamanho e de proporção.

Fonte: TORTORA, G. J.; DERRICKSON, B. *Corpo humano*: fundamentos de anatomia e fisiologia. 8. ed. Porto Alegre: Artmed, 2012.

Como sentimos os gostos

Assim como o olfato, a gustação também atua como receptor de substâncias químicas. Além de os quimiorreceptores estarem espalhados pelas **papilas** presentes, principalmente, em nossa língua, também estão em pequena quantidade no céu da boca e na garganta (laringe e faringe). No epitélio que recobre a língua, há poros nos quais as papilas entram em contato com as substâncias dos alimentos. As papilas são conectadas a terminações nervosas, que transmitem o estímulo ao sistema nervoso.

As papilas linguais identificam o gosto básico: doce, salgado, azedo, amargo e umami.

Os gostos só podem ser percebidos se as substâncias que o produzem estiverem misturadas com a saliva. Por isso, é importante a mastigação, para misturar bem o alimento à saliva.

RECEPTORES GUSTATÓRIOS

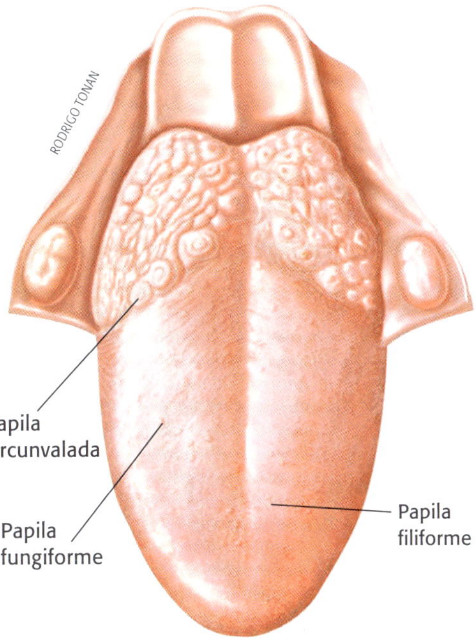

Representação esquemática dos receptores gustatórios da língua. Cores fantasia. Elementos fora de escala de tamanho e de proporção.

Fonte: TORTORA, G. J; DERRICKSON, B. *Corpo humano*: fundamentos de anatomia e fisiologia. 8. ed. Porto Alegre: Artmed, 2012.

Como sentimos os diferentes sabores

Quando as informações dos quimiorreceptores do olfato e da gustação são somadas ao que sentimos com o olfato, temos a sensação de muitos sabores.

As sensações geradas pela gustação também ficam armazenadas em uma memória gustativa, que, quando acionada pelo cérebro, traz informações conhecidas. Assim vão sendo construídas as preferências individuais por um tipo ou outro de alimento, tão marcantes entre as pessoas.

Sem cheiro e sem gosto

São raras as pessoas que não sentem cheiro. Algumas já nascem assim porque não desenvolvem os bulbos olfativos durante a gestação, ou podem desenvolver esse problema em decorrência de algum acidente.

Quando ficamos resfriados, temos dificuldade de sentir os cheiros porque ficamos com muito muco no nariz. Sem cheiro, também não conseguimos perceber os diferentes sabores, pois os gostos e os cheiros juntos é que criam as sensações de sabor.

EYE OF SCIENCE/SPL/LATINSTOCK

Revestimento das cavidades nasais visto ao microscópio eletrônico. Cores artificiais. Aumento de 1 333 vezes. Os cílios retêm bactérias e outras partículas do ar, aprisionando-as ao muco, que pode ser removido ao assoarmos o nariz.

FIQUE DE OLHO

1. "Tampe o nariz para não sentir o gosto ruim do remédio!" Essa é uma frase que muitas pessoas ouviram quando crianças. Converse com seus colegas e discutam se essa informação é verdadeira.
2. Faça uma pesquisa para investigar sobre o tema.

SAIBA MAIS

Um olhar para além dos sentidos

"Em dias ensolarados é muito gostoso caminhar pelo *campus* da universidade onde trabalho (Universidade Federal de São Carlos, UFSCar) para sentir o calor do Sol, observar árvores verdinhas, sentir o perfume das flores e ouvir os pássaros que cantam nas ruas do *campus* (que levam o nome das aves que lá vivem).

Essas agradáveis sensações, percebidas pelos nossos sentidos, modificam nossos sentimentos e provocam diversas reações.

A percepção que temos do mundo à nossa volta é decorrente do contato sensorial. Tudo que é percebido pelos nossos sentidos faz com que construamos uma percepção da realidade. Mas os nossos sentidos, embora muito desenvolvidos, percebem apenas uma parte do mundo à nossa volta.

Por exemplo, os nossos olhos detectam uma pequena parte do espectro eletromagnético. Eles são sensíveis a radiações que tenham um comprimento de onda entre 700 a 400 nm (um nanômetro equivale a um bilionésimo de um metro). Esses limites equivalem respectivamente à cor vermelha (700 nm) e violeta (400 nm), passando pelo amarelo, verde e azul.

Entretanto, somos expostos a outras radiações, que vão desde ondas de rádio – que possuem comprimento de onda de dezenas de metros – até radiações de mais alta energia, ultravioleta e raios X, que têm comprimento de onda de centésimos de nanômetros.

[...]

As sensações que temos são interpretadas pelo cérebro e criam diversas reações, como de paz e tranquilidade, na situação descrita acima; ou de medo e apreensão, se estivermos em lugares sujos e escuros. Entretanto, cada pessoa reage aos mesmos estímulos de maneira completamente diferente.

Os estímulos também podem nos remeter a memórias e pensamentos, criando uma infinidade de reflexões. As informações podem ser as mesmas para vários indivíduos, mas a resposta é quase sempre única para cada um.

[...]

Estímulos para todos os sentidos

Os outros sentidos, audição, olfato, gustação e tato, são estimulados por outros meios, como mecânicos (no caso da audição e tato), térmicos (tato) e químicos (olfato e gustação). A orelha capta os sons e barulhos e os envia ao córtex cerebral. Devido às diferenças na frequência de cada onda sonora, ouvimos diferentes sons. Ao entrar pelo canal auditivo, as ondas sonoras fazem com que ocorram vibrações nos tímpanos.

Já o tato não tem um órgão específico, pois todas as regiões do organismo possuem mecanorreceptores responsáveis pela percepção do toque, bem como termoceptores para perceber o frio e o calor e terminações nervosas livres para perceber a dor, mudando apenas de intensidade.

No caso do aparelho gustativo e olfativo, temos células específicas na língua (gustação) e nas narinas (olfato) – sendo que o olfato é o único sentido diretamente ligado às emoções e memórias. Os outros sentidos também nos remetem a memórias, mas de forma indireta.

De uma maneira semelhante, tentando imitar a natureza, o [ser humano] desenvolveu meios para ampliar os seus sentidos. Por exemplo, os telescópios funcionam como gigantescos olhos. Um telescópio que tem quatro metros de diâmetro (como o caso do telescópio espacial Hubble) capta um milhão de vezes mais luz do que o olho humano.

Para ampliar a visão e observar o muito pequeno, é necessário utilizar outros olhos capazes de captar outras faixas de radiação. É o caso dos microscópios eletrônicos, que a partir de um feixe de elétrons permitem interagir com a matéria na escala atômica e observar até átomos. Neste caso, os elétrons funcionam como ondas – com comprimento de onda de alguns décimos de nanômetros.

Os sentidos também podem ser substituídos ou magnificados utilizando-se outros tipos de equipamentos e materiais. Um exemplo é a 'língua eletrônica' desenvolvida por pesquisadores do Instituto de Física de São Carlos (IFSC) da USP e da Embrapa, que utiliza polímeros condutores como sensores e possui mil vezes mais sensibilidade do que a língua humana.

Ela é utilizada para testar a qualidade de café, vinhos, água, leite etc. A interação desses líquidos com os polímeros altera a sua condutividade, e esta é utilizada para identificar o tipo de produto.

O nosso olhar para o mundo é influenciado, portanto, pelas nossas experiências, e as nossas experiências são afetadas pelas sensações que nossos sentidos captam. Esse retorno contínuo é de fundamental importância para o nosso desenvolvimento. Tanto os sensores (sentidos) como as sensações (interpretações) são responsáveis por isso. O resultado disso é sempre um indivíduo único com as suas visões particulares do mundo. »

Adilson de Oliveira. *Um olhar para além dos sentidos*. Disponível em: <http://cienciahoje.uol.com.br/colunas/fisica-sem-misterio/um-olhar-para-alem-dos-sentidos>. Acesso em: 23 mar. 2015.

Para pensar

1. Explique com suas palavras a afirmação do texto "As informações podem ser as mesmas para vários indivíduos, mas a resposta é quase sempre única para cada um".

2. Pense em uma situação em que você sentiu alegria, descreva os elementos relacionados a essa sensação.

THINKSTOCK/GETTY IMAGES

Na natureza, as cores de uma cerejeira que floresce sob do céu azul: "As sensações que temos são interpretadas pelo cérebro e criam diversas reações, como de paz e tranquilidade ou de medo e apreensão".

TATO

Por intermédio do tato, recebemos vários estímulos sensoriais. Esse é o único dos nossos sentidos que não está localizado em uma parte ou órgão específico do corpo. As estruturas responsáveis pelo tato são diferentes tipos de receptores cutâneos, que se encontram distribuídos na superfície da pele, sendo cada um deles responsável por um tipo específico de sensação. Para todos os tipos de estímulos táteis (pressão, tato, calor, frio e dor), o estímulo ativa os receptores, que, por sua vez, geram um impulso nervoso que é levado até o cérebro por meio dos nervos.

RECEPTORES SENSORIAIS DO TATO

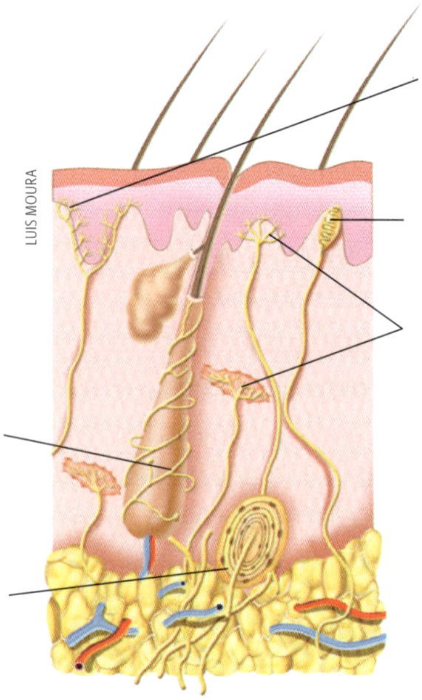

Representação esquemática dos receptores sensoriais da pele vistos em corte transversal. Cores fantasia. Elementos fora de escala de tamanho e de proporção.

Fonte: TORTORA, G. J; DERRICKSON, B. *Corpo humano*: fundamentos de anatomia e fisiologia. 8. ed. Porto Alegre: Artmed, 2012.

Em certas regiões, há uma quantidade maior de receptores sensitivos, como nas pontas dos dedos, nos lábios, nas palmas das mãos e nas plantas dos pés. Essas são as partes mais sensíveis do corpo humano.

FIQUE DE OLHO

O sistema Braille, usado universalmente na leitura e na escrita por pessoas com deficiência visual, foi inventado na França, em 1825, por Louis Braille (1809-1982). Ele ficou cego aos 4 anos de idade. Quando adulto, desenvolveu um método de leitura e escrita em relevo, com base em 64 símbolos resultantes da combinação de seis pontos, dispostos em duas colunas de três pontos. Para ler esse sistema são usados os dedos.

Essa foi uma importante conquista para a educação e a integração dos deficientes visuais na sociedade.

1. Quais são os sentidos utilizados para ler em Braille?

2. Faça uma pesquisa e descubra outras linguagens utilizadas para deficientes.

Pessoas com deficiência visual leem com as mãos, utilizando o sistema Braille.

Pista 3

Assim como um ator deve controlar sua fala e movimentação conforme lhe foi instruído, todas as pessoas, em seu cotidiano, também devem realizar essas atividades de forma consciente. Uma simples palavra ou movimento pode ter significados diferentes para cada pessoa ou em diferentes culturas. Além da fala, os gestos também fazem parte da comunicação? Qual é a importância da comunicação adequada?

1. Descreva no caderno o trajeto percorrido pela luz no interior do olho humano.

2. Observe a imagem, leia a legenda e responda às questões no caderno.

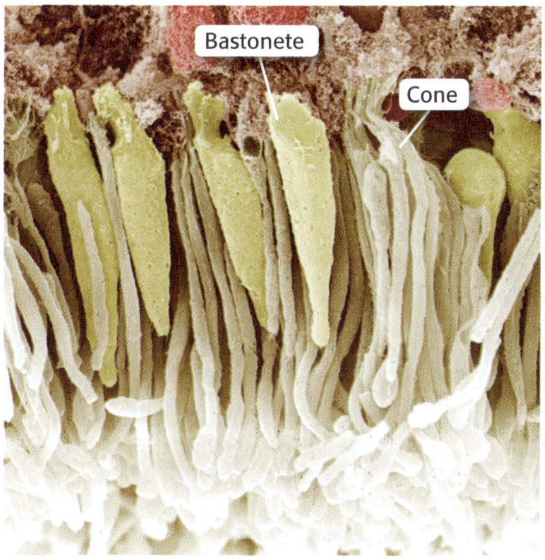

EYE OF SCIENCE/SPL/LATINSTOCK

Células da retina vistas ao microscópio eletrônico. Cores artificiais. Aumento de 5 400 vezes. Na imagem, vemos os fotorreceptores em forma de bastonetes, que detectam a intensidade da luz.

a. Quais são as células fotossensíveis da retina?

b. Qual é a participação de cada uma delas no processo de produção da imagem?

c. Quando entramos na sala de cinema escura, que células da retina entram em ação?

3. Não percebemos a existência do ponto cego, mas podemos constatar facilmente sua presença. Para isso, cubra o olho esquerdo e olhe fixamente para a estrela azul da figura. Em seguida, vá aumentando ou diminuindo a distância entre o livro e seu rosto, até que a bolinha vermelha desapareça. Quando isso acontecer, a imagem da bola vermelha terá caído no seu ponto cego.

Representação esquemática de formas geométricas para identificar o ponto cego. Cores fantasia. Elementos fora de escala de tamanho e de proporção.

Agora, responda: Por que não há formação de imagem no ponto cego?

4. Quando dizemos, por exemplo, que uma pessoa tem olhos castanhos, a que estrutura específica dos olhos estamos nos referindo? Qual é a função dessa estrutura?

5. Em seu caderno, descreva a função de cada estrutura.

a. Glândulas lacrimais.

b. Pupila.

c. Lente.

d. Retina.

e. Nervo óptico.

f. Bastonetes.

6. O que acontece na membrana timpânica quando nos submetemos a uma abrupta variação de altitude?

7. Onde e como ocorre a identificação de substâncias químicas nos processos de olfação?

8. Onde e como ocorre a identificação de substâncias químicas nos processos de gustação?

9. Leia o texto e responda às questões no caderno.

A exposição a sons intensos é a segunda causa mais comum de deficiência auditiva. Muito se pode fazer para prevenir a perda auditiva induzida por ruído, mas pouco pode ser feito para reverter os danos que ela causa. Algumas vezes, uma simples e única exposição a um som muito intenso pode ser suficiente para levar a um dano auditivo irreversível. Isso ocorre porque o som de alta intensidade lesa as células sensoriais auditivas, causando perda auditiva proporcional ao dano gerado, podendo levar a zumbidos e distorção sonora.

Os sintomas iniciais da perda auditiva induzida por ruído são sutis, começando, na maioria dos casos, pelas frequências agudas. Consequentemente muitos indivíduos não percebem que apresentam uma perda auditiva induzida por ruído, pois todas as outras frequências sonoras estão dentro da normalidade, e continuam se expondo a ele por falta de orientação ou conhecimento.

Ao contrário do que muitos imaginam, a exposição a sons intensos não atinge somente profissionais que trabalham em locais com elevado nível de ruído, como indústrias ou aeroportos, mas pode acontecer numa variedade de situações, que são muito frequentes no dia a dia da maioria das pessoas.

[...]

Algumas dicas podem ser seguidas para saber se você está ou esteve em um ambiente com intensidade sonora potencialmente lesiva à sua audição:

- se há necessidade de gritar em um determinado ambiente para se fazer ouvir;
- se zumbidos ocorrem após exposição a um som intenso;
- se a sensação de ouvidos cheios ou de diminuição de audição aparece após a exposição sonora.

Portanto, se você já experimentou essa situação ou está exposto habitualmente a sons intensos, a Sociedade Brasileira de Otorrinolaringologia (SBORL) recomenda que procure um médico otorrinolaringologista para avaliação e acompanhamento de sua saúde auditiva.

[...]

Disponível em: <http://www.aborlccf.org.br/conteudo/secao.asp?s=51&id=477 >. Acesso em: 23 mar. 2015.

Faça uma pesquisa e responda:

a. Por que as lesões auditivas são tão preocupantes?

b. Que medidas devem ser tomadas por profissionais que trabalham em ambientes muito ruidosos, como aeroportos e canteiros de obras?

10. Observe a fotografia e responda no caderno às questões.

- Que estruturas do corpo permitem controlar a posição do corpo em uma situação como essa?

THINKSTOCK/GETTY IMAGES

Jovens se equilibram em uma mureta.

11. Identifique, nas situações descritas a seguir, o tipo de estímulo que está sendo dado sobre a pele.

a. Um dedo tocando um espinho.

b. As mãos alisando o pelo de um cachorro.

12. Que gostos as papilas gustativas nos permitem perceber? Qual é a diferença entre gosto e sabor?

13. Alguns mamíferos, como os gatos, têm hábitos noturnos e possuem uma visão aguçada em ambientes escuros; no entanto, têm visão limitada para cores durante o dia.

MARKO ZAMUROVIC/ALAMY/LATINSTOCK

Os gatos enxergam bem em ambientes pouco iluminados.

- Sabendo que os gatos têm células na retina semelhantes às dos seres humanos, responda: Qual tipo de célula da retina esses animais possuem em maior quantidade?

Desfecho

Ao longo deste desafio vimos o quão complexo é o trabalho de um ator ou atriz, e também o quanto o trabalho deles se assemelha às atividades que realizamos em nosso cotidiano. Após compreender como ocorre a leitura, interpretação e expressão através do sistema nervoso, reflita e converse com seus colegas sobre a memória. Discutam onde ela é armazenada e pesquisem se há algo que possa auxiliar para se ter uma boa memória.

Encerrando a unidade

1. Reveja com seus colegas os principais temas desta unidade e anote suas dúvidas no caderno:

- **Células nervosas e nervos**
- **Encéfalo, medula espinal e outras partes do sistema nervoso**
- **Glândulas que controlam nosso corpo**
- **Órgãos dos sentidos e o que percebemos do ambiente**

2. Em grupos, organizem a montagem de um painel que interligue os dois temas tratados nesta unidade: sistema nervoso e sistema endócrino. O painel deverá conter imagens (fotografias, recortes e desenhos) e esquemas que representem essa interligação. O painel pode ser apresentado a colegas de outras turmas.

Integração entre o cérebro e as máquinas

Paraplégico chuta bola em abertura da Copa com ajuda de exoesqueleto

O Projeto Andar de Novo (*Walk Again*) permitiu que um paciente paraplégico voltasse a mover a perna para chutar uma bola durante a abertura oficial da Copa do Mundo. O movimento foi possível com o uso de um exoesqueleto acoplado a um computador e ao cérebro de Juliano Pinto, 29 anos, que tem paraplegia completa de tronco inferior e membros inferiores.

[...]

O projeto desenvolveu uma espécie de armadura robótica que traz um computador conectado ao cérebro do paciente por meio de eletrodos. O exoesqueleto ganhou o apelido de BRA-Santos Dumont 1, em homenagem a um dos precursores da aviação, o brasileiro Santos Dumont.

O projeto Andar de Novo envolve um grupo de pesquisadores de 25 nacionalidades. [...]. Nicolelis [pesquisador responsável pelo grupo] é reconhecido mundialmente por seus trabalhos envolvendo macacos, ratos e controle de mecanismos a partir de sensores neuronais.

Os testes do protótipo que foi apresentado ao mundo hoje [12/06/2014] aconteceram com oito pacientes da Associação de Assistência à Criança Deficiente (AACD), em São Paulo (SP). No dia 29 de abril de 2014 um dos pacientes conseguiu dar os primeiros passos com a veste robótica, usando somente o cérebro para os comandos. Até o dia 20 de maio, os pacientes já tinham dado, em média, 120 passos com o exoesqueleto cada um.

[...]

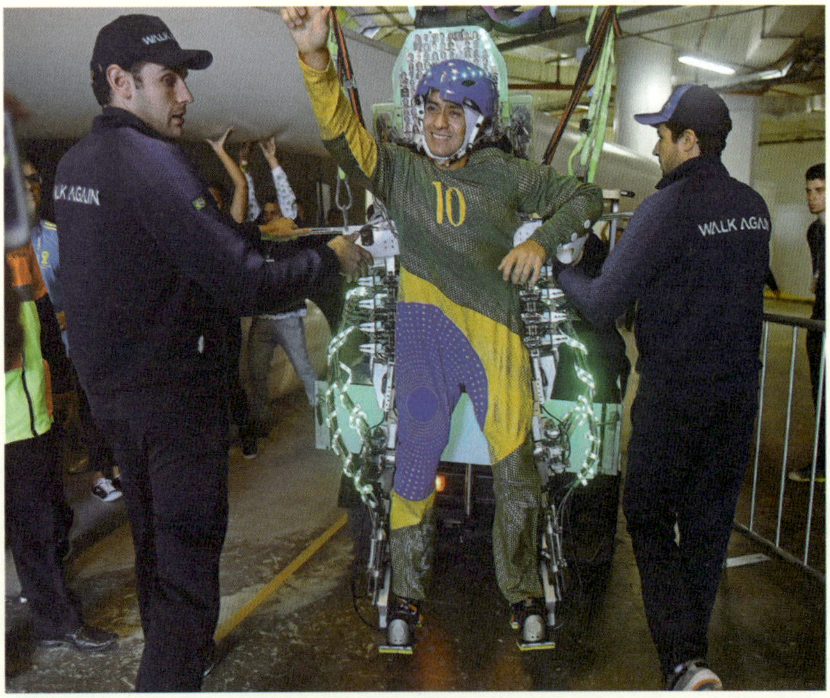

REGINALDO CASTRO/FOLHAPRESS

Juliano Pinto, que tem paraplegia, deu o chute inicial na Copa do Mundo de 2014 no Brasil.

Conheça 10 curiosidades que explicam o funcionamento do exoesqueleto

1) O projeto Andar de Novo [realizou] testes com oito pacientes adultos com idade entre 20 e 35 anos. [...]

2) O equipamento é controlado por atividades do cérebro do paciente, que também recebe sinais sensoriais da máquina.

3) O paciente usa um capacete que transmite os sinais do cérebro para um computador guardado em uma mochila. O computador, por sua vez, dá comando para pistões hidráulicos responsáveis pelo movimento das pernas mecânicas.

4) O exoesqueleto usa uma bateria com autonomia de até 2 horas.

5) Um sensor na parte externa da roupa robótica vai captar o ambiente ao redor de forma parecida a de um ser humano.

6) Existem sensores de pressão, temperatura e de vibração. Mas não se sabe ainda se a pessoa sentirá todos esses dados.

7) Ao tocar o chão, o exoesqueleto aciona um vibrador conectado ao braço do paciente. A ideia é que o cérebro associe essas vibrações ao movimento das pernas para que a pessoa volte a ter impressão de sentir as suas pernas, dando comandos para andar ao equipamento.

8) O material do exoesqueleto foi construído em diferentes países com materiais feitos em impressoras 3D, plástico resistente, metais e alumínio. O protótipo pesa cerca de 70 kg.

9) As pesquisas do exoesqueleto são realizadas no Instituto Internacional de Neurociência de Natal (IINN) e na Universidade de Duke, nos Estados Unidos, onde Nicolelis trabalha com ajuda de financiamentos externos.

10) Outros pesquisadores de neurociência criticam o projeto ou preferem não analisá-lo. Entre as críticas, citam que o excesso de exposição vai criar a sensação de que a tecnologia estará pronta para uso em breve. Contudo, Nicolelis prevê mais 20 anos antes de colocá-la em uso médico.

[...]

Portal EBC. *Paraplégico chuta bola em abertura da Copa com ajuda de exoesqueleto.* Disponível em: <http://www.ebc.com.br/esportes/copa-do-mundo/2014/06/paraplegico-anda-na-abertura-da-copa-entenda-como>. Acesso em: 23 mar. 2015.

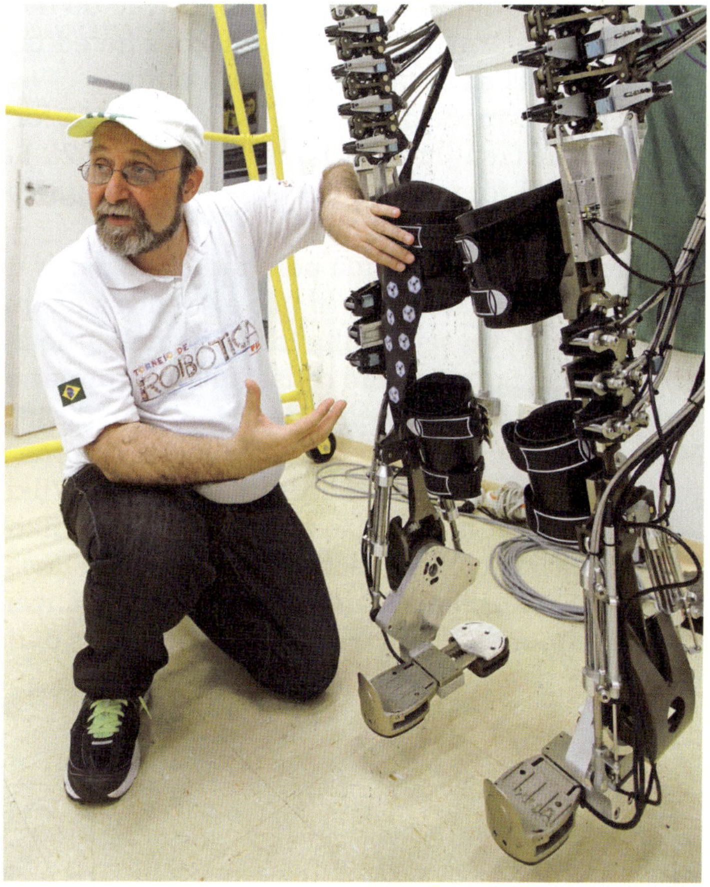

PAULO WHITAKER/REUTERS/LATINSTOCK

O neurocientista Miguel Nicolelis ao lado do exoesqueleto humano.

Para explorar

1. Qual é a importância da pesquisa liderada pelo cientista brasileiro Miguel Nicolelis?

2. As pesquisas lideradas por Miguel Nicolelis englobam diferentes áreas: a neurofisiologia (funcionamento do cérebro), a neuroanatomia (estrutura do cérebro), a neuropsicologia (relação entre cérebro e mente), além das áreas de informática e robótica. O cientista certamente não desenvolveu sua pesquisa sozinho. O texto apresenta dados para concluir isso? Em que trechos estão essas informações?

3. Na ciência, o trabalho em equipe é essencial. O mesmo ocorre com alguns trabalhos escolares. O que você e seus colegas pensam sobre o trabalho em grupo na escola? Conversem e escrevam um pequeno texto relatando suas ideias. Utilizem algum exemplo em que o trabalho em equipe tenha tido um resultado positivo para vocês.

UNIDADE

7 Reprodução e hereditariedade

A década de 1950 foi marcada por diversos avanços científicos. Um dos mais importantes foi a proposição do modelo de DNA — molécula que armazena as informações hereditárias e transmite as características de uma geração para outra.

Em 1953, o modelo de dupla hélice do DNA foi apresentado à comunidade científica por James Watson (1928-) e Francis Crick (1916-2004). Isso só foi possível por evidências empíricas produzidas pela biofísica, Rosalind Franklin (1920-1958).

A "fotografia 51", obtida por Franklin a partir de imagens de raio X, foi uma das principais evidências de que a molécula de DNA era helicoidal, ou seja, tinha forma semelhante a hélices.

Na época, Franklin não conseguiu interpretar por si só que se tratava de uma dupla hélice de DNA. Além disso, não encontrou em Maurice Wilkins, seu chefe de laboratório, forma alguma de apoio profissional. Relatos históricos indicam que Wilkins e Rosalind não possuíam uma relação amigável e que Wilkins compartilhou a "fotografia 51" com Watson e Crick sem que Rosalind soubesse.

Em 1958, Rosalind Franklin faleceu com câncer no ovário sem reconhecimento algum e sem saber que seus dados foram utilizados na publicação de Watson e Crick.

Nesta unidade, você vai saber mais sobre:

- Os tipos de reprodução
- Os sistemas genitais masculino e feminino
- Como é determinado o sexo de uma pessoa
- O que significam os termos cariótipo, genótipo e genoma
- As técnicas de clonagem, fertilização *in vitro* e transgenia

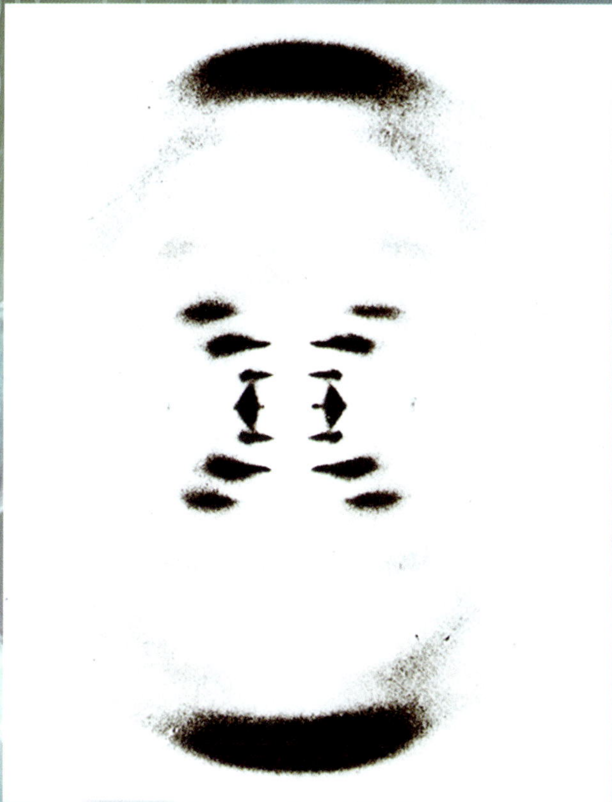

SPL/LATINSTOCK

Fotografia da imagem do DNA obtida pela técnica da difração dos raios X usada por Rosalind Franklin.

SPL/LATINSTOCK

Além da estrutura molecular do DNA, Rosalind Franklin contribuiu para o estudo de alguns vírus e do grafite.

THINKSTOCK/GETTY IMAGES

TROCANDO IDEIAS

1. Qual é a importância da proposição do modelo de DNA?
2. Quais foram as contribuições de Rosalind Franklin para a descoberta do modelo de dupla hélice do DNA?
3. Na sua opinião, por que os trabalhos de Rosalind não foram reconhecidos na época?
4. Grande parte das descobertas científicas é feita com a contribuição de diversos pesquisadores. Faça uma pesquisa para encontrar outros exemplos de descobertas científicas feitas com a contribuição de vários cientistas.

13 Fecundação, gestação e parto

A família (1925), pintado por Tarsila do Amaral (1886-1973). Óleo sobre tela. Coleção de Torquato Saboia Pessoa, São Paulo.

Retrato da família brasileira

"A família brasileira se multiplicou. O modelo de casal com filhos deixou de ser dominante no Brasil. Pela primeira vez, o censo demográfico captou essa virada, mostrando que os outros tipos de arranjos familiares estão em 50,1% dos lares.

Hoje, os casais sem filhos, as pessoas morando sozinhas, três gerações sob o mesmo teto, casais *gays*, mães sozinhas com filhos, pais sozinhos com filhos, amigos morando juntos, netos com avós, irmãos e irmãs, famílias 'mosaico' (a do 'meu, seu e nossos filhos') ganharam a maioria. O último censo, de 2010, listou 19 laços de parentesco para dar conta das mudanças, contra 11 em 2000.

[...]

Essa virada vem principalmente com a queda na taxa de fecundidade. Em 1940, a mulher tinha em média seis filhos, hoje tem menos de dois, fazendo a população crescer mais devagar e ficar mais velha. Ao optar por uma família menor, a mulher entrou forte no mercado de trabalho: em 1969, elas eram 27,3% da força de trabalho, em 2009, 43,6%. [...]"

Disponível em: <http://oglobo.globo.com/economia/pai-mae-filhos-ja-nao-reinam-mais-nos-lares-5898477>. Acesso em: 18 mar. 2014.

BATE-PAPO

1. Atualmente, muitas famílias são pouco numerosas. A que fatores você atribui esse fato?
2. Descreva como é a família representada na obra de Tarsila do Amaral.
3. Observe que as pessoas da família retratada por Tarsila do Amaral são fisicamente parecidas. Por que as pessoas de algumas famílias apresentam semelhanças físicas?

REPRODUÇÃO SEXUAL

Na reprodução sexuada de organismos pluricelulares, órgãos denominados gônadas produzem as células reprodutivas ou gametas, que podem ser femininos ou masculinos. Nos seres humanos, os ovários (gônadas femininas) produzem os ovócitos, gametas femininos. As gônadas masculinas ou testículos produzem os gametas masculinos, ou espermatozoides.

O encontro do gameta feminino com o gameta masculino é a **fecundação**. A fusão desses gametas resulta na formação de uma nova célula, denominada célula-ovo ou zigoto, que originará um novo indivíduo.

A célula deste novo indivíduo contém metade das informações hereditárias do pai e metade das informações da mãe.

EYE OF SCIENCE/SPL/LATINSTOCK

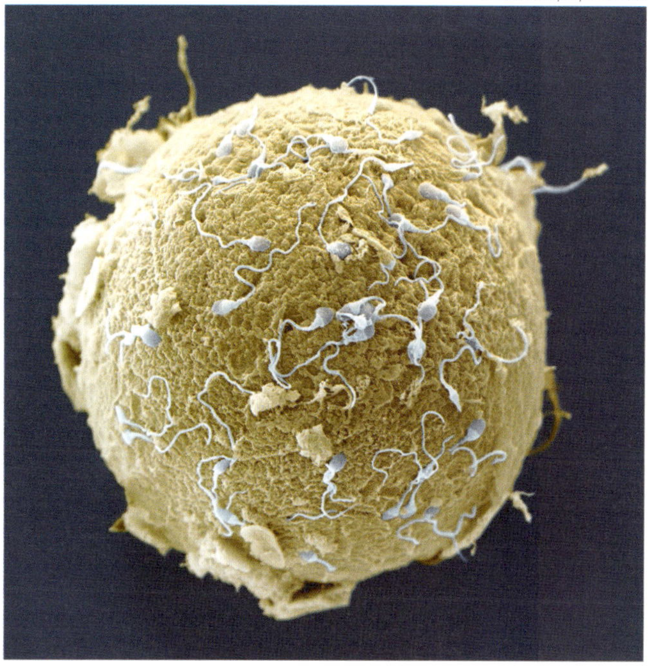

Espermatozoides sobre ovócito humano visto ao microscópio eletrônico. Apenas um desses espermatozoides adentrarão o ovócito, que se transformará em óvulo. Após a fertilização, o zigoto formará uma barreira que impedirá a entrada de outros espermatozoides. Cores artificiais. Aumento de 650 vezes.

O ramo da medicina especializado em estudar e diagnosticar doenças do sistema genital feminino é a **ginecologia** (*gynaiko* = mulher; *logya* = estudo). É recomendado a mulheres com vida sexual ativa ir ao ginecologista ao menos uma vez por ano.

A **urologia** estuda e diagnostica doenças do sistema genital masculino e também do sistema urinário feminino e masculino.

A **hebiatria** é uma especialidade médica exclusiva para adolescentes (pessoas que têm entre 12 e 18 anos). O médico hebiatra auxilia o adolescente nas questões relacionadas à mudança do corpo e o encaminha para áreas específicas.

Gêmeos: parecidos, mas nem tanto

Imagine a seguinte situação: Um casal teve filhos gêmeos idênticos. Quarenta anos após seu nascimento, os homens eram pessoas visivelmente diferentes: enquanto um era professor de história, o outro era engenheiro. O professor tinha cabelos escuros, era casado e tinha dois filhos, com quem gostava de surfar. O engenheiro tinha cabelos claros, era solteiro e gostava de patinar. Você imaginava que gêmeos idênticos poderiam se tornar tão distintos ao longo dos anos? Como isso é possível? Fatores sociais têm influência nas características físicas e psicológicas das pessoas?

THINKSTOCK/GETTY IMAGES

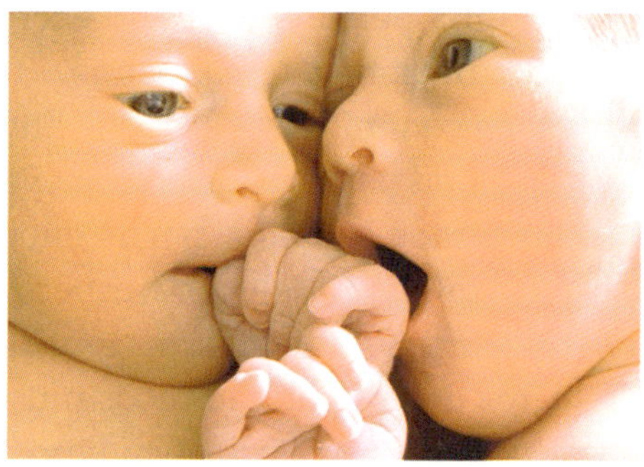

Gêmeos idênticos.

SISTEMA GENITAL MASCULINO

O sistema genital masculino é composto de pênis, testículos e glândulas anexas que auxiliam na produção dos espermatozoides.

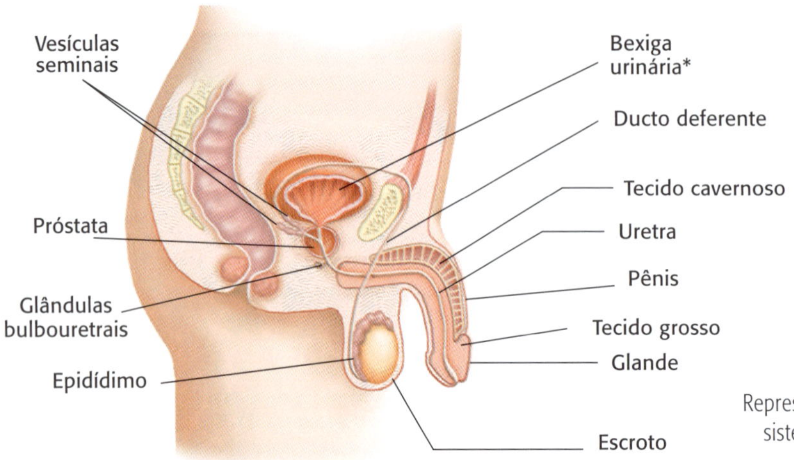

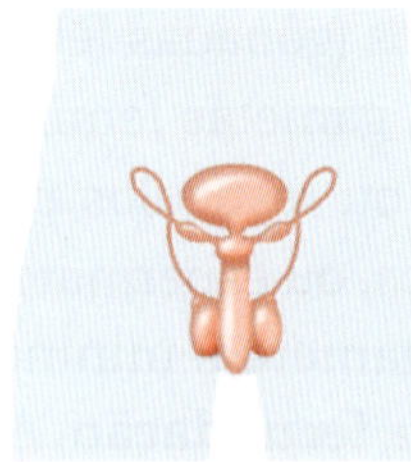

PAULO MANZI

Fonte: REECE, J. B. et. al. *Campbell Biology*. 10. ed. Glenview: Pearson Education, Inc., 2014.

Representação esquemática da localização e vista lateral do sistema genital masculino. Cores fantasia. Elementos fora de escala de tamanho e de proporção.

*A bexiga urinária não faz parte do sistema genital.

Estrutura do sistema genital masculino

O pênis

A extremidade do pênis recebe o nome de **glande**, que é recoberta por uma pele, o **prepúcio**. Quando retraído, o prepúcio expõe a glande. Pelo interior do pênis, passa a uretra, que é o órgão de eliminação tanto do esperma quanto da urina, mas não ao mesmo tempo.

Em toda a extensão do pênis, existem tecidos que se enchem de sangue e deixam o pênis ereto: o corpo esponjoso envolve a uretra e os dois corpos cavernosos se dispõem paralelamente.

Testículos

Os **testículos** produzem os espermatozoides. São recobertos por uma pele que forma o **escroto**. Nos testículos, também é produzida a testosterona.

Os **túbulos seminíferos** são canais finos, longos e enovelados, responsáveis pela produção dos espermatozoides.

Os **epidídimos** são dois canais enovelados ligados aos túbulos seminíferos. Neles, os espermatozoides completam sua maturação e ficam armazenados até a eliminação.

Os **ductos deferentes** são tubos musculares que conduzem os espermatozoides do epidídimo à uretra.

ESTRUTURA INTERNA DOS TESTÍCULOS

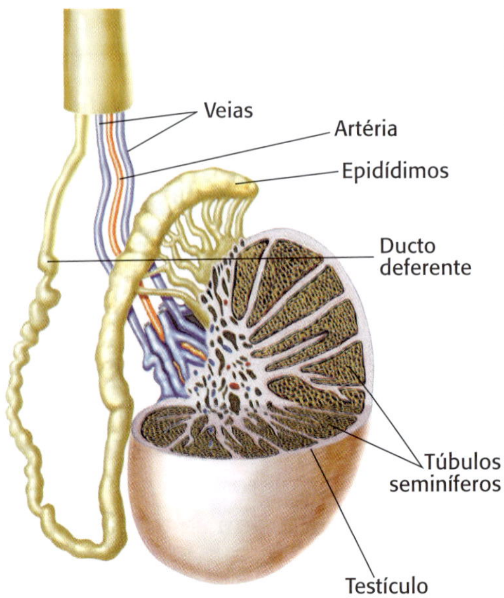

RODRIGO TONAN

Representação esquemática de um testículo. Cores fantasia. Elementos fora de escala de tamanho e de proporção.

Glândulas anexas

As glândulas anexas do sistema genital masculino são as duas glândulas seminais, a próstata e duas glândulas bulbouretrais.

As duas **glândulas seminais** ou vesículas seminais produzem secreções que nutrem os espermatozoides e criam um meio propício para seu deslocamento. A **próstata** produz o líquido que nutre e protege os espermatozoides, neutralizando a acidez da vagina. As glândulas bulbouretrais são do tamanho próximo ao de ervilhas e localizam-se abaixo da próstata. Durante a excitação sexual, essas glândulas produzem muco para lubrificar a glande e a uretra, e também para proteger os espermatozoides em trânsito, neutralizando os ácidos da urina na uretra.

Nos **ductos deferentes** os espermatozoides recebem secreções das glândulas seminais, da próstata e das glândulas bulbouretrais, formando o **esperma**, ou **sêmen**.

Os espermatozoides

Os espermatozoides são compostos de três partes: cabeça, peça intermediária e cauda.

Na **cabeça**, ficam o núcleo com material genético da célula e o acrossomo, uma bolsa com enzimas que agirão sobre a membrana do ovócito, provocando seu rompimento e permitindo a entrada do espermatozoide.

A **cauda** do espermatozoide é formada por um longo flagelo que, ao se movimentar, provoca o deslocamento do gameta.

Na **peça intermediária**, ao redor do flagelo, estão muitas mitocôndrias que produzem a energia necessária ao batimento do flagelo.

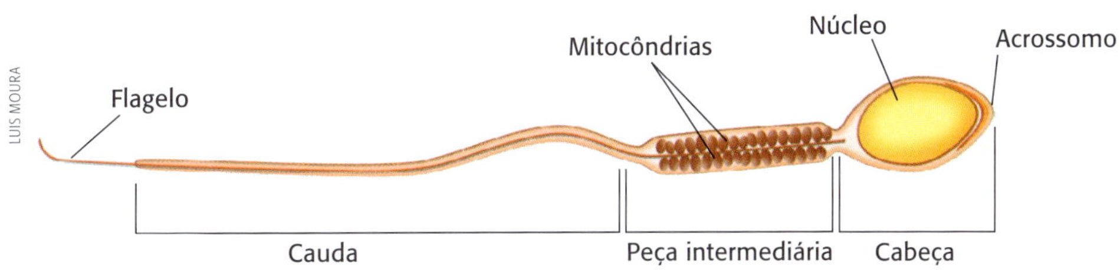

Representação esquemática das principais estruturas do espermatozoide humano. Em cada ejaculação, são liberados de 3 mL a 5 mL de esperma, que contêm, em média, 300 milhões de espermatozoides. Cores fantasia. Elementos fora de escala de proporção e de tamanho.

A produção de espermatozoides tem início na puberdade e continua até a velhice. Ela é estimulada por hormônios, como o FSH (hormônio folículo estimulante), secretado pela hipófise.

A produção e a maturação dos espermatozoides requerem uma temperatura aproximada de 35 °C, dois graus abaixo da temperatura média corpórea. Como o escroto se localiza para fora do corpo, essa temperatura inferior abaixo da temperatura corporal é mantida. No frio, os músculos se contraem para elevar os testículos, assim eles ficam mais próximos do corpo e absorvem o calor do corpo.

Quando o homem está sexualmente excitado, ocorre um aumento do fluxo sanguíneo no interior dos tecidos do pênis e, com o auxílio de alguns músculos, provocam a ereção peniana.

Durante a relação sexual, o homem pode chegar ao orgasmo, que acompanha a ejaculação. Nesse momento, o esperma é eliminado através do pênis.

SISTEMA GENITAL FEMININO

O sistema genital feminino é constituído por dois ovários, duas tubas uterinas, útero, vagina e pudendo feminino (vulva). Está localizado no interior da cavidade pélvica, protegido pelos ossos do quadril.

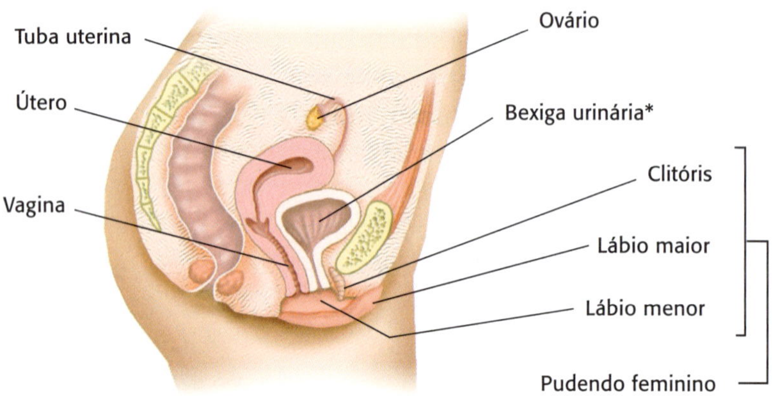

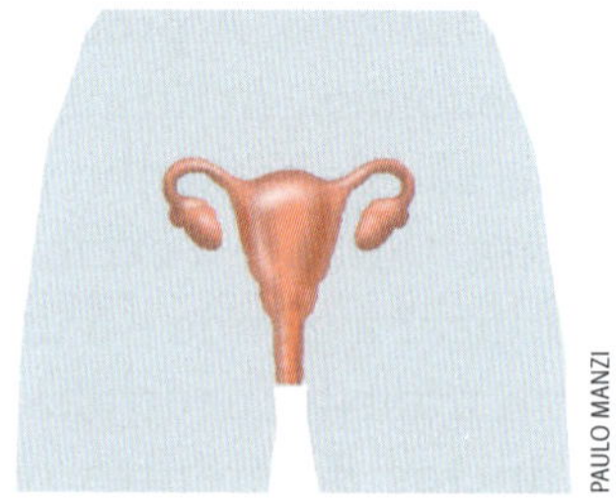

Representação esquemática da localização e vista lateral em corte do sistema genital feminino. Cores fantasia. Elementos fora de escala de tamanho e de proporção.

*A bexiga urinária não faz parte do sistema genital.

Fonte: REECE, J. B. et. al. *Campbell Biology*. 10. ed. Glenview: Pearson Education, Inc., 2014.

Estrutura do sistema genital feminino

O **pudendo feminino** é a parte externa da genitália feminina que protege a abertura da vagina e da uretra, onde ficam os lábios maiores e os lábios menores. Esses lábios são dobras da pele.

No pudendo feminino, também fica o clitóris, um tecido erétil, localizado na extremidade superior dos lábios menores. Quando a mulher fica sexualmente excitada, ocorre um aumento na circulação de sangue no interior do clitóris, aumentando o seu tamanho.

A **vagina** é o canal de comunicação entre o pudendo feminino e o útero. No seu interior, encontram-se glândulas secretoras de muco, responsáveis pela lubrificação da vagina, que facilita a penetração do pênis. Quando não ocorre a fecundação do ovócito, a vagina é a saída do fluxo menstrual. No parto normal ou vaginal, o bebê sai pela vagina.

O **útero** é constituído por uma espessa camada muscular, o **miométrio**, responsável pelas contrações uterinas no momento do parto. Internamente, o útero é revestido por um tecido altamente vascularizado – o **endométrio**. Todos os meses, o endométrio espessa-se, preparando o útero para um possível implante do embrião. Se a gravidez não ocorrer, esse revestimento uterino é eliminado na **menstruação**.

As mulheres têm dois **ovários**, onde o ovócito é produzido e onde ocorre a produção de hormônios como a progesterona.

As **tubas uterinas** são dois canais de aproximadamente 10 centímetros de comprimento que fazem a comunicação entre os ovários e o útero. Uma vez por mês, um dos ovários lança um óvulo por uma das tubas em direção ao útero.

É no interior de uma das tubas uterinas que ocorre o encontro do ovócito com os espermatozoides, caso haja relação sexual desprotegida.

O ciclo menstrual

No período que antecede a ovulação (liberação do ovócito pelo ovário), o útero prepara-se para receber um embrião. Alterações hormonais, principalmente aumento na produção de estrógeno e progesterona, provocam o espessamento das paredes do útero e a dilatação dos vasos sanguíneos do endométrio.

Caso o ovócito liberado não seja fecundado, o nível de hormônio no sangue diminui e a parede do útero descama, ocorrendo um sangramento eliminado pela vagina: a **menstruação**.

O ciclo menstrual começa no primeiro dia da menstruação e dura até o dia imediatamente anterior à menstruação seguinte. O tempo do ciclo varia de mulher para mulher, dependendo do organismo.

Em um ciclo de 28 dias, o tempo compreendido entre a ovulação e o início da menstruação seguinte é de cerca de 14 dias. Portanto, o provável dia da ovulação será o 14º dia. Entretanto, isso não acontece em ciclos com durações diferentes.

O período compreendido entre três e cinco dias antes da ovulação e dois e três dias depois da ovulação é o período fértil da mulher, ou seja, o período em que ela tem mais chances de engravidar, caso ocorra relação sexual desprotegida. No entanto, muitas mulheres têm ciclo irregular, tornando difícil o cálculo do período fértil e aumentando o risco de errar ao tentar prevê-lo.

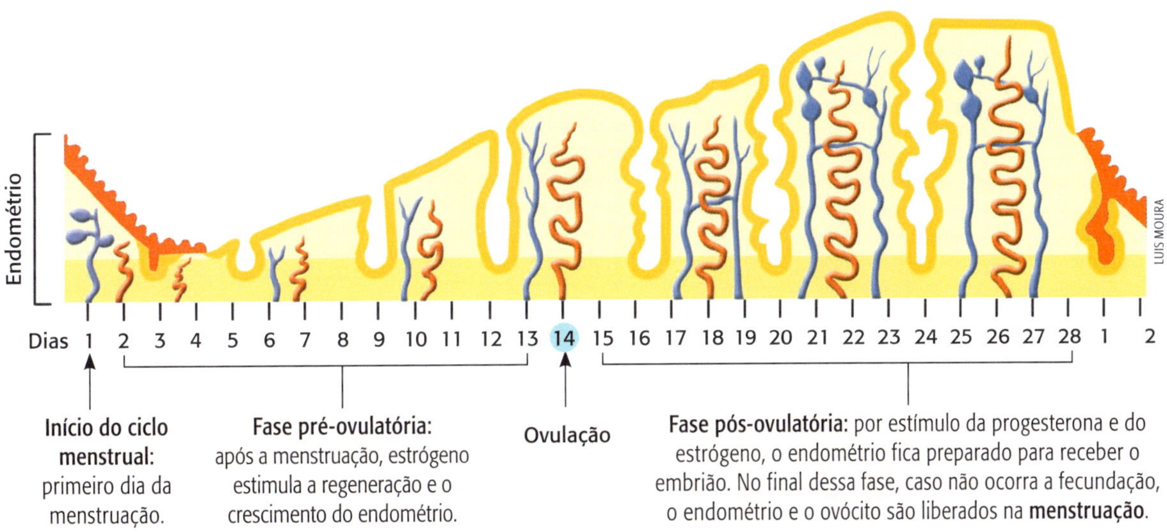

Representação esquemática das transformações do endométrio no ciclo uterino da menstruação. Cores fantasia. Elementos fora de escala de tamanho e de proporção.

Fonte: TORTORA, G. J.; DERRICKSON B. *Corpo humano*: fundamentos de anatomia e fisiologia. 8. ed. Porto Alegre: Artmed, 2012.

No início da puberdade, ocorre a **menarca** – nome dado à primeira menstruação, que acontece normalmente entre os 11 e os 15 anos de idade. A partir desse momento, geralmente uma vez por mês, um dos ovários libera um ovócito. Caso ocorra a fecundação, o ovócito termina seu desenvolvimento, transformando-se então em **óvulo** e depois em zigoto.

FECUNDAÇÃO E NIDAÇÃO DO EMBRIÃO

A **fecundação** é a fusão do núcleo do gameta masculino (espermatozoide) com o núcleo do gameta feminino (ovócito). Para que ela ocorra, quando o pênis libera espermatozoides na vagina, o ovócito precisa estar na tuba uterina.

Os espermatozoides precisam sobreviver à acidez da vagina, atravessar o muco do colo do útero e enfrentar os movimentos peristálticos da tuba uterina, que empurram o ovócito em direção ao útero (direção contrária à que deve ser percorrida pelos espermatozoides).

Quando um espermatozoide penetra o ovócito, este passa a ser chamado óvulo, e uma membrana mais espessa se forma em torno dele, impedindo que outros espermatozoides o penetrem.

Além disso, boa parte dos espermatozoides segue em direção à tuba uterina ligada ao ovário que não produziu ovócito naquele ciclo. É importante que muitos espermatozoides sejam produzidos e lançados em cada ejaculação, pois poucos conseguem chegar ao ovócito.

A fertilidade humana depende de uma grande produção de espermatozoides. Cerca de 100 a 300 milhões são eliminados durante a ejaculação, mas apenas cerca de 100 chegam à tuba uterina onde está o ovócito.

FECUNDAÇÃO

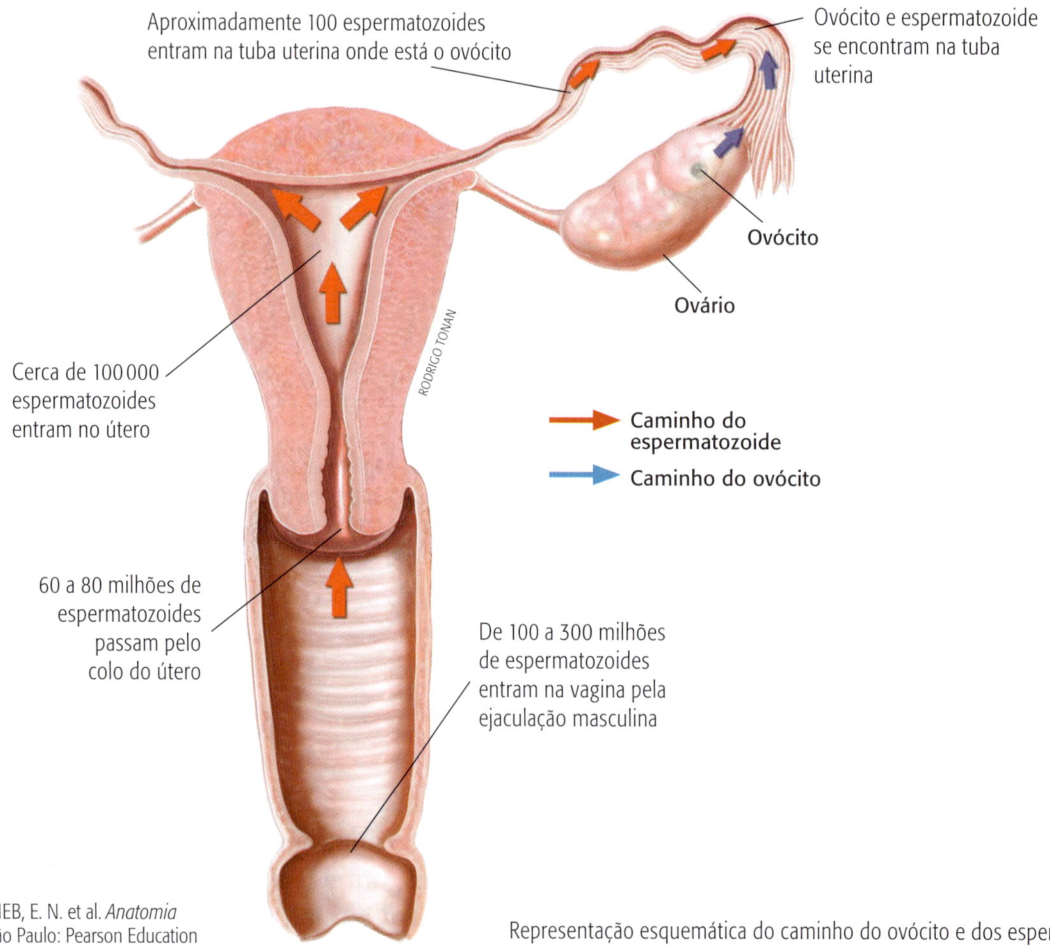

Fonte: MARIEB, E. N. et al. *Anatomia Humana*. São Paulo: Pearson Education do Brasil, 2014.

Representação esquemática do caminho do ovócito e dos espermatozoides. Cores fantasia. Elementos fora de escala de tamanho e de proporção.

Nidação e desenvolvimento

O óvulo origina o **zigoto** ou **célula-ovo**, que passa por sucessivas divisões. Inicialmente, forma-se um aglomerado de células. Após aproximadamente sete dias da fecundação, o embrião implanta-se na parede uterina. Esse processo é chamado **nidação**. Depois de implantado, o aglomerado de células continua a passar por divisões celulares e a se multiplicar. Aos poucos, as células se diferenciam em tipos distintos, formando tecidos e órgãos.

O embrião é alimentado pelas reservas nutritivas presentes no óvulo, mas, com seu desenvolvimento, formam-se também os anexos embrionários, como a **placenta** e a **bolsa amniótica**, que auxiliam o crescimento e a sobrevivência do feto.

Pela placenta, ocorrem trocas entre o sangue do bebê e o sangue materno. O bebê recebe água, oxigênio, nutrientes e anticorpos (que conferem imunidade) e transfere para a circulação materna os resíduos do seu metabolismo. O cordão umbilical faz a comunicação entre o bebê e a placenta. Cheia de líquido, a **bolsa amniótica** protege o bebê contra choques mecânicos, evita o ressecamento e ajuda a manter a temperatura.

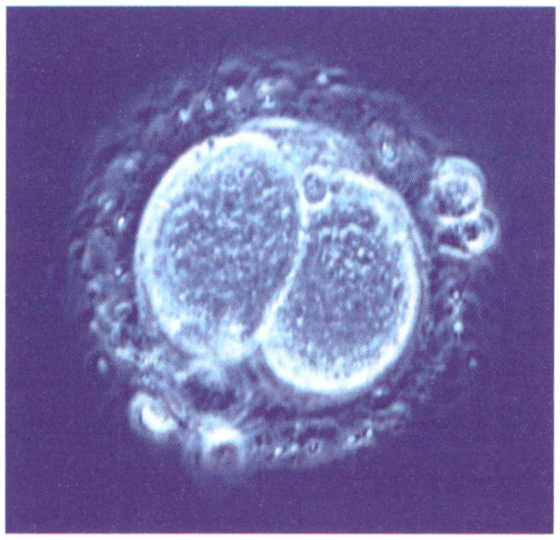

NEWSCOM/GLOWIMAGES

Microscopia óptica da divisão do zigoto em duas células filhas – isso ocorre 24 horas após a fertilização. Aumento de 200 vezes.

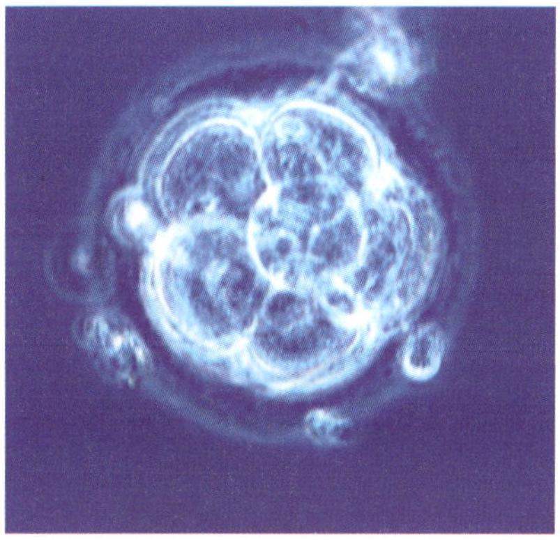

NEWSCOM/GLOWIMAGES

Microscopia óptica da mórula. As divisões celulares continuam e, no quarto dia após a fertilização, já são cerca de 30 células.

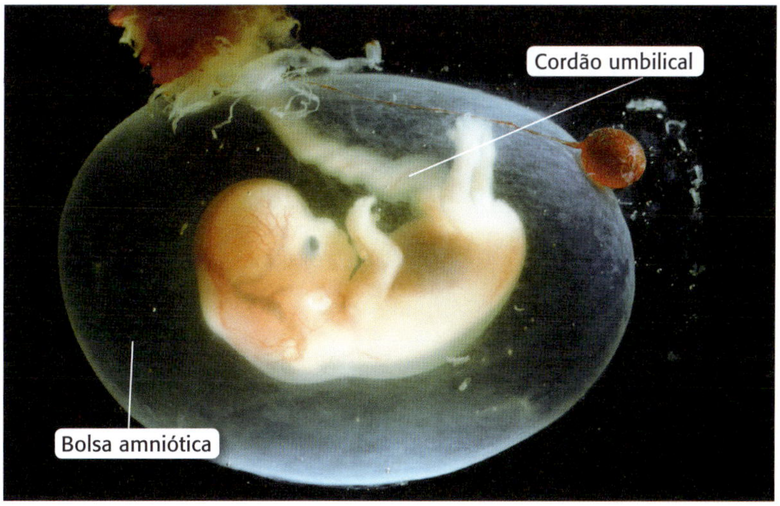

DR G. MOSCOSO/SPL/LATINSTOCK

Embrião de dois meses ligado à placenta pelo cordão umbilical. Ele está imerso no líquido amniótico dentro da bolsa amniótica. Nessa fase, o embrião tem aproximadamente 4 cm e pesa 10 g.

FIQUE DE OLHO

Às vezes, pode acontecer de, em uma mesma gravidez, mais de um feto ser gerado. São os casos de gêmeos, que podem ser idênticos (univitelinos) ou não.

- Em grupos, levantem hipóteses para explicar a formação dos gêmeos idênticos, dos gêmeos fraternos e dos trigêmeos. Exponham as ideias do grupo para a classe.

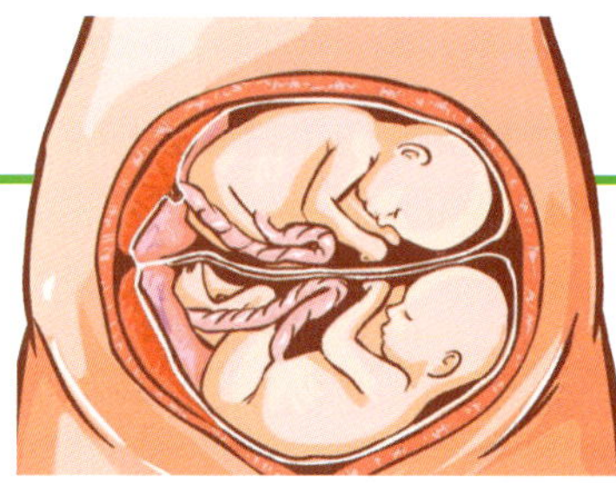

THINKSTOCK/GETTY IMAGES

Representação esquemática de gestação de gêmeos. Cores fantasia. Elementos fora de escala de tamanho e de proporção.

GESTAÇÃO

Após a implantação do embrião na parede do útero, um novo hormônio passa a ser liberado na corrente sanguínea, a gonadotrofina coriônica, que impede a próxima menstruação. Os testes para o diagnóstico de gestação vendidos em farmácias detectam a presença de gonadotrofina coriônica em análises de urina. O exame de sangue é mais preciso para mostrar a presença do hormônio, já que na urina a concentração do hormônio pode ser baixa.

O período de gestação para a espécie humana geralmente é de 38 a 40 semanas, contadas a partir do primeiro dia da última menstruação.

DESENVOLVIMENTO FETAL HUMANO

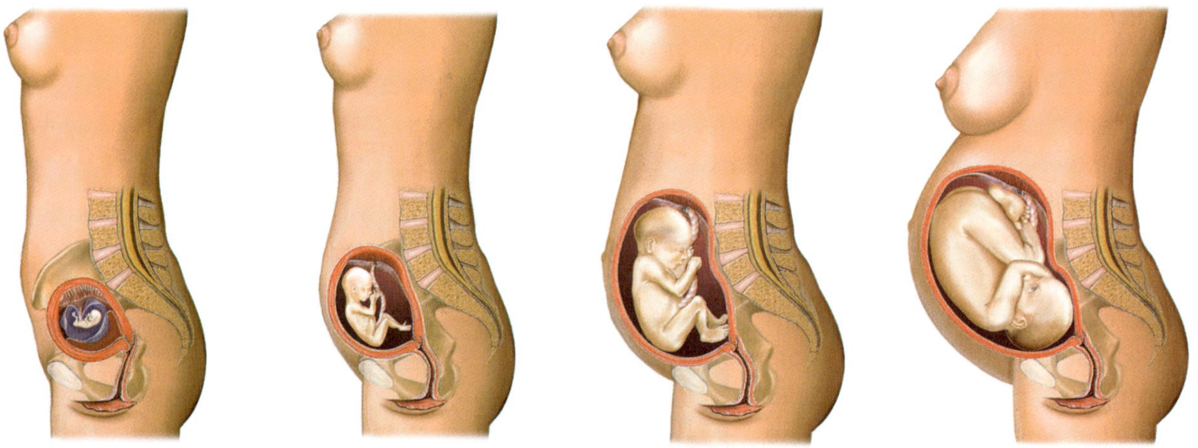

VISUALS UNLIMITED/CORBIS/LATINSTOCK

Embrião de 8 semanas

Dois meses depois da fertilização, o embrião tem aproximadamente 4 cm. Os membros locomotores estão quase formados. Os olhos ainda não estão abertos, mas já estão formados.

Feto de 12 semanas

Com três meses, o feto mede cerca de 18 cm. Os órgãos sexuais já são visíveis pelo ultrassom, e a cabeça é grande em relação ao corpo.

Feto de 24 semanas

Aos seis meses, o feto se movimenta e tem cerca de 25 cm. O batimento cardíaco já pode ser auscultado, e o couro cabeludo, assim como as unhas dos pés, já começa a se formar.

Feto de 38 semanas

Aos nove meses, a gestação está no fim e o bebê está posicionado para nascer.

Representação esquemática do desenvolvimento fetal humano. Cores fantasia. Elementos fora de escala de tamanho e de proporção.

FIQUE DE OLHO — Acompanhamento pré-natal

Durante a gravidez, muitas mudanças acontecem no corpo da mulher. O Ministério da Saúde destaca a importância do acompanhamento pré-natal e incentiva todas as mães a buscarem o atendimento gratuito no Sistema Único de Saúde (SUS).

Em 8 de março de 2004, o Ministério da Saúde lançou o Pacto Nacional pela Redução da Mortalidade Materna e Neonatal, em parceria com estados, municípios e sociedade civil. Esse processo foi considerado pela Organização das Nações Unidas (ONU) uma experiência modelo para outros países em redução da mortalidade materna e neonatal.

- Pesquise como é feito o acompanhamento pré-natal e que cuidados as gestantes devem ter durante a gravidez. Depois, se possível, visite o posto de saúde de seu bairro e descubra que tipo de acompanhamento ele oferece às gestantes. Faça esse trabalho de pesquisa em grupo, com colegas que moram em seu bairro.

PARTO

Na fase final da gestação, por volta da 38ª semana, começa o trabalho de parto. A diminuição na produção de progesterona pela placenta desencadeia o início da expulsão do bebê. Outros hormônios também ajudam nesse processo, afrouxando a união entre os ossos da pelve e dilatando o canal vaginal para a passagem do bebê. O útero passa a ter contrações periódicas, enquanto o feto pressiona o colo do útero. Esses sinais são recebidos pelo hipotálamo da mãe, que estimula a hipófise a secretar quantidades cada vez maiores de ocitocina, hormônio que aumenta a frequência e a intensidade das contrações uterinas.

Com a intensificação das contrações, a bolsa amniótica rompe-se e há contração voluntária da parede abdominal materna, empurrando o bebê para fora. Esse tipo de parto é chamado **parto normal** ou **vaginal**.

Nem sempre o parto normal é indicado. Há casos em que a gestante e o bebê correm riscos e é necessário um procedimento cirúrgico chamado **cesariana**. Neste procedimento, o bebê é retirado por um corte feito no abdômen e no útero da mulher.

Se o bebê nascer antes de completar 37 semanas de gestação, o nascimento é chamado **prematuro**. Nesse caso, os bebês precisam de cuidados especiais.

FIQUE DE OLHO

Pelos benefícios do parto normal e riscos envolvidos nos procedimentos cirúrgicos da cesariana, a Organização Mundial da Saúde (OMS) recomenda que somente 15% dos partos sejam cesarianas. No Brasil, o indíce de cesarianas é muito superior – 52% –, chegando a 88% na rede privada.

- Faça uma pesquisa e responda às questões: Quais são as vantagens do parto normal? Quais motivos levam as gestantes e os médicos a optarem pela cesariana?

Pista 1

Irmãos gêmeos univitelinos (idênticos) nascem com a coloração idêntica dos cabelos. Como os fatores ambientais podem influenciar para que, quando adultos, gêmeos idênticos tenham cabelos com coloração diferente?

ETAPAS DO PARTO NORMAL

JOHN R. FOSTER/LATINSTOCK

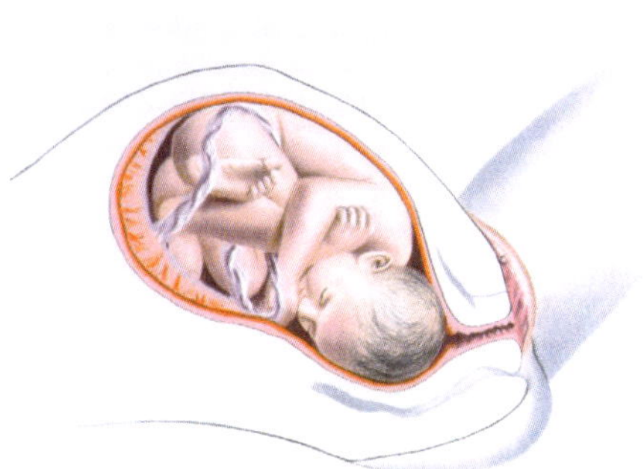

1. O bebê está com a cabeça posicionada e começam as contrações do útero. O colo do útero atinge a dilatação completa. O saco amniótico (bolsa-d'água) rompe-se.

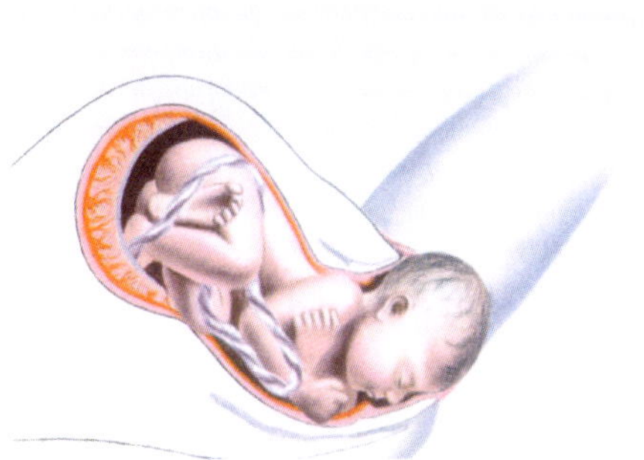

2. A cabeça do bebê começa a sair. A parte alta do crânio, popularmente chamada de moleira, permite a compressão do crânio.

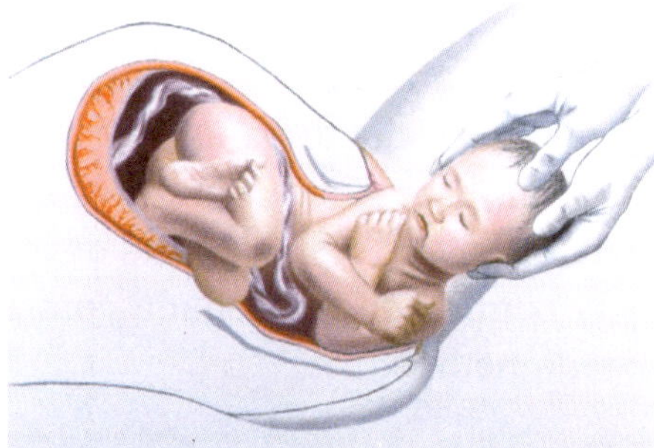

3. Uma vez que a cabeça sai, o resto do corpo desliza para fora. O médico geralmente ajuda o bebê a sair completamente fazendo a rotação dos ombros.

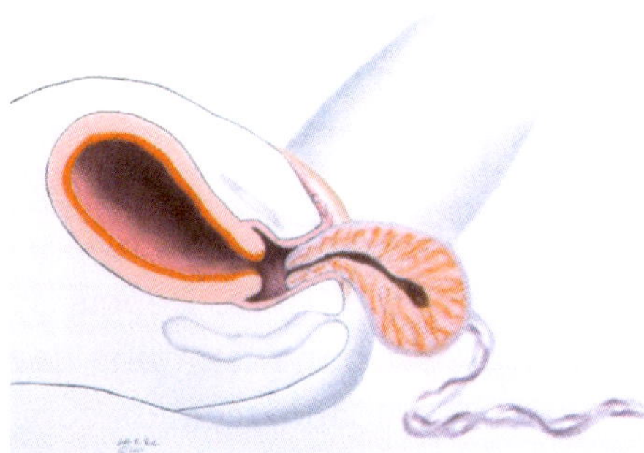

4. A placenta é eliminada, também por contrações do útero.

Representação esquemática das etapas do parto normal. Cores fantasia. Elementos fora de escala de tamanho e de proporção.

MÉTODOS CONTRACEPTIVOS

Os métodos contraceptivos, ou anticoncepcionais, são atitudes ou procedimentos que previnem a gravidez. A escolha de um método anticoncepcional deve ser acompanhada por um médico, que analisará as condições de saúde de cada paciente, apresentará os métodos e levará em conta as preferências e possibilidades de cada pessoa. Esses métodos podem variar de acordo com sua eficácia, seus efeitos colaterais, sua disponibilidade, facilidade de uso, proteção a doenças sexualmente transmissíveis (DSTs) e a possibilidade de reversão.

Veja, a seguir, alguns desses métodos.

Métodos que impedem a gravidez e evitam DSTs

Preservativo masculino

É uma proteção de látex (borracha), popularmente conhecida como camisinha, ou camisa de vênus. Deve ser colocada no pênis ereto, antes da relação sexual. Na ponta da camisinha, há um reservatório que armazena o esperma liberado durante a ejaculação e, na base, um anel de borracha mais externo, que auxilia sua fixação no pênis. Além de ser um método anticoncepcional, a camisinha também é um instrumento eficiente para se evitar a contaminação por várias doenças sexualmente transmissíveis. A camisinha deve ser retirada com cuidado, fechada com um nó e jogada no lixo.

THINKSTOCK/GETTY IMAGES

Preservativo masculino. Deve-se ter cuidado ao abrir a embalagem da camisinha para não danificá-la.

Preservativo feminino

Também conhecido como camisinha feminina, é um tubo de borracha ou poliuretano, com dois anéis flexíveis, um em que cada extremidade, uma delas fechada, que deve ser introduzido na vagina antes da relação sexual, deixando-se a extremidade aberta para fora. Depois da relação sexual, a camisinha feminina deve ser retirada com cuidado, fechada com um nó e jogada no lixo.

Além de impedir a entrada dos espermatozoides, também funciona como proteção contra doenças sexualmente transmissíveis.

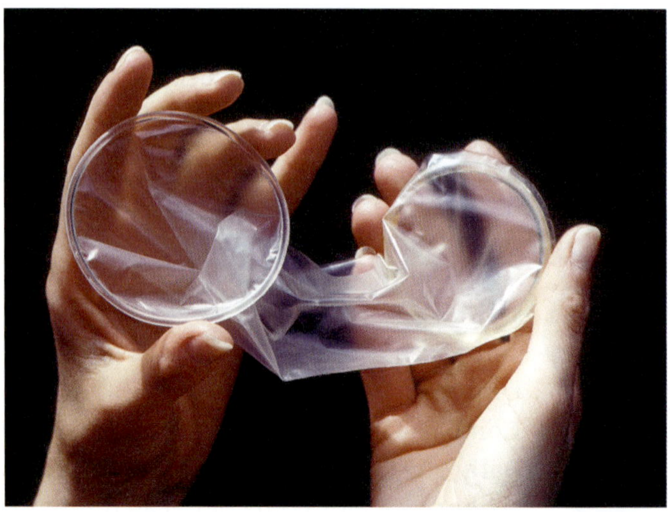

PHOTO RESEARCHERS/DIOMEDIA

Preservativo feminino. Não pode ser usado ao mesmo tempo que o masculino.

Métodos que impedem a gravidez, mas não protegem contra DSTs

Pílula anticoncepcional (anticoncepcional hormonal combinado oral)

São pílulas de hormônios sintéticos (estrógeno e progesterona), que inibem a ovulação. Os hormônios contraceptivos podem também ser utilizados na forma de implantes sob a pele, injeções, adesivos e anéis vaginais. Independentemente da forma escolhida, o uso de hormônios deve seguir orientação médica, pois o uso indevido pode provocar efeitos colaterais, como dores de cabeça e náuseas.

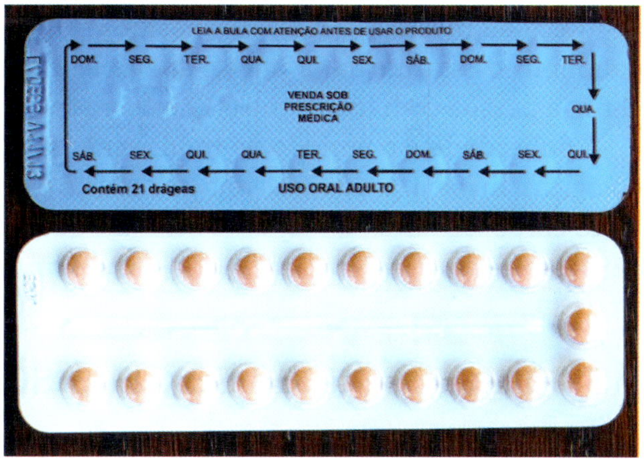

FABIO COLOMBINI

Exemplo de cartela de pílula anticoncepcional, método que só deve ser utilizado com recomendação médica.

Dispositivo intrauterino (DIU)

Dispositivo plástico ou recoberto por cobre em forma de T, implantado por médico no útero da mulher. Apesar de seguro, nem todas as mulheres conseguem tolerá-lo, pois ele pode provocar cólicas, sangramentos e infecções. O DIU pode ficar no útero por cerca de cinco anos e cria um ambiente hostil ao espermatozoide, devido à liberação de partículas de cobre.

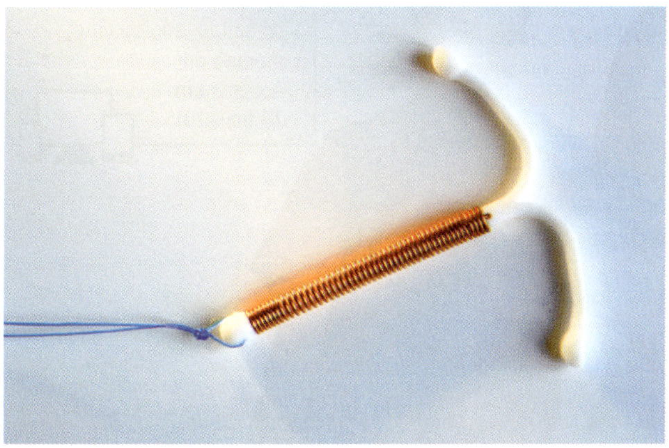

OTTFRIED SCHREITER/ALAMY/LATINSTOCK

O DIU é considerado um método seguro de prevenção à gravidez. Ele mede cerca de 3 cm de comprimento.

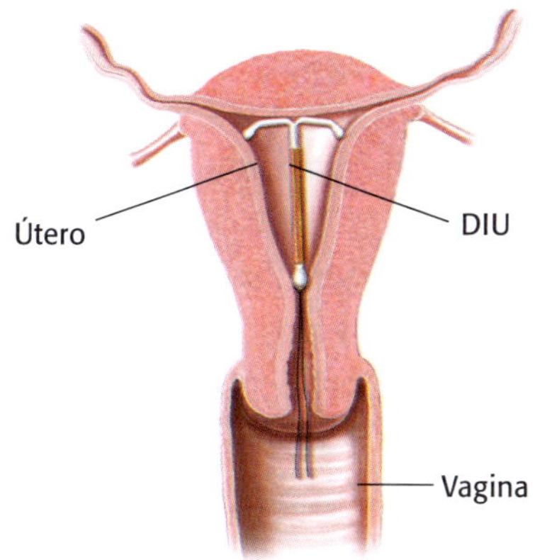

RODRIGO TONAN

Representação esquemática da localização do DIU. Cores fantasia.

Laqueadura

A laqueadura é um procedimento realizado por meio de cirurgia, na qual se faz a interrupção das tubas uterinas, impedindo-se o encontro do ovócito com o espermatozoide.

Vasectomia

Com um corte no ducto deferente, impede-se que o espermatozoide se junte ao restante do esperma. Dessa forma, o indivíduo continua produzindo esperma e ejaculando; no entanto, nesse líquido não há espermatozoides, que poderiam fecundar o ovócito e provocar a gravidez.

Tanto a vasectomia quanto a laqueadura podem ser revertidas, mas, por serem cirurgias delicadas, nem sempre são realizadas com sucesso. A reversão no homem é mais fácil do que na mulher.

PUBERDADE E ADOLESCÊNCIA

Em nossa cultura, a **adolescência** (do latim *adolescere* = crescer) corresponde à passagem da vida infantil para a vida adulta, embora ela não aconteça da mesma forma e no mesmo ritmo para todas as pessoas. Legalmente, o Estatuto da Criança e do Adolescente (ECA) considera adolescente a pessoa com idade entre 12 e 18 anos.

A **puberdade** é o período de mudanças anatômicas, fisiológicas e psicológicas, ou seja, mudanças relacionadas à estrutura e ao funcionamento do corpo, ao amadurecimento sexual e aos relacionamentos afetivos e sexuais.

NÃO DEIXE DE ACESSAR

- **Caderneta da Menina e Caderneta do Menino**
  Publicações do Ministério da Saúde feitas para o público jovem que trazem diversas informações sobre a saúde e os direitos dos adolescentes.
- http://bvsms.saude.gov.br/bvs/publicacoes/caderneta_saude_adolescente_menina.pdf
- http://bvsms.saude.gov.br/bvs/publicacoes/caderneta_saude_adolescente_menino.pdf
  Acessos em: 25 mar. 2015.

As características sexuais secundárias

Com o passar dos anos, as diferenças entre os sexos biológicos masculino e feminino se acentuam e se definem com a chegada da puberdade. Essas diferenças anatômicas entre homens e mulheres são as **características sexuais secundárias**.

Nos meninos, os testículos começam a produzir testosterona, hormônio sexual masculino, dando início à produção de espermatozoides e ao desenvolvimento das características sexuais secundárias masculinas.

Nas meninas, os ovários produzem estrógeno e progesterona, os ovócitos começam a ser liberados, um por mês, e desenvolvem-se as características sexuais secundárias femininas.

A produção dos hormônios progesterona, estrógeno e testosterona é desencadeada por outros hormônios, que têm a liberação e a ação coordenadas pelos sistemas endócrino e nervoso.

MUDANÇAS NO CORPO

Características sexuais secundárias femininas

- Crescimento de pelos na região pubiana, axilas e pernas.
- Crescimento das mamas.
- Aumento de gordura nos quadris.

Características sexuais secundárias masculinas

- Crescimento de pelos no peito, rosto, região pubiana, axilas e pernas.
- Crescimento dos testículos e do pênis.
- Engrossamento da voz.
- Aumento dos músculos.

THINKSTOCK/GETTY IMAGES

As características sexuais secundárias se acentuam com a chegada da puberdade.

RELACIONAMENTOS E SEXUALIDADE

A espécie humana vive em sociedade e os relacionamentos são importantes em nossa vida. A família é o primeiro grupo social com que uma pessoa tem contato. Ela pode variar quanto ao grau de parentesco (pai, mãe, avós, tios, irmãos, primos), ao número de pessoas (ser numerosa ou não), se vivem ou não todos sob o mesmo teto, entre outras formas de conviver.

A escola é outro local importante de relacionamento interpessoal, pois nela muitas amizades podem ser construídas, às vezes, para toda a vida.

As pessoas nascem do sexo masculino ou do sexo feminino, mas é ao longo da vida que vão descobrindo sua sexualidade.

Quando a relação afetiva e sexual ocorre entre pessoas de sexos opostos, ela é chamada heterossexual; quando ocorre entre pessoas do mesmo sexo, é chamada homossexual. Há também pessoas bissexuais, que se relacionam com ambos os sexos.

ROMMEL CANLAS/SHUTTERSTOCK

Seja qual for a orientação afetiva e sexual das pessoas, ela deve ser respeitada.

NÃO DEIXE DE ASSISTIR

- **Meninas,** de Sandra Werneck. Brasil, 2005.
  O documentário mostra o cotidiano de quatro jovens que engravidaram durante a adolescência.

PATERNIDADE E MATERNIDADE

Ser pai e ser mãe significa gerar ou adotar filhos e cuidar deles. De acordo com as possibilidades emocionais e materiais, cabe aos pais oferecer as condições básicas para a sobrevivência dos filhos, como alimentação, roupas, carinho, educação e cuidados de saúde, possibilitando, assim, que eles cresçam e se desenvolvam.

Diante desse grande compromisso, tornar-se pai ou mãe na adolescência pode ser muito difícil, seja pela interrupção dos estudos, seja pela dificuldade de se adaptar à nova realidade.

É fundamental que, antes de decidirem pelo início da vida sexual, os adolescentes tenham conhecimento dos vários métodos anticoncepcionais e de prevenção das DSTs e façam uso deles na prática.

ALAMY/LATINSTOCK

Mães e pais adolescentes muitas vezes precisam da ajuda da família para cuidar da criança.

Pista 2

Além dos atributos físicos, as características psicológicas e emocionais também podem ser diferentes entre os gêmeos. A opção de carreira profissional e de atividades de lazer, bem como a orientação sexual e afetiva, podem ser distintas entre os irmãos. O que poderia influenciar essas escolhas?

SAIBA MAIS

As doenças sexualmente transmissíveis

“Você sabia que podemos contrair algumas doenças pelo contato sexual? Muitas delas são capazes de causar problemas sérios de saúde. Por isso, todos(as) adolescentes, jovens e adultos precisam conhecer melhor o próprio corpo e identificar sinais e sintomas caso eles apareçam. Deve-se ficar atento(a) se alguma mancha, vermelhidão, coceira, corrimento, bolhas ou ardência aparecer. É muito importante reconhecer que dúvidas são naturais, afinal não sabemos de tudo. Conhecer as características, o funcionamento e as necessidades do nosso corpo é uma maneira de nos proteger e proteger o(a) outro(a).

[...] a maioria das DSTs pode ser diagnosticada e tratada por um profissional de saúde. Esse profissional é a pessoa adequada para diferenciar os sinais e sintomas das DSTs, que podem ser parecidos entre si, ou com outras doenças ou ainda com processos normais do nosso corpo. O uso de medicamentos comprados na farmácia, embora seja um hábito comum, muitas vezes apenas contribui para mascarar os sinais e sintomas dessas doenças, dificultando o diagnóstico e o tratamento. Algumas DSTs, quando não diagnosticadas e tratadas a tempo, podem evoluir para complicações graves, como a infertilidade, e até para a morte. [...]

As DSTs podem ser causadas por vírus, bactérias e parasitas, que entram no nosso organismo no momento do sexo, podendo apresentar ou não sintomas, como: coceiras, corrimento, verrugas, bolhinhas, feridas, ínguas, dentre outros.

Pode-se contrair uma DST por meio de qualquer forma de relação sexual desprotegida, seja ela anal, oral ou vaginal, seja garoto com garoto, garota com garota ou garoto com garota. A transmissão das DSTs ocorre mesmo que a pessoa não apresente sintomas e, também, da mulher grávida para o bebê durante a gestação, no momento do parto ou pela amamentação.

Em caso de relação sexual sem camisinha, ou de suspeita de se ter uma DSTs, procure atendimento profissional em um serviço de saúde para fazer o diagnóstico, realizar o tratamento completo e receber orientações corretas para evitar a transmissão e, também, para comunicar ao parceiro(s) ou parceira(s) sexual(is).

SPL/LATINSTOCK

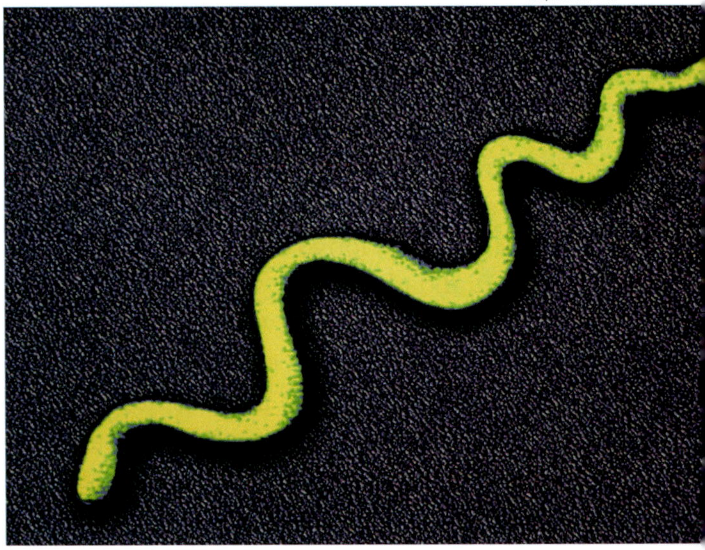

Treponema pallidum visto ao microscópio eletrônico. Cores artificiais. Aumento de 20 mil vezes.

As principais DSTs são:

Sífilis – É uma doença causada pela bactéria *Treponema pallidum*, capaz de contaminar qualquer órgão ou tecido do corpo. Essa bactéria entra no organismo por meio de relações sexuais sem camisinha, contato com sangue contaminado ou da mãe para o bebê, durante a gravidez. Quando não tratada, pode causar sérios problemas de saúde para a pessoa infectada. Após 2 a 3 semanas da relação sexual, aparece uma ferida no pênis, na vagina, ânus ou boca. Apesar dessa ferida não doer, não sangrar e nem ter cheiro, ela é muito contagiosa. Mesmo sem tratamento, depois de algum tempo ela desaparece, por isso a pessoa infectada pode não perceber que teve essa ferida ou pode achar que ficou curada, mas a doença continua presente no organismo. Aproximadamente depois de 3 a 6 meses, podem surgir pequenas manchas avermelhadas pelo corpo, inclusive nas mãos e planta dos pés. As manchas também desaparecem e novamente a pessoa pode achar que ficou curada, mas continua doente. Após o desaparecimento desses sintomas e sem o tratamento adequado, meses ou anos mais tarde aparecem complicações mais graves, como doenças neurológicas e cardíacas, que podem provocar a morte.

Herpes genital – É uma infecção causada por um vírus. Manifesta-se, de início, por bolhas muito pequenas, localizadas, principalmente, nos genitais. Essas bolhas provocam ardência, causam coceira intensa e viram pequenas feridas quando se rompem. Essas feridas desaparecem, mesmo sem tratamento, mas os sintomas podem voltar a aparecer, principalmente quando a pessoa tem diminuição da resistência (como ocorre, por exemplo, em situações de estresse). A transmissão acontece, principalmente, quando a pessoa apresenta os sinais e sintomas da doença. Deve-se evitar manter relações sexuais com pessoas que apresentem bolhinhas ou feridas. O tratamento existente não é capaz de eliminar o vírus da pessoa infectada, mas existem remédios que ajudam a controlar e a evitar o aparecimento das feridas.

Gonorreia – É uma doença sexualmente transmissível muito comum, que normalmente aparece de 2 a 8 dias após a relação sexual com parceiro(a) infectado(a). No garoto, os sintomas são ardência ou formigamento ao urinar e corrimento de cor amarelada purulenta ou esverdeada saindo pela uretra (canal [por] onde sai a urina). A maioria das garotas infectadas não apresenta sintomas, mas pode haver um corrimento amarelado ou sentir dor nas relações sexuais. Se essa infecção não for tratada, tanto o garoto quanto a garota podem sofrer sérias consequências, como infertilidade (dificuldade para engravidar), meningite, doenças cardíacas e neurológicas. [...]

Cancro mole – É uma doença causada por uma bactéria que se manifesta após a relação sexual com uma pessoa que tenha a doença. Geralmente duas semanas após o contágio, aparecem uma ou mais feridas nos genitais (vagina, pênis, ânus), muito dolorosas, eínguas dolorosas na virilha, que podem até dificultar os movimentos da perna. O cancro mole não desaparece sem tratamento, porém, com o tratamento correto, a pessoa fica completamente curada. [...]

Hepatite B – A hepatite é uma doença causada por um vírus que provoca a inflamação do fígado. Dentre os fatores que aumentam o risco de infecção pelo vírus, citamos: relações sexuais desprotegidas, concomitância com outras DSTs e compartilhamento de seringas e agulhas. A hepatite pode ser prevenida por vacinação, que ainda é o método mais eficaz na prevenção dessa infecção, e pelo uso do preservativo nas relações sexuais.

Papilomavirose humana (Condiloma ou HPV) – O condiloma acuminado, também conhecido como verruga genital ou crista de galo, é causado pelo HPV – Papilomavírus Humano. Esse vírus está presente em muito mais pessoas do que se imagina, principalmente na população jovem, porque a maioria das pessoas infectadas pelo HPV não apresenta sintomas. As verrugas são muito infecciosas, porém o HPV pode ser transmitido mesmo sem a presença delas. Caso uma pessoa infectada não procure um tratamento profissional, as verrugas podem crescer e se espalhar. Existem mais de 100 tipos de HPV e alguns deles estão associados a maior risco de câncer de colo de útero. Por isso, as mulheres devem fazer o exame preventivo regularmente (Papanicolau). As verrugas não estão relacionadas ao câncer, mas têm alto poder de transmissão. »

Denis Ribeiro. *Prevenção das DSTs, HIV e Aids*. Disponível em: <www.unfpa.org.br/Arquivos/guia_prevencao.pdf>. Acesso em: 24 mar. 2015.

JEAN-YVES SGRO/VISUALS UNLIMITED/CORBIS/LATINSTOCK

Representação esquemática do papilomavírus humano. Cores fantasia. Elementos fora de escala de tamanho.

Para pensar

1. Como se previnem as doenças sexualmente transmissíveis?

2. O que fazer em caso de suspeita de DSTs?

1. Qual é a função dos testículos?

2. Qual é a função da próstata e das glândulas seminais?

3. Observe a ilustração e responda às questões no caderno.

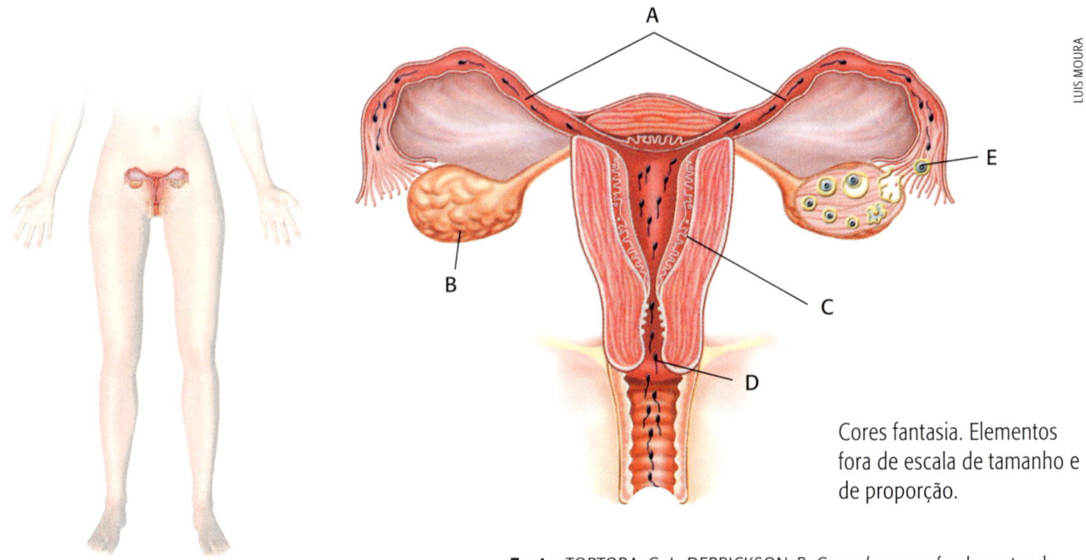

Cores fantasia. Elementos fora de escala de tamanho e de proporção.

Fonte: TORTORA, G. J.; DERRICKSON, B. *Corpo humano*: fundamentos de anatomia e fisiologia. 8. ed. Porto Alegre: Artmed, 2012.

a. O que essa ilustração representa?

b. Qual é o nome de cada elemento indicado na ilustração?

c. Descreva o trajeto que os espermatozoides fazem rumo ao ovócito.

d. Estabeleça a diferença entre esperma e espermatozoide.

e. O que é acrossomo e qual é sua função?

f. Que fenômeno garante a ereção do pênis?

g. Relacione as adversidades enfrentadas pelos espermatozoides à sua grande quantidade.

4. Em que consiste a menarca?

5. Em seu caderno, copie e complete as frases abaixo utilizando as palavras do quadro.

vagina	seminais	óvulos	próstata

a. Os ovócitos são células que, ao completarem seu desenvolvimento, darão origem aos ■.

b. A próstata produz um líquido responsável por proteger os espermatozoides, neutralizando a acidez da ■.

c. Esperma é um líquido formado por secreções da ■ e das glândulas ■.

6. Que hormônio masculino é responsável pela maturação dos espermatozoides e pelo desenvolvimento das características sexuais secundárias masculinas?

7. Em que consiste a menstruação?

8. Explique a participação dos hormônios na preparação para o parto normal.

9. O primeiro dia da menstruação de uma mulher foi 4 de maio. Considerando que ela tem um ciclo menstrual regular de 28 dias, no caderno, responda às questões.

a. Qual é a provável data da ovulação?

b. Qual será o período mais provável para a fecundação?

c. Por que os dias 3, 4 e 5 são dias com pouca chance de serem férteis?

MAURO TAKESHI

MAIO

D	S	T	Q	Q	S	S
1	2	3	~~4~~	5	6	7
8	9	10	11	12	13	14
15	16	17	18	19	20	21
22	23	24	25	26	27	28
29	30	31				

JUNHO

D	S	T	Q	Q	S	S
			1	2	3	4
5	6	7	8	9	10	11
12	13	14	15	16	17	18
19	20	21	22	23	24	25
26	27	28	29	30		

Representação de um calendário dos meses de maio e junho.

10. Leia o texto a seguir e depois responda às questões.

Campanha alerta jovens para prevenção de gravidez na adolescência

A atendente Renata [...] tinha 15 anos quando engravidou. "Tive meu filho aos 16 anos e parei de estudar. Não posso dizer que foi por falta de informação, porque isto eu tinha até 'de monte'. Foi descuido mesmo", explica. Para conscientizar adolescentes em todo o país e no mundo sobre a gravidez precoce, foi criado [...] o Dia Mundial da Prevenção da Gravidez na Adolescência, celebrado todo dia 26 de setembro. [...] De acordo com dados divulgados pelo Ministério da Saúde, 20% dos partos realizados no país foram feitos em mulheres com idade até 19 anos. "O Ministério da Saúde não tem dados a respeito da segunda gravidez na adolescência, que também tem aumentado. As meninas engravidam de dois a três anos depois", afirmou. A atendente Renata, hoje com 18 anos, está grávida de sete meses do seu segundo filho. "Também não posso falar que foi falta de informação, também foi descuido", admite. Para o médico José [...] , a solução para o problema está em orientar os adolescentes durante todo o ano. "E não apenas as meninas, a gravidez na adolescência também é assunto para os meninos", disse. Segundo ele, todos os adolescentes devem procurar o serviço de saúde para aprender sobre os melhores métodos anticoncepcionais. "O importante é que haja diálogo em casa e que as famílias conscientizem os filhos", afirmou. Quando tinha 17 anos, a estudante de direito Adriana [...] engravidou de Thiago, que hoje completa 21 anos. Para que a história não se repita, ela sempre conversa com o seu filho. "Na época eu não tinha informação, hoje ele tem. Mas acredito que o importante é fortalecer o diálogo nas famílias. Eu sempre explico para o meu filho que sexo é bom desde que feito com responsabilidade", completou.

Ivy Farias. *Campanha alerta jovens para prevenção de gravidez na adolescência*. Disponível em: <http://memoria.ebc.com.br/agenciabrasil/noticia/2009-09-26/campanha-alerta-jovens-para-prevencao-de-gravidez-na-adolescencia>. Acesso em: 20 maio 2015.

a. Qual a importância da criação do Dia Mundial da Prevenção da Gravidez na Adolescência?

b. Qual é a forma de prevenção de gravidez na adolescência que o texto sugere?

c. Em sua opinião, que mudanças um adolescente deve fazer em sua vida para adaptar-se à rotina de pai ou mãe?

d. De que forma é possível evitar a gravidez?

11. Leia a letra da música e depois responda às questões.

Eu não caibo mais
Nas roupas que eu cabia
Eu não encho mais
A casa de alegria
Os anos se passaram
Enquanto eu dormia
E quem eu queria bem
Me esquecia...
Será que eu falei
O que ninguém ouvia?
Será que eu escutei
O que ninguém dizia?
Eu não vou me adaptar
Me adaptar...
Eu não tenho mais
A cara que eu tinha
No espelho essa cara
Não é minha
Mas é que quando
Eu me toquei
Achei tão estranho
A minha barba estava
Desse tamanho...
Será que eu falei
O que ninguém ouvia?
Será que eu escutei
O que ninguém dizia?
Eu não vou me adaptar
Me adaptar...
Não vou!
Me adaptar! Me adaptar!

Não vou me adaptar. Arnaldo Antunes. © by UNIVERSAL MUSIC PUBLISHING LTDA / ROSA CELESTE EMPREENDIMENTOS ARTÍSTICOS LTDA.

a. Do que trata a música de Arnaldo Antunes?

b. Quais são as características sexuais secundárias femininas? E as masculinas?

c. Quais mudanças você percebe em seu corpo, em sua vida, em seus relacionamentos?

THINKSTOCK/GETTY IMAGES

As características sexuais secundárias são visíveis na adolescência.

12. Como as pílulas anticoncepcionais evitam a gravidez? Cite as vantagens e desvantagens do uso desse método contraceptivo.

13. Por que a laqueadura e a vasectomia são desaconselháveis para casais muito jovens ou com apenas um filho?

14. Observe a fotografia, leia a legenda e depois, responda às questões no caderno.

PHOTOGRAPHER'S CHOICE/GETTY IMAGES

Bebê recém-nascido com pedaço de cordão umbilical ainda ligado à barriga.

a. O que vai acontecer com esse pedaço de cordão umbilical?

b. O que vai se formar no lugar onde ele estava?

15. Leia o texto a seguir e depois faça o que se pede.

Bullying é uma palavra de origem inglesa que compreende todas as formas agressivas de relacionamento (verbal, física, psicológica), sem motivo aparente, por uma ou mais pessoas contra outra que tenha dificuldade de se defender, causando-lhe sofrimento.

Não é uma brincadeira entre colegas nem se trata de desentendimentos eventuais. As vítimas são humilhadas, ofendidas e discriminadas constantemente e isso acaba gerando angústia, depressão, queda no rendimento escolar, entre outros problemas.

O *bullying* também pode ocorrer pela internet. Trata-se do *cyberbullying*, que difama, em rede, o alvo desse fenômeno.

O *bullying* deve ser denunciado e combatido por todos os professores, funcionários, alunos e pais, que poderão buscar, em conjunto, as melhores alternativas para a extinção dessa prática na escola. O importante é favorecer um ambiente no qual as diferenças possam existir.

IMAGEZOO/CORBIS/LATINSTOCK

Grande parte das pessoas que sofrem *bullying* não procuram ajuda.

- Faça uma pesquisa a respeito dos tipos de *bullying*. Depois, com seus colegas, proponha uma ação *antibullying* que possa ser desenvolvida na escola ou na comunidade.

14 Hereditariedade e biotecnologia

No dia a dia, chama atenção a semelhança existente entre irmãos e irmãs ou entre vários gatinhos de uma mesma ninhada.

Neste capítulo, veremos como surgiram as primeiras explicações sobre a transferência das características hereditárias, quais são as bases da hereditariedade e os avanços científicos e tecnológicos decorrentes desse conhecimento.

VLADISLAV STAROZHILOV/GETTY IMAGES

Filhotes de gato da raça *Bengal*.

ASIASELECTS/CORBIS/LATINSTOCK

Meninas trigêmeas.

BATE-PAPO

1. Quais são as possíveis explicações para a semelhança entre os irmãos da imagem?
2. A mesma unidade básica forma os seres vivos. Formule uma hipótese para explicar a diversidade de características dentro de uma mesma espécie.

Pista 3

Explique como é possível existirem irmãos gêmeos de sexos diferentes (um homem e uma mulher).

O ESTUDO DA HEREDITARIEDADE

Uma das explicações mais antigas a respeito da hereditariedade foi desenvolvida pelo filósofo grego Aristóteles (384 a.C.-322 a.C.). A **progênese** ou **teoria da pré-formação** propunha que dentro de cada gameta havia miniaturas de seres humanos, os homúnculos, que reproduziam exatamente as características do indivíduo e se desenvolveriam dentro do útero materno.

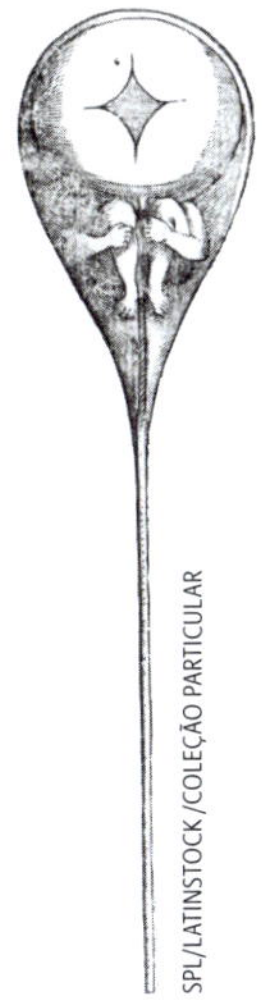

Representação esquemática de um homúnculo. Ainda no século XVII, havia pesquisadores que acreditavam que o homúnculo estava contido no gameta feminino, e outros que acreditavam que ele estava no espermatozoide.

Gregor Mendel (1822-1884), monge e pesquisador austríaco, é conhecido como o "pai da genética" e fez muitos estudos a respeito da hereditariedade. Na segunda metade do século XIX, Mendel fez experimentos com plantas de ervilhas e descobriu a existência de fatores que determinam as características hereditárias. Segundo Mendel, esses fatores explicariam a semelhança entre pais e filhos. Nessa época, não eram conhecidos os genes e o DNA.

Mendel escolheu as ervilhas pois eram de fácil cultivo. Ele analisou a transmissão de características como: forma da ervilha, cor da ervilha, cor das pétalas da flor, forma da vagem, cor da vagem, posição da flor na planta, altura da haste.

EXPERIMENTOS DE MENDEL

1 Para fazer seus experimentos, Mendel removia os estames das flores de ervilha.

2 Com um pincel, ele recolhia o pólen da flor de um pé de ervilha com as características que ele desejava estudar, como a cor da flor, por exemplo. Então, esse pólen era transferido para a flor de outra planta.

3 Ele analisava os frutos gerados e as sementes da ervilha. Essas sementes, então, eram plantadas e os indivíduos que germinavam eram analisados.

Representação dos experimentos de Mendel. Cores fantasia. Elementos fora de escala de tamanho e de proporção.

Em 1869, Johann Friedrich Miescher descobriu uma molécula que continha fósforo no núcleo de células e que no futuro viria a ser conhecido por ácido nucleico.

Em 1882, Walther Flemming observou, durante a divisão celular, estruturas as quais ele chamou de **cromossomos**.

Em 1902 e 1903, Theodor Boveri e Walter Sutton elaboraram a teoria cromossômica, segundo a qual as características são transmitidas pelos cromossomos. A partir de 1910, o pesquisador Thomas Morgan, aperfeiçoou essa teoria, identificando regiões dos cromossomos que teriam as características hereditárias: os **genes**.

O MATERIAL GENÉTICO

Na natureza, existe uma grande variedade de seres vivos, desde criaturas microscópicas, como as bactérias, até outras muito grandes, como as baleias. Todos, porém, têm a mesma unidade formadora, a célula. No interior das células de organismos tão diferentes há a mesma constituição: carboidratos, proteínas, entre outras substâncias.

No interior do núcleo das células, encontra-se o **material genético**, por meio do qual são transmitidas as informações genéticas dos pais para os filhos. Esse material, que sintetiza as proteínas, regula o funcionamento celular.

O material genético de todo ser humano é constituído por ácido desoxirribonucleico, ou DNA. A estrutura molecular do DNA é explicada pelo modelo de dupla hélice proposto em 1953 por Watson e Crick, com base em seus próprios estudos e em estudos de outros pesquisadores, como Rosalind Franklin, Maurice Wilkins e Linus Pauling.

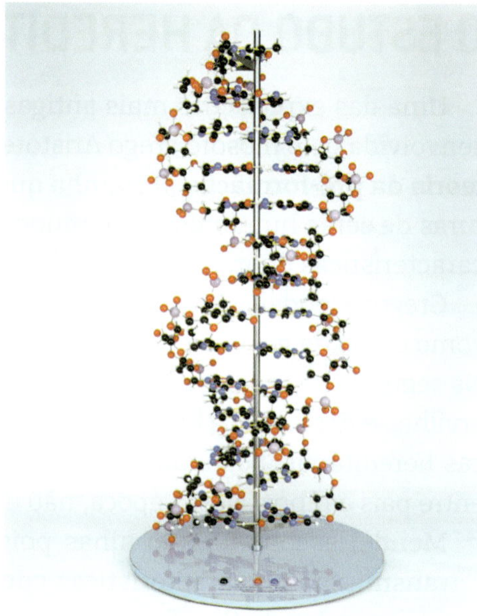
SCIENCE & SOCIETY PICTURE LIBRARY/CONTRIBUTOR/GETTY IMAGES

Modelo de dupla hélice do DNA.

A molécula de DNA, associada a uma proteína, forma a **cromatina**. Em uma célula em divisão celular, a cromatina espirala-se ou se condensa, ficando mais curta. Nesse estado, a cromatina passa a ser chamada de **cromossomo**. Cromossomo e cromatina são, portanto, o mesmo material em diferentes estados. Observe o quadro a seguir, que compara algumas características desses dois materiais.

	Estrutura do material genético		
	Composição química	Estado em que se apresenta	Momento em que é observado
Cromossomo	DNA + proteína	Espiralizado ou condensado	Divisão celular
Cromatina	DNA + proteína	Desespiralizado ou descondensado	Intérfase: período compreendido entre duas divisões celulares

Os cromossomos transportam grande número de **genes**. O gene é um “pedaço” ou um “trecho” do DNA responsável pela determinação de uma ou mais características genéticas. São os genes que determinam, por exemplo, a cor do cabelo, o formato do nariz. Todas as características herdadas por nós foram transmitidas por meio de nossos genes e, portanto, através do DNA.

O estudo da transmissão dos genes de pais para filhos, a maneira como esses genes se manifestam e qual é a sua composição química são parte de um ramo da Biologia chamado **genética**.

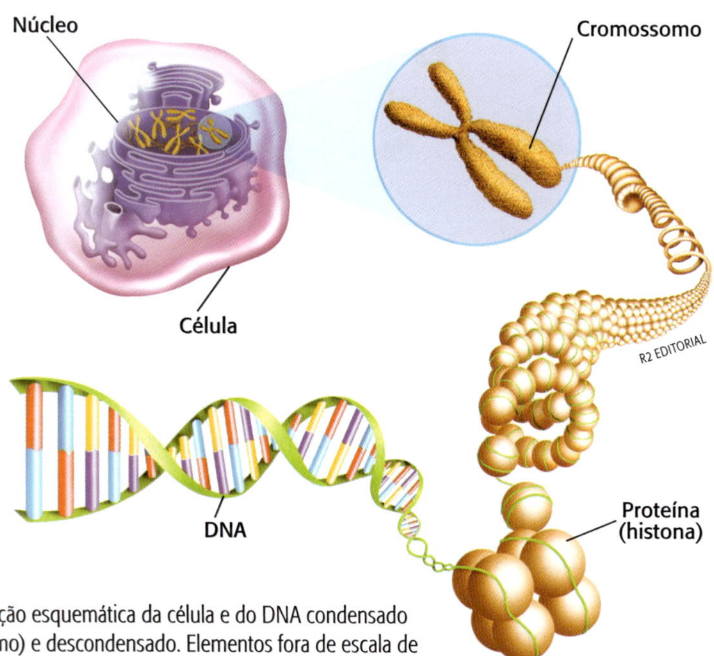

Representação esquemática da célula e do DNA condensado (cromossomo) e descondensado. Elementos fora de escala de tamanho e de proporção. Cores fantasia.

Cariótipo

O cariótipo é o conjunto de cromossomos de uma espécie. As células dos seres da espécie humana têm 46 cromossomos, excetuando os gametas. Quando o indivíduo produz gametas (por meio de um processo de divisão celular), o número de cromossomos das células reprodutivas é reduzido à metade.

Dos 46 cromossomos, 44 são chamados **autossomos**, enquanto os dois cromossomos restantes determinam o sexo do indivíduo e são chamados **cromossomos sexuais**. Há dois tipos de cromossomos sexuais: X e Y. As mulheres apresentam dois cromossomos X, enquanto os homens apresentam um cromossomo X e um Y.

Os cientistas identificam cada par de cromossomos humanos por um número: 1, 2, 3... até o 22. O último par, formado pelos cromossomos sexuais, é identificado como X e Y.

No núcleo das células do corpo humano, há 46 cromossomos, sendo 23 herdados do pai e 23 herdados da mãe. As únicas exceções são as células reprodutivas: os ovócitos (células reprodutivas femininas) e os espermatozoides (células reprodutivas masculinas), que têm 23 cromossomos cada. Quando ocorre a fecundação (encontro das células reprodutivas que darão origem ao futuro bebê), os núcleos se fundem, somando 46 cromossomos.

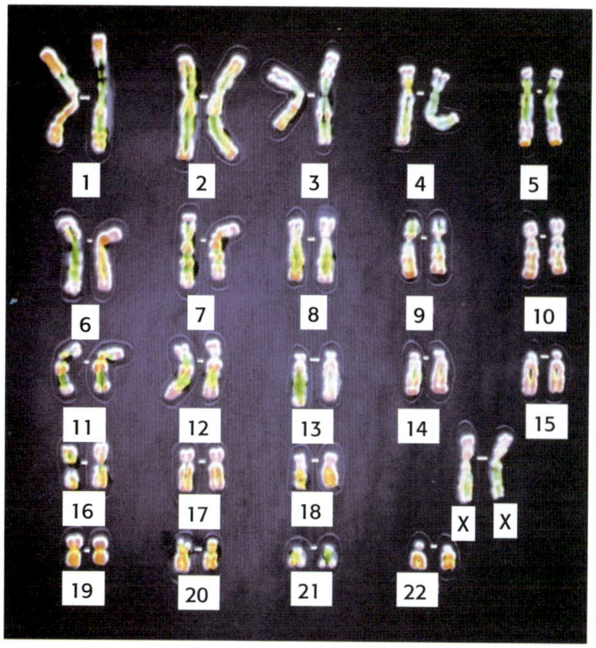

CNRI/SPL/LATINSTOCK

Cariótipo feminino da espécie humana, com os cromossomos homólogos organizados. Aumento de 3 500 vezes. Cores artificiais.

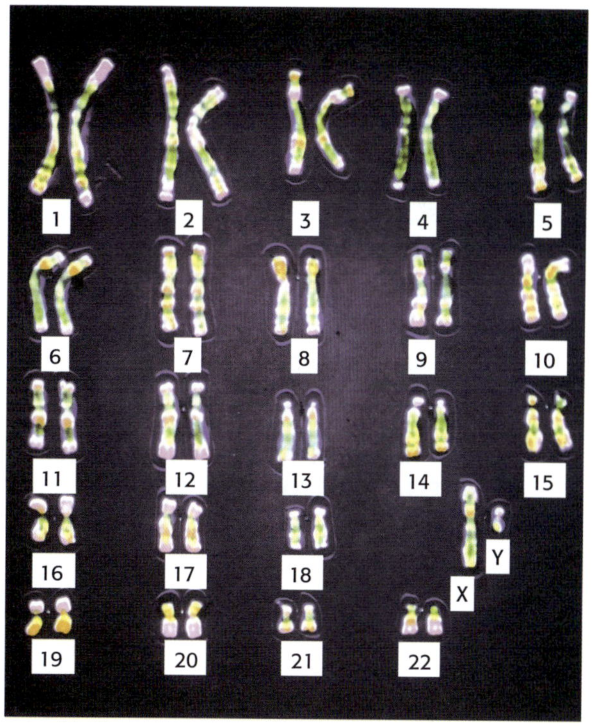

CNRI/SPL/LATINSTOCK

Cariótipo masculino da espécie humana, com os cromossomos homólogos organizados. Aumento de 3 500 vezes. Cores artificiais.

Divisão celular

Durante a divisão celular, cada cromossomo forma par com seu homólogo, ou seja, cromossomo com a mesma sequência gênica e forma semelhante ao outro.

Para crescimento do organismo, renovação e reposição de células de órgãos e tecidos há um processo de divisão celular, chamado **mitose**. Nesse processo, são produzidas células com a mesma quantidade de cromossomos que a célula que as originou.

Durante a formação dos gametas, os cromossomos homólogos se separam e cada gameta transporta um cromossomo de cada par. Dessa forma, os gametas têm a metade do número de cromossomos de uma célula somática. Esse tipo de divisão é chamado **meiose**.

Célula somática: tipo de célula que forma os órgãos e tecidos do organismo, que não são os gametas.

DETERMINAÇÃO DAS CARACTERÍSTICAS GENÉTICAS

As características de um ser vivo são determinadas por sua composição genética e pelo ambiente em que vive. Chamamos de **genótipo** a constituição genética de um organismo – são os genes passados de geração a geração. Chamamos de **fenótipo** a interação do genótipo de um organismo com o ambiente, ou seja, as características físicas e comportamentais dos organismos.

As variações genotípicas e fenotípicas ocorrem em características de todos os seres vivos.

Das características determinadas pelos genes, estudaremos as que são determinadas por apenas um gene ou pela interação de vários genes.

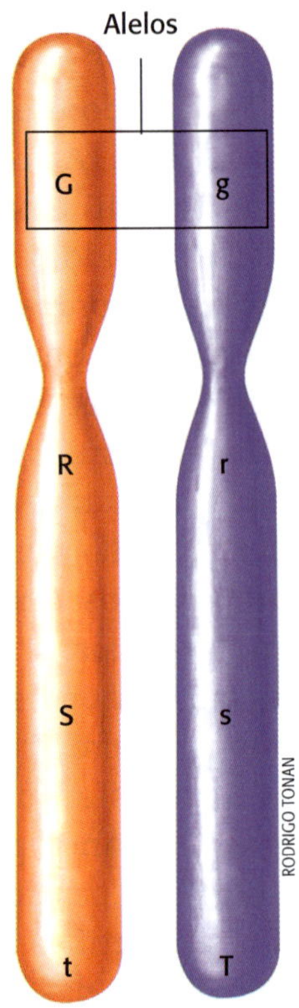

Representação esquemática de alelos em cromossomos. Os cromossomos homólogos possuem alelos para os mesmos genes. Cores artificiais. Elementos fora de escala e proporção.

Dominante e recessivo

Os **alelos gênicos** são variações de um mesmo gene e que podem ou não conter informações iguais. Os efeitos genéticos desses alelos dependem de suas relações de dominância.

Um **alelo dominante** é aquele que, se estiver presente, determinará a característica do indivíduo. É convenção representar os alelos dominantes por letra maiúscula. O **alelo recessivo** somente será manifestado se não houver um alelo dominante. Os alelos recessivos são representados por letras minúsculas.

Como exemplo, vamos analisar a característica "comprimento de pelos em gatos", que pode ser longo ou curto. Essa característica é determinada por um gene, que tem duas formas alélicas (**L** e ℓ). O alelo indicado pela letra **L** determina a pelagem curta em gatos, que é dominante sobre ℓ, que determina a pelagem longa. Dizemos que o alelo **L** é dominante e ℓ é recessivo. Assim, com base na combinação dos genes dos progenitores, podemos ter **LL** e **L**ℓ (pelagem curta) e ℓ ℓ (pelagem longa).

Progenitores: organismos que dão origem aos descendentes, pais biológicos.

TRANSMISSÃO DA CARACTERÍSTICA DE PELO CURTO OU PELO LONGO EM GATOS

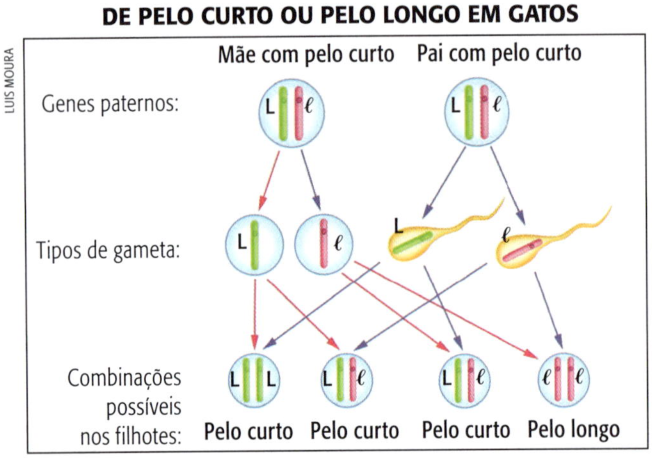

Representação esquemática da transmissão do gene de comprimento de pelo em gatos. Cores artificiais. Elementos fora de escala de tamanho e de proporção.

O comprimento da pelagem dos gatos é uma característica herdada dos pais. O genótipo para comprimento de pelo do gato de pelo curto é **L**ℓ ou **LL** e do gato de pelo longo é ℓℓ.

Determinação do sexo biológico

O cariótipo feminino é formado por 44 cromossomos autossomos e dois cromossomos sexuais X (44 A + XX), o cariótipo masculino é formado por 44 cromossomos autossomos e um cromossomo sexual X e outro Y (44 A + XY).

Durante a formação dos gametas, os cromossomos homólogos se separam e cada gameta recebe 23 cromossomos, sendo um deles para a determinação do sexo.

O espermatozoide tem 22 autossomos e um cromossomo sexual, que pode ser X ou Y. O ovócito tem 22 autossomos e um cromossomo sexual, que será X.

Quando o espermatozoide que tem um cromossomo X entra em um ovócito (que sempre carrega o X), o zigoto será XX e formará uma menina. Quando o espermatozoide que tem um cromossomo Y entra em um ovócito, o zigoto será XY e formará um menino.

Observe no esquema ao lado as possíveis combinações de cromossomos sexuais. Veja que a possibilidade de ser gerada uma menina é igual à possibilidade de ser gerado um menino, ou seja, 50% para cada um.

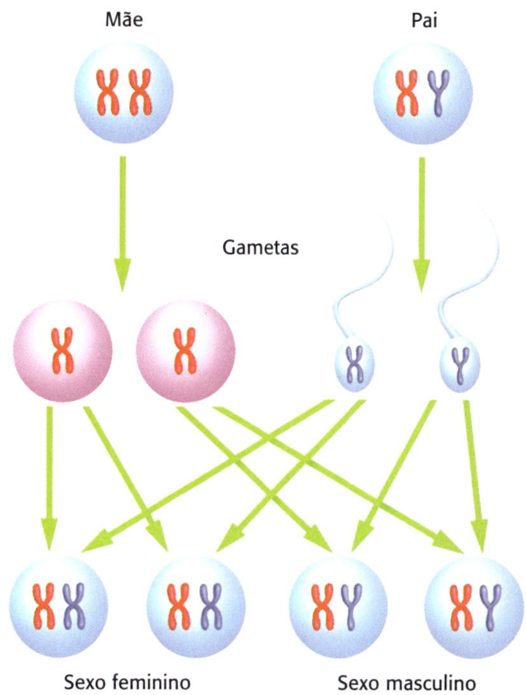

Representação esquemática das possíveis combinações dos cromossomos sexuais. Cores fantasia. Elementos fora de escala de tamanho e de proporção.

FIQUE DE OLHO

As sociedades humanas costumam atribuir tarefas distintas a homens e mulheres; no entanto, isso não está em nossa natureza biológica – é resultado de uma construção social.

Durante muito tempo, a nossa sociedade dividiu algumas atividades entre mulheres e homens. Hoje, a divisão sexual de trabalho é bastante flexível, mulheres e homens podem exercer as mesmas profissões. Mulheres trabalham fora e muitas sustentam a família, são motoristas de táxi, mestres de obra, aviadoras, atribuições que eram vistas como masculinas. Há, também, homens que cuidam de crianças nas creches ou cuidam da casa, tarefas antigamente realizadas pelas mulheres.

No entanto, ainda não há igualdade entre os gêneros. As mulheres, muitas vezes, têm mais atribuições domésticas, têm salários menores e sofrem preconceito ao exercer certas profissões. Além disso, elas ainda são a minoria entre os representantes políticos.

Reunidos em grupo, conversem sobre as seguintes questões:

1. Na residência onde você mora, as tarefas atribuídas a mulheres e homens são iguais ou diferentes?

2. O que poderia ser feito para que não existissem diferenças entre mulheres e homens quanto à atribuição de tarefas?

O futebol já foi considerado esporte apenas para o gênero masculino. Atualmente muitos times têm equipes femininas e disputam campeonatos.

EXPERIMENTE FAZER

Estudando a determinação de algumas características

Para pensar

Cada um de nós veio de uma única célula, resultado da fusão de um espermatozoide e um ovócito. Os 23 cromossomos de cada um desses gametas se uniram e formaram o nosso material genético.

Como são determinadas as características das pessoas? Por que os filhos são parecidos com os pais biológicos?

Objetivos

- Simular a formação de gametas e sua combinação para compor o genótipo de uma geração.

Materiais

- folha de papel-cartão branco
- lápis de cor
- uma moeda
- tesoura sem ponta
- dois sacos de pano escuro

Procedimentos

1ª Etapa – Preparação da atividade

1. Corte 20 discos de papel (use uma moeda para fazer o molde).
2. Pinte 10 discos de vermelho; os outros devem permanecer brancos.
3. Em cada saco, coloque 5 discos brancos e 5 discos vermelhos.

Um saco representará os genes da mãe e o outro representará os do pai. Os discos vermelhos representarão genes dominantes. Os discos brancos representarão os genes recessivos.

Para essa atividade, iremos considerar que as características humanas: enrolar a língua, mão dominante (canhoto ou destro), forma de cruzamento dos braços, das mãos e formato do lóbulo da orelha são determinadas somente pelo genótipo do indivíduo.

O quadro a seguir indica os genótipos e fenótipos para as características que serão usadas na atividade.

Característica	Genótipo	Fenótipo
Enrolar a língua	AA ou Aa	Sim
	aa	Não
Mão dominante	Bb ou BB	Direita (destro)
	bb	Esquerda (canhoto)
Cruzamento dos braços	Cc ou CC	Direito sobre o esquerdo
	cc	Esquerdo sobre o direito
Cruzamento das mãos	Dd ou DD	Polegar esquerdo sobre o direito
	dd	Polegar direito sobre o esquerdo
Formato do lóbulo da orelha	Ee ou EE	Solto
	ee	Aderido

2ª Etapa – Simulação

1 Observe a tabela que indica os genótipos e fenótipos de um casal. Note que eles apresentam os mesmos genótipos e fenótipos. Responda: Como você imagina que poderiam ser os filhos desse casal?

Característica	Fenótipo dos pais	Genótipo
Enrolar a língua	Sim	Aa
Mão dominante	Direita (destros)	Bb
Cruzamento dos braços	Direito sobre o esquerdo	Cc
Cruzamento das mãos	Polegar esquerdo sobre o direito	Dd
Lóbulo da orelha	Solto	Ee

2 Para cada característica você deverá tirar um disco de cada saco, um da "mãe" e um do "pai". Anote na tabela o resultado obtido. Se for vermelho, coloque a letra maiúscula; se for branco, minúscula. Depois de anotar, devolva os discos para os respectivos sacos.

> Exemplo: Para a característica de enrolar a língua, você tirou um disco vermelho da mãe e um branco do pai, então você deve anotar **Aa**.

3 Repita o procedimento anterior e forme os genótipos de três filhos do casal. Faça uma tabela como a do modelo abaixo e anote os resultados obtidos.

Característica		Filho 1		Filho 2		Filho 3	
		Genótipo	Fenótipo	Genótipo	Fenótipo	Genótipo	Fenótipo
A	Enrolar a língua						
B	Mão dominante						
C	Cruzar os braços						
D	Cruzar as mãos						
E	Lóbulo da orelha						

Modelo de tabela de anotações.

4 Depois de formados os genótipos, defina os fenótipos de cada um.

Resultados

Compare os genótipos dos três filhos e responda às questões a seguir.

a. Os três filhos têm o mesmo genótipo? Quais são as diferenças?

b. Os fenótipos dos filhos são iguais ou diferentes?

Conclusão

Irmãos de um mesmo pai e mãe têm o mesmo genótipo? Explique.

DOENÇAS HEREDITÁRIAS

As doenças hereditárias são causadas por alterações no número de cromossomos ou em sua estrutura ou por anomalias nos genes. Geralmente, essas doenças são transmitidas de uma geração para outra, por isso são chamadas hereditárias.

Anomalias cromossômicas

Durante a formação dos gametas, na meiose, pode ocorrer um erro na separação dos cromossomos homólogos. Esse erro pode produzir gametas com cromossomos a mais ou a menos. Caso esses gametas sejam fecundados, teremos a formação de zigotos com **alterações cromossômicas numéricas**.

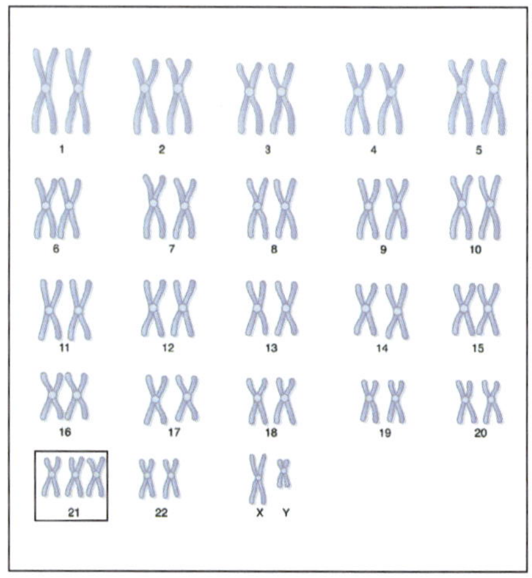

SPL/LATINSTOCK

No cariótipo de um menino com síndrome de Down, há três cromossomos, em vez de dois, no 21. Elementos fora de escala de tamanho e de proporção.

Síndrome de Down

A síndrome de Down é uma anomalia causada por uma alteração cromossômica. Nesse caso, as células da pessoa portadora possuem o cromossomo 21 em triplicata, ou seja, em vez de um par, a pessoa apresenta três cromossomos. Por isso, a síndrome de Down também é conhecida como "trissomia do 21".

Síndrome de Turner

Ocorre em mulheres cujas células possuem apenas um cromossomo X, o que as deixa com 45 cromossomos, em vez de 46. Nessas mulheres, características sexuais secundárias não se desenvolvem e os órgãos genitais permanecem com aspecto infantil; apresentam estatura baixa.

Síndrome de Klinefelter

Essa síndrome só ocorre em homens. As células dos indivíduos com essa síndrome apresentam dois cromossomos X e um cromossomo Y.

São homens altos e magros, estéreis, com testículos pouco desenvolvidos e algumas características secundárias femininas, como o desenvolvimento de mamas. Eles não têm esperma nem pelos no corpo, apresentam estatura geralmente acima da média, com pernas e braços desproporcionalmente longos.

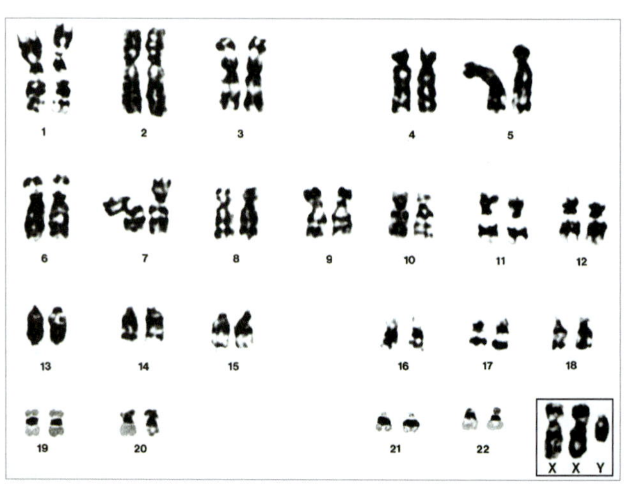

PHOTORESEARCHERS/LATINSTOCK

Cariótipo de um homem com síndrome de Klinefelter: em vez de apresentar o cromossomo XY, o cromossomo é XXY. Aumento de 2 000 vezes.

Anomalias nos genes

Cada cromossomo contém milhares de genes, responsáveis pela síntese de diferentes proteínas. Alterações gênicas podem comprometer a produção de proteínas e causar doenças. A seguir, apresentaremos duas anomalias genéticas comuns.

Fenilcetonúria

A fenilcetonúria é uma doença que provoca a acumulação no organismo de fenilalanina, um aminoácido presente em diversos alimentos, principalmente leite e derivados. Sem diagnóstico ou orientações médicas seguidas corretamente, a fenilcetonúria pode levar a convulsões, problemas de pele e cabelo, deficiência mental e até mesmo invalidez permanente.

O tratamento dessa doença consiste no controle da alimentação. Em muitos produtos industrializados que contêm fenilalanina, podemos observar na embalagem a seguinte frase: "Fenilcetonúricos: contém fenilalanina".

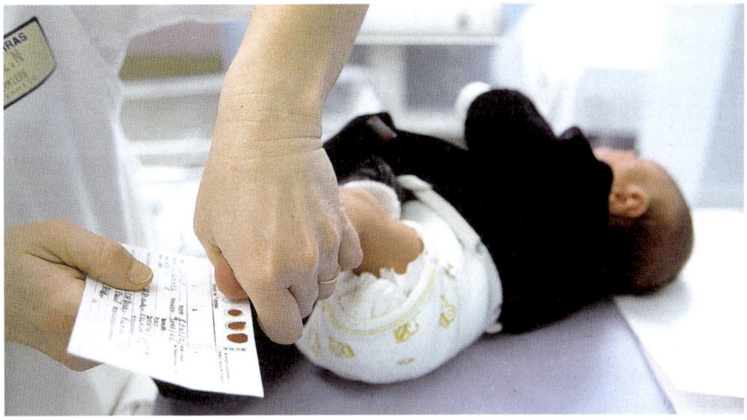

BSIP/DIOMEDIA

A fenilcetonúria é diagnosticada por meio do teste do pezinho nos bebês. O médico retira uma amostra de sangue do pé do bebê recém-nascido para verificar se ele tem fenilcetonúria. Se o diagnóstico for positivo, outros testes serão necessários para o tratamento da doença e a elaboração da dieta nutricional.

Hemofilia

A hemofilia é uma doença na qual o corpo não produz um dos fatores de coagulação do sangue. É causada por um gene recessivo, representado pela letra **h**, localizado no cromossomo X.

A possibilidade de uma mulher ser hemofílica é pequena. Para isso, ela precisa ser duplo recessivo (X^hX^h), portanto, o pai precisa ser hemofílico (X^hY) e a mãe, portadora (X^HX^h) ou hemofílica (X^hX^h).

O tratamento é feito com a injeção do fator de coagulação do sangue.

Caso haja histórico de hemofilia na família, é fundamental um aconselhamento genético como medida preventiva. Se uma menina for diagnosticada hemofílica, é necessário um cuidado mais intenso, pois, na primeira menstruação, o sangramento pode ser fatal.

TRANSMISSÃO DA HEMOFILIA

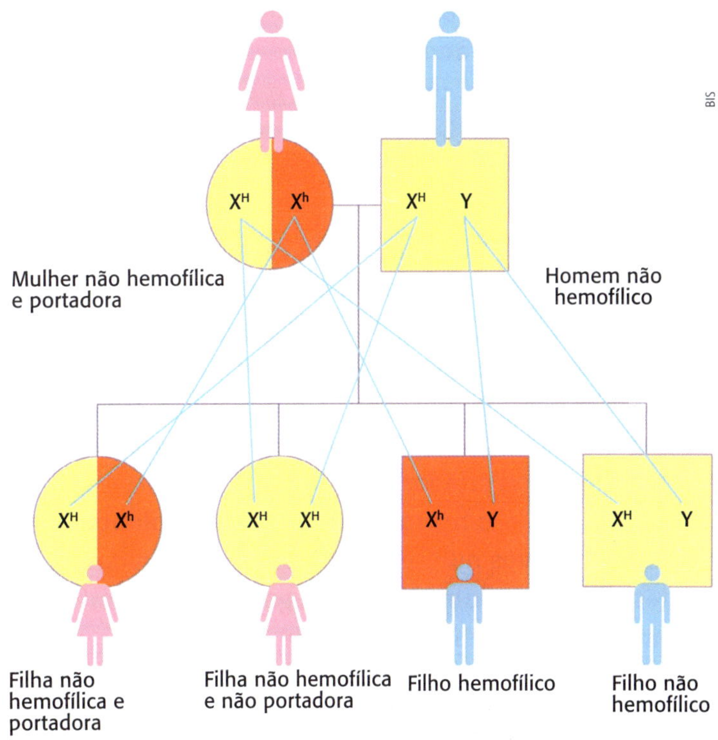

BIS

Representação esquemática da transmissão da hemofilia quando a mulher é portadora do gene, mas não manifesta a doença, e se casa com um homem não hemofílico. Cores fantasia. Elementos fora de escala de tamanho e de proporção.

GENÉTICA E BIOTECNOLOGIA

Após a redescoberta dos trabalhos de Mendel, ocorrida no início do século passado, a citologia (ciência que estuda as células) e a genética caminharam rapidamente e fizeram importantes descobertas.

Essas e muitas outras descobertas abriram caminho para que a indústria biotecnológica produzisse medicamentos e organismos que hoje são usados, por exemplo, no tratamento e na cura de doenças, na agricultura e na pecuária.

Transgenia e clonagem

Os organismos transgênicos são aqueles que carregam em seus cromossomos genes de indivíduos de outras espécies inseridos experimentalmente e que apresentam as características determinadas por esses genes.

Na agricultura, a criação de plantas transgênicas resistentes a pragas ou praguicidas, ou comercialmente mais interessantes (com folhas mais largas, grãos maiores, sem sementes, por exemplo) e mais nutritivas já é uma realidade para várias culturas, como milho, batata, tomate e soja. O Brasil é um dos maiores produtores mundiais de soja transgênica.

SPL/LATINSTOCK

Em primeiro plano, ovelha transgênica com um gene humano inserido em seu DNA. Esse gene é responsável pela produção da proteína alfa1-antitripsina. Se a proteína puder ser isolada do leite dessas ovelhas, pode ser utilizada no tratamento de pessoas que não a produzem, por causa de uma anomalia genética.

Na pecuária, os organismos geneticamente modificados (OGMs) produzem mais leite, mais carne e são mais resistentes a doenças.

Apesar desses avanços, ainda existem muitas dúvidas sobre a segurança desses produtos, tanto em relação à saúde humana quanto em relação ao ambiente. Existem relatos de casos de alergia e suspeitas de que esses produtos provoquem a diminuição das defesas do organismo contra infecções. Em relação ao ambiente, os transgênicos podem provocar alterações na diversidade de espécies dos locais onde os transgênicos são cultivados ou criados.

A clonagem é um processo natural em plantas, bactérias, animais e outros seres vivos que se reproduzem assexuadamente e geram descendentes geneticamente idênticos à geração anterior, não havendo o encontro entre ovócito e espermatozoide.

Um processo de clonagem muito comum na agricultura é a estaquia. Nessa forma de reprodução, estacas de caules de plantas são fincados no chão e brotam raízes e folhas, gerando um clone.

Em laboratório, o objetivo da clonagem é a obtenção de cópias de organismos geneticamente idênticos ao doador da célula.

Fertilização *in vitro*

A fertilização *in vitro* – técnica usada há vários anos no Brasil e em todo o mundo – é geralmente recomendada por médicos para casais que não conseguem gerar filhos naturalmente.

O termo latino *in vitro* significa "no ou dentro do vidro", indicando que a fertilização não acontece no interior do corpo materno, mas em laboratório. Pela técnica, os ovócitos e os espermatozoides, retirados da mulher e do homem, respectivamente, são colocados juntos em um tubo de ensaio ou em placas de Petri, onde ocorre a fecundação. Iniciadas as primeiras divisões dos óvulos, alguns são implantados no útero da mulher para gestação.

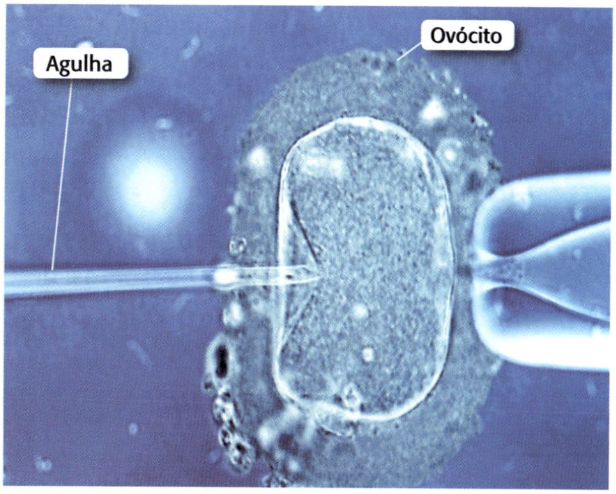

Ovócito sendo penetrado por uma microagulha contendo um espermatozoide visto ao microscópio óptico. Cores artificiais. Aumento de 3 500 vezes. O óvulo se forma, dando origem a um embrião que é implantado no útero da mulher. Esse método é usado por casais em que um dos parceiros não é fértil.

No processo de fertilização *in vitro*, são utilizados muitos óvulos. Geralmente implantam-se no útero mais de um óvulo fecundado para garantir que pelo menos um deles se desenvolva. Por essa razão, é muito comum o nascimento de gêmeos quando esse procedimento é realizado.

Células-tronco

A célula-tronco apresenta a capacidade de se diferenciar ou se transformar em diferentes tipos celulares. De acordo com sua origem, as células-tronco podem ser classificadas em **embrionárias** ou **adultas**.

As células-tronco embrionárias podem ser obtidas em laboratório, após a fecundação *in vitro*, antes de o embrião ser implantado no útero materno. Com o desenvolvimento do embrião, as células-tronco se diferenciam em todos os tipos celulares do organismo.

As células-tronco adultas regeneram tecidos e órgãos parcialmente em caso de doenças ou ferimentos. É o caso, por exemplo, das células-tronco da medula óssea e da epiderme.

Em 2008, o Supremo Tribunal Federal, após uma acirrada discussão entre deputados e senadores favoráveis e contrários, regulamentou o uso de células-tronco embrionárias em pesquisas científicas. Essas células são obtidas de embriões produzidos em clínicas de fertilização e que seriam descartados após 3 anos sem utilizá-los. Com elas, pesquisadores pretendem desenvolver estudos que possam proporcionar tratamentos para doenças como insuficiência cardíaca.

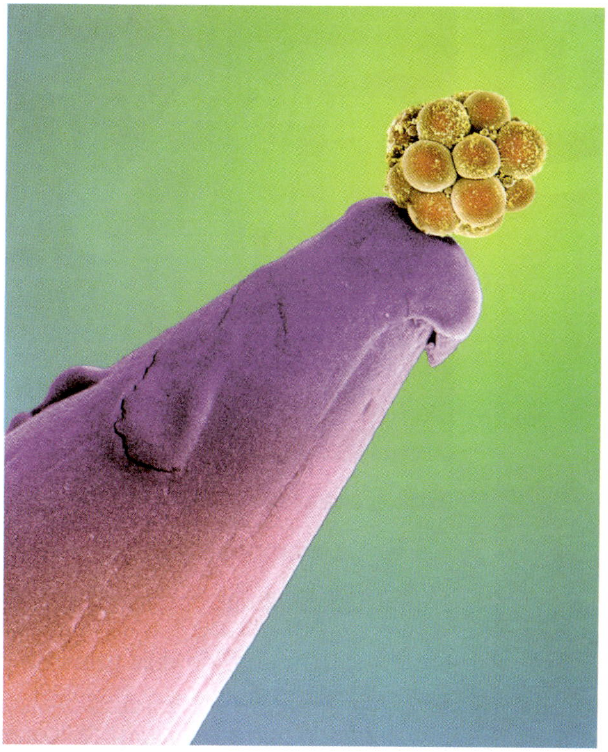

Na ponta de um alfinete, embrião humano com 16 células visto ao microscópio eletrônico. Cores artificiais. Aumento de 190 vezes. As células são idênticas e têm apenas três dias de vida. Têm a potencialidade de se transformar em todos os tipos de células de um ser humano.

teia do saber

1. Qual é a importância do material genético para os seres vivos?
2. Como as características de um indivíduo são transmitidas aos seus descendentes?
3. Em um gameta humano, qual é o número de cromossomos autossomos? E de cromossomos sexuais?
4. Teresa e Luís suspeitavam de que seu filho recém-nascido fosse portador da síndrome de Down. O pediatra do menino sugeriu que se fizesse um exame de cariótipo na criança. Que alteração terá sido encontrada caso a suspeita se confirme?
5. Ratos relativamente maiores dos que os de sua espécie foram produzidos a partir da introdução, em seus cromossomos, do gene humano responsável pela produção do hormônio de crescimento. Como podemos classificar esses ratos: transgênicos ou clones? Justifique sua resposta.
6. Diferencie células-tronco embrionárias e adultas.
7. Por que, na fecundação *in vitro*, é comum o nascimento de gêmeos?
8. Observe a fotografia e responda às questões.

THINKSTOCK/GETTY IMAGES

Retrato de uma família.

   a. Os membros dessa família são parecidos?
   b. Quais são as possíveis explicações para a semelhança entre filhos e pais biológicos?

9. Do cruzamento de dois gatos de pelo curto, nasceram três filhotes: um com pelo longo e dois com pelo curto.
   Sabendo que a característica "comprimento de pelos em gato" é determinado por um gene com dois alelos (**L** e **ℓ**) e que o alelo **L** é dominante, faça o que se pede.
   a. Qual o fenótipo dos gatos mencionados no enunciado?
   b. Qual o genótipo dos gatos mencionados no enunciado?

10. Observe a fotografia, leia a legenda e, no caderno, responda às questões.

DR. CHARLES MAZEL/VISUALS UNLIMITED.

Rato com patas que brilham no escuro. O zigoto que originou esse rato recebeu genes de uma água-viva fluorescente.

a. Como se chama o indivíduo que recebe genes de indivíduos de outras espécies?

b. Cite exemplos de benefícios que os seres transgênicos podem trazer para a sociedade.

11. Leia a notícia e, depois, responda às questões no caderno.

O feijão transgênico: A decisão e as lições

Numa decisão inédita, corajosa e consciente, a atual diretoria da Embrapa cancelou experimentos de avaliação de feijão transgênico e impediu seu uso e consumo [em dezembro de 2014]. [...]

A Embrapa verificou pela experimentação científica no campo e sob condições naturais, que esta variedade seria inútil como técnica de controle de vírus de feijão. [...]

Há três anos, por decisão tomada por quinze integrantes de CTNBio [Comissão Técnica Nacional de Biossegurança], formado por representantes de ministérios como Defesa, Relações Exteriores e outros, autorizou plantio e consumo de feijão transgênico, enquanto quatro outros votos de saúde, meio ambiente e ONGs, defenderam realizar mais estudos. O Conselho de Segurança Alimentar (CONSEA) na mesma época [...] manifestou para a presidente da República sua preocupação com a atuação da CTNBio [...] e alertou para a insuficiência de estudos para liberação do feijão transgênico. [...]

Nagib Nassar. *O feijão transgênico*: A decisão e as lições. Disponível em: <//www.jornaldaciencia.org.br/edicoes/?url=http://jcnoticias.jornaldaciencia.org.br/6-o-feijao-transgenico-decisao-e-licoes/>. Acesso em: 25 mar. 2015.

a. O que a falta de pesquisa com alimentos transgênicos pode acarretar à população?

b. Faça uma pesquisa sobre os alimentos transgênicos e seus impactos na sociedade e no meio ambiente.

Desfecho

Pense nos gêmeos apresentados no início do desafio, ambos com 40 anos. Agora, pense em dois irmãos não gêmeos, um com 39 e outro com 41 anos, idades bastante próximas. Você acha que diferenças de profissão, estilo de vida, cabelos são existentes tanto nos gêmeos quanto nos irmãos não gêmeos? Por quê?

Encerrando a unidade

1. Faça uma representação por meio de esquemas dos seguintes temas:

- **Sistemas genitais masculino e feminino**
- **Determinação do sexo de uma pessoa**

2. Depois, faça uma pequena redação para explicar e complementar os dados mostrados nos esquemas que você produziu. Exponha o trabalho aos colegas.

Tratamento nacional com células-tronco evita amputação de pés

Há pouco mais de seis meses*, o aposentado Julio [...], 65, recebeu a notícia de que amputaria um dedo do pé que estava prestes a gangrenar por falta de circulação sanguínea. Se não funcionasse, poderia perder o pé ou mesmo parte da perna.

Como última opção, iniciou um tratamento experimental com células-tronco extraídas da medula óssea.

Hoje, cinco meses após a terapia, o sangue voltou a circular nas veias do pé de Andrade, o que evitou a amputação. [...]

Inédito no país, o estudo é feito em quatro hospitais – dois de Curitiba, um de Salvador (BA) e um de São José do Rio Preto (SP). O financiamento vem do Ministério da Saúde e do CNPq (Conselho Nacional de Desenvolvimento Científico e Tecnológico).

Segundo o médico Jorge Timi, coordenador da pesquisa no Hospital Angelina Caron, de Curitiba (PR), onde oito dos pacientes foram operados, a técnica só é aplicada em pessoas com risco iminente de amputar pés e pernas.

Eles têm uma doença chamada de isquemia de membro inferior, que decorre, principalmente, de complicações do diabetes. A falta de circulação do sangue provoca entupimento das artérias que irrigam as pernas, o que também pode causar ataques cardíacos e derrames. [...]

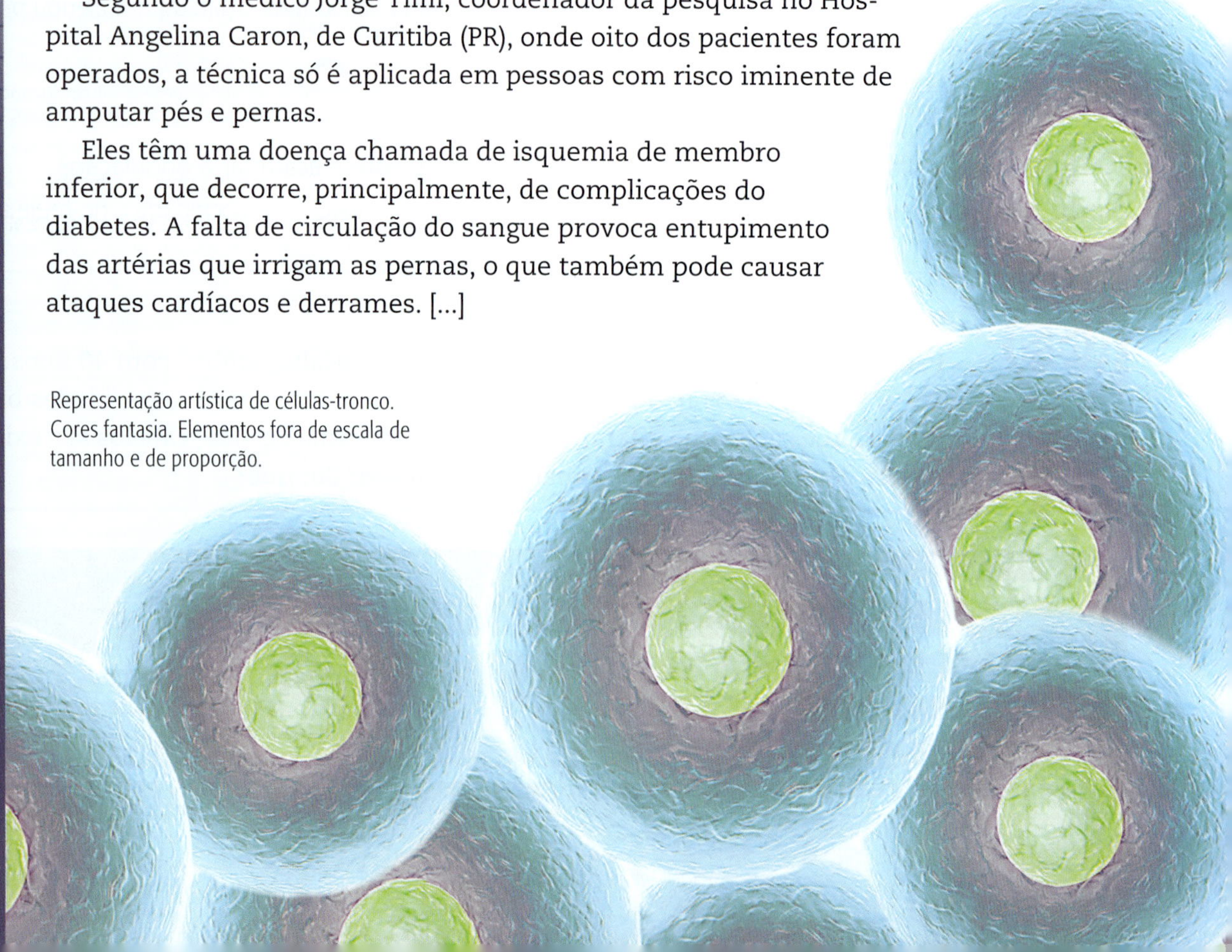

Representação artística de células-tronco. Cores fantasia. Elementos fora de escala de tamanho e de proporção.

Tratamento

As células-tronco têm por característica se dividir e formar duas células filhas. Uma delas permanece igual à de origem e a outra pode se diferenciar em outro tipo de tecido de acordo com o tratamento a ser feito.

Elas liberam imuno-hormônios e fatores de crescimento com alto potencial de estimular a formação de novos vasos sanguíneos.

Com isso, o sangue volta a circular na área isquêmica [com falta de circulação sanguínea], os sintomas desaparecem e há melhora nas feridas decorrentes do problema. [...]

* A matéria foi publicada no jornal *Folha de S.Paulo* em 24 de março de 2015.

Fonte: Cláudia Collucci. *Tratamento nacional com células-tronco evita amputação de pés.* Disponível em: <www1.folha.uol.com.br/equilibrioesaude/2015/03/1607153-tratamento-nacional-com-celulas-tronco-evita-amputacao-de-pes.shtml>. Acesso em: 25 mar. 2015.

NÃO DEIXE DE ASSISTIR

- **Debate – Células-tronco**
  Assistam a um debate a respeito do uso de células-tronco, promovido pela TVE, produzido pelo Instituto de Radiodifusão Educativa da Bahia.
  www.irdeb.ba.gov.br/tve/catalogo/media/view/2133.
  Acesso em: 25 mar. 2015.

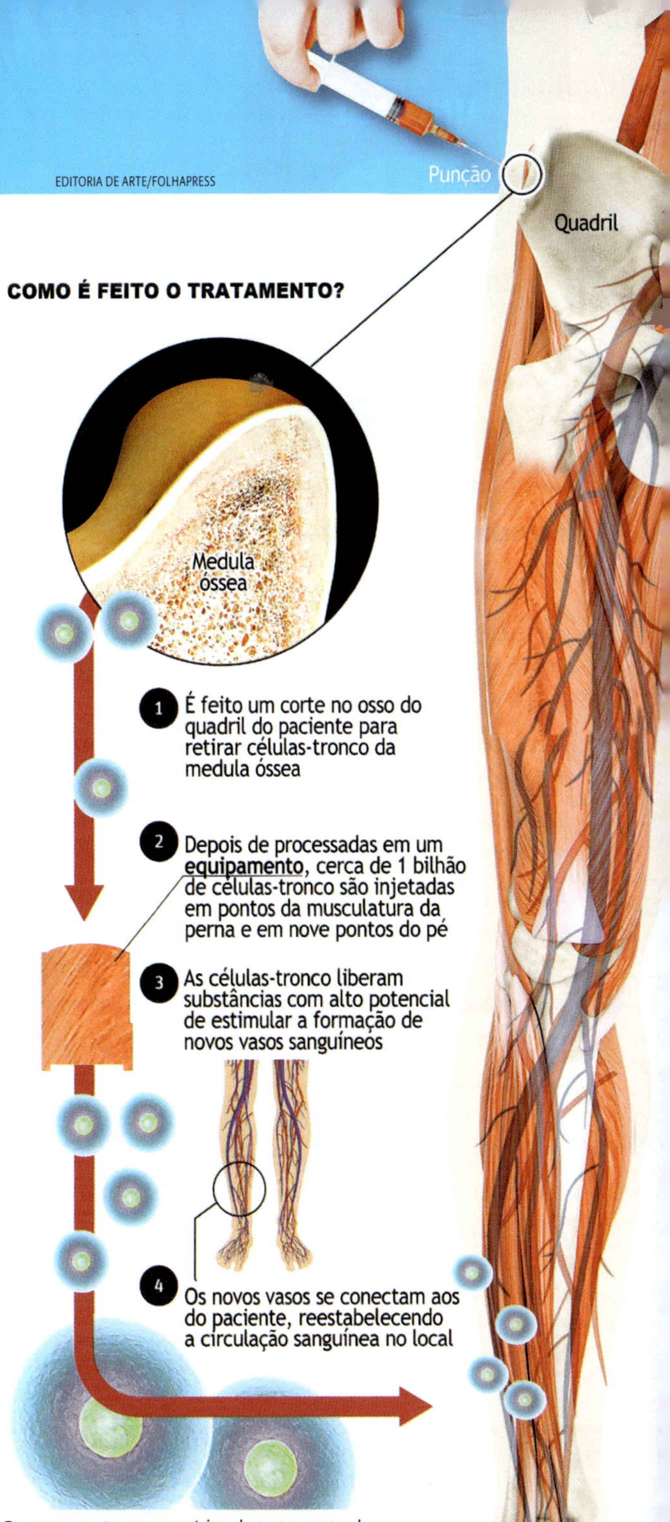

Representação esquemática do tratamento de isquemia de membro inferior com células-tronco de medula óssea. Este tratamento é indicado para pessoas com essa doença decorrente de complicações do diabetes. Cores fantasia. Elementos fora de escala de tamanho e de proporção.

Para explorar

1. De acordo com o texto, de que forma o uso de células-tronco evitou a amputação de pés dos pacientes?
2. Qual é a origem das células-tronco usadas nesse tratamento? Elas são do tipo adultas ou embrionárias?
3. A pesquisa com células-tronco **embrionárias** é muito polêmica, sendo alvo de discussões entre diversos setores da sociedade. Pesquise por que esse tipo de pesquisa é muito polêmico com base em argumentos a favor e contrários ao uso de células-tronco embrionárias no tratamento de doenças.

UNIDADE

8 Saúde humana: doenças e drogas

Fundação Oswaldo Cruz

A história da Fundação Oswaldo Cruz, localizada na cidade do Rio de Janeiro, começou em 1900 com a criação do Instituto Soroterápico Federal, criado para produzir vacinas contra uma doença infecciosa da época: a peste bubônica, também conhecida como peste negra. Causada por bactérias, transmitidas pela picada de pulgas dos ratos, a peste negra matou milhares de pessoas no mundo inteiro.

Em 1902, Oswaldo Cruz foi nomeado diretor do Instituto e, em 1903, diretor-geral da Saúde Pública, o que corresponderia hoje ao cargo de ministro da Saúde. Com o apoio do Instituto, promoveu, com sucesso, campanhas de saneamento para tentar acabar com a epidemia de peste bubônica, febre amarela e varíola.

Em 1908, o Instituto Soroterápico Federal passou a se chamar Instituto Oswaldo Cruz e, em 1970, tornou-se a Fundação Oswaldo Cruz, conhecida como Fiocruz.

COC/FIOCRUZ

Oswaldo Cruz (1872-1917), médico que promoveu campanhas de vacinação e de limpeza no Rio de Janeiro para acabar com várias doenças transmissíveis.

Nesta unidade, você vai saber mais sobre:

- Algumas doenças infecciosas
- Algumas doenças parasitárias
- Os danos que as drogas causam ao organismo

NÃO DEIXE DE ACESSAR

Entre no *site* da **Fiocruz** e conheça um pouco mais a respeito dessa fundação, voltada para a saúde humana. Nesse *site*, você encontrará também artigos sobre vários temas de saúde.

<http://portal.fiocruz.br/pt-br>
Acesso em: 21 mar. 2015.

Pavilhão Mourisco, da Fundação Oswaldo Cruz, no bairro de Manguinhos, no Rio de Janeiro (RJ). Sua construção teve início em 1904 e foi projetada pelo arquiteto português Luiz de Moraes Júnior, com base em desenhos feitos por Oswaldo Cruz.

ROGÉRIO REIS/PULSAR IMAGENS

TROCANDO IDEIAS

1. A Fiocruz é uma instituição de referência em pesquisas na área da saúde pública. Explique o que é saúde pública.
2. Na sua cidade, existe alguma instituição como a Fundação Oswaldo Cruz?
3. Há alguma epidemia sendo noticiada nos meios de comunicação atualmente? Qual?

15 Doenças infecciosas e parasitárias

Todos os anos, o Ministério da Saúde e as Secretarias de Saúde lançam campanhas de promoção de saúde, que visam à prevenção de doenças e à conscientização da população. Essas campanhas incluem diversas ações, como a produção de peças publicitárias (cartazes, panfletos e programas de rádio e TV).

As campanhas são formas de a população obter conhecimentos sobre temas relacionados à saúde pública, promovendo não só formas de prevenir as doenças, como também a percepção de que todos têm direito à saúde.

NÚCLEO DE ATENDIMENTO E PLANEJAMENTO- ASCOM

Cartaz produzido pelo Ministério da Saúde, como parte de uma campanha de estímulo para lavar as mãos e evitar doenças.

BATE-PAPO

1. Que tipo de doenças o cartaz tem o objetivo de prevenir?
2. No município onde você mora, existe atualmente alguma campanha de prevenção de doenças ou de promoção de Saúde?

Medicamentos e saúde

Os medicamentos são drogas farmacológicas usadas no tratamento de doenças. Para muitas doenças, o uso de medicamentos é necessário. Você já tomou algum remédio? Você se lembra de quando foi a última vez que isso ocorreu e para qual doença?

Fique atento: O uso de medicamento deve ser realizado sempre com indicação médica.

DOENÇAS INFECCIOSAS

As doenças infecciosas são causadas por bactérias, vírus e fungos. As contagiosas podem ser transmitidas de pessoa para pessoa de diversas maneiras: por gotículas de saliva, secreções de tosse e de espirro (que contaminam o ar e os objetos ao redor), por relações sexuais, pela água, entre outras maneiras.

Bacterioses

Algumas espécies de bactérias são responsáveis por causar doenças nos seres humanos e podem ser combatidas pela ação de antibióticos. Entre as ações de prevenção de doenças bacterianas estão: hábitos de higiene, vacinação e medidas de saneamento básico.

Exemplos de doenças provocadas por bactérias

Doença	Formas de transmissão	Sintomas	Prevenção
Hanseníase	Algumas formas são transmitidas por contato prolongado com pessoa doente.	Feridas e perda de sensibilidade da pele.	Vacina BCG (utilizada na prevenção da tuberculose, também oferece relativa proteção contra hanseníase).
Meningite bacteriana	Contato com gotículas de saliva, tosse e espirros de pessoas contaminadas.	Febre alta, rigidez na nuca, dor de cabeça e vômito.	Vacina meningocócica C e vacina tetravalente.
Cólera	Água/alimentos contaminados por fezes ou vômitos de pessoas contaminadas.	Diarreia, vômito, febre e dor abdominal.	Higiene e melhoria da qualidade de saneamento básico.
Tuberculose	Contato com gotículas de saliva, tosse e espirros.	Tosse (muitas vezes com sangue), febre, cansaço excessivo e suores.	Vacina BCG, detecção e tratamento precoce de doentes.
Tétano acidental	Contato de regiões feridas da pele com terra, poeira e fezes contaminadas.	Fortes contrações musculares, rigidez da nuca, dificuldade de engolir, rigidez muscular progressiva, atingindo os músculos da região do abdômen e o diafragma.	Vacina tetravalente e dT (antitetânica e contra difteria).
Pneumonia bacteriana	Contato com gotículas de saliva, tosse e espirros de pessoas doentes.	Febre, tosse e dor no peito.	Evitar contato com secreções de pessoas doentes.
Leptospirose	Contato com urina de ratos contaminados.	Aumento do fígado, hemorragia digestiva, dor no peito, tosse seca e fotofobia (aversão à luz).	Evitar contato com água de exurradas e enchentes sem proteção, controle de roedores e medidas de saneamento básico.

As bactérias são seres vivos pertencentes ao reino Monera. Suas células são estruturalmente bem simples: não apresentam membrana nuclear, e o material genético fica mergulhado no citoplasma com um único tipo de organela citoplasmática – o ribossomo.

No ambiente, as bactérias decompositoras fazem a reciclagem da matéria orgânica; no intestino humano e no de outros animais, há bactérias que participam do processo digestório e da produção da vitamina K; na indústria alimentícia, algumas delas são usadas na produção de coalhada, iogurte e queijo; na indústria biotecnológica, são empregadas na produção, por exemplo, de medicamentos, hormônios e organismos transgênicos.

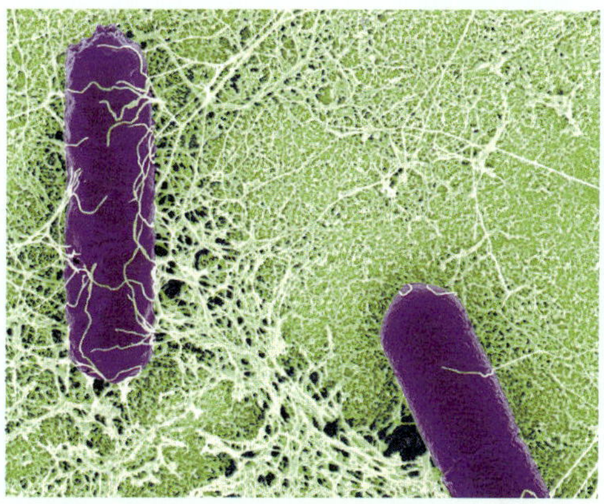

DR. GARY D. GAUGLER/PHOTOTAKE/GLOWIMAGES

Bactérias *Clostridium botulinum* vistas ao microscópio eletrônico. Cores artificiais. Aumento de 16 mil vezes. Na natureza, vive em solo onde há pouco oxigênio.

Viroses

Os vírus são seres **acelulares**, ou seja, não são formados por células. São considerados parasitas intracelulares obrigatórios, pois só conseguem se reproduzir quando estão no interior de uma célula hospedeira.

Os medicamentos antibióticos não têm efeito sobre os vírus. Os antivirais são medicamentos usados para combater algumas doenças causadas por esses parasitas. A prevenção contra a contaminação por vírus pode ser feita de diversas formas, entre elas, a vacinação.

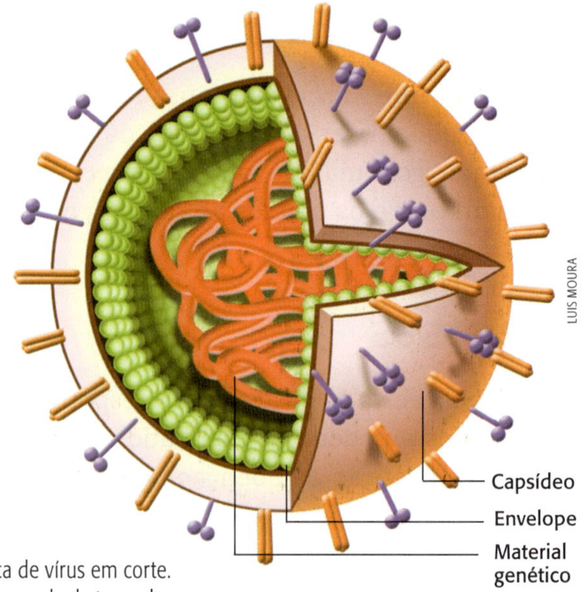

Representação esquemática de vírus em corte. Elementos representados fora de escala de tamanho e de proporção. Cores fantasia.

Principais doenças transmitidas por vírus			
Doença	**Formas de transmissão**	**Sintomas**	**Prevenção**
Hidrofobia (raiva)	Contato com o vírus contido na saliva de animal infectado, principalmente por mordida.	Febre, náusea, dor de cabeça, dor de garganta, taquicardia e hidrofobia.	Vacinação de animais domésticos e vacinação e soro para a pessoa contaminada.
Caxumba	Contato com gotículas de saliva.	Febre, dor de cabeça, inchaço de uma ou mais glândulas salivares, dando aspecto inchado ao pescoço e ao rosto, e dificuldade para engolir.	Vacinação tríplice viral (sarampo, rubéola e caxumba).
Catapora (varicela)	Contato com secreções respiratórias ou objetos contaminados.	Febre e pequenas vesículas (bolhas com líquido) que viram feridas, acompanhadas de intensa coceira.	Vacinação.
Sarampo	Contato com secreções respiratórias, espalhadas ao tossir, espirrar, falar ou respirar.	Manchas avermelhadas na pele, febre, tosse e coriza.	Vacinação tríplice viral (sarampo, rubéola e caxumba).
Hepatite A	Água e alimentos contaminados.	Febre baixa, vômito, dor abdominal, icterícia, náuseas e fotofobia (aversão à luz).	Melhoria da qualidade de saneamento básico, higiene pessoal, qualidade da água e dos alimentos. Vacinação.
Hepatites B e C	Contaminação pelo sangue (transfusão ou compartilhamento de objetos contaminados, como alicates de cutícula) e por relações sexuais.	Febre baixa, vômito, dor abdominal, icterícia e lesões no fígado.	Medidas educativas a respeito do compartilhamento de objetos e vacinação.
Dengue	Picada da fêmea do mosquito *Aedes aegypti* contaminada com o vírus.	Febre alta, fortes dores de cabeça, manchas na pele, cansaço, fraqueza e dores nas articulações.	Eliminação de focos de criação do mosquito.
Febre amarela	Picada da fêmea do mosquito *Aedes aegypti* contaminada com o vírus.	Febre, náuseas, dor de cabeça e nos músculos, amarelamento da pele e dos olhos e hemorragias, tanto internas quanto externas.	Eliminação de focos de criação de mosquito e vacinação.

Hidrofobia: “horror a líquidos” em razão da contração involuntária dos músculos responsáveis pela deglutição.
Coriza: inflamação da mucosa nasal, acompanhada de secreção e obstrução nasal.
Icterícia: coloração amarelada da pele causada pela presença da bilirrubina, substância liberada pelo metabolismo.

Gripe

A gripe, ou *influenza*, é uma virose. Seus sintomas são febre, tosse seca, dor de garganta e sensação de cansaço. Ela é transmitida pelo contato com gotículas de saliva, tosse e espirros de pessoas contaminadas. Dissemina-se com facilidade em locais com aglomeração de pessoas e pouca circulação de ar; pode também infectar outros animais.

Ao longo da história, a gripe já provocou algumas pandemias, como a de gripe espanhola, em 1918, que matou cerca de 40 milhões de pessoas no mundo.

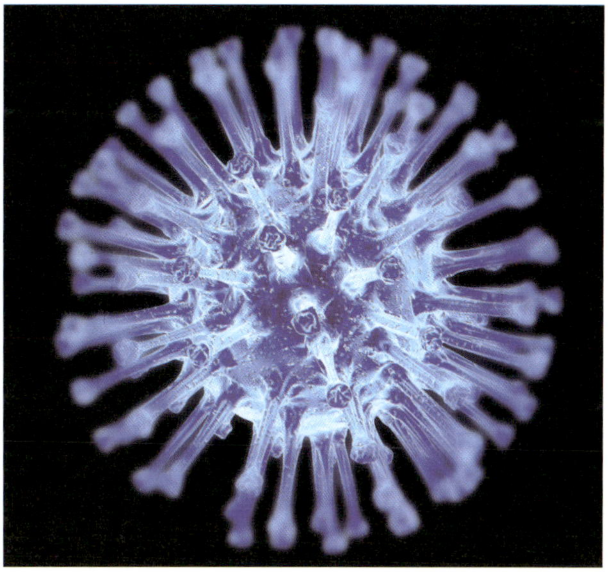

SPL/LATINSTOCK

Representação artística de partícula de vírus H1N1. Em 2009, duas linhagens de vírus suínos, um vírus de ave e outro vírus humano deram origem a esse vírus, que causou epidemias em vários países. Cores fantasia.

Aids

Aids é a sigla em inglês para Síndrome da Imunodeficiência Adquirida, causada pelo vírus HIV (sigla em inglês para vírus da imunodeficiência humana). Esse vírus liga-se a um glóbulo branco (linfócito), que atua nas defesas do corpo. No interior desse glóbulo, o HIV multiplica-se, novas cópias do vírus rompem a parede celular do linfócito e atacam outras células, destruindo pouco a pouco o sistema imunitário.

Pessoas contaminadas com o vírus podem transmiti-lo mesmo que não manifestem os sintomas da infecção, que são, inicialmente, febre e mal-estar. Com a continuidade do ataque viral, o sistema imunitário fica enfraquecido e outras doenças podem se instalar, sendo, por isso, chamadas doenças oportunistas (hepatites virais, tuberculose, pneumonia, entre outras).

O HIV pode ser encontrado no sangue, no esperma, nas secreções vaginais e no leite materno. Esse vírus é transmitido nas relações sexuais sem preservativo; de mãe para filho durante a gestação, durante o parto ou a amamentação; no compartilhamento de seringas com sangue contaminado. O carinho, o beijo, o aperto de mão não transmitem a doença.

Ainda não há cura para a Aids, mas há tratamento e os medicamentos existentes ajudam a evitar o enfraquecimento do sistema imunitário. Desde 1996, o governo do Brasil distribui gratuitamente esses medicamentos, popularmente conhecidos como "coquetel", que ajudam a melhorar a qualidade de vida e o estado de saúde do doente, aumentando sua expectativa de vida.

A prevenção é a melhor forma de evitar a contaminação pelo HIV.

Pandemia: alto número de casos de doenças em uma região ampla.

Síndrome: conjunto de sintomas provocados por uma única causa.

NÃO DEIXE DE ACESSAR

Portal sobre Aids, doenças sexualmente transmissíveis e hepatites virais.
<www.aids.gov.br>
Acesso em: 22 maio 2015.

FIQUE DE OLHO

1. Faça uma pesquisa em jornais e na internet sobre a última epidemia de gripe que ocorreu na sua região.

2. No seu caderno, escreva o número de pessoas afetadas, o que foi feito para combater a epidemia, quais as características do vírus, quais são os cuidados e prevenção, entre outras informações.

SAIBA MAIS

Contágio: história da prevenção das doenças transmissíveis

"O que é uma grande epidemia? Que efeitos podem produzir as enfermidades transmissíveis, quando atingem muitas pessoas ao mesmo tempo? Quem nunca viveu pessoalmente essa experiência não pode avaliar o que ela significa. Por isso, é conveniente começar com a descrição de um caso histórico. [...]

De tempos em tempos a Europa era varrida por grandes pestes, que matavam milhões de pessoas. Em 1663, uma dessas epidemias atingiu a Holanda. Não existiam televisores, nem rádios, nem mesmo jornais para transmitir notícias. Era através de cartas e pelos comentários de pessoa para pessoa que se ficava sabendo o que acontecia. Nos outros países próximos, temia-se que a doença se espalhasse entre eles.

Em 1664, o aparecimento de um cometa nos céus levou a predições pessimistas [...]. Astrólogos de Londres anunciaram que a peste logo iria atingir toda a cidade. O pavor tomou conta da população. [...] Nada aconteceu, no entanto, até o final de 1664. Houve apenas duas mortes com sintomas da peste bubônica.

Normalmente, o número de enterros em Londres era de 240 a 300 por semana. Em janeiro de 1665, subiu para mais de 400. [...]

No início de junho, a doença aumentou assustadoramente em Londres. As pessoas ricas começaram a fugir da cidade, para não serem atingidas pela doença. Iam para outras cidades ou para o campo, acompanhadas de seus criados, levando consigo objetos de valor, roupas, móveis. As ruas da cidade se encheram de carroças e cavalos que transportavam pessoas e seus bens para longe da peste. Outras saíram de Londres em barcos. Muitas fugiram a pé, levando tendas para acampar fora da cidade. Dos 400 mil habitantes de Londres, estima-se que 100 mil abandonaram suas casas.

Em junho de 1665, a peste já matava 700 pessoas por semana. Na primeira semana de julho, o número chegou a mais de 1 200. Na semana seguinte, 1 700 mortos. O pânico se espalhou. Ouviam-se gritos, choros e lamentações vindos de muitas casas. Com medo do contágio, as pessoas que permaneciam em Londres evitavam sair à rua. Quando precisavam sair, caminhavam pelo meio das ruas, longe das casas, com medo de encontrar algum doente ou para evitar receber os odores e emanações das moradias infectadas.

Varrida: arrasada, destruída.
Predição: previsão, afirmar o que acontecerá no futuro.

PHOTORESEARCHERS/DIOMEDIA/NEW YORK PUBLIC LIBRARY, NOVA YORK, EUA

Representação artística da peste em 1665, em Londres: multidões fugindo da cidade e carretas cheias de mortos para serem enterrados.

Os magistrados tomaram [...] medidas graves: toda casa em que surgisse algum caso de peste devia ser trancada, com todos os seus moradores, e dois guardas deviam se revezar à porta, para que ninguém entrasse ou saísse, exceto os cadáveres dos mortos. Depois de 28 dias da morte de um morador os demais moradores da casa eram liberados, se não mostrassem sinais da doença. Durante todo o tempo, essas casas ficavam marcadas na porta, com uma grande cruz vermelha e a inscrição: 'Senhor, tende piedade de nós'.

[...]

Imaginando que os animais também poderiam carregar a doença de um lado para o outro, os porcos, cães, gatos, coelhos, pombos e outros animais domésticos foram proibidos em Londres. Calcula-se que foram mortos 40 mil cães e cerca de 200 mil gatos na cidade, nessa época. Também se tentou exterminar os ratos, com veneno, matando-se uma grande quantidade deles.

No final de agosto e início de setembro, as estatísticas oficiais indicaram 7000 a 8000 mortos por semana. [...]

Durante o ano de 1665, a peste matou cerca de 100 mil londrinos, de uma população total de 400 mil. Famílias inteiras pereceram.

A doença desapareceu como havia aparecido: sem que ninguém a entendesse, sem que ninguém soubesse como se prevenir. [...]

Nenhum de nós conheceu pessoalmente uma situação semelhante a essa – e esperamos nunca presenciá-la. »

SHEILA TERRY/SPL/LATINSTOCK/COLEÇÃO PARTICULAR

Representação artística do século XIX mostrando cruz na porta da casa de família infectada.

Perecer: morrer.

Roberto de Andrade Martins e outros.
Contágio: história da prevenção das doenças transmissíveis. São Paulo: Moderna, 1997.

Para pensar

1. De acordo com o texto, como as pessoas faziam para divulgar os acontecimentos e informar a respeito da doença durante a epidemia de peste bubônica na Inglaterra?
2. Como a população de Londres evitava a doença?
3. A falta de informações a respeito da doença provocou medo na população. Copie no caderno um trecho do texto que indique a mudança no comportamento da população por causa do medo.
4. Atualmente, sabe-se que a peste bubônica é causada pela bactéria *Yersinia pestis*, transmitida pela picada de pulgas que atacam principalmente ratos, mas que também podem atacar seres humanos. No caderno, dê sugestões de atitudes para prevenir essa doença e formas de tratá-la.

Pista 1

A prescrição médica é popularmente conhecida como receita médica. Você já viu uma prescrição médica? Quais informações constam desse documento? Converse com adultos da sua casa.

Micoses cutâneas

As micoses cutâneas são infecções provocadas por fungos que atingem a epiderme e a derme. Esses fungos se alimentam da gordura produzida pelas glândulas da pele, de células mortas e queratina, podendo atacar também pelos e unhas. As micoses cutâneas mais conhecidas são o pé de atleta, ou frieira, e a candidíase.

Contra micoses, o melhor é a prevenção. Por isso evite andar descalço em lugares úmidos e públicos; após o banho, enxugue bem o corpo; prefira usar roupas leves e calçados abertos, que não retêm suor; não compartilhe objetos de uso pessoal, como toalhas e roupas íntimas.

Pé de atleta ou frieira

É causada pela espécie de fungo *Tinea pedis*. Seus sintomas são lesões na pele, por vezes semelhantes à descamação, e coceira intensa. É comum entre os vãos dos dedos de pessoas que tomam banho em chuveiros públicos. O fungo passa de uma pessoa para outra por contato com objetos ou superfície contaminados.

SPL/LATINSTOCK

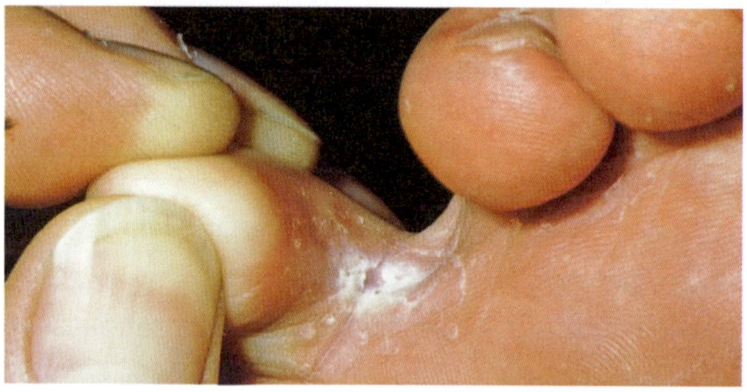

No pé contaminado com *Tinea pedis*, a pele descama e a coceira é intensa.

SPL/LATINSTOCK

Tinea pedis visto ao microscópio eletrônico. Cores artificiais. Aumento de 2 700 vezes.

Candidíase

É causada pelo fungo *Candida albicans* e atinge principalmente as regiões mais úmidas do corpo, como a boca e os órgãos genitais. Entre os sintomas da doença estão vermelhidão, corrimento e coceira na pele e na vagina.

SPL/LATINSTOCK

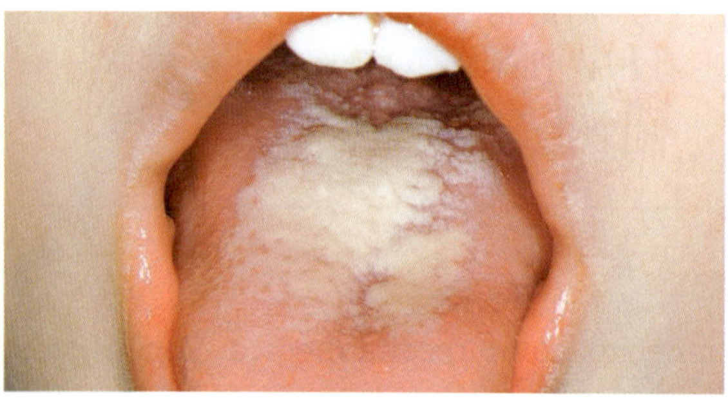

Língua de uma criança de 4 anos com infecção pelo fungo *Candida albicans*. A língua arde, dificultando a alimentação. Os fungos morrem com fungicidas.

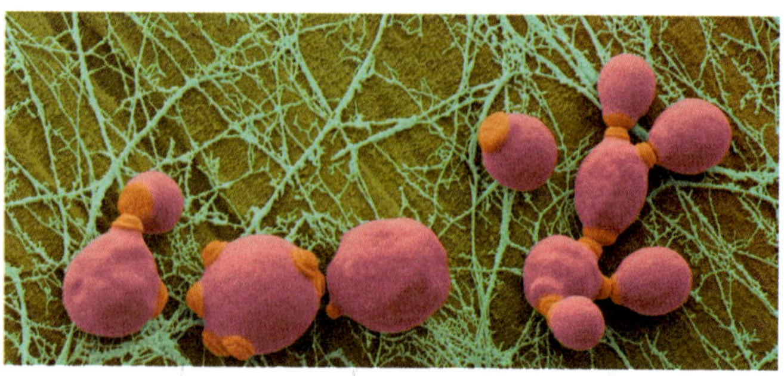

DENNIS KUNKEL MICROSCOPY, INC./PHOTOTAKE/GLOWIMAGES

O fungo *Candida albicans* visto ao microscópio eletrônico. É comum em pessoas com baixa imunidade ou que estão em fase da alteração hormonal. Cores artificiais. Aumento de 1 160 vezes.

DOENÇAS PARASITÁRIAS

As parasitoses são infecções no hospedeiro causadas por seres vivos parasitas.

Protozooses

Os protozoários são seres vivos formados por apenas uma célula, que tem núcleo organizado, envolvido por uma membrana nuclear. Muitos protozoários trazem importantes benefícios para o ambiente e para outros seres vivos, como os que vivem no sistema digestório do gado e auxiliam no processo digestivo.

Outros, no entanto, podem causar doenças nos seres humanos, como é o caso da doença de Chagas, da leishmaniose e da malária.

Doença de Chagas

A doença de Chagas é causada pelo protozoário *Trypanosoma cruzi*. Seu vetor é o inseto conhecido como barbeiro, que é hematófago e mede 2 cm. Recebe esse nome porque costuma picar as pessoas no rosto, região do corpo que normalmente fica descoberta durante a noite.

Vetor: ser vivo que transporta o microrganismo causador da doença.

Hematófago: que se alimenta de sangue.

CICLO DO TRIPANOSSOMO

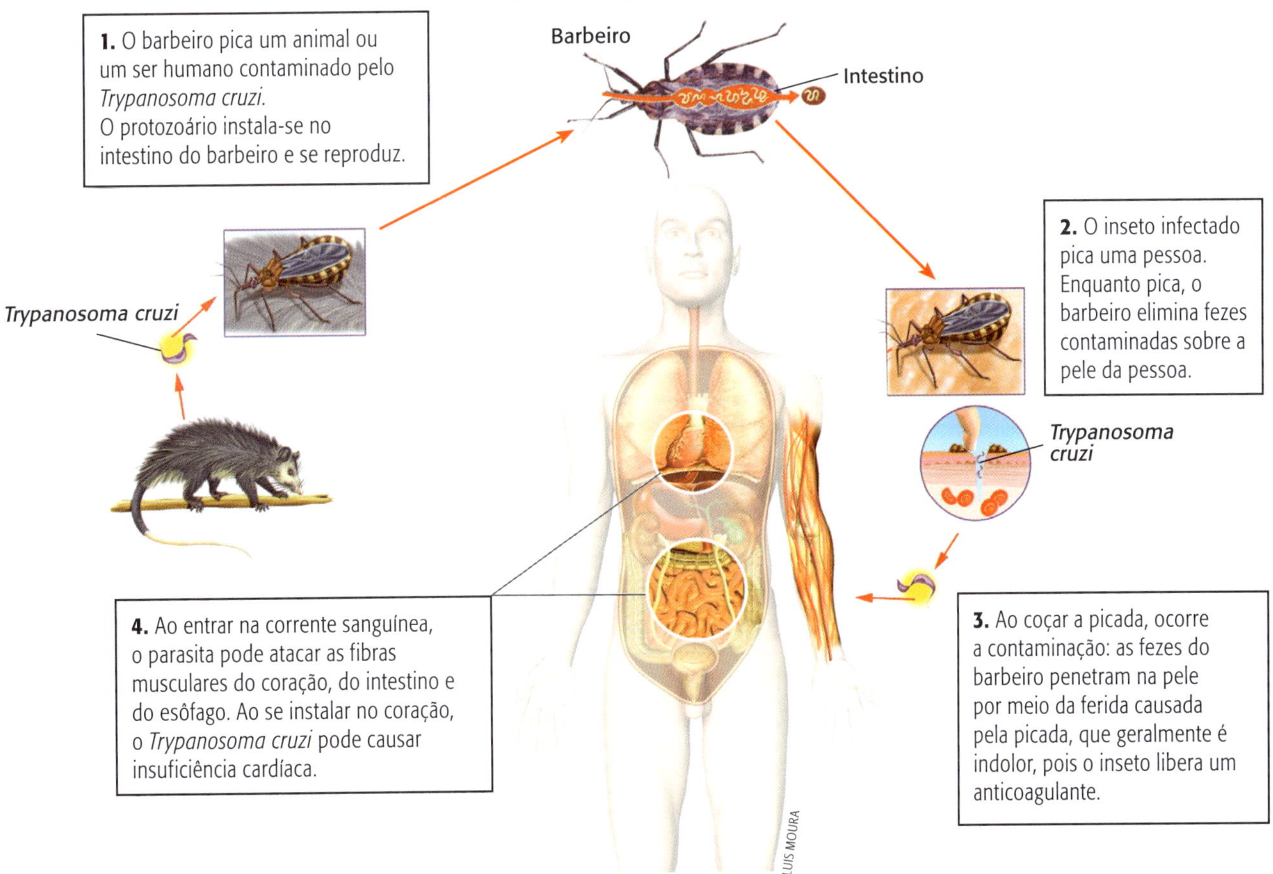

Representação esquemática do ciclo de transmissão da doença de Chagas. Cores fantasia. Elementos fora de escala de tamanho e de proporção.

Malária

Você sabe qual é a doença parasitária com maior letalidade no planeta? É a malária ou maleita, causada pelo protozoário *Plasmodium* sp., comum em áreas de mata de clima tropical. Vamos descobrir um pouco mais sobre essa doença que afeta mais de 500 milhões de pessoas no mundo.

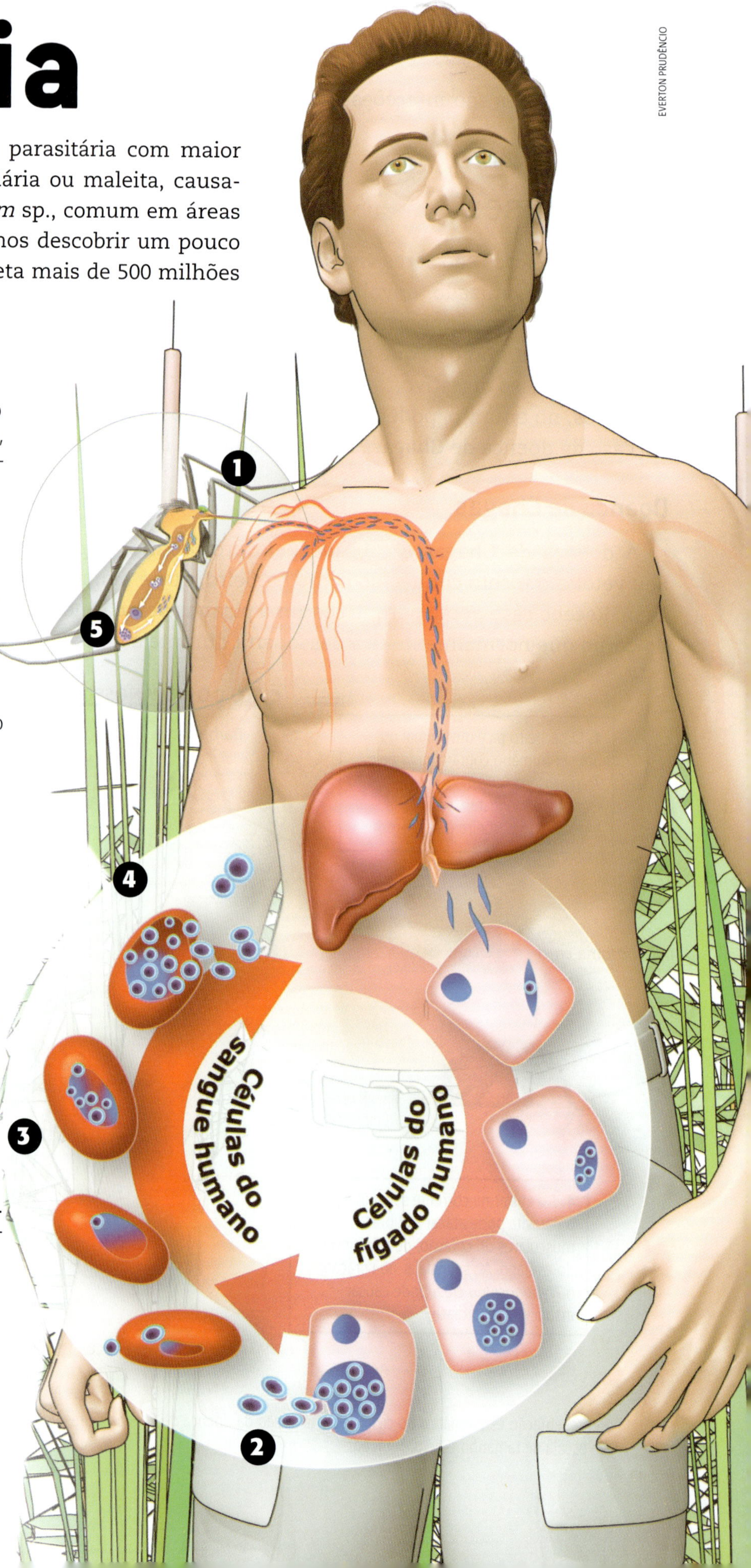

EVERTON PRUDÊNCIO

1 A fêmea do mosquito do gênero *Anopheles*, ao picar uma pessoa, injeta a forma infectante do *Plasmodium* sp., chamada esporozoíto, na corrente sanguínea.

2 O *Plasmodium* sp. segue para o fígado, onde penetra nas células de seu tecido e se reproduz assexuadamente. Terminada a reprodução, os novos protozoários, agora chamados merozoítos, rompem as células do fígado e caem na corrente sanguínea.

3 Os merozoítos atacam as hemácias, dentro das quais se reproduzem novamente.

4 A principal característica dessa doença é a ocorrência de febre alta, arrepios, tremores, dores pelo corpo, em períodos regulares de 24, 48 ou 72 horas, que coincidem com o rompimento das hemácias durante a liberação dos protozoários que se reproduziram dentro delas.

5 Os merozoítos podem produzir gametas masculinos e femininos. O mosquito pode picar uma pessoa infectada e sugar o sangue com esses gametas. Dentro do sistema digestório do mosquito, o *Plasmodium* sp. completa seu ciclo de vida, formando os esporozoítos, que poderão contaminar outras pessoas.

PARA SE PROTEGER CONTRA O MOSQUITO DA MALÁRIA SÃO NECESSÁRIOS ALGUNS CUIDADOS:

O mosquito da malária é ativo entre o pôr do sol e o amanhecer, por isso proteja-se mais nessas horas.

Use roupas claras e com mangas longas se estiver em local com possibilidade de haver mosquitos.

Use mosquiteiros e telas nas portas e janelas.

Use repelentes diariamente.

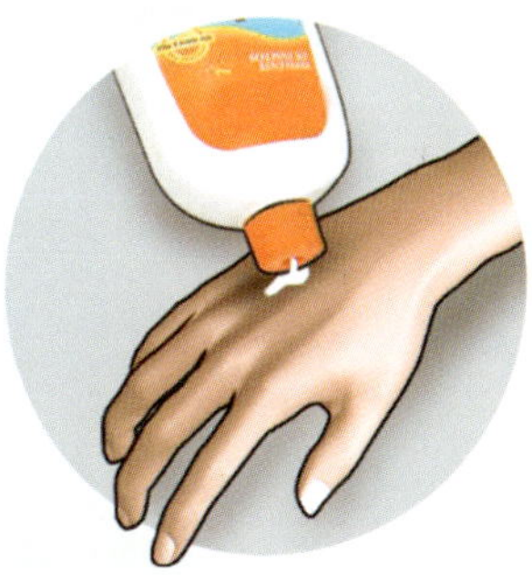

MAPA DE RISCO DA MALÁRIA POR MUNICÍPIO, BRASIL - 2013

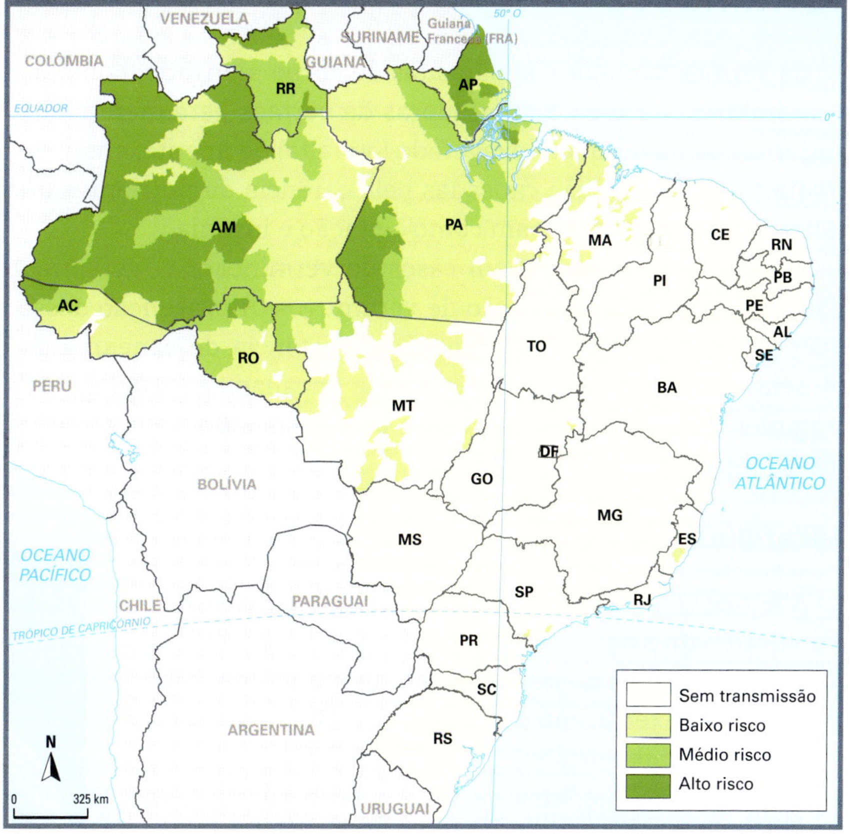

SONIA VAZ

Fonte do mapa: Sinan/SVS/MS e Sivep-Malária/SVS/MS. Disponível em: <http://portalsaude.saude.gov.br/images/pdf/2014/outubro/30/IPA-2013.pdf>. Acesso em: 23 mar. 2015.

Anopheles sp., conhecido popularmente como carapanã ou mosquito-prego. Esses animais medem cerca de 5 mm.

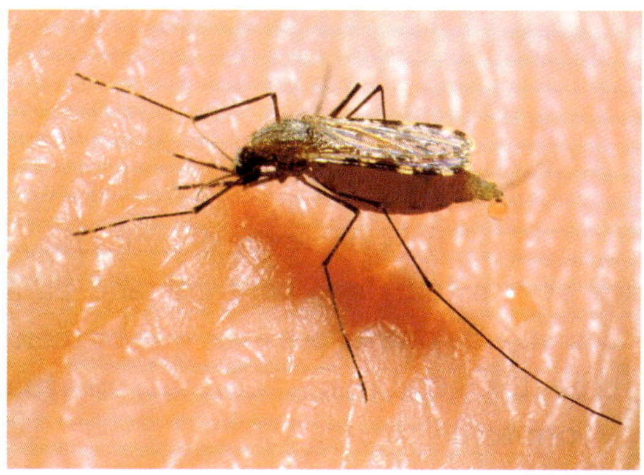

SPL/LATINSTOCK

CUIDADO !

Esta é a fêmea do mosquito da malária. Quando infectado, o mosquito transmite o protozoário que vive em suas glândulas salivares.

Atividades

1. Em que parte do ciclo da malária ocorrem os sintomas?

2. Quais são os cuidados necessários para se proteger da malária?

3. Você mora em uma área de risco da malária? O que costuma fazer para evitar essa doença?

Verminoses

Os vermes são animais parasitas de corpo alongado, como a solitária e a lombriga. As pessoas portadoras de vermes geralmente apresentam sintomas como aumento exagerado (ou falta) de apetite, emagrecimento, fraqueza e indisposição causadas pela carência de nutrientes que foram retirados pelos vermes, bem como agitação e insônia.

O tratamento aplicado em casos de verminoses é, geralmente, simples, consistindo na aplicação de vermífugos. A prevenção desse tipo de doença depende, principalmente, da existência de saneamento básico, ou seja, do acesso da população à água encanada e tratada, e de coleta e tratamento de esgoto antes que ele seja despejado nos rios ou levado às fossas sépticas.

Ascaridíase (lombriga)

A fêmea bota 200 mil ovos por dia, que saem nas fezes e contaminam a água. A transmissão ocorre por meio da ingestão de ovos, que podem estar em alimentos, água, mãos sujas de terra, entre outros.

Formas de prevenção:

- Estabelecer medidas de saneamento básico, com atenção especial para a coleta e tratamento dos esgotos domésticos e para o tratamento da água.
- Tratar as pessoas parasitadas.
- Cozinhar os alimentos e lavar muito bem frutas e verduras que serão ingeridas cruas.
- Manter hábitos de higiene pessoal, como cortar as unhas, sempre lavar as mãos antes das refeições e depois de ir ao banheiro.

SPL/LATINSTOCK

Ascaris lumbricoides. Pode chegar a 35 cm de comprimento.

Teníase (solitária)

Transferência dos ovos de solitária presente nas fezes de um indivíduo contaminado para a sua própria boca ou a de outras pessoas; ou por meio da ingestão de alimentos (geralmente verduras) ou água contaminada.

Formas de prevenção:

- Saneamento básico, com atenção especial para o destino adequado das fezes humanas.
- Cozer, salgar ou congelar as carnes antes de consumi-las, para destruir os cisticercos.
- Tratar as pessoas parasitadas.

SPL/LATINSTOCK

Fotografia de *Taenia solium*, também conhecida como solitária, vista ao microscópio de luz. Cores artificiais. Aumento de 23 vezes.

1. Como as pessoas podem se prevenir contra doenças transmitidas por relação sexual?

2. Como age o vírus HIV dentro do organismo humano?

3. Leia a história em quadrinhos e depois responda às questões no caderno.

FERNANDO GONSALES

História em quadrinhos criada pelo cartunista Fernando Gonsales.

a. O doente afirma que: "Ratos transmitem mesmo doenças". Quais são as duas interpretações possíveis para essa frase?

b. Cite duas doenças bacterianas relacionadas aos ratos.

c. Durante os períodos de chuva intensa há aumento de casos de uma doença transmitida por ratos. Que doença é essa? Por que isso ocorre?

d. Como essa doença pode ser evitada?

4. Uma pessoa está com coceira entre os dedos dos pés e a pele dessa região descamando. Segundo um médico, ela tem uma doença causada por fungos. Que tipo de doença é essa e como ela pode ser prevenida?

5. Dizemos que o *Trypanosoma cruzi* é o agente causador da doença de Chagas e que o barbeiro é o inseto vetor dessa doença. Qual é a diferença entre vetor e agente causador da doença?

6. Estudos demonstram que a incidência de esquistossomose é bem maior em áreas rurais com plantações em terrenos alagados (como as de arroz, por exemplo). Explique, no caderno, por que isso acontece.

7. Leia o texto a seguir e depois responda às questões.

O protozoário *Leishmania brasiliensis* é um parasita transmitido para o ser humano por meio da picada do mosquito conhecido como birigui ou mosquito-palha e causa leshmaniose. Produz feridas na pele conhecidas como úlceras de Bauru, por terem sido descritas originalmente nessa cidade do interior de São Paulo. A doença agrava-se quando, além das feridas na pele, ocorrem lesões nas mucosas da boca, faringe, laringe e nariz. Sua prevenção consiste na eliminação do vetor.

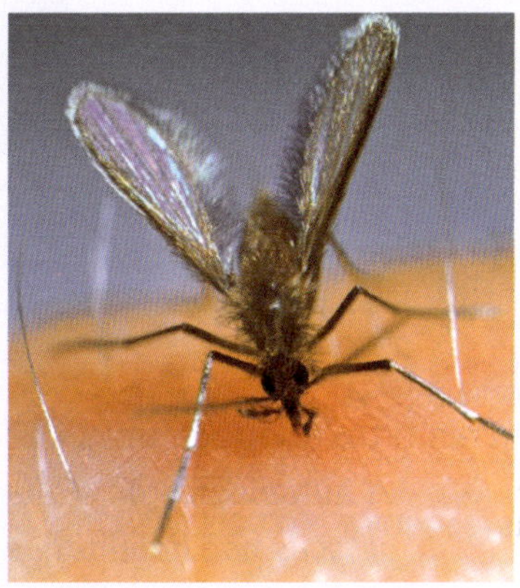

SPL/LATINSTOCK

Mosquito-palha, que tem aproximadamente 3 mm de comprimento, picando uma pessoa.

a. O que é uma doença parasitária?

b. Como pode ser feita a prevenção dessa doença?

16 Drogas

Na busca por alimentos ou para curar doenças e feridas, os povos antigos provavelmente experimentaram raízes, folhas, flores, sementes de diferentes plantas, além de cogumelos, que nem sempre lhes faziam bem, provocavam alterações na percepção do ambiente, entre outros efeitos. Com o tempo, foram aprendendo a reconhecer os efeitos que cada espécie causava, podendo incorporá-las a seus costumes e hábitos ou rituais religiosos, ou simplesmente passar a evitar o consumo.

BATE-PAPO

1. Como os povos antigos escolhiam as plantas que poderiam utilizar para comer ou para curar?
2. Você sabe o que são drogas? Sobre quais você já ouviu falar?
3. Que motivos podem levar uma pessoa a usar drogas?

RENATO SOARES/PULSAR IMAGENS

No Brasil, os pajés são pessoas de destaque dentro de alguns grupos indígenas. Na fotografia, pajé prepara ervas para a cura e proteção dos indígenas Kamayurá da aldeia Mavutsin, em Querência, MT, 2011.

Pista 2

Leia o texto e faça uma pesquisa sobre os riscos da automedicação.

A automedicação é a utilização de medicamentos por conta própria ou por indicação de pessoas não habilitadas, para tratamento de doenças cujos sintomas são "percebidos" pelo usuário, sem a avaliação prévia de um profissional de saúde (médico ou odontólogo).

Disponível em: <http://www.anvisa.gov.br/propaganda/folder/uso_indiscriminado.pdf>. Acesso em: 1º maio 2015.

SUBSTÂNCIAS PSICOTRÓPICAS

As **substâncias psicotrópicas** não são produzidas pelo organismo e atuam sobre um ou mais sistemas do corpo, gerando alterações em seu funcionamento. Também são chamadas substâncias psicoativas ou, simplesmente, drogas. Elas atuam sobre a parte central de nosso sistema nervoso, ou sistema nervoso central (SNC), alterando o funcionamento dos neurônios, células nervosas que comandam e coordenam todas as outras funções de nosso corpo.

Tipos de drogas

Algumas drogas psicotrópicas diminuem a atividade das células nervosas, deixando a pessoa alheia ou pouco atenta ao que acontece à sua volta. São as drogas **depressoras** do SNC. Exemplos: álcool, sedativos ou calmantes, morfina, heroína. Medicamentos feitos a base de drogas depressoras devem ser receitados por médicos e administrados com cuidado.

Há também drogas que estimulam o SNC, aumentando a atividade das células nervosas e, ao usá-las, a pessoa fica agitada. São as drogas **estimuladoras** do SNC. Exemplos: cocaína, anfetaminas, nicotina.

As substâncias que alteram a atividade das células nervosas, fazendo com que a pessoa perceba as coisas de maneira distorcida, são as chamadas drogas **perturbadoras**. Exemplos: maconha, LSD, plantas alucinógenas, *ecstasy*.

Classificação das drogas em três categorias

Depressoras	Estimuladoras	Perturbadoras
Álcool	Nicotina	Maconha
Sedativos (ou calmantes)	Cocaína	LSD
Morfina	*Crack*	*Ecstasy*

NÃO DEIXE DE ACESSAR

- **Cebrid**

Não deixe de acessar o *site* do Cebrid, em que são disponibilizados folhetos com informações sobre algumas drogas.
<http://www.cebrid.epm.br/index.php>
Acesso em: 23 mar. 2015.

Estudos realizados pelo Centro Brasileiro de Informações sobre Drogas Psicotrópicas (Cebrid), da Escola Paulista de Medicina (Unifesp), apontam a curiosidade como um dos motivos para os jovens experimentarem as drogas. A falta de informações corretas sobre os efeitos dessas substâncias, o desejo de ser aceito pelo grupo de colegas e/ou amigos(as), o sentimento de frustração ou grande descontentamento com o contexto social em que uma pessoa está inserida são outros motivos.

No entanto, essas explicações não podem ser generalizadas para qualquer pessoa que faça uso de drogas, pois é necessário levar em consideração as diferenças individuais e os distintos vínculos que elas estabelecem com essas substâncias, que podem ir de uma única experimentação até a dependência. Em outras palavras, as motivações para o uso e/ou abuso de substâncias psicotrópicas envolvem, em geral, vários fatores, o que torna a discussão bastante complexa.

DROGAS LÍCITAS

Drogas lícitas são aquelas que, mesmo provocando danos ao organismo humano, são comercializadas com a autorização da lei e aceitação da sociedade. É o caso das bebidas alcoólicas, de medicamentos e do tabaco na forma de cigarros e charutos.

Bebidas alcoólicas

Há bebidas alcoólicas fermentadas, como a cerveja e o vinho, isto é, que são produzidas a partir da fermentação de cereais e da uva, respectivamente, e as destiladas, como o uísque, o rum e a vodca.

A ingestão de bebidas alcoólicas provoca, inicialmente, certa euforia e desinibição, mas, após algum tempo, os efeitos depressores do SNC podem ser observados pela falta de coordenação motora e de reflexos, pelo descontrole e pelo sono. Nos casos de ingestão exagerada, o efeito depressor fica tão intensificado que pode provocar o estado de coma.

Dependendo da quantidade consumida, as bebidas alcoólicas podem ser prejudiciais à saúde e colocam as pessoas em situações de risco, como dirigir alcoolizadas.

Quando ingerido em excesso e por longo tempo, o álcool causa um quadro de dependência chamado **alcoolismo**. As pessoas dependentes do álcool podem desenvolver doenças no fígado (cirrose hepática pela destruição das células do fígado), no estômago (gastrite), no sistema cardiovascular (hipertensão), problemas neurológicos, pela destruição dos neurônios, prejudicando a transmissão dos impulsos nervosos, e derrame cerebral, provocado pelo aumento da pressão sanguínea.

JOÃO PRUDENTE/PULSAR IMAGENS

A uva é utilizada na produção do vinho, bebida alcoólica fermentada. Plantação em São Miguel Arcanjo (SP), 2009.

Tabaco

Tabaco é o nome popular da planta *Nicotiana tabacum*, nativa da América Central e do Sul, da qual é extraída a nicotina. Muitos povos indígenas têm o costume de mascar as folhas dessa planta.

Na indústria, as folhas do tabaco secas e prensadas são usadas na confecção de cigarros e charutos. As folhas do tabaco contêm nicotina, substância química que leva à dependência. Ao ser industrializado, o tabaco é misturado a substâncias químicas, entre elas o alcatrão. A nicotina atua no sistema nervoso como estimulante e, quanto mais tempo o indivíduo praticar o ato de fumar, maior será sua tendência em consumir uma quantidade superior de cigarros para obter as mesmas sensações.

GERSON SOBREIRA/TERRASTOCK

Plantação de *Nicotiana tabacum* em Ubiratã (PR), em 2012. Quando todas as folhas estiverem amarelas, a planta é colhida para secagem.

Problemas de saúde relacionados ao uso do tabaco

O alcatrão atua como agente cancerígeno nas vias respiratórias, provocando a multiplicação descontrolada das células do interior do pulmão, da laringe, da faringe, do esôfago e da boca.

O uso continuado do tabaco em cigarros e charutos pode provocar: câncer, derrame cerebral, infarto, rinite alérgica, enfisema pulmonar, bronquite, úlceras, entre outras doenças. Além disso, o fumo provoca o escurecimento dos dentes, acelera o envelhecimento da pele e resseca as mãos, deixando-as amareladas.

Se a mãe fuma durante a gravidez, o feto recebe as substâncias tóxicas do cigarro pela placenta. Além do risco de aborto, bebês nascidos de mães fumantes têm baixo peso, menor estatura, batimento cardíaco acelerado e podem apresentar alterações neurológicas graves.

Há estudos que comprovam que filhos de pais fumantes apresentam maior probabilidade de ter problemas respiratórios (bronquite, pneumonia, sinusite) do que filhos de pais não fumantes.

A suspensão do hábito de fumar pode provocar irritabilidade, insônia e dores de cabeça. No entanto, deixar de fumar traz muitos benefícios à saúde: melhora a capacidade respiratória e diminui o risco de desenvolver doenças do sistema cardiovascular e câncer.

DROGAS ILÍCITAS

As drogas ilícitas têm sua comercialização e consumo proibidos por lei. São exemplos maconha, cocaína, *crack* e *ecstasy*.

Maconha

A maconha é obtida a partir das folhas e flores da *Cannabis sativa*. É usada há muito tempo pelos humanos, desde antigas civilizações e povos indígenas, durante rituais místicos até os dias de hoje.

O THC (tetra-hidrocanabinol) é uma das substâncias químicas presentes na *Cannabis sativa*, responsável pelas alterações no sistema nervoso. Seus efeitos físicos são vermelhidão dos olhos e secura da boca. Os efeitos psíquicos são de relaxamento, euforia, alteração na percepção do tempo, flutuações na memória.

Não se sabe ao certo os efeitos do uso prolongado da maconha sobre a saúde. Nos Estados Unidos, seu uso é autorizado mediante prescrição médica, principalmente durante a quimioterapia de tratamento de câncer e no tratamento da distrofia muscular.

Pista 3

Na televisão, são comuns as propagandas de medicamentos como antigripais, analgésicos etc. Na sua opinião, as propagandas podem induzir e incentivar o consumo desnecessário de determinado medicamento?

Cocaína

A cocaína é produzida da folha da planta de coca (*Erythroxylon coca*), nativa dos Andes, na América do Sul. Após seu processamento, torna-se um pó branco, que pode ser cheirado, diluído e injetado nas veias. Provoca efeitos imediatos no organismo, entre os quais euforia, agitação e perda de apetite.

Dependendo da quantidade consumida, os efeitos podem ser mais violentos e causar confusão mental, convulsões, infarto, derrame cerebral e até a morte.

Outro grande risco que as pessoas que consomem cocaína correm é a contaminação por doenças graves, como hepatite, sífilis e Aids, em razão do contato com o sangue pelo compartilhamento de agulhas e seringas, hábito muito comum entre os dependentes químicos.

Crack

O *crack* é produzido com base em uma mistura de coca. As pedras formadas por essa mistura são fumadas em cachimbos e têm efeitos devastadores no organismo do usuário, que se torna dependente rapidamente.

O *crack* age sobre a parte central do sistema nervoso, altera os batimentos cardíacos, aumenta a pressão arterial, intensifica o suor e causa tremores. Entre os efeitos psicológicos, estão sensação de poder, aumento da autoestima e euforia.

Ecstasy

O *ecstasy* é um coquetel químico feito com metileno dióxido metanfetamina (MDMA), aspirina, cafeína, quetamina, entre outras substâncias. Seus efeitos incluem sensação de bem-estar, euforia, aumento do estado de alerta, grande capacidade física e mental, maior interesse sexual, aumento de socialização e extroversão, entre outros.

Passada a euforia, os malefícios à saúde incluem: ressecamento da boca, perda de apetite, náusea, coceira, cãibra, depressão, dor de cabeça, visão turva, manchas roxas na pele, descontrole dos movimentos dos braços e das pernas e insônia. Pode causar a morte, pelo descontrole da pressão sanguínea e pela desidratação causada por febre alta, que pode chegar a 42 °C.

NÃO DEIXE DE LER

- **Adolescência e drogas.** Gustavo Camilo Baptista. Editora Vetor, 2006.
- **Drogas, opção de perdedor.** Flávio Gikovate. Editora Moderna, 2004.
- **Drogas: mitos e verdades.** Beatriz Cotrim Carlini. Editora Ática, 2002.

1. As drogas podem ser classificadas em três tipos. Quais tipos são esses? Cite um exemplo de cada tipo.
2. Quais são as principais substâncias encontradas no tabaco? Cite suas respectivas ações no organismo.
3. Em longo prazo, que órgãos do corpo humano podem ser afetados pelo álcool?
4. A legislação de trânsito tem se mostrado cada vez mais rigorosa no controle de ingestão de bebida alcoólica associada à condução de veículos. Explique os riscos de dirigir alcoolizado.
5. Diferencie droga lícita de droga ilícita e especifique quais são elas no Brasil.
6. Analise a afirmativa:

> Independentemente da substância psicoativa e da quantidade em que é usada, ela causa danos semelhantes a todas as pessoas que a consomem.

7. Em relação ao tabagismo, responda:
    a. O que a suspensão repentina do hábito de fumar pode causar?
    b. O cigarro é considerado uma droga lícita ou ilícita?
8. Quais drogas são consideradas estimulantes? Como esse tipo de droga age no organismo?
9. Por que o usuário de cocaína está mais exposto a doenças como hepatites B e C e Aids?
10. Quais são os riscos do consumo de *crack*?
11. Leia a frase e responda à questão.

> No Brasil, o uso de *ecstasy* parece estar associado a ambientes nos quais há música eletrônica e muita dança.

    a. Quais são os efeitos do *ecstasy*?
    b. Por que você acha que os jovens procuram as drogas nesses ambientes?

Desfecho

A busca por medicamentos sem indicação médica não é uma solução para problemas, pois eles alteram o funcionamento do organismo e trazem muitos riscos. Qual é a melhor maneira de evitar doenças e ter uma vida mais saudável?

Encerrando a unidade

1. Em grupos, escolham uma doença infecciosa ou parasitária e façam um cartaz contendo a descrição dela, como é transmitida e como pode ser curada ou prevenida.

- **Bacterioses**
- **Protozooses**
- **Verminoses**
- **Viroses**
- **Micoses cutâneas**

2. Escolham uma substância psicotrópica e façam um cartaz com uma campanha de conscientização e prevenção.
Apresentem os cartazes em uma "Semana de Conscientização da Saúde". Deixem-nos expostos em local da escola de grande circulação.

- **Bebidas alcoólicas**
- **Maconha**
- **Tabaco**
- **Cocaína**

Campanha contra as drogas

As drogas ilícitas causam diferentes problemas para a sociedade: sociais, de saúde, econômicos, políticos, entre outros. O consumo abusivo de drogas lícitas, como o cigarro e o álcool, também traz problemas para a sociedade, como o aumento de doenças relacionadas a esses vícios.

Para evitar ou reduzir os problemas originados do comércio e do consumo de drogas ilícitas e do abuso das drogas lícitas, há diversas campanhas feitas pelo governo, por organizações não governamentais, entidades religiosas, entre outras instituições.

WWW.CONTRADROGAS.ORG.BR

Cartaz produzido para a *Associação Parceria Contra as Drogas*. Essa campanha visa alertar os pais a respeito do uso de drogas pelos filhos.

As campanhas geralmente são direcionadas aos jovens, que precisam ter informações para fazer suas escolhas de forma mais consciente e ser alertados a respeito do consumo dessas substâncias. Elas também podem estimular o jovem a procurar ajuda ou auxiliar os familiares dos consumidores dessas substâncias a lidar com o problema.

Agora, é a sua vez de criar uma campanha contra as drogas.

A proposta para essa campanha contra drogas (lícitas ou ilícitas) é a realização de uma peça de teatro. Veja a seguir o passo a passo para elaborar a peça.

Etapa 1 – Definição da história

Com o professor, a turma deverá decidir como será a história a ser abordada, quais serão as personagens, onde e quando a história irá se passar. A peça não precisa ser muito longa. Para decidir a história, busque apresentar respostas para as seguintes perguntas:

- O que a droga causa no organismo?
- Quais são as consequências do vício?
- Qual é a situação dos familiares de uma pessoa viciada?
- Como evitar um vício?
- Como largar um vício?

Etapa 2 – Elaboração do roteiro

O roteiro é uma descrição detalhada da história. Ele deve conter as falas das personagens e as indicações de onde se passa cada trecho da história que vocês estão contando.

A turma escolherá os alunos que ficarão responsáveis por escrever o roteiro a partir da história escolhida.

Depois de escrever, façam uma leitura do texto em conjunto para verificar a duração da peça e se o roteiro precisa de algum ajuste.

Etapa 3 – Cenário e figurino

O cenário deve ser de acordo com o que vocês previram no roteiro. Usem objetos simples para compor esse cenário. Não precisa conter todos os detalhes. Decidam também as roupas (figurino) que cada personagem deverá usar.

Etapa 4 – Atores

A escolha de quem interpretará as personagens pode ser feita de diversas maneiras: por sorteio, por indicação do professor ou por consenso entre os próprios alunos.

Etapa 5 – Ensaios

Ensaiem a peça até ficarem seguros com as falas e o posicionamento de cada um. Lembrem-se de não ficar de costas para o público.

Etapa 6 – É hora do espetáculo. Boa sorte!

NÃO DEIXE DE ACESSAR

O *site* Antidrogas tem diversas informações, notícias e eventos relacionados ao combate às drogas. Essas informações podem ser úteis para ajudar a escrever o roteiro da peça.

<www.antidrogas.com.br/>
Acesso em: mar. 2015.

BIBLIOGRAFIA

BERNE, R. M. et al. *Fisiologia*. Rio de Janeiro: Elsevier, 2004.

BIZZO, N. *Ciências*: fácil ou difícil? São Paulo: Biruta, 2010.

BORUCHOVITCH, E.; BZUNECK, A. J. (Orgs.). *A motivação do estudante*. Petrópolis: Vozes, 2009.

BRASIL. *Guia Alimentar para a População Brasileira*. Brasília: Ministério da Saúde, 2014.

BRUSCA, R. C.; BRUSCA, G. J. *Invertebrados*. Rio de Janeiro: Guanabara Koogan, 2007.

BUENO, M. A. S. *Cidadania em preto e branco*: discutindo as relações raciais. São Paulo: Ática, 1998.

CAMPBELL, N. A. et al. *Biologia*. Porto Alegre: Artmed, 2010.

CAMPOS, M. C.; NIGRO, R. G. *Didática de Ciências*: o ensino-aprendizagem como investigação. São Paulo: FTD, 1999.

CAVINATTO, V. M. *Saneamento básico*: fonte de saúde e bem-estar. São Paulo: Moderna, 1992.

COLL, C. et al. *Aprendizagem escolar e construção do conhecimento*. Porto Alegre: Artmed, 1994.

COLL, C.; TEBEROSKY, A. *Aprendendo Ciências*. São Paulo: Ática, 2001.

DAVIES, A. et al. *Fisiologia humana*. Porto Alegre: Artmed, 2002.

DELIXOICOV, D. et al. *Ensino de Ciências*: fundamentos e métodos. São Paulo: Cortez, 2002.

DUARTE, R. G. *Sexo, sexualidade e doenças sexualmente transmissíveis*. In: Enciclopédia Aventura Visual. Rio de Janeiro: Globo, 1990.

EL-HANI, C. N. et al. *O que é vida*: para entender a biologia do século XXI. Rio de Janeiro: Relume Dumará, 2001.

GEWANDSZNAJDER, F. *Sexo e reprodução*. São Paulo: Ática, 2002.

GUYTON, A. C.; HALL, J. E. guyton & hall - *Tratado de fisiologia médica*. 12. ed. Elsevier: Rio de Janeiro, 2011.

KARDONG, K. V. *Vertebrates*: comparative anatomy, function, evolution . Nova York: McGraw-Hill, 2012.

LEITE, M. *Alimentos transgênicos*. São Paulo: Publifolha, 2000.

MACHADO, N. J. *Cidadania e educação*. São Paulo: Escrituras, 1997.

MARTINS, R. A. *Contágio*: história da prevenção das doenças transmissíveis. São Paulo: Moderna, 1997.

MCMILLAN, B. *Human body*: a visual guide. New York: Firefly Books, 2006.

MERCADANTE, C. *Evolução e sexualidade*: o que nos fez humanos. São Paulo: Moderna, 2004.

NICOLELIS, M. *Muito além do nosso eu*: a nova neurociência que une cérebro e máquinas e como ela pode mudar nossas vidas. São Paulo: Companhia das Letras, 2011.

OLIVEIRA, F. *Engenharia genética*: o sétimo dia da criação. São Paulo: Moderna, 1995.

PEREIRA, L. V. *Sequenciaram o genoma humano... e agora?* São Paulo: Moderna, 2001.

PERRENOUD, P. *10 novas competências para ensinar*. Porto Alegre: Artmed, 2000.

REECE, J. B. et al. *Campbell Biology*. Glenview: Pearson Education, 2014.

RIECHMANN, J. *Cultivos e Alimentos transgênicos*. Rio de Janeiro: Vozes, 2000.

SALOMON, E. P.; BERG, L. R. *The world of biology*. Orlando: Saunders College Publishing, 1995.

SCARLATO, F. C.; SCHIMIDT-NIELSEN, K. *Fisiologia animal*: adaptação e meio ambiente. São Paulo: Santos, 2002.

SCLIAR, M. et al. *Saúde pública*: histórias, políticas e revolta. São Paulo: Scipione, 2002.

SOBOTTA, J. *Atlas de anatomia humana*. Rio de Janeiro: Guanabara Koogan, 2013.

TORTORA, G. J.; DERRICKSON, B. *Corpo humano*: fundamentos de anatomia e fisiologia. 8. ed. Porto Alegre: Artmed, 2012.

VASCONCELOS, N. *Amor e sexo na adolescência*. São Paulo: Moderna, 2002.

WILKIE, T. *Projeto Genoma Humano*. Rio de Janeiro: Zahar, 1994.

WEISSMANN, H. (Org.). *Didática das Ciências Naturais*: contribuições e reflexões. Porto Alegre: Artmed, 1998.

YOUSSEF, M. P.; FROTA-PESSOA, Oswaldo. *Sexo e vida*. São Paulo: Scipione, 1991.

Jornadas.cie

Caderno de Atividades 8

Ciências

Organizadora:
Editora Saraiva

Obra coletiva organizada e produzida pela Editora Saraiva

Editora responsável:
Isabel Rebelo Roque

Bacharel em Medicina Veterinária pela Faculdade de Medicina Veterinária e Zootecnia da Universidade de São Paulo. Editora.

Elaboração das atividades: Roberta Smania Marques
Edição: Daniela Muramatsu
Anderson Tamakoshi
Fabíola Bovo Mendonça (Coord.)

Editora Saraiva

APRESENTAÇÃO

Caro(a) estudante,

Você já experimentou a sensação de encontrar tantas informações sobre um assunto que mal consegue relacioná-las ou selecionar as mais relevantes?

Estamos em constante contato com as mais diversas informações e pontos de vista, e tudo isso nos chega por diferentes meios – conversas com familiares e amigos, aulas, redes sociais na internet, programas de televisão ou rádio, filmes, jornais, revistas, livros etc.

Já se sabe, entretanto, que a facilidade de acessar as informações que nos interessam não é suficiente para nos tornar sujeitos ativos e autônomos na construção dos saberes que queremos.

Para possibilitar que você construa – individualmente ou em grupo – aprendizagens significativas, elaboramos este *Caderno de Atividades*. Aqui apresentamos um conjunto de atividades relacionadas aos conteúdos estudados nas suas aulas de Ciências. Essas atividades têm como principal objetivo ajudar você a desenvolver suas habilidades e competências para que possa atuar com liberdade e segurança na sociedade do conhecimento em que vivemos.

Seu *Caderno de Atividades* está dividido em unidades, acompanhando a organização do Livro do Estudante. Em cada unidade, você encontra as seções: *Reveja a jornada*, que propõe atividades de revisão e avaliação dos principais conteúdos conceituais da unidade; *Outro olhar*, que retoma uma seção do livro e sugere diferentes formas de ver ou diferentes dimensões de abordagem do conteúdo ou objeto de estudo da seção, e *Leitura do mundo*, que propõe uma atividade reflexiva acerca de temas presentes na sua vida de estudante e cidadão, como convívio social, sustentabilidade, tecnologia e cultura de povos tradicionais. Nessas três seções, você encontrará práticas de leitura e de interpretação de textos e imagens, pesquisas, debates, vídeos, reflexão crítica e expressão escrita, entre outros desafios. Caso tenha dúvidas, poderá contar com a mediação do(a) professor(a) para solucioná-las e esclarecê-las.

As práticas propostas neste *Caderno de Atividades*, somadas às do seu livro ***Jornadas Ciências***, vão ajudar você a construir seu próprio conhecimento sobre Ciência e a avaliar criticamente as consequências da aplicação do conhecimento científico na sociedade em que vive, ampliando sua compreensão sobre processos, fenômenos e conceitos biológicos.

Convidamos você a fazer conosco mais esta jornada!

Os editores

SUMÁRIO

UNIDADE 1

O ser humano

Reveja a jornada

1. Cite duas diferenças entre a espécie humana e os chimpanzés.

2. Quais são as principais estruturas anatômicas que permitem ao *Homo sapiens* ter a fala bem desenvolvida?

3. Vimos na unidade 1 do Livro do Estudante que a cultura humana é a soma dos conhecimentos e das criações de cada povo, ao longo do tempo, nas mais diversas áreas, como ciência, arte, religião e filosofia. Escolha uma área, pesquise quais são os elementos mais tradicionais da cultura da sua região relativos a essa área e reflita se eles fazem parte do seu cotidiano.

4. Explique a importância da integração dos sistemas abaixo e cite suas principais funções.

- Sistemas nervoso e endócrino.

- Sistemas muscular e esquelético.

- Sistemas respiratório, digestório, cardiovascular e urinário.

5. A figura abaixo mostra uma árvore evolutiva simplificada com a relação de parentesco entre algumas espécies de hominídeos. Observe a figura e, com base em seus conhecimentos, responda às questões.

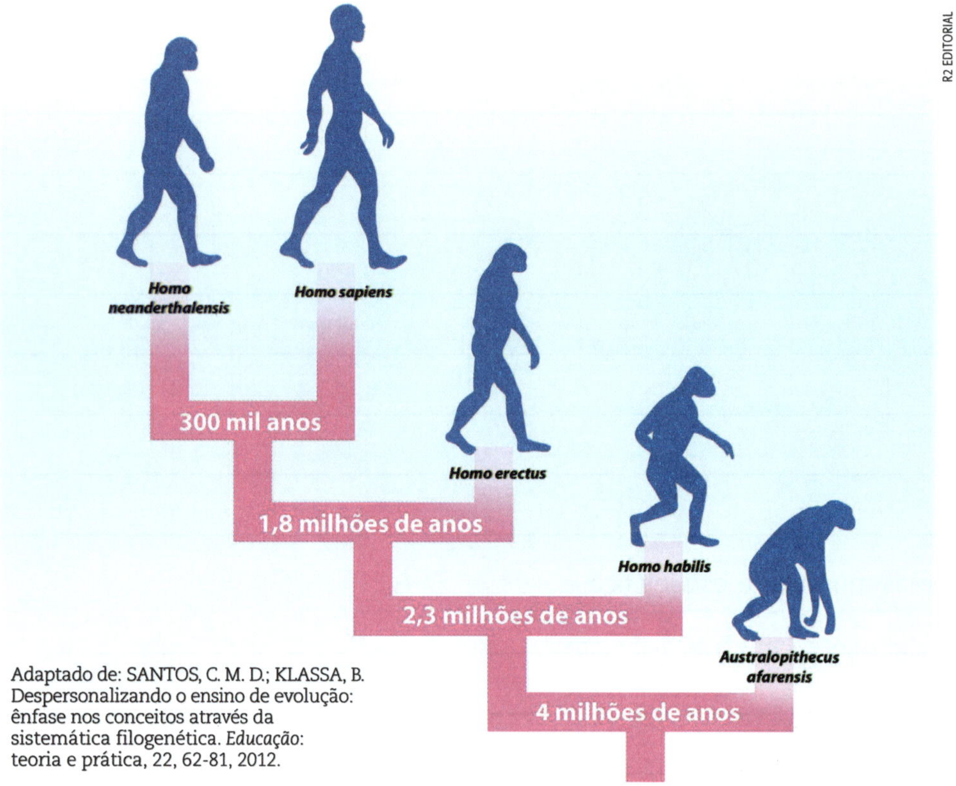

Adaptado de: SANTOS, C. M. D.; KLASSA, B. Despersonalizando o ensino de evolução: ênfase nos conceitos através da sistemática filogenética. *Educação: teoria e prática*, 22, 62-81, 2012.

a) Quais espécies do genêro *Homo* são mais recentes? E qual é a mais antiga?

b) Quais são as principais características que distinguem cada uma das espécies da figura?

c) O andar bípede, sobre dois pés, é uma propriedade de qual, ou de quais, dessas espécies de hominídeos? Quais são as características que favorecem o andar bípede?

6. O esquema abaixo representa a organização do corpo. Observe o esquema e responda às questões.

ORGANIZAÇÃO DO CORPO HUMANO

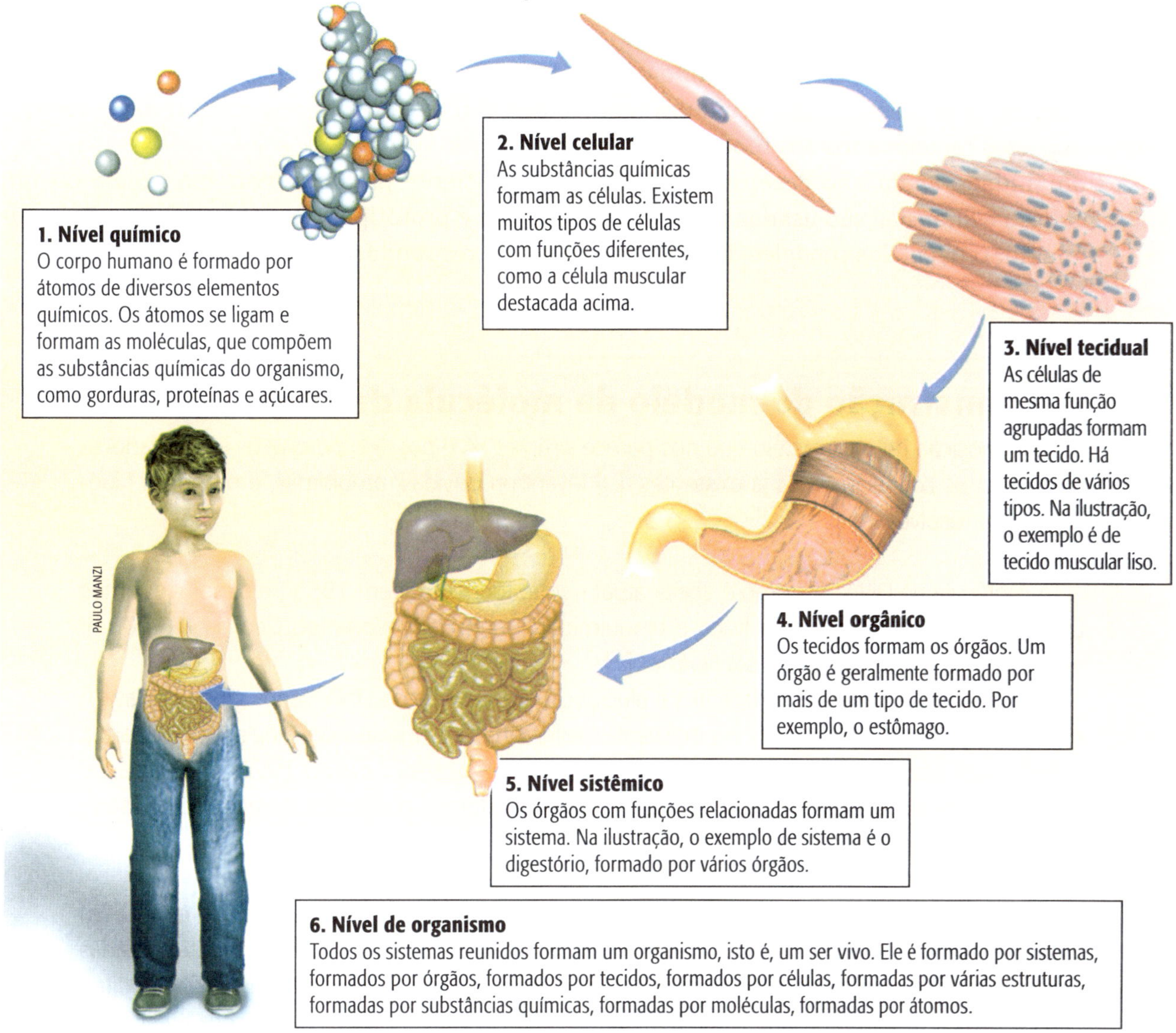

Representação esquemática dos níveis de organização do corpo humano.

Fonte: TORTORA, G. J.; DERRICKSON, B. *Corpo humano:* fundamentos de anatomia e fisiologia. 8. ed. Porto Alegre: Artmed, 2012.

a) Qual é o nível mais abrangente nesse esquema? Justifique sua resposta.

____

____

____

b) O que é preciso acontecer para que as células componham uma organização tecidual? E para que os tecidos componham um órgão?

____

____

____

____

Outro olhar

Na seção *Experimente fazer* "Construindo um modelo de célula animal" (páginas 26 e 27 do Livro do Estudante), você refletiu e construiu um modelo de célula. Agora, iremos aprofundar e abordar outros aspectos relacionados aos modelos em Ciências.

A humanidade ainda não desenvolveu tecnologia suficiente para observar um átomo ou um DNA, por isso evidências são usadas para propor modelos e protótipos dessas estruturas. Para entender melhor o papel dos modelos, leia o texto a seguir e responda às questões.

“ A construção do modelo da molécula de DNA

A proposição de um modelo que nos parece simples só é possível porque os investigadores mobilizam os conhecimentos já existentes, [...] levantam dúvidas, problemas, e propõem hipóteses para resolvê-las.

[...]

A molécula de DNA, tal como é aceita atualmente, foi descrita em 1953 pelo biólogo James Dewey Watson [1928-] e pelo físico e bioquímico Francis Harry Compton Crick [1916-2004], em um artigo publicado na revista *Nature*. [...]

No cenário das pesquisas referentes à elucidação do modelo de DNA, vários grupos estavam envolvidos: além do Cavendish, na Inglaterra, havia também o grupo do King's College, onde trabalhavam Maurice Wilkins (1916-2004) e Rosalind E. Franklin (1920-1958). Nos Estados Unidos, havia o grupo do Instituto de Tecnologia da Califórnia, conhecido como Caltech, onde trabalhava Linnus Pauling (1901-1994).

[...].

[Após a Segunda Guerra Mundial] William T. Astbury (1898-1961), que era físico e também biólogo, já apresentava suas ideias de que as sequências das bases do DNA eram determinadas por arranjos químicos, ou geométricos ou, ainda, a combinação de ambos. Ele utilizava a difração de raios X para obter as imagens de moléculas de DNA e [...] propôs como seria a estrutura dos nucleotídeos [...].

Entre os vários modelos propostos, [...] está o do cristalógrafo Sven Furberg (1920-1983), que foi baseado no trabalho de Astbury. Neste modelo, o DNA era caracterizado por uma única hélice de nucleotídeos empilhados e com anéis de açúcar, [...].

[...]

Depois de assistir a uma palestra de Rosalind, Watson teve acesso às imagens que a pesquisadora obteve no laboratório [...]. Passou essas informações para Crick e, do conjunto de dados, Watson e Crick entenderam que tinham informações suficientes para apresentar um modelo de DNA. [...]

Em 1951, apresentaram o primeiro modelo, que era constituído de três cadeias. Naquela ocasião, Rosalind e Wilkins foram chamados para avaliar o modelo e descartaram a possibilidade de a molécula ter a forma helicoidal. Além disso, a composição química apresentava problemas, invalidando o modelo.

Baseado também nos dados apresentados por Astbury, Pauling propôs um modelo de tripla hélice. [...]

Watson e Crick perceberam que um modelo de dupla-hélice seria mais consistente do que qualquer outro. Watson organizou o modelo das bases em papel e [...] identificou quais formas bioquímicas das bases seriam mais apropriadas para a estrutura do DNA.

[...]

As imagens de cristalografia de Rosalind e os cálculos realizados por Wilkins foram determinantes para embasar os autores. Assim como Astbury e Furberg, Rosalind e Wilkins também trabalhavam com difração de raios X.

Watson e Crick confeccionaram um modelo em metal [...] e chamaram Wilkins e Rosalind para avaliá-lo, e estes concordaram com a estrutura proposta. Decidiram então enviar a publicação para a revista *Nature*, citando os principais dados e autores que ajudaram nessa construção. [...] ”

Mariana A. Bologna Soares de Andrade e Ana Maria de Andrade Caldeira. O modelo de DNA e a biologia molecular: inserção histórica para o ensino de biologia. *Filosofia e História da Biologia*, São Paulo, v. 4, p. 139-165, 2009. Disponível em: <http://www.abfhib.org/FHB/FHB-04/FHB-v04-05-Mariana-Andrade-Ana-Maria-Caldeira.pdf>. Acesso em: fev. 2016.

1. Por que os cientistas elaboram modelos?

2. Houve apenas um modelo de DNA na história da biologia? Justifique.

3. Watson e Crick propuseram em 1953 o modelo de DNA que é aceito até hoje. É correto dizer que eles o fizeram “sozinhos”, sem a colaboração de outros pesquisadores? Justifique.

4. Os modelos científicos tentam reproduzir a realidade da forma mais fiel possível. Elabore um texto sobre os limites de um modelo científico.

Leitura do mundo

Na unidade 1, você conheceu um pouco sobre alguns povos indígenas que vivem no Brasil. Leia novamente o texto das páginas 20 e 21 do Livro do Estudante e faça o que se pede.

1. Algumas pessoas acreditam que a população brasileira indígena viva somente na floresta Amazônica. Pesquise em que locais do Brasil vivem alguns povos indígenas.

____

____

____

____

2. Observe a fotografia e leia a legenda. Em seguida, responda à questão.

ANDERSON BARBOSA/FOTOARENA/FOLHAPRESS

Indígena da etnia Guarani Mbya, da aldeia Tekoa Itakupe, em protesto na avenida Paulista, na cidade de São Paulo (SP), em 2014. Nesse protesto, os indígenas dessa aldeia reivindicavam a demarcação legal de suas terras.

- Qual a importância da demarcação da terra para os povos indígenas? Se necessário, faça uma pesquisa para responder à questão.

____

____

____

____

3. Reúna-se em trios e façam as pesquisas propostas abaixo.

a) A Fundação Nacional do Índio (FUNAI) é o órgão responsável pela proteção aos direitos dos povos indígenas e sua promoção em todo o território nacional. Entrem no *site* da FUNAI (http://www.funai.gov.br/) e dos Povos Indígenas no Brasil (http://pib.socioambiental.org) e façam uma pesquisa destacando a importância dessas instituições para os povos indígenas.

b) Estima-se que 55% da população indígena viva dentro da Amazônia Legal. Faça uma pesquisa que descreva o que é a Amazônia Legal, sua importância para os povos indígenas e quais estados brasileiros pertencem a essa área. Se possível, consulte mapas do Brasil que mostrem sua delimitação.

UNIDADE 2

Alimentação e digestão

Reveja a jornada

1. O cardápio a seguir descreve as refeições consumidas por uma adolescente ao longo do dia. Leia e faça o que se pede.

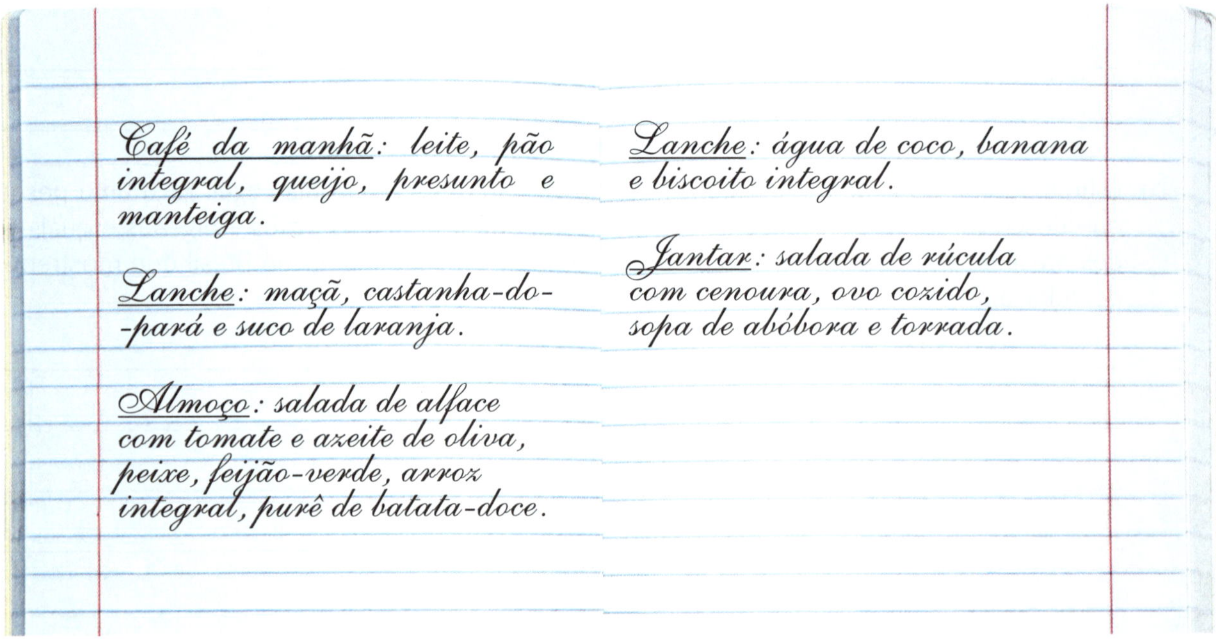

Café da manhã: leite, pão integral, queijo, presunto e manteiga.

Lanche: maçã, castanha-do-pará e suco de laranja.

Almoço: salada de alface com tomate e azeite de oliva, peixe, feijão-verde, arroz integral, purê de batata-doce.

Lanche: água de coco, banana e biscoito integral.

Jantar: salada de rúcula com cenoura, ovo cozido, sopa de abóbora e torrada.

JAKUB KRECHOWICZ/SHUTTERSTOCK

a) Agrupe os alimentos consumidos pela adolescente de acordo com a classificação dos nutrientes:

- Construtores: ______________________________

____

____

- Energéticos: ______________________________

____

____

____

- Reguladores: ______________________________

____

____

b) Mencione exemplos de vitaminas e de sais minerais ingeridos nessa dieta.

c) Com base nas respostas das perguntas anteriores, analise se esse cardápio pode ser considerado equilibrado. Justifique sua resposta.

2. Observe a tabela abaixo. Em seguida, faça o que se pede.

Consumo energético de algumas atividades (para pessoas com 70 kg)	
Atividade	Kcal/h
Dormir	66
Ficar deitado sem dormir	77
Vestir-se	120
Praticar exercício leve	170
Praticar exercício intenso	450
Subir escadas	1100
Caminhar	330

AVANCINI, E.; FAVARETTO, J. A. *Biologia*: uma abordagem evolutiva e ecológica. São Paulo: Moderna, 1997.

- O que está representado na tabela? O que mais chamou a sua atenção?

3. Suponha que uma pessoa que está de dieta esteja em dúvida entre comer dois pratos com a mesma quantidade de calorias: um sanduíche com hambúrguer ou um prato com arroz, feijão, legumes cozidos, salada e carne assada. O que você diria a ela?

4. Quais as recomendações da Sociedade Brasileira de Alimentação e Nutrição (SBAN) em relação à quantidade de calorias ingeridas? Cite um exemplo de alimento para cada categoria recomendada.

5. Observe a imagem abaixo e indique as regiões onde ocorre a digestão química. Escreva ao lado de cada região o nome dos agentes químicos que atuam no local.

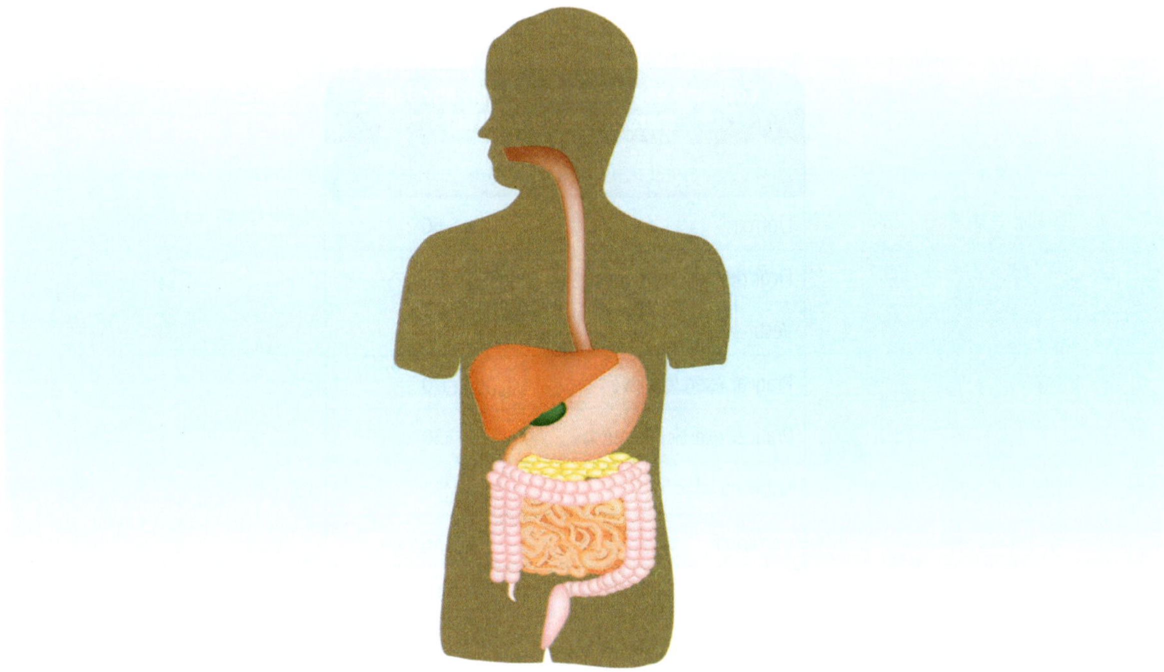

TIMONINA/SHUTTERSTOCK

6. Explique por que engasgamos e quais são as reações do organismo para atenuar esse distúrbio.

7. Explique o mecanismo que impede o retorno dos alimentos do estômago ao esôfago.

8. Descreva três doenças do sistema digestório que são causadas por vírus ou bactérias e cite seus agentes e forma de contaminação. Em seguida, aponte as possíveis formas de se evitar essas doenças.

9. Imagine que você é um alimento que será ingerido por uma pessoa. Levando em consideração todos os processos da digestão, discorra sobre o que acontecerá com você desde o momento em que entrar pela boca. Não se esqueça de definir que alimento você é. Reflita sobre quais nutrientes participam da sua composição para relacioná-los com as etapas e as enzimas da digestão.

Outro olhar

Na seção *Em Ação* "Distúrbios alimentares" (páginas 72 e 73 do Livro do Estudante), você leu que algumas pessoas usam remédios para perder peso e se adequar aos padrões de beleza estabelecidos pela sociedade. Agora, iremos abordar e aprofundar outros aspectos relacionados a esse tema. O ideal de beleza do corpo passou por diversas mudanças ao longo da História.

1. Observe as imagens abaixo e, a partir dos dados iniciais fornecidos para as diferentes datas, procure informações sobre o padrão de beleza predominante na história da humanidade nesses períodos e elabore um texto sobre as mudanças no decorrer do tempo. Investigue como os fatos citados puderam influenciar os ideais de beleza da época.

HEIN NOUWENS/SHUTTERSTOCK

1200 a.C.: Surgem na Grécia as primeiras academias (*gymnasiums*), onde também se realizavam atividades intelectuais.

LYNEA/SHUTTERSTOCK

Séc. I e II: No Império Romano eram formados soldados atléticos.

HEIN NOUWENS/SHUTTERSTOCK

Séc. V ao XV: Na Idade Média, na Europa, a Igreja católica considerava o culto ao corpo um ato pecaminoso; as pessoas eram retratadas sempre recobertas.

VENIAMIN KRASKOV/SHUTTERSTOCK

Séc. XIV ao XVII: Com o Renascimento, a estima pelos padrões de beleza são resgatados.

RAWPIXEL.COM/SHUTTERSTOCK

Séc. XIX ao XXI: As influências do feminismo, do cinema, da mídia, da ciência e da tecnologia norteiam os atuais padrões de beleza.

2. Em grupos, discutam e produzam materiais de divulgação, como vídeos e cartazes, explicitando como os padrões de beleza estabelecidos pela sociedade podem afetar a saúde física e psicológica das pessoas.

Leitura do mundo

Na unidade 2 do Livro do Estudante, você aprendeu sobre a composição dos alimentos, a função de cada nutriente dentro do nosso corpo e a importância de dietas balanceadas para o funcionamento correto do organismo. Pode-se dizer que já é senso comum a ideia da importância do consumo de frutas e hortaliças para a manutenção da saúde. No entanto, a procedência dos alimentos e como são produzidos ainda são questões muito debatidas. O uso de agrotóxicos e a produção de alimentos orgânicos, por exemplo, são temas polêmicos.

Leia o texto a seguir e, reunidos em grupos de cinco estudantes, respondam às questões.

“Alimentos orgânicos × não orgânicos

[...]

Para alguns, vale a pena procurar por eles e até pagar um pouco a mais; a recompensa é um alimento mais saboroso, livre de agrotóxicos e mais amigável ao meio ambiente. [...]

A corrente que defende a indiferenciação entre orgânicos e não orgânicos ganhou fortes argumentos com a publicação no início de setembro [de 2012] do mais amplo estudo de meta-análise (compilação de vários estudos científicos) feito até o momento, mostrando que, sob o aspecto da quantidade de nutrientes – como carboidratos, proteína, vitaminas e minerais –, há pouca ou nenhuma diferença entre os orgânicos e os demais.

Para chegar à conclusão, pesquisadores da Universidade Stanford, coordenados pela médica Dena Bravata, fizeram uma revisão de 17 acompanhamentos clínicos em humanos e 233 pesquisas que comparavam os níveis de nutrientes e contaminantes em alimentos, de acordo com a forma de produção.

Segundo Durval Ribas Filho, presidente da Abran (Associação Brasileira de Nutrologia), esse resultado já era esperado, pois na prática clínica nenhum médico observa diferenças na nutrição de pacientes que só consomem orgânicos. 'Muitas vezes a versão do fato é mais forte que o fato. Até o momento, o fato é que não há comprovação científica de que a composição dos alimentos orgânicos seja melhor que os demais', diz.

[...]

Embora a pesquisa de Stanford não aponte diferenças nutricionais significativas, ela mostrou que nos alimentos orgânicos há 30% menos risco de contaminação por pesticidas. Segundo os pesquisadores, porém, a questão não preocupa porque os níveis de agrotóxicos encontrados estavam dentro dos limites aceitáveis.

Especialistas brasileiros, no entanto, defendem que só isso já é motivo suficiente para preferir os orgânicos. Afinal, mesmo sendo baixo o risco de problemas sérios advindo da ingestão de aditivos químicos aos alimentos, nos orgânicos o risco é zero.

'Estudos indicam que se ingerirmos quantidades dentro dos valores diários aceitáveis não sofreremos danos à saúde, ainda assim os orgânicos são melhores por não conterem nenhum aditivo químico', afirma a pesquisadora Edinéia Dotti Mooz, do Grupo de Pesquisa em Segurança Alimentar e Nutricional da Esalq, USP. Ou seja, se do ponto de vista do valor nutricional não foram comprovadas diferenças, há outros critérios que levam os orgânicos a serem melhores.

Além disso, uma limitação do estudo é que não foram levadas em consideração as consequências da exposição a pesticidas a longo prazo – os acompanhamentos clínicos analisados tinham no máximo dois anos de duração. Isso pode fazer uma grande diferença: pequenas quantidades de agrotóxicos sozinhas podem não ser prejudiciais, mas acumuladas têm o potencial de causar efeitos nocivos, que só serão percebidos 10 ou 15 anos depois. O mesmo vale para os antibióticos e hormônios dados aos animais de corte, que acabam entrando no organismo de quem os consome.

Sobre esse aspecto, existe de fato uma larga 'zona de incertezas', afirma a médica Raquel Rigotto, professora de Saúde Comunitária da Universidade Federal do Ceará: 'Cada estudo avalia um elemento por vez, mas nós temos uma exposição múltipla. Portanto, não há certezas sobre a interação entre eles no nosso organismo ou no próprio alimento'.

Na falta de resultados conclusivos, o ideal seria adotar o princípio da precaução, defende Rigotto. 'Dizem que não há estudos provando que agrotóxicos fazem mal. Mas a lógica deveria ser a contrária: existem estudos comprovando que eles não fazem mal?', questiona. Segundo ela, já existem evidências vindas de estudos epidemiológicos de que os agrotóxicos podem causar alergias, problemas de fertilidade, doenças neurológicas e cânceres.

[...]

Um problema enfrentado pelo consumidor brasileiro é que os limites legais frequentemente são ignorados. Desde 2002, a Anvisa (Agência Nacional de Vigilância Sanitária) faz análises anuais de resíduos de agrotóxicos em alimentos e, ano após ano, encontra inúmeras substâncias vetadas, ou o uso das permitidas acima dos patamares considerados seguros.

[...]

E mesmo as regras brasileiras são consideradas frouxas por alguns pesquisadores. O governo aceita atualmente a utilização de 434 ingredientes ativos, usados para evitar pragas como fungos, insetos, roedores, moluscos, formigas e ervas daninhas. Entre essas substâncias, pelo menos 24 já foram banidas nos Estados Unidos, Canadá ou Europa.

[...] ”

Luciana Alvarez. Alimento orgânico *versus* não orgânico: qual o melhor? Disponível em: <http://noticias.uol.com.br/saude/ultimas-noticias/redacao/2012/12/03/alimento-organico-versus-nao-organico-qual-o-melhor.htm>. Acesso em: fev. 2016.

1. Quais foram as conclusões do estudo liderado pela médica Dena Bravata a respeito das diferenças nutricionais entre os alimentos orgânicos e não orgânicos?

____

____

2. Alguns especialistas brasileiros contestaram o estudo da médica. Que argumentos eles levantaram?

____

____

____

____

____

____

3. Com base na leitura e na discussão sobre o tema dos orgânicos, escreva no caderno um texto argumentativo a respeito de sua posição em relação ao consumo dos alimentos orgânicos.

UNIDADE 3

Sistemas cardiovascular, imunitário e linfático

Reveja a jornada

1. Leia as frases abaixo e classifique-as em verdadeiras (V) ou falsas (F). Depois, reescreva as frases incorretas.

a) ( ) As veias só transportam sangue rico em oxigênio e pobre em gás carbônico.

b) ( ) A artéria pulmonar leva o sangue pobre em oxigênio até o pulmão.

c) ( ) O sangue rico em oxigênio sai dos pulmões e retorna ao coração pelas veias pulmonares.

d) ( ) Os capilares apresentam válvulas que impedem o refluxo de sangue.

e) ( ) O sangue rico em oxigênio circula pelo lado direito do corpo, enquanto o sangue pobre em oxigênio circula pelo lado esquerdo.

____

____

____

____

____

2. Uma alimentação desequilibrada, rica em açúcares, frituras e alimentos gordurosos pode levar ao entupimento das artérias. Explique quais as possíveis consequências de uma artéria entupida.

____

____

____

____

____

____

3. Até hoje costumamos desenhar e enviar imagens de corações quando queremos nos referir aos sentimentos de amor. Por que há essa associação do coração com os sentimentos? Ela, de fato, existe?

____

____

4. Observe a tabela e os gráficos abaixo. A tabela mostra os valores normais de referência para a análise de um hemograma. Os gráficos mostram os resultados encontrados nos exames de sangue de quatro pacientes: Isabel, Anderson, Sérgio e Ana. Analise as informações e em seguida responda às questões.

Constituinte	Valores de referência
Hemácias	4 – 5,4 milhões/mm^3
Leucócitos	4,5 – 11 mil/mm^3
Plaquetas	150 – 450 mil/mm^3

Tabela com valores de referência de um hemograma.

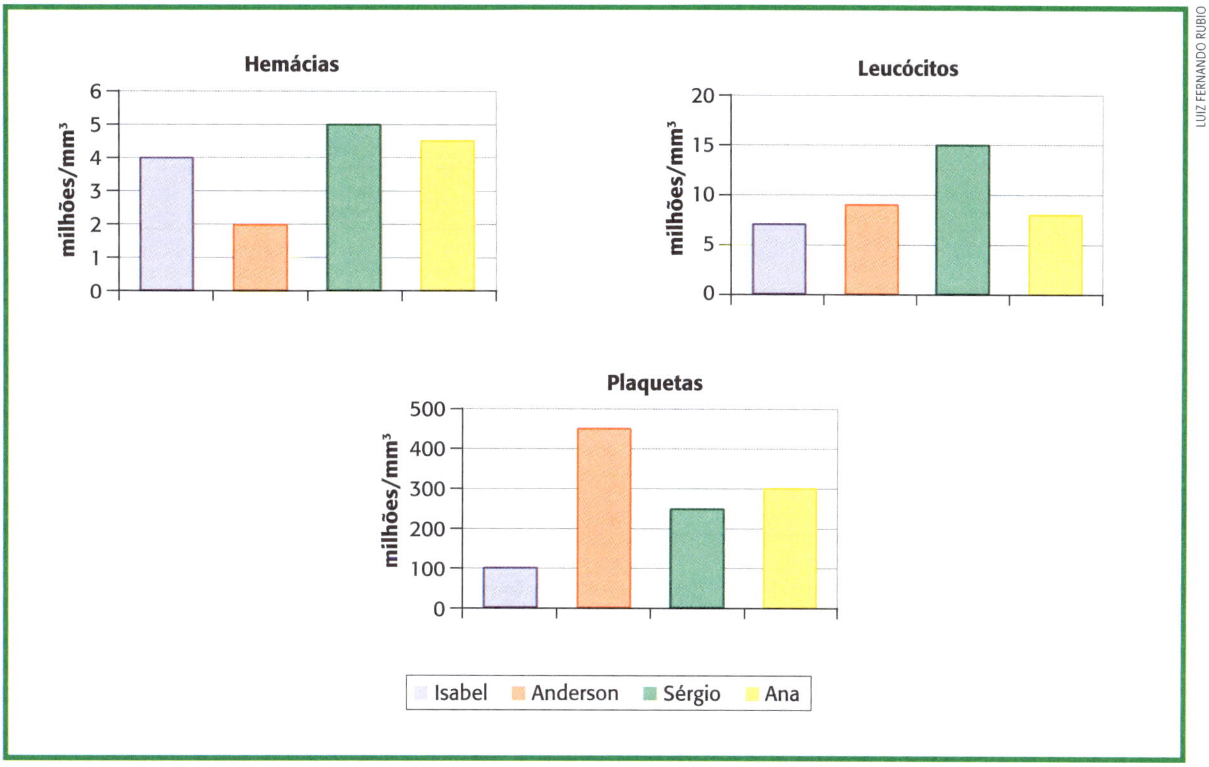

Gráficos mostrando o resultado de exames de sangue realizados em quatro pessoas.

- Qual desses pacientes, provavelmente, deu entrada no pronto-socorro com:

a) cansaço e dificuldade em respirar? Justifique sua resposta.

____

____

____

____

____

____

b) sangramento nasal? Justifique sua resposta.

c) infecção urinária bacteriana? Justifique sua resposta.

5. Qual é a diferença entre a produção do soro e a da vacina? Quais são os efeitos que cada um induz no organismo?

Outro olhar

Nas seções *Saiba mais* (páginas 94 e 95 do Livro do Estudante) e *Conhecimento interligado* (páginas 100 e 101 do Livro do Estudante), você conheceu um pouco sobre fatos históricos da vacina. Agora, iremos abordar e aprofundar aspectos atuais relacionados à produção da vacina no Brasil. Leia o texto abaixo e em seguida responda às questões.

“Como as vacinas são produzidas

As vacinas são feitas a partir do agente causador da doença, vírus ou bactérias, mortos ou enfraquecidos. O princípio de produção da vacina é o mesmo, mas cada uma tem um processo de fabricação específico. Primeiro, é preciso entender como os agentes (vírus ou bactérias) atuam no organismo, ou seja, de que maneira causam a doença. Depois, inicia-se o processo de desenvolvimento de técnicas e procedimentos para a produção da vacina. Todo esse processo, desde a compreensão da forma de atuação do agente, passando pelo desenvolvimento de técnicas de produção e testes da vacina em animais e pessoas voluntárias, é longo e pode durar anos.

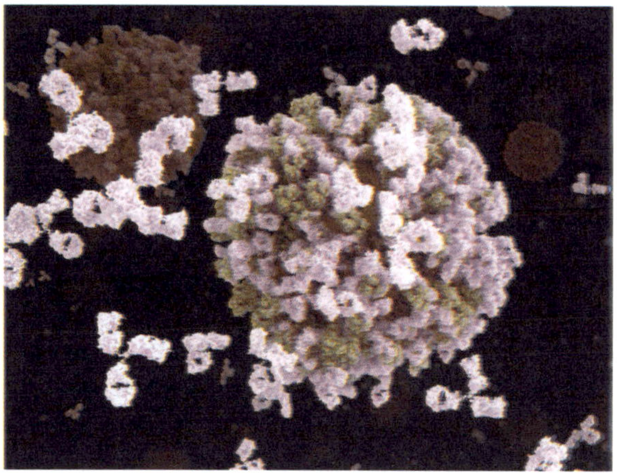
JUAN GAERTNER/SHUTTERSTOCK

Eletromicrografia de anticorpos ligando-se ao vírus *Influenza*.

O Instituto Butantan, que fica na cidade de São Paulo, é o maior centro produtor de vacinas e soros da América Latina. A maior parte da produção é destinada ao Ministério da Saúde, que imuniza gratuitamente a população.

Em 1999, o Instituto Butantan iniciou a construção de um laboratório específico para a produção de vacinas, mais especificamente a vacina *Influenza* Trivalente contra o vírus *Influenza*. O processo de implementação do laboratório, compra de equipamentos, testes e adequações às normas brasileiras de produção de medicamentos durou cerca de treze anos. As técnicas de produção foram aprendidas por meio de um intercâmbio de pesquisadores do Instituto com o Instituto Sanofi Pasteur, na França, onde aprenderam toda a tecnologia.

A seguir veremos passo a passo como ocorre a produção da vacina *Influenza* Trivalente.

1) Um viveiro cria galos e galinhas de modo controlado, ou seja, o ar, a água, a ração, a temperatura e outros fatores são monitorados para que estejam sempre dentro de um padrão. Os ovos férteis dessas galinhas são encubados. A partir desses ovos será produzida a vacina. Cada ovo corresponde, mais ou menos, a uma dose de vacina.

2) Cerca de 120 a 250 mil ovos são entregues por dia ao Instituto Butantan. Os ovos são retirados do caminhão com a ajuda de robôs para que não haja contaminação.

3) Um aparelho automático chamado ovoscópio verifica a qualidade dos ovos que passam na esteira. Alguns ovos também são analisados manualmente para comparar

com os dados encontrados pela máquina e assim garantir mais confiabilidade aos resultados. O objetivo da inspeção é verificar se o embrião está vivo e em boas condições.

4) Os ovos que passam nesse controle de qualidade seguem para outra máquina que irá injetar o vírus *Influenza*. Uma agulha bem fina penetra no ovo sem danificar o embrião.

5) Depois os ovos ficam em incubadoras durante alguns dias para que o vírus se replique.

6) Passados uns dias, os ovos são resfriados e os embriões morrem. Com isso os vírus são liberados no líquido alantoico do ovo, que será usado para fazer a vacina.

7) Os ovos são abertos na parte superior para que o líquido seja retirado. Uma máquina vira os ovos para que o líquido escorra em um recipiente apropriado. Esse líquido é filtrado e depois vai para uma centrífuga onde são separados quaisquer restos de membrana, casca de ovo e/ou hemácias.

8) Após esse processo com cerca de 120 a 140 mil ovos, têm-se 100 L de material concentrado. O material passa por outras máquinas para ser purificado. Ao final, tem-se 1000 mL de vacina concentrada. Com 1 mL desse líquido são feitas aproximadamente 400 doses da vacina.

9) O material é diluído e vai para outra máquina. Um detergente especial é adicionado para quebrar os vírus. Depois, a diluição passa novamente pelo processo de purificação e filtragem para que não passem vírus inteiros ou pedaços muito grandes que possam causar danos às pessoas que forem inoculadas com a vacina, ao invés de prevenir contra a doença.

10) Parte do detergente é retirada e outras substâncias são adicionadas para esterilizar e garantir que os pedaços de vírus da vacina estejam adequados para a vacinação.

11) Após a esterilização, são feitos testes com a vacina, que fica estocada em local refrigerado até que passe por todo o controle de qualidade.

12) Após passar pelos testes, a vacina é então formulada, envasada e entregue para ser distribuída. ”

Fonte de pesquisa: Cosue Miyaki. *Entenda como é produzida uma vacina*. Disponível em <http://www.abc.org.br/IMG/pdf/doc-4906.pdf>. Acesso em: jan. 2016.

1. Todas as vacinas são feitas da mesma maneira?

____

____

____

____

2. Reúnam-se em duplas e, em uma folha à parte, façam uma representação esquemática das etapas de produção da vacina *Influenza* Trivalente. Usem desenhos e setas coloridas, bem como legendas para esquematizar e organizar o processo.

Leitura do mundo

Vimos ao longo da unidade 3 do Livro do Estudante que, graças ao avanço das técnicas, do conhecimento e das pesquisas científicas, muitas descobertas e melhorias aconteceram e beneficiaram milhares de pessoas. Junto com esses processos, muitas questões relacionadas aos padrões de conduta, aos valores e limites do que é considerado adequado ou não surgiram e provocaram debates na sociedade. Leia os textos a seguir a respeito desse tema e, depois, responda às questões.

"Ética

O homem vive em sociedade, convive com outros homens e, portanto, cabe-lhe pensar e responder à seguinte pergunta: 'Como devo agir perante os outros?'. Trata-se de uma pergunta fácil de ser formulada, mas difícil de ser respondida. [...].

[...] Ética pode também significar Filosofia da Moral, portanto, um pensamento reflexivo sobre os valores e as normas que regem as condutas humanas. Em outro sentido, ética pode referir-se a um conjunto de princípios e normas que um grupo estabelece para seu exercício profissional (por exemplo, os códigos de ética dos médicos, dos advogados, dos psicólogos, etc.). [...]

[...] Parte-se do pressuposto que é preciso possuir critérios, valores, e, mais ainda, estabelecer relações e hierarquias entre esses valores para nortear as ações em sociedade. Situações dilemáticas da vida colocam claramente essa necessidade. Por exemplo, é ou não ético roubar um remédio, cujo preço é inacessível, para salvar alguém que, sem ele, morreria? Colocado de outra forma: deve-se privilegiar o valor 'vida' (salvar alguém da morte) ou o valor 'propriedade privada' (no sentido de não roubar)?

Seria um erro pensar que, desde sempre, os homens têm as mesmas respostas para questões desse tipo. Com o passar do tempo, as sociedades mudam e também mudam os homens que as compõem. Na Grécia antiga, por exemplo, a existência de escravos era perfeitamente legítima: as pessoas não eram consideradas iguais entre si, e o fato de umas não terem liberdade era considerado normal. Outro exemplo: até pouco tempo atrás, as mulheres eram consideradas seres inferiores aos homens, e, portanto, não merecedoras de direitos iguais (deviam obedecer a seus maridos). Outro exemplo ainda: na Idade Média, a tortura era considerada prática legítima, seja para a extorsão de confissões, seja como castigo. Hoje, tal prática indigna a maioria das pessoas e é considerada imoral. Portanto, a moralidade humana deve ser enfocada no contexto histórico e social. [...]

[...]

[...] Ética trata de princípios e não de mandamentos. Supõe que o homem deva ser justo. Porém, como ser justo? Ou como agir de forma a garantir o bem de todos? Não há resposta predefinida. É preciso, portanto, ter claro que não existem normas acabadas, regras definitivamente consagradas. A ética é um eterno pensar, refletir, construir. [...]"

Ministério da Educação e Cultura. Temas Transversais – Ética.
Disponível em: <http://portal.mec.gov.br/seb/arquivos/pdf/livro082.pdf>. Acesso em: fev. 2016.

“ A primeira vacina

Edward Jenner, um médico inglês, observou que um número expressivo de pessoas mostrava-se imune à varíola. Todas eram ordenhadoras e tinham se contaminado com *cowpox*, uma doença do gado semelhante à varíola, pela formação de pústulas, mas que não causava a morte dos animais. Após uma série de experiências, constatou que estes indivíduos mantinham-se refratários à varíola, mesmo quando inoculados com o vírus.

Em 14 de maio de 1796, Jenner inoculou James Phipps, um menino de 8 anos, com o pus retirado de uma pústula de Sarah Nelmes, uma ordenhadora que sofria de *cowpox*. O garoto contraiu uma infecção extremamente benigna e, dez dias depois, estava recuperado. Meses depois, Jenner inoculava Phipps com pus varioloso. O menino não adoeceu. Era a descoberta da vacina.

A partir de então, Jenner começou a imunizar crianças, com material retirado diretamente das pústulas dos animais e passado braço a braço. Em 1798, divulgava sua descoberta no trabalho *Um Inquérito sobre as Causas e os Efeitos da Vacina da Varíola*.

[...] ”

A história das vacinas: uma técnica milenar.
Disponível em: <http://www.ccms.saude.gov.br/revolta/pdf/M7.pdf>. Acesso em: fev. 2016.

1. Segundo o primeiro texto, a ética não pode ser definida como um conjunto de regras com respostas predefinidas. Ela é "um eterno pensar, refletir, construir". Identifique no texto, frases que exemplificam essa ideia.

2. Na época em que Edward Jenner realizou suas descobertas sobre a vacina, ainda não havia a regulamentação ética na pesquisa. Se houvesse essa regulamentação, que tipos de questionamentos éticos poderiam surgir a respeito do procedimento adotado por Edward Jenner?

UNIDADE 4

Respiração e excreção

Reveja a jornada

1. Observe a imagem a seguir e, depois, faça o que se pede.

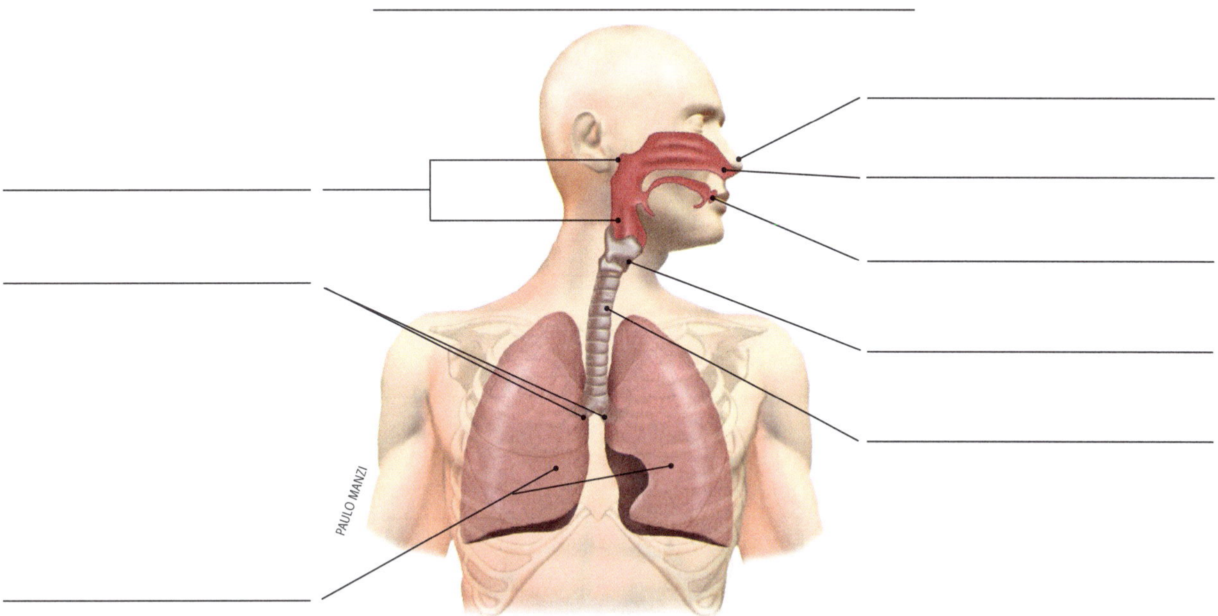

TORTORA, G. J.; DERRICKSON, B. *Corpo humano*: fundamentos de anatomia e fisiologia. 8. ed. Porto Alegre: Artmed, 2012.

a) Elabore um título e uma legenda para o esquema e preencha as lacunas, nomeando as estruturas representadas.

b) Qual é a importância de respirarmos?

c) Quais estruturas não representadas no esquema são essenciais para que o ar entre e saia dos pulmões? Onde elas se localizam?

d) O que impede que o alimento vá para os pulmões? O que acontece caso o alimento chegue à traqueia?

2. Qual é a diferença entre respiração pulmonar e respiração celular? Qual é a relação entre elas?

3. As frases abaixo descrevem as etapas de formação da urina. Numere as frases de 1 a 5, conforme a ordem em que acontecem.

( ) Da cápsula glomerular, todo esse filtrado passa por uma sequência de túbulos até chegar ao túbulo coletor.

( ) No glomérulo, o sangue é filtrado, retendo substâncias tóxicas como a ureia, o ácido úrico e o excesso de água.

( ) O líquido restante sai da cápsula glomerular em direção aos túbulos e forma a urina.

( ) O sangue chega aos néfrons dos rins pela arteríola aferente.

( ) As substâncias que ainda podem ser reaproveitadas pelo organismo são reabsorvidas pelos vasos sanguíneos, retornando ao sangue.

4. De que forma as vias urinárias podem ser prejudicadas em caso de cálculos renais? O que pode ser feito para prevenir esse problema?

5. É possível viver apenas com um rim? Justifique sua resposta.

6. As mulheres contraem infecções urinárias mais frequentemente que os homens. Explique por que isso acontece, quais os sintomas da infecção urinária e como é feito o diagnóstico.

Outro olhar

Na seção *Em ação* "Atitudes contra a poluição do ar" (páginas 130 e 131 do Livro do Estudante), você conheceu algumas atitudes que contribuem para a melhoria da qualidade do ar, principalmente em relação às doenças respiratórias. Agora, iremos abordar e aprofundar outros aspectos relacionados ao tema. Leia os textos a seguir sobre aspectos clínicos, históricos e sociais da tuberculose. Em seguida, reunidos em grupos de cinco estudantes, discutam sobre as questões propostas.

"História da tuberculose

Existem evidências de que a tuberculose existe desde os tempos pré-históricos. A doença já foi encontrada em esqueletos de múmias do antigo Egito (3000 a.C.) e, mais recentemente, numa múmia pré-colombiana no Peru.

A doença disseminou-se na Europa, com a urbanização crescente e no século XVIII tornou-se conhecida como a peste branca. Durante a revolução industrial, a mortalidade era muito alta.

Nos últimos anos do século XIX, tuberculose era considerada uma 'doença romântica', idealizada nas obras literárias e artísticas e identificada como uma doença de poetas e intelectuais. Nesta mesma época, no ano de 1882, Robert Koch anuncia a descoberta do agente causador da tuberculose, o bacilo de Koch, cientificamente denominado *Mycobacterium tuberculosis*. Esta descoberta foi um marco fundamental para o conhecimento da doença e impulsionou várias tentativas de controle e tratamento da enfermidade. Em fins do século XIX, a doença passou a ser qualificada como um 'mal social' e passou a ser relacionada às condições precárias de vida, em que estão presentes inúmeros fatores, entre eles as moradias pouco ventiladas e pequenas para o número de moradores, a má qualidade de alimentação e a falta de higiene.

Desde o século XIX, [...]. Acreditava-se que a cura do doente acontecia quando se dispunha de boa alimentação, repouso e podia-se viver no clima das montanhas, este último considerado um fator fundamental no tratamento. [...]

Já no século XX, a década de 30 foi marcada por avanços científicos que questionaram o 'fator clima' na cura da tuberculose, e a hereditariedade na etiologia da doença. A descoberta da medicação específica, a partir da década de 1940, promoveu uma queda acentuada dos índices de mortalidade da doença e a comprovação da eficácia desses medicamentos na cura da tuberculose, descobertos ao longo das décadas de 1950 e 1960, fez com que o tratamento se tornasse primordialmente ambulatorial, tornando desnecessária, em sua maioria, a internação do paciente. Como consequência, nas décadas seguintes, os sanatórios foram paulatinamente sendo desativados.

A emergência e a propagação da Síndrome da Imunodeficiência Adquirida (AIDS), o empobrecimento da população, a urbanização caótica e a ausência de controle social vêm dificultando o controle da doença. "

Divisão de Controle da Tuberculose CVE-SES/SP.
Disponível em: <http://www.cve.saude.sp.gov.br/htm/tb/hist.htm>. Acesso em: jan. 2016.

“A transmissão da tuberculose

Como se pega a doença?

Quando o doente tosse, fala ou espirra ele espalha no ar gotas pequenas, mas muito pequenas mesmo com o [microrganismo] da tuberculose. Aí, uma pessoa com boa saúde, que respire este ar, pode levar este [microrganismo] para o seu pulmão. É assim que acontece o contágio: o [microrganismo] da tuberculose (bacilo de Koch) penetra no organismo das pessoas pela respiração. Portanto, a tuberculose não se transmite pelo sexo, pelo sangue contaminado, pelo beijo, pelo copo, pelos talheres, pela roupa, pelo colchão ... A tuberculose só se transmite pelo ar.

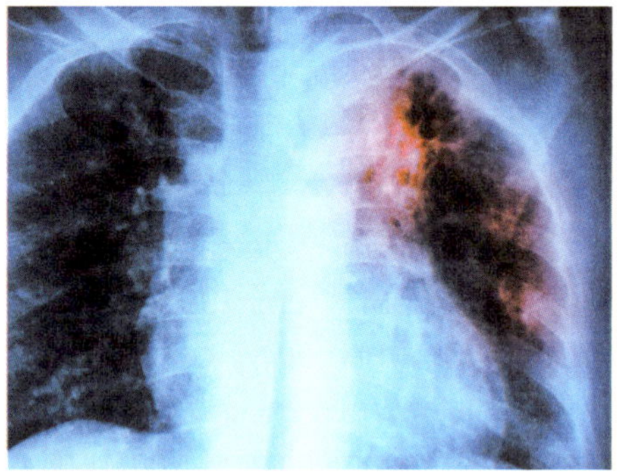

PUWADOL JATURAWUTTHICHAI/SHUTTERSTOCK

Radiografia de tórax de uma pessoa com tuberculose. Na radiografia, é possível observar infiltrado intersticial no pulmão superior esquerdo devido à infecção por *Mycobacterium tuberculosis*.

Todas as pessoas que entraram em contato com o bacilo vão adoecer?

Não. Na maior parte das vezes, o organismo resiste e a pessoa não fica doente. Às vezes, mesmo que o organismo resista no momento, o [microrganismo] fica 'guardado' e a pessoa pode adoecer anos mais tarde, se estiver enfraquecida ou desgastada pelo alcoolismo, Aids, diabetes, câncer e outras doenças. Os idosos também têm uma chance maior de adoecer. Apenas um pequeno grupo de pessoas pode ter a doença logo após o contato com o [microrganismo]. E quando isto acontece, em geral, são pessoas debilitadas, crianças e idosos.

[...]”

Divisão de Controle da Tuberculose CVE-SES/SP.
Disponível em: <http://www.cve.saude.sp.gov.br/htm/tb/perg.htm>. Acesso em: jan. 2016.

1. Desde o século XIX acreditava-se que a cura do doente com tuberculose acontecia quando se dispunha de boa alimentação, repouso e podia-se viver no clima das montanhas, este último considerado um fator fundamental no tratamento. Com base no que se sabe hoje sobre essa doença, por que o “clima da montanha” recebia destaque na cura da tuberculose?

____

____

____

____

____

2. De acordo com o segundo texto, como a tuberculose é transmitida?

____

____

____

3. Apesar de hoje os mecanismos de contaminação e ação da tuberculose estarem elucidados, a doença ainda atinge milhões de pessoas ao redor do mundo. Nas últimas décadas, o aumento do número de casos fez ressurgir o medo de uma nova epidemia, como descreve a pesquisadora Helen Gonçalves, do Departamento de Medicina Social da Faculdade de Medicina da Universidade Federal de Pelotas (RS).

> “[...] o número de casos aumentou consideravelmente, a ponto de a Organização Mundial de Saúde (OMS), em 1993, declarar um Plano Emergencial para o Controle da Tuberculose (*Global TB Emergency*) com repercussão mundial na forma de administrar o tratamento. Por trás desta reemergência da tuberculose está a preocupação com o bacilo multirresistente às drogas do tratamento, ou seja, uma nova reordenação biomédica frente à doença está sendo requerida da medicina e dos médicos; uma postura mais atuante no combate e na cura, uma participação e responsabilidade em relação à tuberculose, ou à 'nova' tuberculose (a tuberculose multirresistente). O plano propõe um procedimento já aplicado à doença: o tratamento e o acompanhamento no domicílio do doente. [...]”
>
> Helen Gonçalves. A tuberculose ao longo dos tempos.
> Disponível em: <http://www.scielo.br/scielo.php?script=sci_arttext&pid=S0104-59702000000300004>. Acesso em: fev. 2016.

- Por que o "bacilo multirresistente" é uma preocupação para a OMS? Que ações poderiam refletir uma "postura mais atuante no combate e na cura" e "uma participação e responsabilidade em relação à tuberculose"?

Leitura do mundo

Você já parou para pensar que muitos remédios que ingerimos são eliminados pelas fezes e pela urina e podem parar no ambiente? Leia o texto abaixo e, em seguida, faça o que se pede.

“Fármacos no meio ambiente

Recentemente, o monitoramento de fármacos residuais no meio ambiente vem ganhando grande interesse devido ao fato de muitas dessas substâncias serem frequentemente encontradas em efluentes de Estações de Tratamento de Esgoto (ETEs) e águas naturais [...].

Após a administração, uma parte significativa dos fármacos é [eliminada] por humanos no esgoto doméstico. Estudos demonstram que várias dessas substâncias parecem ser persistentes no meio ambiente e não são completamente removidas nas ETEs. [...].

Os fármacos são desenvolvidos para serem persistentes, mantendo suas propriedades químicas o bastante para servir a um propósito terapêutico. [...] [De] 50% a 90% de uma dosagem do fármaco é [...] [eliminado] inalterado e persiste no meio ambiente. [...]

[...] Alguns grupos de fármacos residuais merecem uma atenção especial, dentre eles estão os antibióticos e os estrogênios. Os antibióticos têm sido amplamente discutidos na literatura, devido ao seu potencial de desenvolvimento de bactérias resistentes no meio ambiente e por serem usados em grandes quantidades, tanto na medicina humana, quanto na medicina veterinária (crescimento do gado, na aquicultura e produção avícola e suína).

A importância dos estrogênios reside no seu potencial de afetar adversamente o sistema reprodutivo de organismos aquáticos como, por exemplo, a feminização de peixes machos presentes em rios contaminados com descarte de efluentes de ETEs [Estações de Tratamento de Esgoto].

A presença desses fármacos residuais na água pode causar efeitos adversos na saúde, seja humana ou de outros organismos presentes nas águas, como os peixes. [...].”

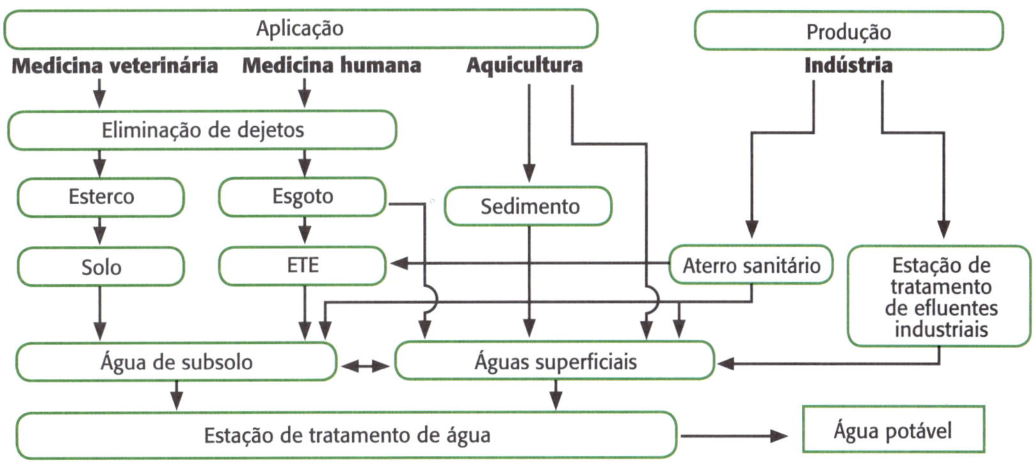

Possíveis rotas de fármacos no meio ambiente.

Daniele Maia Bila e Márcia Dezotti. Fármacos no meio ambiente. *Química Nova*, Vol. 26, n. 4, 523-530, 2003. Disponível em: <http://www.scielo.br/pdf/qn/v26n4/16435.pdf>. Acesso em: fev. 2016.

1. Seria correto afirmar que apenas os corpos d'água estão ameaçados pelos fármacos residuais? Por quê?

2. Carlos vive em uma cidade ribeirinha e usa a água do rio próximo a sua casa para tomar banho, cozinhar e beber. A partir da leitura do texto e da análise do esquema, escreva um texto explicando a Carlos como é possível que restos de medicamentos cheguem até a água daquele rio.

3. "O problema dos fármacos residuais deve ser encarado como um problema de saúde pública." Analise essa afirmação com base nas informações do texto.

UNIDADE 5 Locomoção e revestimento

Reveja a jornada

1. O osso pode ser rígido e flexível ao mesmo tempo. Como isso é possível e qual é a importância de ele apresentar essas duas características simultaneamente?

____

____

____

____

____

2. Um ilustrador fez um desenho realista de parte da região das costas e do braço de um ser humano. Identifique as partes que ele desenhou e depois faça o que se pede.

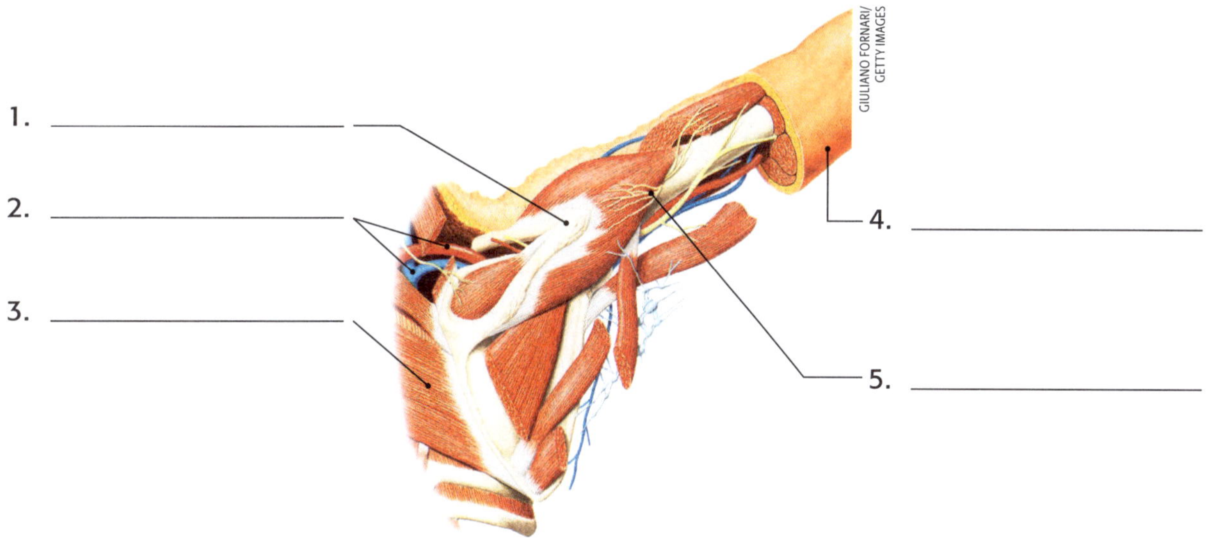

- Escreva um texto relacionando as estruturas **1**, **2**, **3** e **5**.

____

____

____

____

3. A imagem a seguir destaca algumas estruturas presentes em um esqueleto. Observe a imagem e responda às questões.

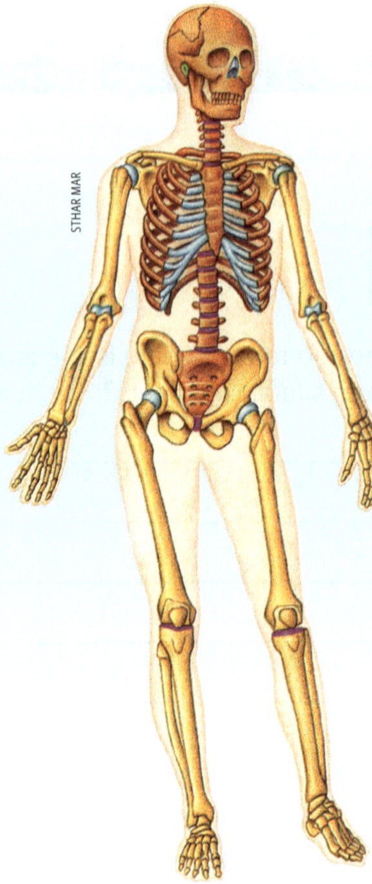

STHAR MAR

Representação do esqueleto humano.

a) Que estruturas estão destacadas com as cores azul, verde e lilás?

____

b) Circule na imagem dois tipos diferentes dessas estruturas e descreva suas características.

____

____

____

____

____

c) Relacione essas estruturas com o desenvolvimento dos ossos ao longo da vida.

____

____

____

____

____

4. O transtorno de estresse agudo é um conjunto de alterações emocionais e fisiológicas que ocorrem após um evento traumático e ameaçador, como um assalto ou um acidente. As alterações fisiológicas podem durar de minutos a horas e dentre elas destacam-se: taquicardia, respiração ofegante, dilatação da pupila, boca seca, mãos e pés frios, tensão e dor muscular, por exemplo, na região dos ombros, diarreia passageira e hipertensão súbita. De acordo com o que você sabe sobre o sistema muscular, relacione os tipos musculares com as alterações fisiológicas que acontecem no transtorno de estresse agudo.

5. Ao praticar atividades físicas intensas, é comum ficarmos com a pele avermelhada e suarmos muito. Por que isso acontece?

6. Observe a imagem a seguir e responda às questões.

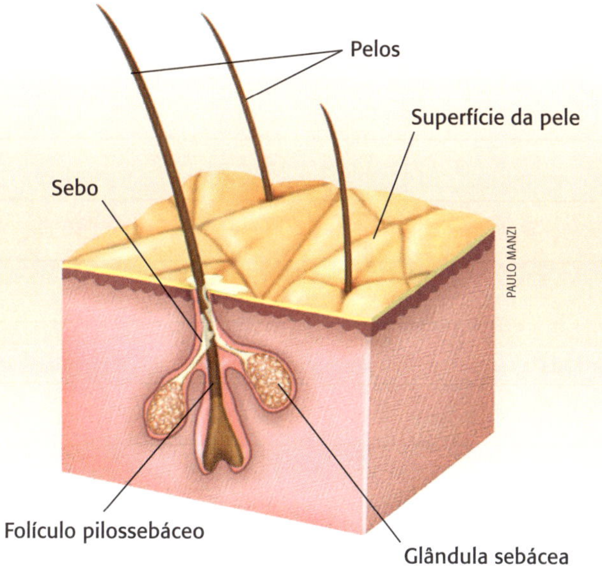

Esquema de pele humana com algumas estruturas destacadas.

a) Com base na figura, explique como se formam cravos e espinhas.

b) Por que a acne é mais frequente no rosto e na cabeça?

c) Quais são os cuidados que podemos adotar para evitar ou diminuir o aparecimento de cravos e espinhas na pele?

Outro olhar

No *Infográfico* "Joelho: cuide bem dele" (páginas 146 e 147 do Livro do Estudante), você leu sobre alguns dos cuidados necessários para manter os joelhos saudáveis. Agora, iremos analisar com mais detalhes esse infográfico e elaborar um infográfico novo com base em outro tema da unidade. Formem grupos de três estudantes e façam o que se pede.

1. Revejam o infográfico e respondam às questões:

a) O que mais chama a atenção de vocês no infográfico?

____

____

____

____

b) Comparem o infográfico com as demais páginas do livro. Quais são as principais diferenças?

____

____

____

____

____

2. Agora vocês vão confeccionar o seu próprio infográfico. Para isso, sigam os seguintes passos:

Passo 1: Escolham um dos temas da unidade 5 do Livro do Estudante para vocês abordarem no infográfico. Abaixo seguem algumas sugestões:

Capítulo 9:

- Tipos e tamanhos de ossos dos animais
- O que são e como ocorrem as câimbras?
- O que é hipermobilidade ou hiperflexibilidade?

Capítulo 10:

- Por que a pele envelhece (fica com rugas)?
- Por que as tatuagens definitivas não saem da pele?

Passo 2: Façam uma pesquisa sobre o tema escolhido. Decidam e organizem as informações que vocês irão apresentar no infográfico.

Passo 3: Usem uma folha de tamanho A3 e façam um rascunho de como elas estarão colocadas na folha. Deem destaque às imagens: fotos, ilustrações, esquemas etc. e distribuam-nas de maneira equilibrada.

Passo 4: Usem canetas e lápis de cor para colorir o infográfico e deixá-lo bem atraente. Não se esqueçam de dar um título e colocar o nome dos autores.

Passo 5: Apresentem o infográfico produzido para a classe e contem como se deu o processo de confecção: o que acharam mais legal/chato, quais foram as principais dificuldades etc. Depois exponha-o na sala.

Leitura do mundo

No Livro do Estudante (página 155), vocês aprenderam um pouco sobre as pinturas corporais de diferentes povos. Agora iremos abordar e aprofundar outros aspectos relacionados a esse tema. Leia o texto abaixo sobre as pinturas corporais indígenas e faça o que se pede.

“Pinturas corporais indígenas

Em nosso país nós indígenas estamos presentes em diversos lugares com muitas características iguais, mas cada um com sua história e cultura diferente, essa é a nossa maior riqueza.

RITA BARRETO

Ritual indígena, etnia Kuikuro no Alto Xingu (MT), em 2012.

Dentre as diversas formas de mostrarmos nossa cultura, uma muito predominante é a pintura corporal. Sempre estamos pintados e, talvez por isso, as pinturas corporais sejam nossos traços culturais mais conhecidos. Mas, você sabe como nossa tinta é feita? O que ela significa?

As nossas tintas para as pinturas tradicionais são feitas das mais diversas formas. A mais conhecida é preparada através do jenipapo (fruta muito apreciada pelos povos indígenas). Ele é retirado verde e seu líquido é extraído, em contato com a pele se transforma em uma tinta preta que se fixa na pele por até duas semanas. É interessante lembrar que essa tinta não sai sem que se passe no mínimo uma semana. Existem etnias que usam a semente de urucum que solta uma tinta vermelha na pele, há etnias que usam barro e também outras formas de tinta específicas para as pinturas corporais que às vezes são feitas de uma forma específica para cada grupo, por exemplo a pintura usada nas crianças são diferentes das usadas por adultos, ou ainda etnias que os homens têm uma pintura distintas das mulheres.

Os significados dessas pinturas são os mais variados onde cada etnia tem suas próprias representações e simbologias. Por exemplo: Temos pinturas que são utilizadas em comemorações, outras são de nossos rituais sagrados. Há aquelas que demonstram nossos sentimentos desde os mais felizes até as de quando estamos revoltados e indignados pelos diversos problemas que enfrentamos, mas o importante é saber que cada povo tem suas pinturas próprias e cada uma dessas pinturas tem um significado único, de acordo com a expressão cultural de cada um desses povos.”

Amaré Brito. *Pinturas corporais indígenas*. Disponível em: <http://www.indioeduca.org/?p=1269>. Acesso em: jan. 2016.

1. De que modo as tintas usadas nas pinturas corporais indígenas estão intimamente relacionadas com o convívio deles com a natureza?

2. Além da tatuagem, podemos dizer que a pintura corporal também está presente de diferentes formas no nosso dia a dia. Observe as imagens abaixo e faça um paralelo entre elas e as pinturas corporais indígenas.

LUBOSLAV TILES/SHUTTERSTOCK

STAMATOYOSHI/SHUTTERSTOCK

CHALETGIRL/SHUTTERSTOCK

UNIDADE 6

Coordenação e percepção

Reveja a jornada

1. Leia o cartaz e o texto a seguir e responda às questões.

INTERNATIONAL DIABETES FEDERATION/WORLD HEALTH ORGANIZATION

> “O diabetes é um grupo de doenças metabólicas caracterizadas por hiperglicemia e associadas a complicações, disfunções e insuficiência de vários órgãos, especialmente olhos, rins, nervos, cérebro, coração e vasos sanguíneos. [...]
>
> O diabetes apresenta alta morbi-mortalidade, com perda importante na qualidade de vida. [...]”
>
> Brasil. Ministério da Saúde. Secretaria de Atenção à Saúde. Departamento de Atenção Básica. Diabetes Mellitus 2006. Disponível em: <http://www.bvsms.saude.gov.br/bvs/publicacoes/diabetes_mellitus.PDF>. Acesso em: jan. 2016.

a) Que glândula do sistema endócrino está relacionada com o diabetes?

____

b) O que é a hiperglicemia? De que maneira ela está relacionada com a glândula da questão anterior?

____

____

____

____

c) Atualmente, 90% dos casos de diabetes pertencem ao tipo II, e apenas 10%, ao tipo I, o que torna o diabetes tipo II uma verdadeira epidemia que se espalha no Brasil e em muitos países. Relacione essa informação ao cartaz da campanha do Dia mundial do diabetes.

2. Ultimamente Bianca tem sentido cansaço além do normal e lentidão de raciocínio, além de ganho de peso sem causa aparente, já que continua com a mesma dieta. Por esse motivo, ela foi ao endocrinologista e ele solicitou alguns exames de sangue que indicaram altos níveis do hormônio tireotrófico (TSH) e baixos níveis de T4, hormônio produzido pela tireoide, responsável por estimular o metabolismo basal das células. Com base nessas informações, responda:

a) Que disfunção pode estar acontecendo com Bianca?

b) Relacione a função dos hormônios TSH e T4 com a disfunção de Bianca.

3. Observe a imagem a seguir. Quando o fogo se aproximar mais do dedo, o que é provável que aconteça? Explique como e por que isso aconteceria.

FFOLAS/SHUTTERSTOCK

4. Quem nunca experimentou aquela sensação gostosa ao sentir o cheiro e o sabor de uma comida que remete à infância? Para uns um bolo de abacaxi pode trazer à mente aquela gostosa nostalgia afetiva da receita da mãe ou da avó. Para outros ele pode ser simplesmente um bolo. Explique com suas palavras por que isso acontece.

MARTIN NOVAK/SHUTTERSTOCK

Outro olhar

Na seção *Conhecimento Interligado* "Integração entre o cérebro e as máquinas" (páginas 194 e 195 do Livro do Estudante), você leu sobre a integração dos robôs com os seres humanos promovendo saúde e bem-estar. Agora, iremos abordar e aprofundar outros aspectos relacionados ao tema. Leia o texto abaixo e, em seguida, faça o que se pede.

"[...]

O desenvolvimento de sistemas robóticos para cirurgia teve início na década de 80, por solicitação do exército norte-americano, que antevia a possibilidade de realizar operações em teatros de guerra, distantes do local onde estava o cirurgião [...]. Esse projeto, porém, não foi adiante devido às limitações na velocidade de transmissão de dados e à impossibilidade de operar no campo de batalha sem que houvesse alguém que movimentasse o robô. Desde então, o uso da robótica está em desenvolvimento e ampliação em diversos setores do conhecimento humano, como na área militar, ou na área da saúde. [...]

A cirurgia robótica destacou-se, na década de 90, com os modelos RoboDoc e Artemis, que tornaram possíveis e mais próximas da perfeição as tarefas repetitivas, perigosas, de alta precisão, e deram início a uma nova maneira de se fazer esses procedimentos: à distância. Os robôs gradualmente conquistaram o seu espaço e em 1992, militares americanos, a fim de salvar mais vidas no campo de batalha, investiram na tecnologia DARPA. No ano seguinte, Alberto Rovedo, em um laboratório da NASA na Califórnia, realizou uma biópsia hepática em um suíno, que estava em Milão, destacando-se a ótima percepção tátil nesse procedimento.

A primeira manipulação comercial da robótica na manipulação cirúrgica direta aconteceu com o AESOP, braço mecânico que utilizava comando de voz para o controle do movimento da óptica em videocirurgia. Logo em seguida foram desenvolvidos para uso comercial os sistemas cirúrgicos Zeus e Da Vinci e em 1997, foi realizada a primeira cirurgia robótica em pacientes, na cidade de Bruxelas, por Jacques Himpens e Cardiere, o que colocou a cirurgia minimamente invasiva em evidência. E em 2001, foi possível a realização de uma cirurgia transatlântica por Marescorix e Gagner, de Nova York, em paciente na França [...].

O conceito de cirurgia robótica vem ao encontro das proposições atuais da cirurgia, em que se busca realizar procedimentos com reduzido trauma operatório e a pronta recuperação do paciente. Isso se traduz em menor morbidade pós-operatória e tem reflexo direto no custo individual do procedimento. Suas aplicações envolvem diversas partes do corpo, como no coração, cabeça e pescoço, aparelho digestivo, tórax, cirurgias geral, urológicas e ginecológicas [...].

As vantagens da cirurgia robótica são várias: realização de procedimentos de alta complexidade de modo mais simples, sem abrir o paciente; redução na agressão aos órgãos e sistemas [...], com diminuição da morbidade e do tempo de recuperação; facilidade de confecção de suturas consideradas difíceis, principalmente em pacientes obesos; facilidades de operação para o cirurgião, pois consegue operar com ergonomia adequada e de forma confortável, trazendo mais tranquilidade ao profissional na realização de procedimentos mais desgastantes. [...]."

Jefferson Oliveira Silva e outros. Robótica aplicada à saúde: uma revisão histórica e comparativa da cirurgia robótica. Anais do 8º Fórum de Ensino, Pesquisa, Extensão e Gestão. Disponível em: <http://www.fepeg2014.unimontes.br/sites/default/files/resumos/arquivo_pdf_anais/robotica_aplicada_a_saude_uma_revisao_historica_e_comparativa_da_cirurgia_robotica.pdf>. Acesso em: jan. 2016.

1. No início da década de 1980, quais eram as limitações que inviabilizavam o desenvolvimento das cirurgias robóticas?

2. Segundo o texto, a área militar foi a que primeiro se interessou em desenvolver expressivamente o sistema robótico das cirurgias. Na sua opinião, por que havia esse interesse?

3. De que maneira uma tecnologia desenvolvida para ser aplicada em um contexto militar trouxe benefícios para toda a sociedade?

Leitura do mundo

O filme *A família Bélier* conta a história de Paula, uma adolescente francesa de 16 anos que enfrenta questões comuns de sua idade, tais como primeiro amor, problemas na escola e brigas com os pais. Mas a família de Paula tem algo de diferente: ela é a única ouvinte. Seu pai, sua mãe e seu irmão são deficientes auditivos. Paula é a intérprete da família na língua de sinais nas conversas com os vizinhos, médicos etc. Para o desespero da família, que aparentemente depende dela, Paula descobre ter um dom para o canto e decide participar de um concurso em outra cidade.

PARIS FILMS

Cartaz do filme *A família Bélier*, 2014.

Assistam ao filme e em grupos de cinco estudantes respondam às questões. Depois, conversem com o(a) professor(a) e os demais grupos sobre o filme. Atenção, após os créditos aparecem algumas imagens com mais informações sobre a história do filme.

1. Descrevam e discutam as cenas que mostram o cotidiano da família do filme.

2. Quais são as principais dificuldades encontradas pela família na comunidade onde vive?

3. O que aconteceu com a família quando Paula deixou de ser a intérprete de todos?

4. Como vocês avaliam o preparo da nossa sociedade para acolher pessoas como as retratadas no filme *A família Bélier*?

5. Muitas pessoas acham que os deficientes auditivos usam apenas a linguagem de sinais representada pelos símbolos de letras (LIBRAS) para se comunicar. Com base no filme, o que você pode dizer sobre isso?

UNIDADE 7 Reprodução e hereditariedade

Reveja a jornada

1. Os seres vivos podem se reproduzir de maneira sexuada ou assexuada. Com base no que você viu no capítulo 13 (páginas 198 a 217 do Livro do Estudante), use as palavras do quadro para escrever um pequeno texto sobre as duas maneiras de reprodução, usando a reprodução nos seres humanos como exemplo.

Fecundação – Gônadas – Gametas – Zigoto
Variabilidade genética – Clones – Informações hereditárias

____
____
____
____
____
____
____
____
____
____
____
____

2. "Pesquisa sugere que mulheres produzem óvulos na idade adulta" é o título de uma reportagem (Revista *Veja*. Disponível em: <*http*://www.veja.abril.com.br/noticia/saude/pesquisa-sugere-que-mulheres-produzem-ovulos-na-idade-adulta>) que questiona a ideia de que as mulheres já nasçam com todos os óvulos que terão em sua vida e por isso, à medida que envelhecem, a quantidade deles diminui. Na pesquisa, cientistas estadunidenses e ingleses encontraram nos ovários de camundongos fêmeas células-tronco capazes de se dividir e gerar novos óvulos. Segundo os pesquisadores, essas evidências abrem porta para o desenvolvimento de técnicas para superar a decadência dos óvulos e a infertilidade feminina.

a) O que há de "especial" em encontrar células-tronco nos ovários de camundongos fêmeas?

b) Compare a informação dada pela reportagem com o processo de produção dos gametas masculinos.

3. Quando a mulher está grávida, tudo o que ela ingere (seja alimento ou medicação) afeta diretamente o bebê. Como isso é possível?

4. Leia as frases a seguir que tratam de métodos contraceptivos e doenças sexualmente transmissíveis (DSTs) e assinale a alternativa **incorreta**.

a) As camisinhas masculina e feminina são descartáveis e, depois de usadas, devem ser retiradas com cuidado, fechadas com um nó e jogadas no lixo.

b) Se tomada no momento da relação sexual, a pílula anticoncepcional pode evitar a gravidez, além de proteger a mulher contra as DSTs.

c) A mulher que usa o DIU pode ficar tranquila quanto à gravidez, mas não estará protegida contra as DSTs.

d) Pode-se contrair as DSTs por meio de qualquer forma de relação sexual desprotegida, seja ela vaginal, anal ou oral.

e) Sífilis, herpes genital, gonorreia, cancro mole, hepatite B e HPV são exemplos de DSTs causadas por vírus ou bactéria.

5. A imagem a seguir mostra o procedimento realizado por Mendel com plantas de ervilhas. Observe o esquema e responda às questões.

EXPERIMENTOS DE MENDEL

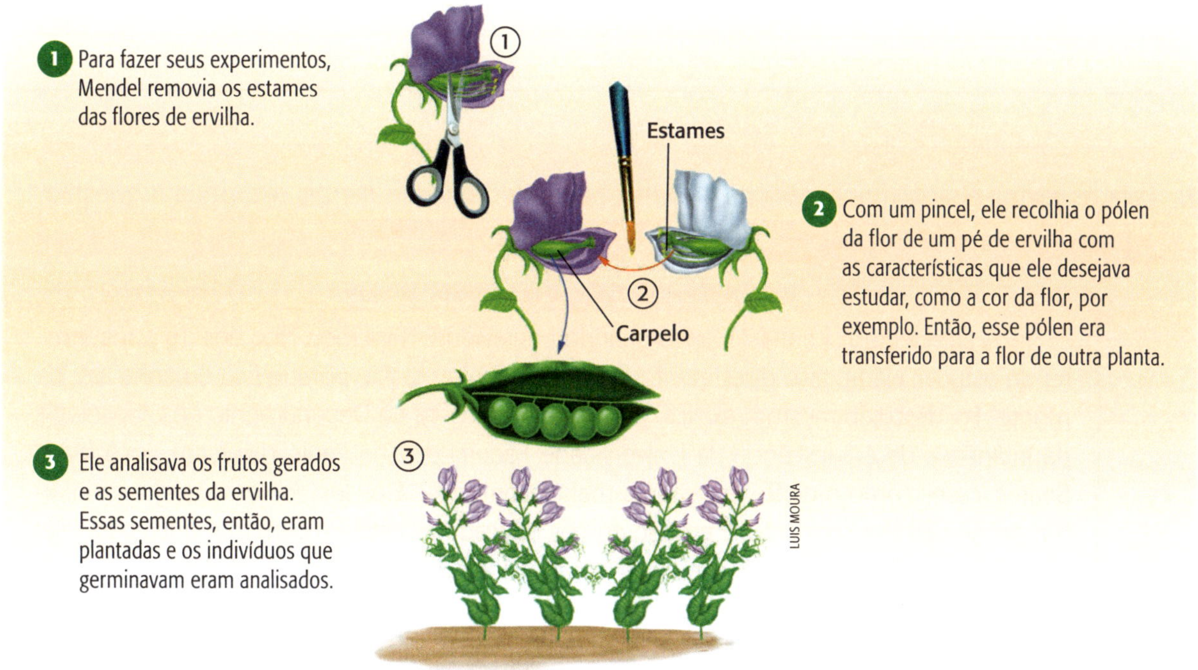

a) Como denominamos a expressão física de uma característica, tal como a cor das flores da ervilha, por exemplo?

____

b) O que determina a cor roxa ou branca das flores da ervilha?

____

c) Por que Mendel cruzou flores que apresentavam características físicas diferentes? O que ele pôde concluir com as observações dos resultados?

____

____

____

d) Ao fazer os experimentos com as ervilhas, Mendel descobriu a existência de **fatores** que determinavam as características hereditárias. Depois de décadas, outros pesquisadores elaboraram teorias sobre o que seriam esses fatores. O que eles propuseram?

____

____

____

____

____

____

6. Cite ao menos um exemplo de uma característica sua genotípica que pode ser alterada pelos costumes, hábitos culturais e/ou pelas condições do ambiente.

7. Leia os textos abaixo que tratam da gravidez na adolescência e depois responda à questão.

"A atendente [...] tinha 15 anos quando engravidou. 'Tive meu filho aos 16 anos e parei de estudar. Não posso dizer que foi por falta de informação, porque isto eu tinha até 'de monte'. Foi descuido mesmo', explica. [...]. Segundo o chefe do Departamento de Ginecologia da Infância e da Adolescência da Universidade Federal de São Paulo (Unifesp), José Maria Soares, casos como o de Renata são os mais recorrentes: 'Eles [*os adolescentes*] têm informação, só não têm formação. É preciso que os educadores estejam bem formados para falar sobre o assunto na escola e que os pais não transformem o sexo em tabu', defende. [...]."

Ivy Farias. Campanha alerta jovens para prevenção de gravidez na adolescência. Disponível em: <http://www.memoria.ebc.com.br/agenciabrasil/noticia/2009-09-26/campanha-alerta-jovens-para-prevencao-de-gravidez-na-adolescencia>. Acesso em: fev. 2016.

"[...]

Drauzio [Varella] – Você acha que as adolescentes engravidam por falta de informação?

Adriana Lippi Waissman – Não acredito. Todas sabem que, se tiverem uma relação sexual sem os cuidados necessários, podem engravidar. Dados indicam que 92% delas conhecem pelo menos um método contraceptivo, pelo menos a camisinha elas conhecem.

Portanto, não é a desinformação que leva à gravidez na adolescência. Talvez o pensamento mágico dos adolescentes que influencia a maneira de buscar a si mesmos, o imediatismo e a onipotência que lhe são característicos sejam fatores que possam justificar o número maior de casos. Hoje, não há menina que não saiba que pode engravidar, mas todas imaginam que isso só acontece com as outras, jamais irá acontecer com elas.

[...]."

Drauzio Varella. Drauzio entrevista: gravidez na adolescência. Disponível em: <http://www.drauziovarella.com.br/mulher-2/gravidez-na-adolescencia-2/>. Acesso em: fev. 2016.

- Quais são as causas da gravidez na adolescência apontada pelos textos? Você concorda com elas? Explique.

Outro olhar

Na seção *Conhecimento Interligado* "Tratamento nacional com células-tronco evita amputação de pés" (páginas 232 e 233 do Livro do Estudante), você leu um texto sobre o uso de células-tronco na medicina. Agora, iremos aprofundar e abordar outros aspectos relacionados a essa terapia.

1. A Lei de Biossegurança (Lei nº 11 105/05) regulamentou o uso e o cultivo de organismos geneticamente modificados (OGM) ou transgênicos e autorizou a pesquisa com células-tronco humanas. Após muita polêmica, a lei foi aprovada pela Câmara dos Deputados em 2005. Leia um trecho da lei e responda às questões.

> "[...]
>
> **Art. 1º** Esta Lei estabelece normas de segurança e mecanismos de fiscalização sobre a construção, o cultivo, a produção, a manipulação, o transporte, a transferência, a importação, a exportação, o armazenamento, a pesquisa, a comercialização, o consumo, a liberação no meio ambiente e o descarte de organismos geneticamente modificados – OGM e seus derivados, tendo como diretrizes o estímulo ao avanço científico na área de biossegurança e biotecnologia, a proteção à vida e à saúde humana, animal e vegetal, e a observância do princípio da precaução para a proteção do meio ambiente.
>
> [...]
>
> **Art. 5º** É permitida, para fins de pesquisa e terapia, a utilização de células-tronco embrionárias obtidas de embriões humanos produzidos por fertilização *in vitro* e não utilizados no respectivo procedimento, atendidas as seguintes condições:
>
> **I** – sejam embriões inviáveis; ou
>
> **II** – sejam embriões congelados há 3 (três) anos ou mais, na data da publicação desta Lei, ou que, já congelados na data da publicação desta Lei, depois de completarem 3 (três) anos, contados a partir da data de congelamento.
>
> **§ 1º** Em qualquer caso, é necessário o consentimento dos genitores.
>
> **§ 2º** Instituições de pesquisa e serviços de saúde que realizem pesquisa ou terapia com células-tronco embrionárias humanas deverão submeter seus projetos à apreciação e aprovação dos respectivos comitês de ética em pesquisa.
>
> **§ 3º** É vedada a comercialização do material biológico a que se refere este artigo e sua prática implica o crime tipificado no art. 15 da Lei nº 9 434, de 4 de fevereiro de 1997.
>
> [...]"
>
> Disponível em: <http://www.planalto.gov.br/ccivil_03/_ato2004-2006/2005/lei/l11105.htm>. Acesso em: fev. 2016.

a) Na sua opinião, por que a pesquisa com células-tronco foi regulamentada em conjunto com o uso e o cultivo dos OGMs?

b) Qual é a importância da Lei de Biossegurança para a sociedade?

2. Faça uma pesquisa sobre outros usos terapêuticos das células-tronco. Descreva pelo menos dois exemplos de pesquisas nessa área que foram divulgados recentemente.

Leitura do mundo

A maternidade e a paternidade mudam radicalmente a vida das pessoas. Por isso tornar-se pai ou mãe na adolescência pode ser difícil, pois, na maioria das vezes, requer a interrupção dos estudos e a adaptação a uma realidade com muitas responsabilidades. Assim, é fundamental que, antes de decidirem pelo início da vida sexual, os adolescentes tenham conhecimento sobre os métodos anticoncepcionais. Diante dessa realidade, o governo brasileiro investe em campanhas e publicações que promovem a saúde de adolescentes e jovens. Leia a seguir trechos retirados da "Caderneta de Saúde da(o) Adolescente", elaborada pelo Ministério da Saúde, que aborda diversos assuntos como a iniciação da vida sexual e a gravidez, e depois responda às questões.

"Caderneta de Saúde da Adolescente (Caderneta Menina)

[...]

A primeira relação sexual, para ser segura e prazerosa, só deve ocorrer a partir do momento em que você se sentir preparada. Essa escolha é sua! Respeite seu próprio ritmo e não se deixe levar pelas pressões dos outros.

É preciso cuidar da sua saúde física, mental e emocional e se preparar para assumir as responsabilidades e consequências que fazem parte da sua escolha, como conhecimentos e recursos que possam ajudá-la a se prevenir de uma gravidez não planejada e a se proteger de doenças, como as sexualmente transmissíveis – DST/Aids.

Você sabe a partir de quando pode ocorrer uma gravidez?

Nas adolescentes, a gravidez pode acontecer no período em que ocorre a primeira menstruação (menarca). Mesmo antes de menstruar, já existe a possibilidade de engravidar se ocorrer alguma relação sexual desprotegida, isto é, sem camisinha, pois existem ovulações antes da menarca.

E se acontecer uma gravidez?

Antes de mais nada, calma. Se você desconfiar que está grávida, procure a unidade de saúde e faça o teste de gravidez. Caso o resultado dê positivo, não demore a contar a seu parceiro, à sua família ou um adulto de sua confiança.

Nessa hora muitas coisas passam pela cabeça e você precisa muito de apoio e alguns cuidados especiais.

É assegurado seu direito ao atendimento pré e pós-natal durante a gravidez, parto e pós-parto para garantir sua saúde e a de seu bebê.

O aleitamento materno (amamentação do bebê) também é um direito. No caso de estudantes, a escola, por lei (Lei Federal nº 6 202/75), tem deveres com a adolescente grávida no período pós-parto, como a reposição de provas, justificativa de faltas, etc.

[...]"

Ministério da Saúde. Caderneta de Saúde da Adolescente – Caderneta Menina. Disponível em: <http://www.bvsms.saude.gov.br/bvs/publicacoes/caderneta_saude_adolescente_menina.pdf>. Acesso em: fev. 2016.

“Caderneta de Saúde do Adolescente (Caderneta Menino)

[...]

Para ser segura e prazerosa, a primeira relação sexual só deve ocorrer a partir do momento em que você se sentir preparado. Essa escolha é sua!

Por isso, não se deixe levar pelas pressões dos outros, respeite o seu próprio ritmo e seja feliz.

Mas não se esqueça:

- Você pode engravidar uma mulher, mesmo que seja a primeira relação sexual dela.
- Use sempre camisinha mesmo que seja a primeira vez sua e da outra pessoa.
- É importante que ela esteja usando outro método contraceptivo também.

É preciso cuidar da sua saúde física, mental e emocional. E se preparar para assumir as responsabilidades e consequências que fazem parte de suas escolhas, buscando conhecimentos e recursos que possam ajudá-lo a se prevenir de uma gravidez não planejada e a se proteger de doenças como as doenças sexualmente transmissíveis (DST/Aids).

Você sabe a partir de quando pode ocorrer uma gravidez?

A partir da primeira ejaculação (a semenarca, de que você já tomou conhecimento). Pois bem, a partir daí, você já pode engravidar sua parceira, isto é, se tiverem uma relação sexual desprotegida, ou seja, sem a dupla proteção.

A gravidez pode acontecer no período em que ocorre a primeira menstruação dela (a menarca). Agora saiba de uma coisa: mesmo antes de menstruar, já existe a possibilidade de ela engravidar, pois já há ovulações mesmo antes da menarca. Portanto, fique atento e previna-se!

E se acontecer uma gravidez?

Bom, se vocês perceberem que há possibilidade de uma gravidez, procure apoiá-la de todas as formas possíveis nesse momento.

Afinal, o filho ou filha que virá é de vocês dois, assim como a responsabilidade pela criança.

E quando temos relação sexual é preciso estar preparado para assumir as consequências positivas ou negativas que podem resultar dessa experiência.

Primeiro vá com ela à unidade de saúde mais próxima e faça o teste de gravidez.

Caso o resultado dê positivo não demore a contar à sua família ou então a algum adulto de sua confiança.

Nessa hora, muitas coisas passam pela cabeça e vocês precisam muito de apoio e ela de alguns cuidados especiais.

Procure assumir seu papel de pai, mas não abandone seus estudos e projetos de vida. O apoio da família, da escola e de outras pessoas de sua convivência é essencial para que vocês continuem estudando e para que possam prosseguir em busca de autonomia e independência.

[...] ”

Ministério da Saúde. Caderneta de Saúde do Adolescente – Caderneta Menino. Disponível em: <http://www.bvsms.saude.gov.br/bvs/publicacoes/caderneta_saude_adolescente_menino.pdf>. Acesso em: fev. 2016.

1. Quais são as orientações a respeito dos cuidados físicos na primeira relação sexual? E os cuidados mental e emocional?

2. Agora compare as orientações sobre "E se acontecer uma gravidez?" da Caderneta Menina com a da Caderneta Menino. Que semelhanças e diferenças você identifica nas orientações?

UNIDADE 8

Saúde humana: doenças e drogas

Reveja a jornada

1. Vírus e bactérias são seres microscópicos, mas muito diferentes. A partir dessa afirmação, responda:

a) Quais são as principais características que os diferem?

b) Uma pessoa gripada pode ser tratada com antibiótico? Por quê?

c) Imagine que essa pessoa foi à farmácia e comprou um antigripal e um analgésico. O que você pode dizer sobre a atuação desses remédios?

2. O mosquito *Aedes aegypti*, retratado na foto abaixo, está bem adaptado a zonas urbanas.

MRFIZA/SHUTTERSTOCK

Mosquito *Aedes aegypti*.

a) Esse mosquito pode ser vetor de quais doenças?

____

____

b) Por ser vetor de doenças graves, o controle das suas populações é considerado assunto de saúde pública. O que podemos fazer para combater o *Aedes aegypti*?

____

____

____

____

3. Leia o texto a seguir e responda às questões.

> “Especialistas em saúde e saneamento básico presentes no 4º Seminário Internacional de Engenharia de Saúde Pública, realizado em 2013 pela Funasa – Fundação Nacional de Saúde tornaram pública aquela que viria a ser umas das principais diretrizes sobre o assunto: para cada R$ 1 gasto com tratamento de esgoto e efluentes, são economizados R$ 4 em saúde pública. A estimativa traz à tona o quanto o saneamento melhora o Índice de Desenvolvimento Humano (IDH), reforçando que o direito básico não deve ser considerado um custo, e sim um investimento.
>
> [...]”
>
> Doenças causadas pela falta de saneamento. Redação Ambiente Brasil. Disponível em: <http://www.ambientes.ambientebrasil.com.br/agua/artigos_aguas_urbanas/doencas_causadas_pela_falta_de_saneamento.html>. Acesso em: fev. 2016.

a) Por que, segundo especialistas em saúde, o saneamento básico pode ser considerado um investimento? Relacione sua resposta ao que você viu sobre as doenças parasitárias.

b) Além de ações que dependem da atuação de órgãos públicos, como o saneamento básico, que outras medidas cada pessoa pode tomar para evitar as doenças parasitárias?

4. Leia as afirmações abaixo e assinale (V) para as verdadeiras e (F) para as falsas.

a) ( ) As doenças infecciosas são sempre contagiosas, pois podem ser transmitidas de pessoa para pessoa de diversas maneiras.

b) ( ) As micoses cutâneas ocorrem geralmente quando determinadas regiões do corpo estão úmidas e pouco arejadas.

c) ( ) As parasitoses são infecções no hospedeiro causadas por seres vivos parasitas.

d) ( ) A malária é a doença parasitária com maior letalidade no planeta, e no Brasil o risco maior de se contratir a doença ocorre na região Norte.

e) ( ) A transmissão de lombriga e de solitária ocorre por meio da ingestão de ovos de fêmeas em alimentos, água e mãos sujas de terra.

5. Os efeitos do cigarro não são sentidos apenas pelos fumantes. Elabore um texto argumentativo que justifique essa afirmação usando as informações apresentadas nesta unidade sobre o fumo durante a gravidez e as apresentadas na página 113, da unidade 4, sobre o tabagismo passivo.

6. O texto e o gráfico a seguir apresentam informações sobre as "novas substâncias psicoativas" que são drogas sintéticas ilícitas cada vez mais presentes em todo o mundo. Leia o texto e o gráfico e depois respondam às questões.

> "Substâncias sintéticas, produzidas em laboratórios improvisados, passaram a rivalizar com as drogas tradicionais na lista de preocupações das autoridades que lidam com o problema. Um relatório recente do Escritório das Nações Unidas sobre Drogas e Crime (Unodc) mostra que a produção e o tráfico desses entorpecentes se globalizaram nos últimos quatro anos e eles passaram a ser detectados em cada vez mais países, inclusive no Brasil. Somente em 2012, as autoridades da Europa, onde o consumo é mais comum, identificaram 73 substâncias pela primeira vez. É como se aparecesse uma nova droga a cada cinco dias.
>
> [...]
>
> O número de *new psychoactive substances* (novas substâncias psicoativas, NPS na sigla em inglês) excede a quantidade de substâncias controladas pelas atuais convenções internacionais, [...]. Chamadas também de '*legal highs*', '*designer drugs*' e 'sais de banho', essas drogas são de combate difícil. Ao contrário da maconha e da pasta de coca, por exemplo, que exigem a manipulação de grandes quantidades, qualquer cômodo é suficiente para a fabricação das NPS.
>
> Em meio a uma gama extensa de substâncias, duas das principais drogas 'modernas' são as canabinoides sintéticas, conhecidas como *spice*, que tentam imitar os efeitos da maconha, e a mefedrona, ou miau-miaus, que são estimulantes.
>
> [...]"

Diego Ribeiro. Produção e consumo de drogas sintéticas se globalizam. Gazeta do Povo. Disponível em: <http://www.gazetadopovo.com.br/vida-e-cidadania/producao-e-consumo-de-drogas-sinteticas-se-globalizam-c6babfapw57fn2ho9upwymhce>. Acesso em: fev. 2016.

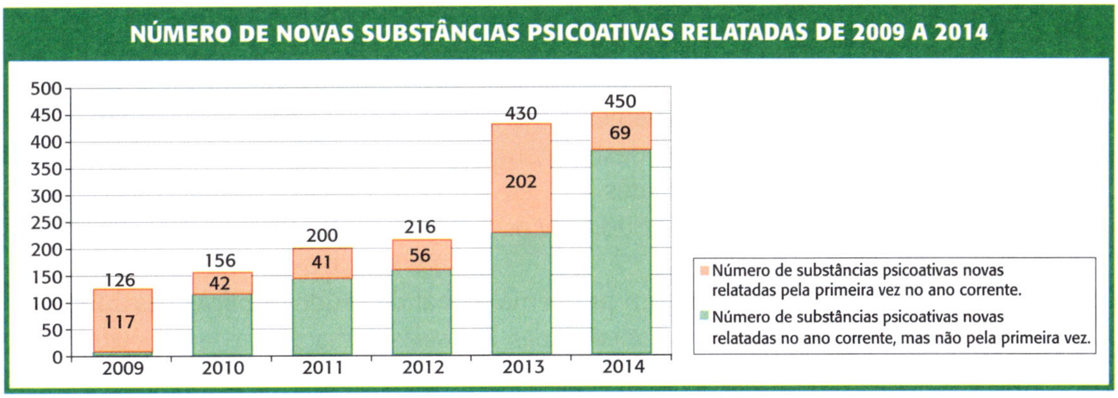

LUIZ FERNANDO RUBIO

Fonte: Relatório Mundial sobre Drogas da ONU, 2015.

a) O que o autor do texto quis dizer com "substâncias sintéticas [...] passaram a rivalizar com as drogas tradicionais"?

____

____

b) Por que as substâncias sintéticas são de difícil combate?

____

____

Outro olhar

No *Infográfico* "Malária" (páginas 244 e 245 do Livro do Estudante), você conheceu algumas informações sobre a malária, doença parasitária com maior letalidade do planeta. Agora, vamos abordar e aprofundar outros aspectos relacionados ao tema.

- Leia o texto abaixo e, a seguir, faça o que se pede.

“As doenças tropicais como a **malária**, a **doença de Chagas**, a **doença do sono** (tripanossomíase humana africana ou THA), a **leishmaniose visceral** (LV), a **filariose linfática**, a **dengue** e a **esquistossomose** continuam sendo algumas das principais causas de morbidade e mortalidade em todo o mundo. Estas doenças, conhecidas como doenças negligenciadas, incapacitam ou matam milhões de pessoas e representam uma necessidade médica importante que permanece não atendida. Embora as doenças tropicais e a tuberculose sejam responsáveis por 11,4% da carga global de doença, apenas 21 (1,3%) dos 1 556 novos medicamentos registrados entre 1975 e 2004 foram desenvolvidos especificamente para essas doenças. Durante o mesmo período, 1 535 medicamentos foram registrados para outras doenças [...].

Medicamentos novos desenvolvidos entre 1975 e 2004

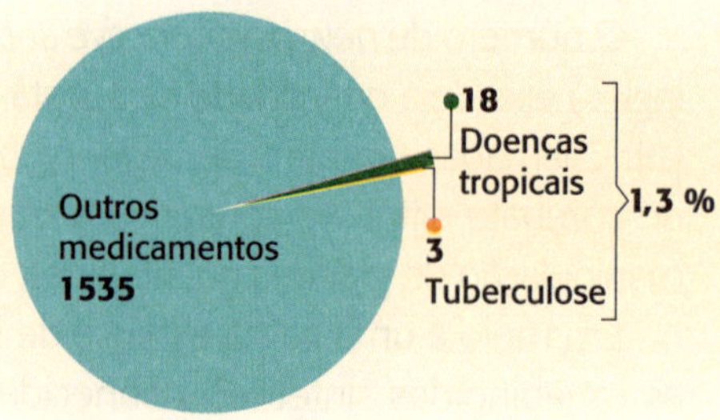

LUIZ FERNANDO RUBIO

Apenas 21 medicamentos novos, dos 1 556, foram desenvolvidos para doenças negligenciadas nos últimos 30 anos.

Nos países ricos, o progresso científico dos últimos 30 anos gerou avanços médicos sem precedentes e um ganho substancial na expectativa de vida. No entanto, doenças tropicais fatais, que muitas vezes podem ser prevenidas, tratadas e curadas continuam a assolar comunidades pobres nos países em desenvolvimento, devido, em grande parte, a falhas de mercado e de políticas públicas.

Um estudo recente sobre o financiamento mundial de inovação para doenças negligenciadas [...] **revelou que menos de 5% deste financiamento foram investidos no grupo das doenças extremamente negligenciadas**, ou seja, doença do sono, leishmaniose visceral e doença de Chagas, ainda que mais de 500 milhões de pessoas sejam ameaçadas por estas três doenças parasitárias.

As doenças negligenciadas são um problema global de saúde pública, mas a P&D [departamento de Pesquisa e Desenvolvimento] das indústrias farmacêuticas é orientada quase sempre pelo lucro, estando o setor industrial privado focado nas doenças globais para as quais medicamentos podem ser produzidos e comercializados com geração de lucros. Com baixo poder aquisitivo e sem influência política, os pacientes e sistemas de saúde mais pobres não conseguem gerar o retorno financeiro exigido pela maior parte das empresas voltadas ao lucro.

A DNDi [do inglês, *Drugs for Neglected Diseases Initiative*] trabalha para conscientizar sobre as doenças extremamente negligenciadas e lutar por um maior envolvimento do setor público. Liderança política é fundamental para definir as prioridades de saúde global, estimular P&D, criar mecanismos de financiamento sustentável, e garantir acesso equitativo aos medicamentos essenciais.”

Por que negligenciada? Iniciativa Medicamentos para Doenças Negligenciadas. Disponível em: <http://www.dndial.org/pt/doencas-negligenciadas/contexto.html>. Acesso em: fev. 2016.

a) Segundo o dicionário, a palavra "negligência" pode ser definida como falta de zelo, descuido, desprezo, desatenção ou menosprezo. Relacione essa informação com a expressão "doenças negligenciadas" citada no texto.

b) Em fevereiro de 2015, a Organização Mundial da Saúde fez um apelo aos países para mais investimento no combate às doenças negligenciadas. O que levou a OMS a fazer esse pedido? Responda com base nos dados do texto e do gráfico.

c) As doenças negligenciadas ocorrem principalmente em países desenvolvidos ou em desenvolvimento? Transcreva parte(s) do texto que justifique(m) sua resposta.

d) Por que a DNDi investe no envolvimento do setor público para o combate às doenças negligenciadas?

Leitura do mundo

Segundo dados do IBGE, em 2010, cerca de 193 milhões de brasileiros estiveram envolvidos em acidentes de trânsito, e, em média, segundo o Ministério da Saúde, 40 mil pessoas morrem por ano em decorrência desses acidentes, sendo o trânsito a 3ª *causa mortis* do Brasil. Apesar de muitas regiões do país apresentarem vias e sinalização deficitárias, a grande maioria (75%) dos acidentes é causada por imprudência do motorista. Entre as imprudências, dirigir alcoolizado é responsável por cerca de 40%, o que torna a combinação álcool e direção a maior responsável pela violência viária nos dias de hoje. Diante disso, foi criado o movimento "Não foi acidente", com o objetivo de mudar as leis brasileiras e reverter esse quadro.

NÃO
FOI ACIDENTE!

NAOFOIACIDENTE.ORG

1. "Não foi acidente" foi o nome dado ao movimento criado por parentes e amigos de vítmas de acidentes de trânsito. Na sua opinião, o que eles querem dizer com esse nome?

2. Reunidos em grupos de cinco estudantes, elaborem um cartaz com o tema "o consumo de bebidas alcoólicas e os acidentes de trânsito".